中 外 物 理 学 精 品 书 系

本 书 出 版 得 到 " 国 家 出 版 基 金 " 资 助

国家出版基金项目
NATIONAL PUBLICATION FOUNDATION

中 外 物 理 学 精 品 书 系

引 进 系 列 · 6 7

同步辐射与自由电子激光
——相干X射线产生原理

Synchrotron Radiation and Free-Electron Lasers:
Principles of Coherent X-Ray Generation

〔美〕金光齐(Kwang-Je Kim)
〔美〕黄志戎 　　　　　　　　　　　著
〔美〕瑞安·林德伯格(Ryan Lindberg)

黄森林　刘克新　译
黄志戎　审校

北京大学出版社
PEKING UNIVERSITY PRESS

著作权合同登记号：图字 01-2018-2307

图书在版编目 (CIP) 数据

同步辐射与自由电子激光：相干 X 射线产生原理 /〔美〕金光齐,〔美〕黄志戎,〔美〕瑞安·林德伯格著；黄森林，刘克新译. —北京：北京大学出版社，2018. 10
（中外物理学精品书系）
ISBN 978-7-301-29899-2

Ⅰ.①同… Ⅱ.①金… ②黄… ③瑞… ④黄… ⑤刘… Ⅲ.① X 射线 – 研究
Ⅳ.① O434.1

中国版本图书馆 CIP 数据核字〔2018〕第 210292 号

书　　　名	同步辐射与自由电子激光——相干 X 射线产生原理
	TONGBU FUSHE YU ZIYOU DIANZI JIGUANG
著作责任者	〔美〕金光齐（Kwang-Je Kim）〔美〕黄志戎〔美〕瑞安·林德伯格（Ryan Lindberg）著　黄森林　刘克新　译
责任编辑	刘啸
标准书号	ISBN 978-7-301-29899-2
出版发行	北京大学出版社
地　　　址	北京市海淀区成府路 205 号　100871
网　　　址	http://www.pup.cn　新浪微博：@北京大学出版社
电子信箱	zpup@pup.cn
电　　　话	邮购部 62752015　发行部 62750672　编辑部 62754271
印　刷　者	北京中科印刷有限公司
经　销　者	新华书店
	730 毫米 ×980 毫米　16 开本　19. 75 印张　376 千字
	2018 年 10 月第 1 版　2020 年 12 月第 2 次印刷
定　　　价	99. 00 元

序　言

　　物理学是研究物质、能量以及它们之间相互作用的科学。她不仅是化学、生命、材料、信息、能源和环境等相关学科的基础,同时还与许多新兴学科和交叉学科的前沿紧密相关。在科技发展日新月异和国际竞争日趋激烈的今天,物理学不再囿于基础科学和技术应用研究的范畴,而是在国家发展与人类进步的历史进程中发挥着越来越关键的作用。

　　我们欣喜地看到,改革开放四十年来,随着中国政治、经济、科技、教育等各项事业的蓬勃发展,我国物理学取得了跨越式的进步,成长出一批具有国际影响力的学者,做出了很多为世界所瞩目的研究成果。今日的中国物理,正在经历一个历史上少有的黄金时代。

　　在我国物理学科快速发展的背景下,近年来物理学相关书籍也呈现百花齐放的良好态势,在知识传承、学术交流、人才培养等方面发挥着无可替代的作用。然而从另一方面看,尽管国内各出版社相继推出了一些质量很高的物理教材和图书,但系统总结物理学各门类知识和发展,深入浅出地介绍其与现代科学技术之间的渊源,并针对不同层次的读者提供有价值的学习和研究参考,仍是我国科学传播与出版领域面临的一个富有挑战性的课题。

　　为积极推动我国物理学研究、加快相关学科的建设与发展,特别是集中展现近年来中国物理学者的研究水平和成果,北京大学出版社在国家出版基金的支持下于2009年推出了"中外物理学精品书系",并于2018年启动了书系的二期项目,试图对以上难题进行大胆的探索。书系编委会集结了数十位来自内地和香港顶尖高校及科研院所的知名学者。他们都是目前各领域十分活跃的知名专家,从而确保了整套丛书的权威性和前瞻性。

　　这套书系内容丰富、涵盖面广、可读性强,其中既有对我国物理学发展的梳理和总结,也有对国际物理学前沿的全面展示。可以说,"中外物理学精品书系"力图完整呈现近现代世界和中国物理科学发展的全貌,是一套目前国内为数不多的兼具学术价值和阅读乐趣的经典物理丛书。

　　"中外物理学精品书系"的另一个突出特点是,在把西方物理的精华要义"请进来"的同时,也将我国近现代物理的优秀成果"送出去"。物理学在世界范围内的重要性不言而喻。引进和翻译世界物理的经典著作和前沿动态,可以满足当前国内物理教学和科研工作的迫切需求。与此同时,我国的物理学研究数十年来取得了长足发展,一大批具有较高学术价值的著作相继问世。这套丛书首次成规模地将中国物理学者的优秀论著以英文版的形式直接推向国际相关研究的主流领域,使世界对中国物理学的过去和现状有更多、更深入的了解,不仅充分展示出中国物理学研究和积累的"硬实力",也向世界主动传播我国科技文化领域不断创新发展的"软实力",对全面提升中国科学教育领域的国际形象起到一定的促进作用。

　　习近平总书记在 2018 年两院院士大会开幕会上的讲话强调,"中国要强盛、要复兴,就一定要大力发展科学技术,努力成为世界主要科学中心和创新高地"。中国未来的发展在于创新,而基础研究正是一切创新的根本和源泉。我相信,在第一期的基础上,第二期"中外物理学精品书系"会努力做得更好,不仅可以使所有热爱和研究物理学的人们从中获取思想的启迪、智力的挑战和阅读的乐趣,也将进一步推动其他相关基础科学更好更快地发展,为我国的科技创新和社会进步做出应有的贡献。

"中外物理学精品书系"编委会主任

中国科学院院士,北京大学教授

王恩哥

2018 年 7 月于燕园

内 容 提 要

在这本著作中,读者将了解到高亮度 X 射线物理与技术方面的最新进展.借助最新的理论,本领域的卓越学者将引导读者学习基于同步辐射和自由电子激光产生高亮度 X 射线的基本原理和技术.本书涉及面广,包括波荡器的高亮度同步辐射、自放大自发辐射、种子型高增益谐波放大器、超短脉冲、高功率波荡器渐变、自由电子激光振荡器、X射线振荡器与放大器结构等.新颖的数学方法和大量辅以直观解释的图片使读者可以更容易地理解关键概念,而对 X 射线装置性能改进方法的实际考虑和对近期实验结果的讨论则为解决本领域当前的研究问题提供了工具和知识.

本书内容全面,可供研究生、研究人员和设计、管理或使用 X 射线装置的从业人员参考.

中文版序

　　1976 年, 美国斯坦福大学 John Madey 教授通过让电子直线加速器产生的相对论电子束在磁体中做扭摆运动, 在世界上首次实现了自由电子激光. 自由电子激光以在真空中运动的电子为介质, 具有波长大范围可调的特点, 在短波长范围更是具有独特的优势. Madey 教授开创了一个非常重要的研究方向, 世界上科技先进的国家纷纷开展相关研究, 近年来的发展更为迅速. 目前硬 X 射线自由电子激光装置已经实现了稳定运行, 在超快过程研究中发挥了不可替代的作用. 同时, 自由电子激光理论和相关技术的研究也齐头并进, 陆续提出了 HGHG, EEHG, 自种子放大等自由电子激光新机制.

　　我国的自由电子激光研究也经历了一个较长的发展过程. 早在 1986 年, 谢家麟先生就提出了建设北京自由电子激光装置的建议. 由于当时我们对自由电子激光的了解不多, 因此于 1988 年在北京大学召开了一个自由电子激光国际研讨会, 邀请了当时这一领域的一些专家来进行交流. 这次研讨会历时 12 天, 大家进行了充分的讨论. 此后, 国内长波长自由电子激光逐步发展起来了. 谢家麟先生领导的北京自由电子激光装置于 1993 年建成, 当时是亚洲第一台实现饱和出光的自由电子激光装置. 在短波长方面, 杨振宁先生在 1997 年提出了国内尽早建设 X 射线自由电子激光装置的建议并受到国家有关方面的重视. 在国家自然科学基金委和国家科技部的支持下, 国内自由电子激光关键物理和技术问题的研究取得了可喜的进展, 先后实现了深紫外、极紫外出光. 最近国家发改委支持的软 X 射线自由电子激光试验装置已经建成, 并将很快升级成用户装置. 与此同时, 作为高重频自由电子激光基础的射频超导加速技术也得到了很好的发展. 就在今年 4 月, 我国启动了基于射频超导加速器的高重频硬 X 射线自由电子激光装置的建设, 这标志着我国将跨入国际自由电子激光领域的先进行列.

　　在这样的形势下, 我们更加迫切地希望更多的年轻人了解自由电子激光, 深入学习自由电子激光物理和技术, 以便更好地投身于我国的自由电子激光事业. 此时将《同步辐射与自由电子激光》一书翻译成中文, 可以说是恰逢其时.《同步辐射与自由电子激光》原书的主要作者 Kwang-Je Kim 是我们的老朋友, 黄志戎是北京大学的校友和客座教授, 他们都是国际上自由电子激光领域的知名学者和领军人物, 在自由电子激光物理和技术方面有很深的造诣. 他们合著的这本书是一部既有深度又有广度的专业著作, 不仅系统地介绍了自由电子激光物理的主要内容, 也反映了自由电子激光的最新发展. 这本书的译者也十分用心, 既充分尊重原著, 也考虑到国内读者的阅读习惯并对一些术语的中文翻译进行了规范.

最后, 我相信《同步辐射与自由电子激光》中译本的出版, 能够帮助更多的青年学生和相关科技工作者更好地掌握自由电子激光的基本原理和关键技术, 以更好地为我国自由电子激光事业的发展做出贡献.

陈佳洱

2018 年 5 月 28 日

原版序言

强相对论电子沿曲线轨迹运动时产生的 X 射线通常被称为同步辐射, 它是研究原子与分子系统的结构及动力学的重要工具. 第一个专用的同步辐射装置 (基于电子储存环) 建于 20 世纪 70 年代.[①]由于同步辐射强度高、散角小, 并具有很宽的光谱范围, 自那以后, 对其需求稳步增长. 在过去的几十年中, 同步辐射的效能得到了进一步的提升, 这一方面得益于储存环设计的改进, 另一方面得益于波荡器等磁铁设备的使用, 前者导致了电子束相空间密度的增长, 后者极大地提高了 X 射线的亮度 (与传统偏转磁铁相比). 这些进展扩大和加深了 "光子科学" 在世界各地的影响.

在 X 射线产生方面的另一革命性进步是 X 射线自由电子激光 (FEL) 的发展. FEL 中产生的辐射反过来作用于电子束, 由此得到的 X 射线强度和相干性远远优于基于储存环的光源. X 射线 FEL 的成功得益于直线加速器技术的进步, 特别是注入器 (电子源) 性能的提升.

直线加速器产生的高亮度、高能电子束目前可以驱动采用长波荡器的高增益 X 射线 FEL 放大器. FEL 放大器的增益可以足够高, 从而使最初的非相干波荡器辐射演化为高强度的准相干电磁场, 即自放大自发辐射 (SASE). 利用超短电子束团, 可以产生超短的 SASE 脉冲. X 射线 FEL 可使传统同步辐射光源上的实验技术更为有效, 同时也为材料、化学、生物学的新领域 (如超快动力学) 研究打开了大门.

X 射线 FEL 的出现并不会取代其他同步辐射光源. 对于某些应用 (包括那些要求高稳定性或高平均通量的应用), 储存环的同步辐射比 SASE 更具吸引力. 通过改进储存环的设计, 未来的同步辐射装置将可提供亮度比当前 "第三代" 光源还要高的 X 射线. 例如, "多偏转消色散" 可显著提高电子束及相应辐射的亮度. X 射线 FEL 的性能也正从多个方面得到改进, 包括通过谐波产生方法获得全相干的软 X 射线、通过自种子技术提升硬 X 射线的相干性以及为用户提供多色和/或多脉冲 X 射线等等. 采用由 Bragg 晶体作为主反射镜的 X 射线光腔, 全相干、高谱纯度的 X 射线 FEL 振荡器 (XFELO) 在硬 X 射线波段也已成为可能. 我们可以设想在一个大型 X 射线装置中将 XFELO 的输出作为高增益 FEL 放大器的输入, 从而

[①]"同步辐射" 因 1947 年在同步加速器上被首次观察到而得名. 我们要避免将储存环称为 "同步光源" 的习惯做法, 这是因为储存环中的电子处于稳态, 而同步加速器中的电子在加速.

为未来的光子科学提供极致的支持.

因此, 同步辐射光源和自由电子激光中 X 射线产生的物理基础具有重要的现时意义. 尽管在这些主题上已有一些优秀的专著 (本书后面列出了部分参考书目), 但我们将尝试对 X 射线的产生进行统一而有条理的介绍. 重叠的论述是不可避免的, 我们希望这里提供的视角和方法可以帮助读者更全面地理解相干 X 射线的产生, 并为潜在的创新打下基础. 以下简要介绍我们的理念和方法.

第一, 我们认为同步辐射和 FEL 应该作为一个统一的主题来处理, 特别是在 X 射线频谱范围内. 这是因为波荡器中总是存在 FEL 反馈现象[①], 尽管在许多情况下这种反馈很弱, 不会对 X 射线辐射的特性造成明显的影响.

第二, 我们已经强调了粒子束与辐射束相空间分布的重要性. 粒子束的相空间分布在加速器物理中已很熟悉, 而电磁场的相空间分布则可以在 Wigner 的基础上定义. 我们因此能以合乎逻辑的方式来确定同步辐射的相空间密度 (或亮度分布). 这让电子束和辐射束处在平等的地位上, 同时也可用于回答一些在实际中很重要的问题, 例如电子束的相空间分布对其产生的 X 射线的影响何时可以忽略等.

第三, 我们通过将电子的相空间分布表示为 δ 函数之和 (标示每个组成电子的位置和动量) 来保持电子的离散特性. 这种分布被称为 Klimontovich 分布函数, 通常包含我们关注的全部经典信息. 我们将 Klimontovich 分布写成两个部分之和: 第一部分描述平滑的整体平均分布, 第二部分则包含电子相互作用导致的快速振荡和 δ 函数离散求和中的涨落. 为了让问题可解, 我们将第二部分看作对平滑平衡态的小幅扰动. 如果忽略横向维度, 这一初值问题的完整解可通过 Laplace 变换方法得到. 为了处理辐射衍射和电子的横向 β 振荡, 需要采用更加复杂的方法. 对于低增益情形, 可通过沿特征曲线积分的方法得到初值问题的解, 而对于高增益情形, 形式上的解可用 Van Kampen 模式表示, 由此得到的方程在初始平滑分布已知时可通过数值方法求解.

利用 FEL 产生相干 X 射线的实践是一个快速发展的前沿领域. 因此, 我们并不打算详细阐述已提出的各种技术. 尽管如此, 我们仍将讨论几个实用的主题, 既包括波荡器误差和尾场的影响, 也包括通过长波长激光的非线性谐波产生技术获得相干软 X 射线输出的一些方法. 我们也将简要概述当前存在及计划建造的高增益放大器装置. 采用 Bragg 反射镜的硬 X 射线 FEL 振荡器是产生全相干、高谱纯度硬 X 射线束的一个可能途径, 我们将对此进行详细的讨论.

本书最初是美国粒子加速器学校的课程讲稿. 在过去的十五年中, 该课程每两到三年讲授一次, 讲稿的内容也逐渐成熟. 学生的反馈对讲稿的改进起到了重要作用. 来自我们同事的建议和鼓励太多了, 这里无法一一列举, 它们对这本书的出版

---

① 即辐射对电子束的影响 (译者注).

也至关重要. X 射线 FEL 理论的建立, 以及利用这一理论来设计和解释随后的 FEL 实验及 X 射线装置, 已经成为近年来最令人兴奋、最为成功的束流动力学工作. 与学生和我们的同事分享这些进展, 同时感谢他们的贡献, 是一件令人愉快的事情.

金光齐, 阿贡, 伊利诺伊
黄志戎, 斯坦福, 加利福尼亚
瑞安·林德伯格, 阿贡, 伊利诺伊

习惯及符号

在本书中, 除了能量单位为 eV 外, 其他物理量均采用国际单位制 (SI). 我们分别使用标准黑体和无衬线字体来标示矢量 (如 $\boldsymbol{x}$) 和矩阵 (如 M). Fourier 变换的定义沿袭经典物理学中的标准形式, 这样函数 $f(x,t)$ 的时间及空间 Fourier 变换分别为

$$f(\omega, x) = f_\omega(x) = \int\limits_{-\infty}^{\infty} \mathrm{d}t \mathrm{e}^{\mathrm{i}\omega t} f(x,t),$$

$$f(k, t) = \int\limits_{-\infty}^{\infty} \mathrm{d}x \mathrm{e}^{-\mathrm{i}kx} f(x,t).$$

请注意, 我们常常将 Fourier 变换的频率参数写成下标. 此外, 当在 $(-\infty, \infty)$ 上积分时, 积分限通常被忽略, 这样 Fourier 逆变换可以写成以下形式:

$$f(x, t) = \frac{1}{2\pi} \int \mathrm{d}\omega \mathrm{e}^{-\mathrm{i}\omega t} f_\omega(x),$$

$$f(x, t) = \frac{1}{2\pi} \int \mathrm{d}k \mathrm{e}^{\mathrm{i}kx} f(k,t).$$

最后, 介绍代表物理量的数学符号在本书中是不可避免的. 在这里我们并不打算列出本书中引入的每一个符号, 而是将在不同章节中多次出现的那些符号列入表中. 请注意, 我们有时采用这些变量的归一化形式 (用 "ˆ" 标示), 例如, 沿波荡器的归一化传播距离可以写成 $\hat{z}$.

符号	物理含义/物理描述
a_ν	无量纲频率 ν 上的归一化电场
α	精细结构常数, $\alpha \equiv e^2/(4\pi\epsilon_0\hbar c) \approx 1/137$
$\alpha_{x,y}$	代表相关性的 Twiss 参数, $\alpha_x = -\langle xx'\rangle/\varepsilon_x$
$\mathcal{B}$	辐射亮度 (或 Wigner) 函数
B_0	波荡器轴上峰值磁场
$\beta_{x,y}$	横向 β 函数, $\beta_x = \langle x^2\rangle/\varepsilon_x$
$\bar{\beta}_x$	平均横向 β 函数

符号	物理含义/物理描述
β_n	由波荡器聚焦决定的自然 β 函数
c	真空中的光速
$\Delta\nu$	相对频率失谐, $\Delta\nu = \nu - 1 = (\omega - \omega_1)/\omega_1$
e	电子的电荷量
E_x	横向电场
E	缓变横向电场振幅
E_ν	横向电场的 Fourier 分量
$\mathcal{E}(\phi)$	横向电场的角度表象
η	与共振能量的相对偏离 $(\gamma - \gamma_r)/\gamma_r$
ϵ_0	真空介电常数
ε 或 $\varepsilon_{x,y}$	电子束横向发射度, $\varepsilon_x = \sqrt{\langle x^2 \rangle \langle x'^2 \rangle - \langle xx' \rangle^2}$
$\varepsilon_{x,n}$	电子束的归一化横向发射度 $\gamma\varepsilon$
ε_r	辐射的发射度, $\varepsilon_r \geqslant \lambda/4\pi$
f 或 F	电子相空间分布函数
f_ν	分布函数的 Fourier 分量
γ	电子能量 (单位为 mc^2)
γ_r	共振电子能量 (单位为 mc^2)
γ_0	初始/参考电子能量 (单位为 mc^2)
h	奇次谐波阶次, $h = 1, 3, 5, \cdots$
$\hbar$	Planck 常数除以 2π
I	电子束团峰值电流
I_A	Alfvén 电流, 约 17 kA
J_x	横向电流
$\mathcal{J}_{x,y}$	横向粒子作用量
J_n	n 阶 Bessel 函数 ($n = 0, 1, 2, \cdots$)
$[JJ]$	基波波荡器 Bessel 函数因子, $[JJ]_1 = [JJ]$
$[JJ]_h$	h 次谐波波荡器 Bessel 函数因子
k_1	基波辐射波数 ω_1/c
k_β	β 振荡平均聚焦波数, $k_\beta = 1/\bar{\beta}_x$
k_u	波荡器波数
K	波荡器磁场强度参数, $K = eB_0/mck_u$
L_{G0}	单能束流的一维 FEL 功率增益长度
L_G	三维 FEL 功率增益长度
L_u	波荡器长度
λ_1	FEL 基波波长
λ_h	FEL h 次谐波波长

符号	物理含义/物理描述
λ_u	波荡器周期长度
m	电子静止质量
M	辐射脉冲中的独立模式数
$M_{T,L}$	横向模式数和纵向模式数
μ	线性 FEL 的归一化复增长率
μ_3	一维指数增长模式的增长率
$\mu_{\ell m}$	径向级次为 ℓ、角向级次为 m 的横向模式的增长率
n_e	电子体密度
N_e	束团中的电子总数
ω_1	波荡器基波辐射频率
ν	辐射频率 ω 与基波频率 ω_1 的比值
$\boldsymbol{p}$	电子偏轴角度，$\boldsymbol{p} = (x', y')$
P	辐射功率
P_{beam}	电子束功率 $(I/e)\gamma mc^2$
P_{sat}	FEL 饱和功率
ϕ	相对于光轴的辐射角
ρ	FEL Pierce 参数
σ_η	电子束的 RMS 相对能散度
σ_r, $\sigma_{r'}$	辐射的 RMS 横向尺寸和散角
σ_ω	RMS 辐射带宽
σ_x, $\sigma_{x'}$	电子束的 RMS 横向尺寸和散角
$t_j(z)$	波荡器 z 位置处的电子到达时间
t_j	$z = 0$ 处电子到达时间的简写形式，$t_j = t_j(0)$
$\bar{t}_j(z)$	电子到达时间在波荡器周期上的平均
T	平顶电子束团的持续时间/时间长度
t_{coh}	辐射的相干时间
θ	电子束相对于辐射波的相位
U	总辐射能量
$\boldsymbol{v}$	电子的横向速度
v_z	电子的纵向速度
$\bar{v}_z$	平面波荡器中电子的平均纵向速度
$\boldsymbol{x}$	电子的水平和垂直位置 (x, y)
$\boldsymbol{x}'$	电子的水平和垂直角度 (x', y')
z	从波荡器入口开始的传播距离
z_{sat}	FEL 饱和长度
Z_R	辐射的 Rayleigh 长度

目　　录

第 1 章　基本概念

本章将主要介绍傍轴近似条件下粒子束和辐射束的一些物理概念. 傍轴束是指沿其传输方向 (我们取为 z 轴) 具有良好准直性的束流. 对于相对论电子束流, 傍轴意味着其中一个典型电子的速度矢量与 z 轴的夹角很小, 以至于 $v_z \gg |v_\perp|$ 且 $v_z \approx c$. 对于电磁辐射, 傍轴束具有角散度小的特征, 也就是说, 其中一条典型光线与光轴 $\hat{z}$ 的夹角很小. 实际上, 粒子轨迹与光线具有更深层次的相似性. 在后文中, 我们将会看到傍轴粒子束与辐射束的其他相似特性.

§1.1 讨论与傍轴粒子束有关的一些要点. 我们首先引入相对论电子的相空间, 接着很简要地介绍电子束传输和线性粒子光学. 这里的讨论将自成体系但不是很完整, 仅包含后文研究相对论电子束产生 X 射线时所必需的束流特性和动力学基础, 有兴趣的读者可以查阅任何一本加速器物理教材 (部分教材见参考文献). 在这一节的最后, 我们简要介绍相空间中粒子的分布函数, 它对于第 3, 5 及 6 章中 FEL 动力学的处理是必不可少的.

§1.2 从衍射的处理和几何光学出发介绍傍轴波动光学 (与前一节的粒子束物理相似). 随后, 通过引入波动光学的相空间方法使这一相似性更为规范, 其中, 我们定义傍轴辐射的准分布函数, 它与粒子分布函数类似. 上述相空间方法很巧妙, 但由于光具有波动性而与粒子的情形有显著差异. 在这一节的最后, 我们将讨论时间相干性及随之产生的光强增强这一激光的突出特征.

§1.1　粒子 (电子) 束

我们的主要目标是研究强相对论电子, 也就是速度 $|v|$ 接近于真空中光速的电子所产生的辐射. 为了分析相关物理量的大致量级, 我们首先来看电子的能量 $U_e = \gamma m c^2$, 其中 γ 是相对论 Lorentz 因子, m 是电子的静止质量, c 是真空中的光速. Lorentz 因子 γ 是电子的能量与其静止能量的比值, 采用常用单位时, γ 由下式给出:

$$\gamma = \frac{U_e}{mc^2} = \frac{U_e[\text{GeV}]}{0.511 \times 10^{-3}} = 1957 U_e[\text{GeV}]. \tag{1.1}$$

典型的 FEL 和同步辐射光源使用能量从一到几十 GeV 的电子束, 因此 γ 约为 10^3 至 10^4. 此外, 如果我们定义 $\boldsymbol{\beta} \equiv \boldsymbol{v}/c$ 为电子速度与光速 c 的比值, 则归一化速度

$\beta \equiv |\boldsymbol{v}|/c$ 与 Lorentz 因子的关系可以表示为

$$\beta = \sqrt{1 - \frac{1}{\gamma^2}} \approx 1 - \frac{1}{2\gamma^2}. \tag{1.2}$$

当 $\gamma mc^2 = 1.5 \text{ GeV}$ 时,

$$1 - \beta \approx 5 \times 10^{-8}. \tag{1.3}$$

由此可见, 电子速度非常接近光速, 其差别小于或约为 10^{-7}. 这让人很想从一开始就近似地取 $\beta \to 1$, 但我们将会看到, 某些基本的辐射效应正是由于电子速度小于光速 c 而引起的, 数学上这些效应一般是以 $\sim (1 - \beta)^{-1}$ 的项出现的. 因此, 我们必须很小心地处理 $\beta \to 1$ 的近似, 只有在确定没有问题的时候才这样做.

1.1.1　电子束相空间

现代射频 (RF) 加速器的加速相位上通常可容纳几十至几千 pC 的电荷量, 或者说 10^7 至 10^{10} 个电子. 我们将电子的这种集合称为电子束或束团. 一个电子束团由具有相对论速度, 且速度方向主要沿着 $\hat{z}$ 的 N_e $(N_e \gg 1)$ 个电子组成. 为了描述束流的运动, 一个方便的做法是采用沿参考轨道的传输距离 z 作为独立变量或演化参量. 我们把对 z 的导数记为 ′, 例如,

$$x' \equiv \frac{\mathrm{d}x}{\mathrm{d}z} = \frac{\mathrm{d}x/\mathrm{d}t}{\mathrm{d}z/\mathrm{d}t} = \frac{1}{v_z}\frac{\mathrm{d}x}{\mathrm{d}t}. \tag{1.4}$$

此外, 我们将发现在 X 射线产生的物理过程中, 横向运动在很大程度上独立于纵向自由度. 因此, 我们采用符号

$$\boldsymbol{x} \equiv (x, y), \quad \boldsymbol{x}' \equiv (x', y')$$

表示横向坐标. 对于我们要考虑的相对论傍轴束流, $x', y' \ll 1$, 且电子速度矢量与 $\hat{z}$ 之间的夹角

$$|\boldsymbol{x}'| = \sqrt{x'^2 + y'^2} \approx \frac{1}{c}\sqrt{v_x^2 + v_y^2} \ll 1. \tag{1.5}$$

为了完整地描述电子的动力学, 每个电子需要六个独立的相空间坐标 (三个 "位置" 坐标和三个 "动量" 坐标), 每个坐标均为独立变量 z 的函数. 我们进一步将这一相空间分解为横向和纵向 (时间) 的自由度. 横向相空间变量为 $(\boldsymbol{x}_j, \boldsymbol{x}'_j)$, 其中 $\boldsymbol{x}_j = (x_j, y_j)$ 是第 j 个电子相对于参考轨道的横向坐标, 而 $\boldsymbol{x}'_j = (x'_j, y'_j)$ 则表示相对于 z 轴的夹角或发散角, $j = 1, 2, \cdots, N_e$. 纵向/时间相空间变量由 $(\Delta t_j, \Delta \gamma_j)$ 表示, 其中 Δt_j 是电子到达 z 处横截面的时间与电子束团到达时间 (即参考粒子到达时间) 的差值, 能量偏离 $\Delta \gamma_j \equiv \gamma_j - \gamma_0$ 则是以中心束流能量 $\gamma_0 mc^2$ 为参考定义的. 上述坐标的含义如图 1.1 所示. 这里需要特别注意的是, $\Delta t < 0$ 的电子是在参

考电子之前到达位置 z 的. 在许多情形中, 使用正比于 $-\Delta t$ 的纵向坐标更为自然, 这是因为 $(x, y, -\Delta t)$ 形成了一个随束流一起运动的右手直角坐标系.[①]

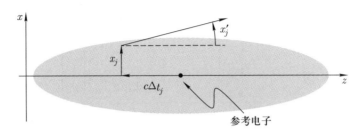

图 1.1　束团中电子的横向及纵向相空间变量示意图.

1.1.2　束流传输与线性光学

粒子束的传输与控制属于加速器物理的范畴, 在这里我们仅粗略地讨论一下傍轴束的横向相空间传输, 对带电粒子传输的更完整讨论可在相关教材中找到, 如文献 [1, 2]. 为使问题简化, 我们利用坐标 $\boldsymbol{x}$ 和 $\boldsymbol{x}'$ 为小量的这一情况, 并且只考虑在 $(\boldsymbol{x}, \boldsymbol{x}')$ 上的线性作用力. 在此情形下, 出射平面内的坐标 $(\boldsymbol{x}, \boldsymbol{x}')_{\mathrm{out}}$ 可写成入射平面内初始坐标 $(\boldsymbol{x}, \boldsymbol{x}')_{\mathrm{in}}$ 的线性组合, 因此存在一个变换矩阵 M 将二者联系起来. 如果沿 x 的运动与沿 y 的运动无耦合, 则有

$$
\begin{bmatrix} x \\ x' \end{bmatrix}_{\mathrm{out}} = \mathsf{M}_{z_{\mathrm{in}} \to z_{\mathrm{out}}} \begin{bmatrix} x \\ x' \end{bmatrix}_{\mathrm{in}}. \tag{1.6}
$$

通常, 我们会更多地关注由漂浮空间和四极磁铁组成的直线传输段. 在这种直线传输段中, 四极磁铁位于漂浮空间之间, 提供横向聚焦力. 长度为 ℓ 的自由空间的变换规则为

$$
(x, x') \to (x + \ell x', x'), \tag{1.7}
$$

用矩阵的形式可表示为

$$
\begin{bmatrix} x \\ x' \end{bmatrix}_{\mathrm{out}} = \begin{bmatrix} 1 & \ell \\ 0 & 1 \end{bmatrix} \begin{bmatrix} x \\ x' \end{bmatrix}_{\mathrm{in}} \equiv \mathsf{M}_\ell \begin{bmatrix} x \\ x' \end{bmatrix}_{\mathrm{in}}. \tag{1.8}
$$

四极磁铁的作用像聚焦元件一样. 在薄透镜近似条件下, 四极磁铁会使电子产生一个正比于其离轴距离的角度突变 (或称 "踢角"). 在两个横向相平面内, 有以下变换规则:

$$
(x, x') \to (x, x' - x/f), \quad (y, y') \to (y, y' + y/f). \tag{1.9}
$$

[①]此外, 在 Hamilton 表达形式中, $(-ct, mc\gamma)$ 为正则的位置-动量共轭对, 参见附录 A.

我们可以看出, 如果四极磁铁在 x 方向聚焦束流, 则在 y 方向将使束流散焦. (1.9) 式的 4×4 矩阵形式为

$$\begin{bmatrix} x \\ x' \\ y \\ y' \end{bmatrix}_{\text{out}} = \mathsf{M}_f \begin{bmatrix} x \\ x' \\ y \\ y' \end{bmatrix}_{\text{in}} = \begin{bmatrix} 1 & 0 & 0 & 0 \\ -1/f & 1 & 0 & 0 \\ 0 & 0 & 1 & 0 \\ 0 & 0 & 1/f & 1 \end{bmatrix} \begin{bmatrix} x \\ x' \\ y \\ y' \end{bmatrix}_{\text{in}} . \tag{1.10}$$

该矩阵可分解成两个独立的 2×2 矩阵, 每个 2×2 矩阵对应一个横向方向.

一段束线的总传输矩阵通常由各元件的传输矩阵按顺序相乘得到, 对于编号依次为 $n = 1, 2, \cdots, N$ 的 N 个元件 (束流首先通过元件 1, 然后通过元件 2, $\cdots$), 总传输矩阵为

$$\mathsf{M} = \mathsf{M}_N \mathsf{M}_{N-1} \cdots \mathsf{M}_2 \mathsf{M}_1 . \tag{1.11}$$

在本节的最后, 我们需要指出线性束流传输还可以用以下线性微分方程的解来表达, 这是一个与矩阵等效且互补的描述方法:

$$x'' + K(z)x = 0, \tag{1.12}$$

其中, $K(z)$ 是 z 的函数, 其形式依赖于所考虑的线性元件. 例如:

$$K(z) = \begin{cases} 0 & (\text{自由空间传输}), \\ +\dfrac{\delta(z)}{f} & (\text{薄聚焦透镜}). \end{cases} \tag{1.13}$$

容易看出这一表达方式与 (1.7) 及 (1.9) 式等价.

1.1.3 束流发射度与包络函数

跟踪电子束流中百万至万亿个粒子的轨道需要相当多的计算资源. 但在很多时候我们对单个粒子的轨迹并不感兴趣, 而更希望知道较易测量的整体束流属性. 我们把这些束流属性表示为束流横向坐标乘积的平均值 (或者矩). 如果选取坐标轴方向使得平均运动沿 $\hat{z}$, 则一阶矩消失:

$$\langle x \rangle \equiv \frac{1}{N_e} \sum_j x_j = 0 = \langle x' \rangle \equiv \frac{1}{N_e} \sum_j x'_j . \tag{1.14}$$

在此情形下, 最简单的束流属性为二阶矩. 为简单起见, 我们只讨论一个横向维度,

则束流的二阶矩具有以下物理含义:

$$\text{RMS 束流尺寸的平方,} \quad \sigma_x^2(z) = \langle x^2 \rangle = \frac{1}{N_e} \sum_j x_j^2. \tag{1.15}$$

$$\text{RMS 束流散角的平方,} \quad \sigma_{x'}^2(z) = \langle x'^2 \rangle = \frac{1}{N_e} \sum_j x_j'^2. \tag{1.16}$$

$$\text{RMS 束流相关性,} \quad \langle xx' \rangle = \frac{1}{N_e} \sum_j x_j x_j'. \tag{1.17}$$

下面利用图 1.2 所示的相空间椭圆来进一步举例说明束流分布, 包括 RMS 尺寸、散角和相关性. 用相椭圆表达束流分布极为方便, 因为它们在线性传输中始终是椭圆, 且其面积正比于几何发射度 (或简称发射度). 几何发射度的定义为

$$\varepsilon_x \equiv \sqrt{\langle x^2 \rangle \langle x'^2 \rangle - \langle xx' \rangle^2}. \tag{1.18}$$

由于相面积守恒, (1.18) 式中的发射度是线性磁聚焦传输系统的一个不变量.①

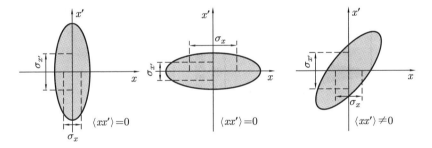

图 1.2 典型的相椭圆, 它们具有相同的发射度 ε_x. 请注意当相关性 $\langle xx' \rangle$ 为零时, 束流的尺寸或散角最小.

几何发射度是对电子束所占相空间面积的量化, (1.18) 式表明, 如果要减小束流的散角就必须增大束流的 RMS 尺寸, 反之亦然. 因此, ε_x 给出了一个束流品质的不变量度, 它是电子束与辐射之间耦合情况的一个重要衡量标准. FEL 相互作用通常对束流发射度有一个最低要求, 由此可以推知对注入器 (加速器的源头) 束流品质的要求. 然而, 加速的效应也要考虑, 它会改变发射度 ε_x, 即便横向作用力是线性的. 这是因为当 γ 改变时, 横向坐标 $(\boldsymbol{x}, \boldsymbol{x}')$ 并非正则共轭变量, 因此 Hamilton 力学的相面积守恒定理在 $(\boldsymbol{x}, \boldsymbol{x}')$ 构成的相空间中并不适用. 但是, 如果我们采用 Hamilton 位置与动量对 $(\boldsymbol{x}, \boldsymbol{p} = mc\beta_z\gamma\boldsymbol{x}')$, 则能以类似 (1.18) 式的方式构造归一化

---

①尽管 Hamilton 系统保持相面积不变, 但在非线性力的作用下, 相空间中的初始椭圆最终并非总能维持椭圆形状, (1.18) 式定义的 ε_x 仅对线性作用力是不变量. 此外, 如果线性作用力将 x 方向的运动耦合到沿 y (或 t) 方向, 则有必要对 (1.18) 式进行推广.

发射度 $\varepsilon_{x,n}$. 在理想情况下, 从注入器经加速阶段到最终的插入件, $\varepsilon_{x,n}$ 始终保持不变. 归一化发射度与几何发射度可通过下式联系起来:

$$\varepsilon_{x,n} = \beta_z \gamma \varepsilon_x \approx \gamma \varepsilon_x. \tag{1.19}$$

归一化发射度 $\varepsilon_{x,n}$ 在包含加速的线性系统中守恒, 因此通常被用作衡量电子枪束流品质的重要标准.

让我们再回到粒子束相空间及其横向矩和几何发射度 ε_x 上来, 并引入几个可以很方便地描述束流性质的电子束包络函数. 这些包络函数在加速器领域被称为 Courant–Snyder 或 Twiss 参数, 通常定义为

$$\beta_x = \frac{\langle x^2 \rangle}{\varepsilon_x}, \quad \gamma_x = \frac{\langle x'^2 \rangle}{\varepsilon_x}, \quad \alpha_x = -\frac{\langle xx' \rangle}{\varepsilon_x}. \tag{1.20}$$

尽管我们一般习惯用 β 表示归一化电子速度, 用 γ 表示相对论 Lorentz 因子, 但 (1.20) 式的符号已被普遍接受, 因此, 在这里我们也采用这些符号. 考虑到 (1.18) 式的发射度定义, 有

$$\beta_x \gamma_x - \alpha_x^2 = 1, \tag{1.21}$$

此外由 (1.20) 式也可得到

$$\frac{\mathrm{d}\beta_x}{\mathrm{d}z} = -2\alpha_x. \tag{1.22}$$

束流发射度和包络函数, 特别是 β 函数 (β_x), 是加速器物理学家每天都要关注的对象. β_x, γ_x 和 α_x 通常被看作是束流传输线或磁聚焦结构的属性, 而发射度则是束流的属性. 束流的物理尺寸和散角由束流的发射度和磁聚焦结构的特性共同决定.

1.1.4　简单传输下的束流属性

现在, 我们来看一下两种情形下的束流包络函数和 RMS 矩. 它们虽然简单, 但在物理上却很重要. 我们首先考虑电子在自由空间中的传输, 然后研究一个由周期性间隔的四极透镜所组成的磁聚焦传输结构中的束流演变.

自由空间传输

利用 (1.8) 式中的矩阵计算束流经距离为 z 的自由空间传输 (其中 $\ell = z$), 有

$$\begin{bmatrix} x \\ x' \end{bmatrix}_{\text{out}} = \begin{bmatrix} 1 & z \\ 0 & 1 \end{bmatrix} \begin{bmatrix} x \\ x' \end{bmatrix}_{\text{in}}. \tag{1.23}$$

因此, RMS 束流尺寸的演化可由下式给出:

$$\langle x_{\text{out}}^2 \rangle = \langle (x_{\text{in}} + zx_{\text{in}}')^2 \rangle = \langle x_{\text{in}}^2 \rangle + 2z \langle x_{\text{in}} x_{\text{in}}' \rangle + z^2 \langle x_{\text{in}}'^2 \rangle, \tag{1.24}$$

而散角则是常数, 即 $\sigma_{x'}(z) = \sigma_{x'}(0)$. 如果假设初始相关性为零 (即 $\langle x_{\mathrm{in}} x'_{\mathrm{in}} \rangle = 0$),
并利用 (1.20) 式中的定义, 则可以得到

$$\beta_x(z) = \beta_x(0) + z^2 \gamma_x(0). \tag{1.25}$$

由于我们已假设没有初始相关性, 因此 $\alpha_x(0) = 0$, 且由恒等关系 (1.21) 式可得
$\gamma_x(0) = 1/\beta_x(0)$. 这样就有

$$\beta_x(z) = Z_\beta + \frac{z^2}{Z_\beta}, \tag{1.26}$$

其中聚焦参数[①] $Z_\beta = \beta_x(0)$ 由此漂浮空间之前的聚焦情况决定. RMS 束流尺寸由
下式给出:

$$\sigma_x(z) = \sqrt{\varepsilon_x \beta_x(z)} = \sqrt{\varepsilon_x \left(Z_\beta + \frac{z^2}{Z_\beta} \right)}. \tag{1.27}$$

当初始相关性为零时, RMS 尺寸在 $z = 0$ 处最小, 这个位置被称为束腰. 在距离束
腰较近处, 束流尺寸随 z 的平方增长, 而当 $z \gg Z_\beta$ 时, 束流尺寸则线性增长. 如图
1.3 所示, 这种束流的发散之所以发生, 是由于不同的粒子以不同的角度运动, 即便
每个粒子的轨道都是一条直线.

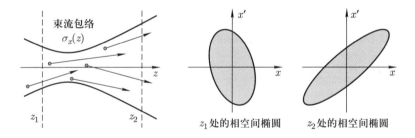

图 1.3 直线电子轨迹引起束流包络发散示意图. 左图是 x-z 平面内的几个电子轨迹和自由空间
束流尺寸. 在右图中我们画出了 z_1 和 z_2 位置处 x-x' 平面中的相空间椭圆.

交变梯度磁聚焦结构

我们现在考虑由周期性的一系列四极透镜和漂浮空间组成的聚焦束流传输结
构. 由于一个四极透镜一次只能在一个平面内聚焦 (x 或 y), 因此一般使用图 1.4
所示的磁聚焦结构来实现两个平面内的同时聚焦, 其基本单元是由漂浮段分隔的两
个四极透镜组成. 第一个四极透镜在 x 方向对束流聚焦, 在 y 方向则散焦, 第二个
透镜在 x 方向散焦, y 方向聚焦. 这种聚焦–漂浮–散焦–漂浮 (FODO) 束流传输结
构的总效果是在两个方向上均可约束束流, 这可以从图 1.4 所示的相图中看出.

[①]粒子对撞机物理学家通常使用 β_x^* 来表示这里的 Z_β.

对于高增益 FEL, 一般希望在使散角 (或 γ_x 函数) 最小化的同时, 束流尺寸 (或 β_x 函数) 的变化也较小, 这可以通过一个相空间变换如图 1.4 所示的特殊 FODO 结构来实现. 请注意在 x' 轴上的投影一直很小时, 如何使 x 轴上投影的变化也较小. 在实际中, 这种聚焦结构采用焦距远长于漂浮空间间距的透镜, 即 $|f| \gg \ell$.

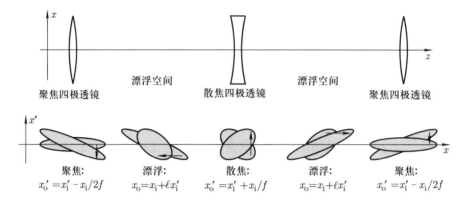

图 1.4 FODO 结构的基本单元包括聚焦四极透镜、漂浮空间、散焦四极透镜和漂浮空间. 上图为一个起止于聚焦四极透镜中心对称平面的 FODO 结构单元, 下图为电子束的相空间变换. 图示的散焦变换经过了整个四极透镜, 在四极透镜中心, 束流在 x-x' 上不相关.

为了对 FODO 结构进行简单的分析, 我们考虑入口及出口平面都位于聚焦四极透镜中间的情形 (图 1.4). 在此情形下, 入口和出口平面的相关性 $\langle xx' \rangle$ 为零. 由于半个透镜的焦距是整个透镜焦距的一半 (可以通过矩阵乘积看出), FODO 单元的传输矩阵由下式给出:

$$
\begin{aligned}
\mathsf{M}_{\mathrm{FODO}} &= \begin{bmatrix} 1 & 0 \\ -1/2f & 1 \end{bmatrix} \begin{bmatrix} 1 & \ell \\ 0 & 1 \end{bmatrix} \begin{bmatrix} 1 & 0 \\ 1/f & 1 \end{bmatrix} \begin{bmatrix} 1 & \ell \\ 0 & 1 \end{bmatrix} \begin{bmatrix} 1 & 0 \\ -1/2f & 1 \end{bmatrix} \\
&= \begin{bmatrix} 1 - \dfrac{\ell^2}{2f^2} & 2\ell\left(1 + \dfrac{\ell}{2f}\right) \\ -\dfrac{\ell}{2f^2}\left(1 - \dfrac{\ell}{2f}\right) & 1 - \dfrac{\ell^2}{2f^2} \end{bmatrix}.
\end{aligned}
\tag{1.28}
$$

对于周期性运动, 我们有 $\beta_x(0) = \beta_x(2\ell)$ 和 $\gamma_x(0) = \gamma_x(2\ell)$, 而上述两平面处相关性 α_x 为零则意味着 $\beta_x(0) = 1/\gamma_x(0)$, 这从 (1.21) 式就可以看出. 我们采用与 (1.24) 式中的自由空间传输类似的处理方式来计算束流尺寸, 求解由此得到的 $\beta_x(0)$ 的二次方程, 并考虑 $f \gg \ell$ 的情形, 有

$$
\beta_x(0) = 2\sqrt{\frac{2f^3 + f^2\ell}{2f - \ell}} \approx 2|f|\left(1 + \frac{\ell}{2f}\right).
\tag{1.29}
$$

如果我们把入口和出口平面都取在散焦透镜处, 则除了将 f 替换为 $-f$ 外, 计算将完全相同, 因此

$$\beta_x(\ell) \approx 2\,|f|\left(1 - \frac{\ell}{2f}\right). \tag{1.30}$$

在四极透镜之间, β 函数是 z 的近似线性函数, 因此从 (1.22) 式可得到在前半周期 $\mathrm{d}\beta_x/\mathrm{d}z = -2\alpha_x \approx -2$, 而在后半周期 $\mathrm{d}\beta_x/\mathrm{d}z = -2\alpha_x \approx +2$. 尽管如此, 在 $|f| \gg \ell$ 的极限情况下, 包络函数 β_x, γ_x 和 α_x 在整个磁聚焦结构中都近似为常数. 我们可以采用与 β_x 相似的方式计算平均 γ_x 函数, 但更简单的是利用恒等关系

$$\gamma_x = \frac{1 + \alpha_x^2}{\beta_x} \approx \frac{1}{|f|}, \tag{1.31}$$

其中最后的结果是将 $\alpha_x \approx \pm 1$ 和上述 β_x 的公式代入后得到的.

现在, 我们可以得出在 $|f| \gg \ell$ 的极限情况下 FODO 结构包络函数的平均值及相应的 RMS 束流尺寸、散角和相关性:

$$\beta_x(z) \approx \overline{\beta}_x = 2f \quad \rightarrow \quad \langle x^2 \rangle \approx 2\varepsilon_x f, \tag{1.32}$$

$$\gamma_x(z) \approx \frac{2}{\overline{\beta}_x} = \frac{1}{f} \quad \rightarrow \quad \langle x'^2 \rangle \approx \frac{\varepsilon_x}{f}, \tag{1.33}$$

$$\alpha_x^2(z) \approx \overline{\beta}_x \overline{\gamma}_x - 1 = 1 \quad \rightarrow \quad \langle xx' \rangle \approx \pm \varepsilon_x. \tag{1.34}$$

请注意, 包络函数仅依赖于 FODO 结构的参数 ℓ 与 f(在此处的近似条件下, 它们仅依赖于焦距 f), 而束流的物理尺寸、散角及相关性还通过发射度 ε_x 与束流品质相联系.

1.1.5 相空间中的电子分布函数

在讨论电子束流的最后, 我们简要介绍一下相空间中的电子分布函数. 我们将电子分布函数取为相空间坐标的非负值函数 F, 其值正比于单位相空间体积内的电子数目, 例如, 在上节图 1.2 和图 1.3 中的椭圆可以被看作是二维横向相空间内的分布函数, 其中阴影区域的强度正比于电子的局域密度. 在这种简单的理想化处理中, 横向分布函数在椭圆内是均匀的, 在椭圆外则为零.

束团中 N_e 个电子的完整的经典描述可以通过 Klimontovich 分布函数得到, 它将每个点状电子表示为一个以其六维相空间内的轨迹为中心的 δ 函数:

$$F(\Delta t, \Delta\gamma, \boldsymbol{x}, \boldsymbol{x}'; z) = \frac{1}{N_e} \sum_{j=1}^{N_e} \delta[\Delta t - \Delta t_j(z)]\delta[\Delta\gamma - \Delta\gamma_j(z)]$$

$$\times \delta[\boldsymbol{x} - \boldsymbol{x}_j(z)]\delta[\boldsymbol{x}' - \boldsymbol{x}'_j(z)]. \tag{1.35}$$

F 已经进行了归一化, 对所有坐标积分的结果为 1. 此外,

$$N_e F(\Delta t, \Delta \gamma, \boldsymbol{x}, \boldsymbol{x}'; z) \mathrm{d}\boldsymbol{x}\mathrm{d}\boldsymbol{x}'\mathrm{d}(\Delta t)\mathrm{d}(\Delta \gamma) \tag{1.36}$$

是单位相空间体积中的粒子数, 这些粒子的坐标在以 $(\boldsymbol{x}, \boldsymbol{x} + \mathrm{d}\boldsymbol{x})$, $(\boldsymbol{x}', \boldsymbol{x}' + \mathrm{d}\boldsymbol{x}')$ 等为边的六维立方体内.

在保守 (Hamilton) 动力学情形下, 分布函数 F 的值沿着单粒子轨迹传递, F 如同相空间中不可压缩的流体, 满足 Liouville 方程

$$\frac{\mathrm{d}}{\mathrm{d}z} F = \left[\frac{\partial}{\partial z} + (\Delta t)' \frac{\partial}{\partial \Delta t} + (\Delta \gamma)' \frac{\partial}{\partial \Delta \gamma} + \boldsymbol{x}' \cdot \frac{\partial}{\partial \boldsymbol{x}} + \boldsymbol{x}'' \cdot \frac{\partial}{\partial \boldsymbol{x}'} \right] F = 0. \tag{1.37}$$

尽管 Klimontovich 分布函数是一个完备的描述, 且在后续章节中将是一个重要的分析工具, 但它往往包含超出物理需求的过多信息. 通常, 我们可将此分布近似为平滑的相空间流体, 其值正比于局域密度. 正如在本节开头时提到的那样, 包含在相空间椭圆内的常数值密度分布就是一个这样的简化 (此类常数分布通常被称为 "水囊" 分布). 另一个可通过解析方法处理的比较方便的分布函数为 Gauss 函数. 实际上, 如果我们只知道分布函数 F 的一阶矩和二阶矩 (前者为零, 后者由包络函数和 ε_x 给出), 则 Gauss 函数分布是具有最大熵值的分布, 因此, 选择 Gauss 分布是基于上述给定信息所能做到的最好情形.[①]

如前所述, 对于 X 射线的产生, 电子横向的动力学通常与纵向无关, 因此我们可独立地考虑横向分布函数. 后续章节主要关注与辐射产生有关的纵向动力学和 FEL 相互作用, 而此处我们只介绍一些应用于函数 F 横向部分的基本概念. 为简单起见, 首先引入单一横向维度上的 Gauss 相空间分布, 这很容易推广到二维情形. 假设 Gauss 横向分布函数的二阶矩与 (1.20) 式的包络函数一致, 则有

$$F(x, x'; z) = \frac{1}{2\pi\varepsilon_x} \exp\left\{ -\frac{1}{2\varepsilon_x} \left[\gamma_x(z)x^2 + \beta_x(z)x'^2 + 2\alpha_x(z)xx' \right] \right\}. \tag{1.38}$$

对于自由空间, 有 $\beta_x(z) = Z_\beta + z^2/Z_\beta$, $\gamma_x(z) = 1/Z_\beta$ 及 $\alpha_x(z) = -z/Z_\beta$, 因此

$$F(x, x'; z) = \frac{1}{2\pi\varepsilon_x} \exp\left[-\frac{(x - x'z)^2}{2Z_\beta\varepsilon_x} - \frac{x'^2}{2\varepsilon_x/Z_\beta} \right]. \tag{1.39}$$

上述表达式也可采用另一种方式推导出来, 它与 F 的函数形式无关, 仅需用到 F 遵守 Liouville 方程(1.37) 这一条件. 该方法具有普适性, 其效用将在后面的计算中被证实, 此处我们只是简单介绍一下. Liouville 方程表明 F 的值沿着粒子轨迹传

---

①如果 F 的更高阶矩已知, 则应选择与此数据相符的合适分布.

递, 而粒子轨迹则是偏微分方程 (1.37) 的特性曲线. 这意味着如果在某个初始位置 s 处的分布函数由 $F(\boldsymbol{x}, \boldsymbol{x}'; s)$ 给出, 则在束轴的 z 位置处, 有

$$F(\boldsymbol{x}, \boldsymbol{x}'; z) = F[\boldsymbol{x}_0(\boldsymbol{x}, \boldsymbol{x}', z; s), \boldsymbol{x}_0'(\boldsymbol{x}, \boldsymbol{x}', z; s); s], \qquad (1.40)$$

其中 $(\boldsymbol{x}, \boldsymbol{x}')$ 是 $z = s$ 处的初始坐标 $(\boldsymbol{x}_0, \boldsymbol{x}_0')$ 传输到 z 处的新坐标. 图 1.5 形象地说明了 (1.40) 式的含义, 其中图 (a) 显示了分布函数是怎样沿着单粒子轨迹从位于 s 处的相空间平面传递到 z 处的相空间平面的. (1.40) 式中的符号 $\boldsymbol{x}_0(\boldsymbol{x}, \boldsymbol{x}', z; s)$ 表示初始坐标 $\boldsymbol{x}_0$ 被视作最终坐标 $(\boldsymbol{x}, \boldsymbol{x}')$、最终位置 z 和起始位置 s 的函数, 且有 $\boldsymbol{x}_0(\boldsymbol{x}, \boldsymbol{x}', s; s) = \boldsymbol{x}$.

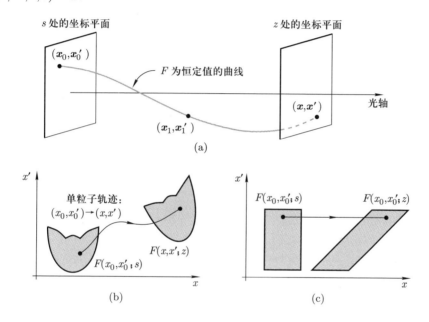

图 1.5 相空间中分布函数的传递. F 的值从 s 处的平面沿着 (a) 所示的单粒子轨迹传递到了 z 处的平面. 初始坐标 $(\boldsymbol{x}_0, \boldsymbol{x}_0')$ 可视作最终坐标 $(\boldsymbol{x}, \boldsymbol{x}')$ 及传输距离 $z - s$ 的函数. (b) 在 x-x' 平面内显示了同样的物理内容: F 的值被传递时, 闭合阴影区域的相空间体积保持不变. (c) 显示了自由空间传输时的相图演变.

　　图 1.5(b) 在相空间平面上显示了同样的物理内容, 其中两个阴影区域被位于 s 和 z 处的相空间等位线包围. F 沿着单粒子轨迹传递, 从而使得 s 处的阴影面积和 z 处相同. 对于一个横向维度上的自由空间传输的简单情形, 我们有

$$x = x_0 + x_0'(z - s), \quad x' = x_0', \qquad (1.41)$$

如图 1.5(c) 所示. 这清楚地表明, 自由空间的传输导致了相空间沿 x 的切变, 且切变量正比于 x'. 下面, 我们将此应用于 Gauss 束, 并考虑束流在 $z = 0$ 处成腰的情

形, 即

$$F(x, x'; z = 0) = \frac{1}{2\pi\varepsilon_x} \exp\left(-\frac{x_0^2}{2\sigma_x^2} - \frac{x_0'^{\,2}}{2\sigma_{x'}^2}\right), \tag{1.42}$$

其中 $\sigma_x^2 = \varepsilon_x \beta_x(0) = \varepsilon_x Z_\beta = Z_\beta^2 \sigma_{x'}^2$. 由 (1.41) 式求解初始坐标 (x_0, x_0'), 可得

$$x_0(x, x', z; s) = x - x'(z - s), \quad x_0'(x, x', z; s) = x'. \tag{1.43}$$

设 $s = 0$, 并将上述初始坐标的表达式代入初始分布函数 (1.42) 式, 可得到任意位置 (z) 处的分布函数 $F(x, x'; z)$, 结果与 (1.39) 式相同. 最后, 注意到实空间中的分布可以通过消除 F 中的角度得到, 将 F 对 x' 积分得

$$\int \mathrm{d}x'\, F(x, x'; z) = \frac{\exp\left[-\dfrac{x^2}{2\sigma_x^2(1 + z^2/Z_\beta^2)}\right]}{\sqrt{2\pi}\sigma_x \sqrt{1 + z^2/Z_\beta^2}}. \tag{1.44}$$

由 (1.44) 容易看出横向束流尺寸 $\sigma_x(z) = \sqrt{\varepsilon_x(Z_\beta + z^2/Z_\beta)}$, 与之前推导的 (1.27) 式一致.

§1.2 辐射束

尽管傍轴辐射的物理图像与 §1.1 中讨论的相对论粒子束有许多共同之处, 但在经典物理学中电磁场有其不同之处, 因为它具有波的性质. 由于这个原因, 用 Fourier 变换或频谱的形式来描述其纵向分布有时更为方便. 类激光辐射的一个重要特征参数是其中心能量或频率、波长, 它们之间的联系为 $U_\gamma = \hbar\omega = 2\pi\hbar c/\lambda$, 其中 $\hbar$ 为 Planck 常数除以 2π. 采用实用单位, 有

$$U_\gamma[\mathrm{keV}] = \frac{12.4}{\lambda[\text{Å}]}. \tag{1.45}$$

可见光的波长范围为 3800~7600 Å, 紫外 (UV) 与红外 (IR) 光的波长位于这一范围之外, 而我们最关心的 X 射线则具有 $\gtrsim 100$ eV 的特征能量, 即 $\lambda \lesssim 100$ Å. X 射线又被进一步细分为波长 $100\,\text{Å} \lesssim \lambda \lesssim 5\,\text{Å}$ 的软 X 射线和波长短于 5 Å 的硬 X 射线.

1.2.1 傍轴束的衍射

如果波长为 λ 的相干电磁辐射被聚焦成尺寸为 Δx 的横向斑点, 则该辐射束将会以角度 $\Delta\phi \approx \lambda/\Delta x$ 衍射, 如图 1.6 所示, 这可以理解为 Fourier "不确定关系" $\Delta x \Delta k \approx \Delta x \Delta\phi/\lambda \approx 1$ 的一个推论. 由于在傍轴近似中我们假设角散度 $\Delta\phi \ll 1$, 后

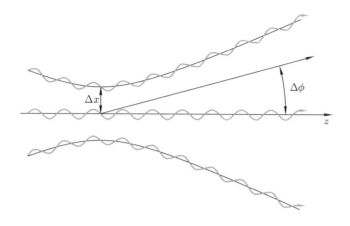

图 1.6 横向受限的辐射束的衍射.

续的推演只有在横向尺寸远大于波长, 即 $\Delta x \gg \lambda$ 时才严格成立, 但经验表明只要 $\Delta x > \lambda$, 则在大部分情况下傍轴近似仍能给出可靠的结果.

为了探讨傍轴电磁波的传播和衍射, 我们首先写出真空中电场的 Maxwell 波动方程:

$$\left[\frac{\partial^2}{\partial t^2} - c^2\frac{\partial^2}{\partial z^2} - c^2\frac{\partial^2}{\partial \boldsymbol{x}^2}\right] E(\boldsymbol{x}, z, t) = 0. \tag{1.46}$$

上式的傍轴解在与 t 和 $\boldsymbol{x}$ 对应的 Fourier 空间中很容易确定. 考虑 $E_\omega(\boldsymbol{x}; z)$ $\mathrm{e}^{-\mathrm{i}\omega t}$ 形式的电场时谐分量 (其中 ω 为角频率), 并假设横向平面 $\boldsymbol{x}$ 垂直于传播方向 (光轴) $\widehat{z}$, 则波动方程为

$$\left[\frac{\partial^2}{\partial z^2} + \frac{\partial^2}{\partial \boldsymbol{x}^2} + k^2\right] E_\omega(\boldsymbol{x}; z) = 0, \quad k = \frac{\omega}{c} = \frac{2\pi}{\lambda}. \tag{1.47}$$

现在, 我们利用横向 Fourier 变换引入电场的角度表象 $\mathcal{E}_\omega(\boldsymbol{\phi}; z)$:

$$\mathcal{E}_\omega(\boldsymbol{\phi}; z) = \frac{1}{\lambda^2}\int \mathrm{d}\boldsymbol{x}\mathrm{e}^{-\mathrm{i}k\boldsymbol{\phi}\cdot\boldsymbol{x}} E_\omega(\boldsymbol{x}; z), \tag{1.48}$$

$$E_\omega(\boldsymbol{x}; z) = \int \mathrm{d}\boldsymbol{\phi}\mathrm{e}^{\mathrm{i}k\boldsymbol{\phi}\cdot\boldsymbol{x}}\mathcal{E}_\omega(\boldsymbol{\phi}; z). \tag{1.49}$$

E_ω 的通解因此可表示为

$$E_\omega(\boldsymbol{x}; z) = \int \mathrm{d}\boldsymbol{\phi}\exp\left[\mathrm{i}k(\boldsymbol{\phi}\cdot\boldsymbol{x} \pm z\sqrt{1-\boldsymbol{\phi}^2})\right]\mathcal{E}_\omega(\boldsymbol{\phi}; 0), \tag{1.50}$$

其中 $\mathcal{E}_\omega(\boldsymbol{\phi}; 0)$ 为 $z = 0$ 处电场的角度表象. 取傍轴近似, 并假设波动集中在前向, 因而场 $\mathcal{E}_\omega(\boldsymbol{\phi}; 0)$ 仅在 $\boldsymbol{\phi}^2 \ll 1$ 的区域内是不可忽略的.[①] 对平方根做 Taylor 展开, 有

①请注意, 对 $\varphi \ll 1$, 我们有理由将 $\boldsymbol{\phi} = \widehat{\boldsymbol{x}}\cdot\boldsymbol{k}/k$ 作为波矢与光轴之间的夹角.

$$\sqrt{1-\phi^2} \approx 1 - \frac{\phi^2}{2}. \tag{1.51}$$

此外, 我们假设波动仅沿 $+\hat{z}$ 传播, 即 (1.50) 式中平方根前取正号, 有

$$E_\omega(\boldsymbol{x}; z) = \int \mathrm{d}\boldsymbol{\phi} \mathrm{e}^{\mathrm{i}k\boldsymbol{\phi}\cdot\boldsymbol{x}} \mathrm{e}^{\mathrm{i}k(1-\phi^2/2)z} \mathcal{E}_\omega(\boldsymbol{\phi}; 0) \tag{1.52}$$

$$= \frac{k\mathrm{e}^{\mathrm{i}kz}}{2\pi\mathrm{i}z} \int \mathrm{d}\boldsymbol{y} \mathrm{e}^{\mathrm{i}k(\boldsymbol{x}-\boldsymbol{y})^2/2z} E_\omega(\boldsymbol{y}; 0). \tag{1.53}$$

(1.53) 式是将 $\mathcal{E}_\omega(\boldsymbol{\phi}; 0)$ 写成 $\boldsymbol{x}$ 表象, 并对 ϕ 进行 Gauss 积分的结果. 它与 Fresnel 衍射积分是一致的, 在 $|\boldsymbol{x}| \ll z$ 的条件下适用于辐射束在自由空间中的传播. 与此同时, (1.52) 式的 Fourier 变换表明, 角度表象中的电场传播通过乘以一个相位项就可得到:

$$\mathcal{E}_\omega(\boldsymbol{\phi}; z) = \mathrm{e}^{\mathrm{i}k(1-\phi^2/2)z} \mathcal{E}_\omega(\boldsymbol{\phi}; 0). \tag{1.54}$$

为了理解 (1.53) 与 (1.54) 式的衍射特性, 需要有类似于 1.1.3 节中处理粒子束的方法来计算辐射束的物理尺寸和散角. 辐射强度分布 $|E_\omega(\boldsymbol{x}; z)|^2$ 是正测度的必然选择, 我们用下式定义 RMS 辐射束尺寸的平方值:

$$\sigma_r^2(z) = \frac{1}{2}\left\langle \boldsymbol{x}^2 \right\rangle = \frac{1}{2} \frac{\int \mathrm{d}\boldsymbol{x}\, \boldsymbol{x}^2 |E_\omega(\boldsymbol{x}; z)|^2}{\int \mathrm{d}\boldsymbol{x}\, |E_\omega(\boldsymbol{x}; z)|^2}, \tag{1.55}$$

RMS 散角的平方值则可采用强度的角度表象来计算:

$$\sigma_{r'}^2(z) = \frac{1}{2}\left\langle \boldsymbol{\phi}^2 \right\rangle = \frac{1}{2} \frac{\int \mathrm{d}\boldsymbol{\phi}\, \boldsymbol{\phi}^2 |\mathcal{E}_\omega(\boldsymbol{\phi}; z)|^2}{\int \mathrm{d}\boldsymbol{\phi}\, |\mathcal{E}_\omega(\boldsymbol{\phi}; z)|^2}. \tag{1.56}$$

相关项 $\langle \boldsymbol{x} \cdot \boldsymbol{\phi} \rangle$ 的公式此时还不能简单地给出, 我们将在引入辐射亮度函数后再回到它的定义上来.

让我们回到衍射上来. 首先我们发现对于自由空间的传播, 角散度为常数, 这是因为角度空间内的传播 [(1.54) 式] 是乘以相位项 $\mathrm{e}^{-\mathrm{i}k\phi^2 z/2}$, 因此 (1.56) 式保持不变. 我们将通过一个横向维度上的单频 Gauss 分布来说明空间表象中衍射的基本特征. 为此, 考虑简单的相干辐射束

$$E_\omega(x; 0) = E_0 \exp\left(-\frac{x^2}{4\sigma_r^2}\right), \tag{1.57}$$

其相应的角度表象为

$$\mathcal{E}_\omega(\phi; 0) = \mathcal{E}_0 \exp\left(-\frac{\phi^2}{4\sigma_{r'}^2}\right). \tag{1.58}$$

(1.57) 式与 (1.58) 式是通过 Fourier 变换关联在一起的, 因此容易证明

$$\sigma_r \sigma_{r'} = \frac{\lambda}{4\pi} \equiv \varepsilon_r. \tag{1.59}$$

这里, ε_r 与我们在 1.1.3 节中介绍的粒子束发射度十分相似, 因此 Gauss 束的 RMS 发射度为 $\lambda/4\pi$. 此外, 由于 ε_r 正比于 Fourier 不确定性的乘积, 而该乘积在 Gauss 分布时最小, 因此 $\lambda/4\pi$ 是辐射束的最小发射度.

将 (1.57) 式代入自由空间衍射公式 (1.53) 式, 可得到 Gauss 束的一般表达式:

$$\begin{aligned}
E_\omega(x;z) &= \frac{E_0 e^{ikz}}{\sqrt{1 + i\sigma_{r'}z/\sigma_r}} \exp\left[-\frac{x^2}{4\sigma_r^2(1 + i\sigma_{r'}z/\sigma_r)}\right] \\
&= \frac{E_0 e^{ikz}}{(1 + z^2/Z_R^2)^{1/4}} \exp\left[-\frac{x^2(1 - iz/Z_R)}{4\sigma_r^2(1 + z^2/Z_R^2)} - \frac{i}{2}\tan^{-1}\left(\frac{z}{Z_R}\right)\right],
\end{aligned} \tag{1.60}$$

其中 $Z_R \equiv \sigma_r/\sigma_{r'} = 2k\sigma_r^2$ 被称为 Rayleigh 长度. 我们已经知道辐射束在真空中传播时 RMS 散角保持不变, 即 $\sigma_{r'}(z) = \sigma_{r'}$, 而 RMS 辐射束尺寸则可利用 (1.60) 式中的 $|E_\omega(x;z)|^2$ 计算:

$$\sigma_r(z) = \sqrt{\frac{\lambda}{4\pi}\left(Z_R + \frac{z^2}{Z_R}\right)}. \tag{1.61}$$

此式与粒子束光学中推导的漂浮空间 RMS 束流尺寸 (1.27) 式类似. 因此, 只要进行如下替换:

$$\varepsilon_x \leftrightarrow \frac{\lambda}{4\pi}, \quad Z_\beta \leftrightarrow Z_R, \tag{1.62}$$

相干辐射束的衍射定律在形式上就等同于粒子束的自由空间传输. 类似地, 我们可以看到由 (1.60) 式得到的 Gauss 辐射束强度对应于实空间中 Gauss 电子束的分布, 即由 (1.44) 式给出的 $\int dx' F(x, x'; z)$. 在下节对傍轴波动方程及电磁能量的传输进行简要讨论之后, 我们将在 1.2.3 节中更全面地分析傍轴粒子束与傍轴辐射束的相似性.

1.2.2 傍轴波动方程与能量传输

在本节中, 我们将写出与傍轴解 (1.53) 式和 (1.54) 式相关联的波动方程, 然后在此近似下求出电磁能量与功率的表达式. 我们首先说明傍轴波动方程是如何得出的. 为此定义缓变振幅, 它可通过从电场中提取波长为 $\lambda = 2\pi/k$ 的 $\hat{z}$ 方向载波振荡得到:

$$\mathcal{E}_\omega(\phi; z) \equiv e^{ikz}\widetilde{\mathcal{E}}_\omega(\phi; z), \tag{1.63}$$

$$E_\omega(\boldsymbol{x}; z) = e^{ikz}\widetilde{E}_\omega(\boldsymbol{x}; z). \tag{1.64}$$

将 (1.63) 式代入自由空间传播公式 (1.54) 式, 易知振幅 $\widetilde{\mathcal{E}}_\omega$ 是方程

$$\left[\frac{\partial}{\partial z} + \frac{\mathrm{i}k}{2}\boldsymbol{\phi}^2\right]\widetilde{\mathcal{E}}_\omega(\boldsymbol{\phi}; z) = 0 \tag{1.65}$$

的解. 取 (1.65) 式的 Fourier 变换, 可得到实空间振幅的傍轴波动方程的一般形式:

$$\left[\frac{\partial}{\partial z} - \frac{\mathrm{i}}{2k}\frac{\partial^2}{\partial \boldsymbol{x}^2}\right]\widetilde{E}_\omega(\boldsymbol{x}; z) = 0. \tag{1.66}$$

傍轴波动方程 (1.66) 在形式上等同于二维 Schrödinger 方程, 其 Green 函数解正是 Fresnel 衍射积分 (1.53).

当我们考虑与 X 射线产生相关的源电流时, 还有一种很有用的获得傍轴波动方程的方法: 将缓变振幅的定义 (1.64) 代入波动方程 (1.47) 并忽略二阶纵向导数. 换句话说, 就是通过假设 $\left|\dfrac{\partial}{\partial z}\widetilde{E}_\omega\right| \ll k|\widetilde{E}_\omega|$, 把二阶 Maxwell 方程降至一阶 (对于 z) 傍轴波动方程. 这意味着波动振幅 $\widetilde{E}_\omega(\boldsymbol{x}; z)$ 的纵向变化发生在比波长 λ 更长的空间尺度上, 从而 $\widetilde{E}_\omega(\boldsymbol{x}; z)$ 可用作包络函数, 在其内部有载波频率上的快速振荡, 如图 1.7 所示, 其中灰色实线代表场的变化, 缓变包络函数则由黑色虚线表示.

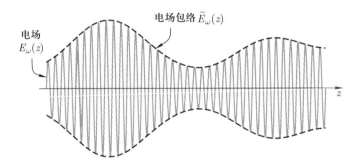

图 1.7 电场 $E_\omega(z)$(灰色实线) 的包络函数 $\widetilde{E}_\omega(z)$(黑色虚线) 示意图. 这里假设包络函数在波长 λ 的尺度上缓慢变化.

在定义了缓变振幅之后, 我们现在就可以写出傍轴辐射束的电磁能量、功率密度和通量的表达式了. 考虑一个一般的时域上的场, 这个场可通过频谱成分叠加 (Fourier 积分) 得到:

$$E(\boldsymbol{x}, t; z) = \int \mathrm{d}\omega \mathrm{e}^{-\mathrm{i}\omega t} E_\omega(\boldsymbol{x}; z) = \int \mathrm{d}\omega \mathrm{d}\boldsymbol{\phi}\, \mathrm{e}^{-\mathrm{i}(\omega t - k\boldsymbol{\phi}\cdot\boldsymbol{x})}\mathcal{E}_\omega(\boldsymbol{\phi}; z), \tag{1.67}$$

这里 $E_\omega = E^*_{-\omega}$, 从而保证 E 为实数. 在任意横截面上对 Poynting 矢量的法线分量进行积分, 可得经过该平面的电磁功率

$$P(t; z) = \int \mathrm{d}\boldsymbol{x}(\hat{z} \cdot \boldsymbol{S}) = \epsilon_0 c^2 \int \mathrm{d}\boldsymbol{x}[\hat{z} \cdot (\boldsymbol{E} \times \boldsymbol{B})], \tag{1.68}$$

其中 $\mathrm{d}\boldsymbol{x}$ 为面积元, $\widehat{z}$ 为横截面 $\boldsymbol{x}$ 的单位法线. 利用 Maxwell 方程 $\partial\boldsymbol{B}/\partial t = -\nabla\times\boldsymbol{E}$ 和 Fourier 分解式 (1.67) 式, 可重写 Poynting 通量. 由矢量恒等式 $\widehat{z}\cdot[\boldsymbol{A}\times(\nabla\times\boldsymbol{B})] = \boldsymbol{A}\cdot(\partial\boldsymbol{B}/\partial z) - \boldsymbol{A}\cdot(\nabla B_z)$, 我们得到

$$
\begin{aligned}
\widehat{z}\cdot(\boldsymbol{E}\times\boldsymbol{B}) &= \int\mathrm{d}\omega\mathrm{d}\omega'\frac{\mathrm{e}^{-\mathrm{i}(\omega+\omega')t}}{\mathrm{i}\omega'}\boldsymbol{E}_\omega(\boldsymbol{x};z)\cdot\frac{\partial}{\partial z}\boldsymbol{E}_{\omega'}(\boldsymbol{x};z)\\
&\approx \frac{1}{c}\int\mathrm{d}\omega\mathrm{d}\omega'\mathrm{e}^{-\mathrm{i}(\omega+\omega')(t-z/c)}\widetilde{\boldsymbol{E}}_\omega(\boldsymbol{x};z)\cdot\widetilde{\boldsymbol{E}}_{\omega'}(\boldsymbol{x};z),
\end{aligned} \tag{1.69}
$$

在这里我们已假设 $\boldsymbol{E}$ 是横向的, 最后一行是用缓变振幅表示 $\boldsymbol{E}$ 并忽略 $\partial\widetilde{\boldsymbol{E}}_\omega/\partial z$ 的结果 (与 $k\widetilde{\boldsymbol{E}}_\omega$ 相比 $\partial\widetilde{\boldsymbol{E}}_\omega/\partial z$ 为小量). 由 (1.68) 式可以看出, 功率由横截面上 Poynting 通量的求和给出. 在时间上对功率进行积分可得到总能量 U, 其表达式为

$$
\begin{aligned}
U(z) &= 2\pi\epsilon_0 c\int\mathrm{d}\boldsymbol{x}\int\mathrm{d}\omega|\widetilde{\boldsymbol{E}}_\omega(\boldsymbol{x};z)|^2\\
&= 4\pi\epsilon_0 c\int\mathrm{d}\boldsymbol{x}\int_0^\infty\mathrm{d}\omega|\widetilde{\boldsymbol{E}}_\omega(\boldsymbol{x};z)|^2.
\end{aligned} \tag{1.70}
$$

因此, 我们可将 $4\pi\epsilon_0 c|\widetilde{\boldsymbol{E}}_\omega(\boldsymbol{x};z)|^2$ 诠释为谱能量密度. 类似地, 如果采用电场的角度表象, 则 $(4\pi\epsilon_0 c\lambda^2)|\widetilde{\mathcal{E}}_\omega(\boldsymbol{\phi};z)|^2$ 为角谱能量密度. 从这里开始, 我们将探索式地写出功率密度的表达式. 如果我们测量时间段 T 内的电磁能量, 则平均功率 $P = U/T$. 由此, 我们分别定义空间功率谱密度和角功率谱密度如下:

$$
\frac{\mathrm{d}P}{\mathrm{d}\omega\mathrm{d}\boldsymbol{x}} = \frac{4\pi\epsilon_0 c}{T}|\widetilde{\boldsymbol{E}}_\omega(\boldsymbol{x};z)|^2, \tag{1.71}
$$

$$
\frac{\mathrm{d}P}{\mathrm{d}\omega\mathrm{d}\boldsymbol{\phi}} = \frac{4\pi\epsilon_0 c\lambda^2}{T}|\widetilde{\mathcal{E}}_\omega(\boldsymbol{\phi};z)|^2. \tag{1.72}
$$

如果波动在观测时间 T 内有许多振荡 $(T\gg 2\pi/\omega)$, 而且又能让 T 小于场包络 $\widetilde{E}_\omega$ 变化的时间, 则这一定义最为有用. 最后, 谱光子通量可以通过功率密度除以特征光子能量 $\hbar\omega$ 得到. 例如, 单位频宽、单位时间内的光子数可由下式给出:

$$
\frac{\mathrm{d}\mathcal{F}}{\mathrm{d}\omega} = \frac{1}{\hbar\omega}\frac{4\pi\epsilon_0 c\lambda^2}{T}\int\mathrm{d}\boldsymbol{\phi}|\widetilde{\mathcal{E}}_\omega(\boldsymbol{\phi};z)|^2. \tag{1.73}
$$

在实空间中也可写出类似的表达式, 这可以被认为是 Parseval 定理的结果. 在下一节中, 我们将通过引入亮度函数将光子密度的概念扩展到相空间 $(\boldsymbol{x},\boldsymbol{\phi})$ 中, 这将使前一节中提及的傍轴粒子束与傍轴光学之间的相似性更为明显.

1.2.3 波动光学中的相空间方法

亮度的定义为单位面积内的光子通量和光源处单位立体角内的光子通量. 亮度是图 1.8(a) 所示的理想光学系统的一个守恒量, 因此是设计同步辐射和 FEL 装

置时的一个很有用的品质因数. 在通常的实验中, 人们使用单色仪来选择非常窄的光谱, 如图 1.8(b) 所示, 并习惯上引入谱亮度, 其定义为六维相空间中的光子数密度:

$$\mathcal{B} = \frac{\mathrm{d}\mathcal{N}_{\mathrm{ph}}}{\Delta A \Delta \Omega \mathrm{d}\omega \mathrm{d}t} = \frac{\mathrm{d}\mathcal{F}}{\Delta A \Delta \Omega \mathrm{d}\omega}. \tag{1.74}$$

此处 $\mathcal{N}_{\mathrm{ph}}$ 是光子数, A 为面积, Ω 为立体角.

由 (1.74) 式得到的单个脉冲的亮度也被称为峰值谱亮度. 利用 (1.74) 式和长时间 (多脉冲) 内的平均光子通量可以得到所谓的平均谱亮度, 尽管它不是严格意义上的光源亮度.

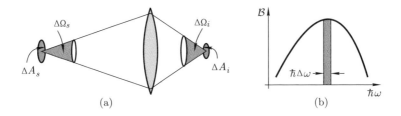

图 1.8　(a) 一个效率为 100% 的理想光学系统可传输所有收集到的光子, 使得 $\Delta A_s \Delta \Omega_s = \Delta A_i \Delta \Omega_i$. (b) 亮度与光子能量关系示意图, 其中阴影区域代表某个典型实验中可能会选取的那些光子.

采用更正式的波动光学亮度函数 [3, 4] 可使傍轴粒子束与辐射束之间的类比更加确切. 我们在位置–角度相空间 $\mathcal{B}(\boldsymbol{x}, \boldsymbol{\phi}; z)$ 中通过电场的 Wigner 变换[5]定义亮度 $\mathcal{B}(\boldsymbol{x}, \boldsymbol{\phi}; z)$:

$$\mathcal{B}(\boldsymbol{x}, \boldsymbol{\phi}; z) = \frac{1}{\hbar\omega} \frac{4\pi\epsilon_0 c}{T} \int \mathrm{d}\boldsymbol{\xi} \left\langle \mathcal{E}^* \left(\boldsymbol{\phi} + \frac{1}{2}\boldsymbol{\xi}; z \right) \mathcal{E} \left(\boldsymbol{\phi} - \frac{1}{2}\boldsymbol{\xi}; z \right) \right\rangle \mathrm{e}^{-ik\boldsymbol{\xi}\cdot\boldsymbol{x}} \tag{1.75}$$

$$= \frac{1}{\hbar\omega} \frac{4\pi\epsilon_0 c}{\lambda^2 T} \int \mathrm{d}\boldsymbol{y} \left\langle E^* \left(\boldsymbol{x} + \frac{1}{2}\boldsymbol{y}; z \right) E \left(\boldsymbol{x} - \frac{1}{2}\boldsymbol{y}; z \right) \right\rangle \mathrm{e}^{ik\boldsymbol{y}\cdot\boldsymbol{\phi}}. \tag{1.76}$$

在 (1.75) 与 (1.76) 中尖括号 $\langle\cdot\rangle$ 表示整体平均 (这对于部分相干或混沌场很重要), 而系数因子的选取是为了对位置和角度积分后得到的总光子通量与 (1.73) 式一致. 因此, $T\mathcal{B}(\boldsymbol{x}, \boldsymbol{\phi})$ 可被粗略地理解为单位频率 $\mathrm{d}\omega$、单位相空间体积内的光子总数. 我们说 "粗略地" 是因为 $\mathcal{B}$ 实际上可以为负值, 因此 $\mathcal{B}(\boldsymbol{x}, \boldsymbol{\phi}; z)$ 不是真正的光子数密度, 这是由于光的波动性使电子分布函数 F 与辐射亮度 $\mathcal{B}$ 之间无法严格对应. 另一方面, 在大于 $2\pi\varepsilon_r = \lambda/2$ 的相面积上的亮度积分是一个可与光子数联系在一起的正值确定量.[①]

[①]$\mathcal{B}$ 和一个相面积大于 $\lambda/2$ 的 Gauss 函数的卷积为正[6]; 或者说, 任意两个亮度 (Wigner) 函数的卷积处处为正[7].

尽管如此, 上面定义的亮度已经很像分布函数了. 例如, $\mathcal{B}$ 对横向坐标 $\boldsymbol{x}$ 积分可得到角通量密度, 而对 $\boldsymbol{\phi}$ 积分则可给出实空间中的强度, 二者都是可测量的物理量. 此外, 这也表明在计算辐射束的矩时, 亮度起到了分布函数的作用. RMS 辐射束尺寸和散角可通过下式计算:

$$\sigma_r^2(z) = \frac{1}{2}\left\langle \boldsymbol{x}^2 \right\rangle = \frac{1}{2}\frac{\int \mathrm{d}\boldsymbol{x}\mathrm{d}\boldsymbol{\phi}\,\boldsymbol{x}^2 \mathcal{B}(\boldsymbol{x},\boldsymbol{\phi};z)}{\int \mathrm{d}\boldsymbol{x}\mathrm{d}\boldsymbol{\phi}\,\mathcal{B}(\boldsymbol{x},\boldsymbol{\phi};z)}, \tag{1.77}$$

$$\sigma_{r'}^2(z) = \frac{1}{2}\left\langle \boldsymbol{\phi}^2 \right\rangle = \frac{1}{2}\frac{\int \mathrm{d}\boldsymbol{x}\mathrm{d}\boldsymbol{\phi}\,\boldsymbol{\phi}^2 \mathcal{B}(\boldsymbol{x},\boldsymbol{\phi};z)}{\int \mathrm{d}\boldsymbol{x}\mathrm{d}\boldsymbol{\phi}\,\mathcal{B}(\boldsymbol{x},\boldsymbol{\phi};z)}. \tag{1.78}$$

而辐射场的二阶相关性则由下式给出:

$$\langle \boldsymbol{x} \cdot \boldsymbol{\phi} \rangle = \frac{\int \mathrm{d}\boldsymbol{x}\mathrm{d}\boldsymbol{\phi}\,(\boldsymbol{x}\cdot\boldsymbol{\phi})\mathcal{B}(\boldsymbol{x},\boldsymbol{\phi};z)}{\int \mathrm{d}\boldsymbol{x}\mathrm{d}\boldsymbol{\phi}\,\mathcal{B}(\boldsymbol{x},\boldsymbol{\phi};z)}. \tag{1.79}$$

除了可为辐射的矩提供衡量标准外, 亮度也遵守相空间中的守恒方程. 将傍轴波动方程 (1.66) 乘以 $E^*(\boldsymbol{x}+\boldsymbol{y};z)$, 对结果进行 Fourier 变换并与复共轭方程相加, 可以看到在真空中亮度函数满足 Liouville 型方程:

$$\left[\frac{\partial}{\partial z} + \boldsymbol{\phi}\cdot\frac{\partial}{\partial \boldsymbol{x}}\right]\mathcal{B}(\boldsymbol{x},\boldsymbol{\phi};z) = 0. \tag{1.80}$$

该方程在形式上等效于由 (1.37) 式给出的无作用力 ($\boldsymbol{x}'' = 0$) 时的粒子束分布函数的 Liouville 方程. 因此, 通过类比我们可以得出这样的结论: 自由空间中传播距离为 ℓ 的亮度变换可由下式给出:

$$\mathcal{B}(\boldsymbol{x},\boldsymbol{\phi};z+\ell) = \mathcal{B}(\boldsymbol{x}-\ell\boldsymbol{\phi},\boldsymbol{\phi};z). \tag{1.81}$$

这一结果也可由 Fresnel 衍射公式 (1.53) 和 $\mathcal{B}$ 的定义直接得到. 利用上述自由空间的变换, 我们得到真空中 RMS 辐射束尺寸的变化为

$$\sigma_r^2(\ell) = \sigma_r^2(0) + \ell^2 \sigma_{r'}^2(0), \tag{1.82}$$

此处我们定义 $z = 0$ 的平面位于相关性为零的束腰处, 即 $\int \mathrm{d}\boldsymbol{x}\mathrm{d}\boldsymbol{\phi}\,(\boldsymbol{x}\cdot\boldsymbol{\phi})\mathcal{B}(\boldsymbol{x},\boldsymbol{\phi};0) = 0$. 这又一次与粒子束公式 (1.24) 直接形成了对照. 为了讨论的完整性, 我们在下面把薄透镜导致的亮度变换也考虑进来. 焦距为 f 的理想薄透镜的作用效果是将电场乘以一个随 $\boldsymbol{x}$ 的平方增长的相位项

$$E(\boldsymbol{x};z)_{\mathrm{out}} = \mathrm{e}^{\mathrm{i}k\boldsymbol{x}^2/2f} E(\boldsymbol{x};z)_{\mathrm{in}}. \tag{1.83}$$

将 (1.83) 式代入亮度函数的定义可以得到薄透镜变换

$$\mathcal{B}(\boldsymbol{x}, \boldsymbol{\phi}; z)_{\text{out}} = \mathcal{B}(\boldsymbol{x}, \boldsymbol{\phi} + \boldsymbol{x}/f; z)_{\text{in}}. \tag{1.84}$$

同样, 这个结果应该与粒子束光学方程 (1.9) 式对比. 或者说, 通过比较角度表象下的自由空间传播与实空间中的透镜变换, 我们已经可以预料到这个结果了. 自由空间传播与实空间中的透镜变换均将电场乘以一个平方增长的相位项, 其中前者乘以 $e^{-\mathrm{i}k\ell\phi^2/2}$, 而后者则乘以 $e^{\mathrm{i}k\boldsymbol{x}^2/2f}$. 由此看来, 自由空间和薄透镜的变换是类似的, 只是将 ϕ 和 $\boldsymbol{x}$ 的角色互换, 且 $\ell \leftrightarrow -1/f$.

此处考虑的自由空间和薄透镜变换是沿着光线的轨迹来传递亮度的, 而且这些光学元件可使相空间原点 $\boldsymbol{x} = \boldsymbol{\phi} = 0$ 处的亮度保持不变, 因此

$$\mathcal{B}(\boldsymbol{0}, \boldsymbol{0}; z_1) = \mathcal{B}(\boldsymbol{0}, \boldsymbol{0}; z_2) \equiv \mathcal{B}(\boldsymbol{0}, \boldsymbol{0}) \tag{1.85}$$

是辐射源强度不变性的一个量度.

作为二维相空间 (x, ϕ) 内辐射亮度的一个简单例子, 我们再次考虑 Gauss 分布. 将场表达式 (1.60) 代入 $\mathcal{B}$ 的定义式 (1.76), 可以得到 Gauss 场的亮度

$$\mathcal{B}(x, \phi; z) = \mathcal{B}(\boldsymbol{0}, \boldsymbol{0}) \exp\left[-\frac{(x - z\phi)^2}{2\sigma_r^2} - \frac{\phi^2}{2\sigma_{r'}^2}\right]. \tag{1.86}$$

在 $z = 0$ 处, 亮度在位置和角度上的分布都是 Gauss 形式的. 沿 z 的自由空间传播则使 $\mathcal{B}$ 在相空间中产生固定角度 ϕ 的切变. 因此, Gauss 激光束的亮度可以与 (1.39) 式中的 Gauss 粒子束分布函数直接类比.

我们在本节开头提到辐射亮度不是真正的相空间中的概率函数, 因为它可能是负的, 然而当时没有给出任何明确的例子. 为避免给人留下错误的印象, 以为这一点通常是可以忽略的细微之处, 在本节的结尾, 我们以一个简单的例子说明 $\mathcal{B}$ 的潜在复杂性, 这个例子也将作为我们随后讨论相干性的一个具有启发性的引子. 考虑振幅相等但横向位置不同的两个 Gauss 束, 它们都在平面 $z = 0$ 处聚焦成腰, 但束腰位置分别偏离光轴 $\pm x_0$, 因此

$$E(x; 0) = E_0 \exp\left[-\frac{(x - x_0)^2}{4\sigma_r^2} + \mathrm{i}\psi_1\right] + E_0 \exp\left[-\frac{(x + x_0)^2}{4\sigma_r^2} + \mathrm{i}\psi_2\right], \tag{1.87}$$

其中 $\psi_{1,2}$ 为两个彼此独立的相位. 两个偏轴 Gauss 束的亮度为

$$\begin{aligned}
\mathcal{B}(x, \phi; 0) = \mathcal{B}_G \bigg\{ &\exp\left[-\frac{(x - x_0)^2}{2\sigma_r^2} - \frac{\phi^2}{2\sigma_{r'}^2}\right] \\
&+ \exp\left[-\frac{(x + x_0)^2}{2\sigma_r^2} - \frac{\phi^2}{2\sigma_{r'}^2}\right] \\
&+ 2\exp\left[-\frac{x^2}{2\sigma_r^2} - \frac{\phi^2}{2\sigma_{r'}^2}\right] \cos[2kx_0\phi - (\psi_1 - \psi_2)] \bigg\},
\end{aligned} \tag{1.88}$$

其中 $\mathcal{B}_G$ 是单个 Gauss 束的最大亮度. (1.88) 式中的前两项是各辐射束的亮度函数, 分别以 $x = \pm x_0$ 为中心, 第三项则来自两个 Gauss 脉冲的乘积. 这一干涉项随 ϕ 以正比于位移量 x_0 的频率振荡, 其峰值振幅则由相位差 $\psi_1 - \psi_2$ 决定. 当我们考虑许多这样的辐射束时, 干涉项的统计特性将反映场的时间相干程度: 近似恒定的相位差将意味着场在很大程度上是相干的, 而如果相位是随机变量, 则这些交叉项将被抵消. 此外, 如果 $x_0 \lesssim \sigma_r$, 这些辐射束在横向平面内将和单个辐射源一样 (横向相干性), 而对于辐射束间隔较大的情形, 则只有在时间相干的条件下, 场才会横向相干. 我们将在 1.2.4 节中讨论横向相干性, 在 1.2.5 节和 1.2.6 节中讨论时间相干性及其效应, 而在这里我们只分析 (1.88) 式.

为此, 我们将场取为实数, 即设 $\psi_1 = \psi_2 = 0$. 如果位移 x_0 远小于 RMS 宽度 σ_r, ϕ 上的振荡将在 $\mathcal{B}$ 相对较小处发生, 而总亮度则非常类似于单一 Gauss 束, 其幅度是原 Gauss 束的四倍. 正如我们将在 1.2.6 节中进一步讨论的那样, 如果每个场由不同的辐射源产生, 则意味着辐射振幅的相干叠加. 另一方面, 如果 $x_0 \gg \sigma_r$, 则 $\mathcal{B}$ 由位于 $x = \pm x_0$ 附近的两个完全分离的 Gauss 函数和一个在原点附近随 ϕ 快速振荡的 Gauss 函数组成.

图 1.9 中给出了位置偏离的 Gauss 束的两个例子. 在图 (a) 中, $x_0 = \sigma_r$, 此时亮度是一个单峰函数, 其原点处的幅度约为单个 Gauss 束亮度 $\mathcal{B}_G$ 的 3.5 倍, 这和 $x_0 = 0$ 时可得到的相干增强接近 ($x_0 = 0$ 时, 振幅加倍, 功率则增至原来的 4 倍). 在图 (b) 中, $x_0 = 4\sigma_r$, 位于 $x = \pm 4\sigma_r$ 处的两个 Gauss 峰完全分离, 由干涉项导致

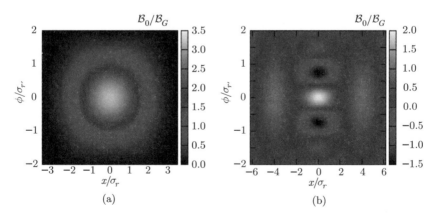

(a)   (b)

图 1.9 两个位置偏离的 Gauss 束所对应的辐射亮度. (a) 显示两个小间距 Gauss 函数对应的 $\mathcal{B}$, 其位移量 $x_0 = \sigma_r$. 在此情形下, 辐射相干叠加, 导致了 $\mathcal{B}(\mathbf{0},\mathbf{0}) = 3.5\mathcal{B}_G$ 的单峰. 在 (b) 中, 我们将位移量增加至 $x_0 = 4\sigma_r$, 则可看到中心位于 $(\pm x_0, 0)$ 的两个 Gauss 峰. 此外, 在原点处有另一个随 ϕ 显著振荡的 Gauss 峰. 原点处的峰值为 $2\mathcal{B}_G$, 而强度 $|E(x=0)|^2 = \int \mathrm{d}\phi \mathcal{B}(x=0,\phi)$ 很小.

的沿 $x = 0$ 的振荡清晰可见. 此时, 原点处的亮度 $\mathcal{B}(\mathbf{0}, \mathbf{0})$ 是单个 Gauss 束的两倍, 这表明源的强度是两个 Gauss 束的线性叠加. 除此之外, 尽管 $\mathcal{B}(\mathbf{0}, \mathbf{0})$ 较大, 但在 $x = 0$ 处对 $\mathcal{B}$ 沿 ϕ 进行积分时, 会有显著的正负相消, 相应地, $x = 0$ 处的强度也较弱.

在这个简单例子中, 我们从一个正实数的电场分布出发, 看到相应的辐射亮度可以具有强烈振荡的区域. 这种现象是由横向相空间中独立相干区域的干涉所引起的, 在下一节我们将通过讨论横向相干性来进一步研究这一问题.

1.2.4　横向相干性

相干性是波所独有的特性, 是对两个不同点处的相位相关程度的量化, 相干性水平可通过测量辐射干涉图样的清晰程度来确定. 相干性可分为两种类型: 横向相干性和时间相干性, 前者是指波在横向平面内两点处的相关程度, 后者则反映在两个不同时间点处的相位关联程度. 在本节中我们只讨论横向相干性, 时间相干性将延后到下一节讨论.

横向相干性可通过杨氏双缝实验中的干涉图样来测量. 我们考虑图 1.10 所示的简单假想实验: 来自一个光源的辐射通过横向平面 $z = 0$ 上对称分布于光轴两旁的一对小孔, 在远离小孔的接收屏上形成干涉图样. 设 $\boldsymbol{x}$ 与 $-\boldsymbol{x}$ 是小孔的位置, $\mathrm{d}\boldsymbol{x} = \mathrm{d}x\mathrm{d}y$ 是每个小孔的面积. 通常, 在接收屏上产生的干涉图样由平滑的背景和具有极大值与极小值的振荡部分组成. 可以证明, 接收屏上的通量由下式给出:

$$
\begin{aligned}
\mathrm{d}\mathcal{F} = \frac{\mathrm{d}\omega}{\hbar\omega} \frac{4\pi\epsilon_0 c}{T} \mathrm{d}\boldsymbol{x} \big\{ & |\langle E(\boldsymbol{x}; z)\rangle|^2 + |\langle E(-\boldsymbol{x}; z)\rangle|^2 \\
& + 2|\langle E(\boldsymbol{x}; z) E^*(-\boldsymbol{x}; z)\rangle| \cos[\psi(\boldsymbol{x}, -\boldsymbol{x})] \big\}.
\end{aligned} \tag{1.89}
$$

式中的第二行代表干涉项, 其中角度 ψ 取决于小孔处场的相对相位和接收屏的位

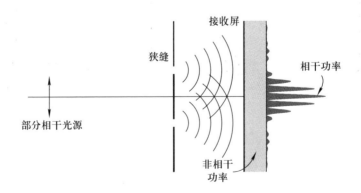

图 1.10　确定横向相干性的干涉实验原理示意图. 对于部分相干光源, 强度图样由恒定的非相干背景和相干部分所引起的干涉图样叠加而成.

置. 相关函数 $|\langle E(\boldsymbol{x};z)E^*(-\boldsymbol{x};z)\rangle|$ 在传统相干理论中起核心作用, 通常被称为互相干函数 (参见文献 [8, 9] 等). 与之稍有不同, 我们参照文献 [10], 采用相空间方法来表征相干性. 尽管并不是那么通用或严格, 相空间方法却可给出有价值的物理内涵, 也更符合我们后续的进一步讨论. 回到图 1.10 的假想实验, 强度图样中干涉部分的通量微分由下式给出:

$$\mathrm{d}\mathcal{F}_{\text{int}} = 2\frac{\mathrm{d}\omega}{\hbar\omega}\frac{4\pi\epsilon_0 c}{T}\,|\langle E^*(\boldsymbol{x};z)E(-\boldsymbol{x};z)\rangle|\,\mathrm{d}\boldsymbol{x}, \tag{1.90}$$

而平滑背景的通量微分 $\mathrm{d}\mathcal{F}_{\text{BG}}$ 则为剩下的部分:

$$\mathrm{d}\mathcal{F}_{\text{BG}} = \mathrm{d}\mathcal{F} - \mathrm{d}\mathcal{F}_{\text{int}}. \tag{1.91}$$

现在, 我们在整个辐射束上对相干通量的微分贡献求和. 将 (1.90) 式对小孔位置积分, 并考虑到该积分为整个横向平面上积分的一半, 有

$$\begin{aligned}
\frac{\mathrm{d}\mathcal{F}_{\text{int}}}{\mathrm{d}\omega} &= \frac{1}{\hbar\omega}\frac{4\pi\epsilon_0 c}{T}\int \mathrm{d}\boldsymbol{x}|\,\langle E^*(\boldsymbol{x};z)E(-\boldsymbol{x};z)\rangle\,| \\
&= \frac{1}{4}\int \mathrm{d}\boldsymbol{x}\left|\int \mathrm{d}\boldsymbol{\phi}\mathrm{e}^{-\mathrm{i}k\boldsymbol{\phi}\cdot\boldsymbol{x}}\mathcal{B}(\mathbf{0},\boldsymbol{\phi};z)\right| \geqslant \frac{1}{4}\left|\int \mathrm{d}\boldsymbol{x}\mathrm{d}\boldsymbol{\phi}\mathrm{e}^{-\mathrm{i}k\boldsymbol{\phi}\cdot\boldsymbol{x}}\mathcal{B}(\mathbf{0},\boldsymbol{\phi};z)\right|.
\end{aligned}$$

对 $\boldsymbol{x}$ 积分得到 $\lambda^2\delta(\boldsymbol{\phi})$, 因此干涉图样的通量满足 $\mathrm{d}\mathcal{F}_{\text{int}}/\mathrm{d}\omega \geqslant (\lambda/2)^2\,|\mathcal{B}(\mathbf{0},\mathbf{0})|$. 由于总通量微分 $\mathrm{d}\mathcal{F} \geqslant \mathrm{d}\mathcal{F}_{\text{int}}$, 因此有

$$\frac{\mathrm{d}\mathcal{F}/\mathrm{d}\omega}{|\mathcal{B}(\mathbf{0},\mathbf{0})|} \geqslant (\lambda/2)^2. \tag{1.92}$$

$\mathcal{F}/|\mathcal{B}(\mathbf{0},\mathbf{0})|$ 可以粗略地与辐射束的相空间面积联系起来, 因此, 不等式 (1.92) 表明波动光学中最小的相空间面积为 $(\lambda/2)^2$. 由上述讨论也可看出, 当辐射束的相面积为最小值 $(\lambda/2)^2$ 时, 对称放置于光轴两侧的任意小孔对后面的接收屏上将呈现一个没有平滑背景的清晰干涉图样. 因此, 我们可以将辐射束的横向相干通量确定为

$$\frac{\mathrm{d}\mathcal{F}_{\text{coh}}}{\mathrm{d}\omega} = (\lambda/2)^2\,|\mathcal{B}(\mathbf{0},\mathbf{0})|. \tag{1.93}$$

请注意, 由于峰值亮度为常数, 在理想光学元件且没有光阑的情况下, 横向相干通量是一个不变量.

我们用一个简单的例子来说明前面给出的相空间处理方法, 这个例子将解释通过引入光阑可以使本来不相干的辐射横向相干. 为了简化讨论, 只考虑一个横向维度. 我们设想一个半径为 R、在所有角度 ($\Delta\phi \sim 1$) 上均匀发射的光源, 其辐射亮度在相空间里占据 $\Delta x\Delta\phi \sim 2R$ 的面积 (如图 1.11 左侧所示), 当 $R \gg \lambda$ 时, 光源非相干. 由亮度变换公式 (1.81) 可知, 在距离光源 D 处, 相空间分布发生倾斜. 该分

布如图 1.11 右侧所示, 其中任一位置处的角宽度为 $2R/D$. 如果加入宽度为 $2a$ 的狭缝 (如图中垂线所示), 则相空间面积变成 $4Ra/D$. 根据前面得出的相空间面积判据, 如果 $4Ra/D \lesssim \lambda/2$, 则辐射将横向相干, 这与大家所熟知的光学中的结论大体一致.

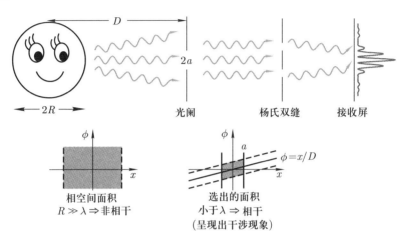

图 1.11 一阶相干性的相空间面积判据. 左边是分布在大面积相空间内的非相干光源. 通过选取足够小的狭缝 (由 $x = \pm a$ 处的直线标示), 可以选出面积小于 $\lambda/2$ 的相空间区域, 因此变为相干. 改编自文献 [3].

我们还希望了解由大量独立源 (电子) 产生的辐射的相干性. 为此, 我们可对上一节中两个偏离光轴 Gauss 束的情形进行扩展, 即辐射由位于 x_j 处的许多横向 Gauss 波包组成. 将亮度公式 (1.88) 直接推广到 N_e 个偏离光轴的电子产生的辐射, 有

$$
\begin{aligned}
\mathcal{B}(x,\phi;0) = \mathcal{B}_G & \left\langle \sum_{j=1}^{N_e} \exp\left[-\frac{(x-x_j)^2}{2\sigma_r^2} - \frac{\phi^2}{2\sigma_{r'}^2} \right] \right\rangle \\
& + \mathcal{B}_G \left\langle \sum_{j \neq k}^{N_e} \exp\left\{ -\frac{[x-(x_j+x_k)/2]^2}{2\sigma_r^2} - \frac{\phi^2}{2\sigma_{r'}^2} \right\} \right. \\
& \left. \times \cos[k(x_j-x_k)\phi - (\psi_j-\psi_k)] \right\rangle,
\end{aligned}
\tag{1.94}
$$

其中尖括号表示在电子位移 x_j 和相位 ψ_j 上的整体平均. 第二个求和有 $N_e(N_e-1)$ 项, 涉及电子的时间相位差 $(\psi_j-\psi_k)$. 我们将在下一节中讨论它与时间相干性的联系, 而在此处我们假设电子的相位之间无关联, 因此这 $N_e(N_e-1)$ 项大体上抵消. 在此情况下, (1.94) 式中只有第一个求和对亮度有贡献. 如果我们进一步假设这些

源以 Gauss 概率分布:

$$f(x_j) = \frac{1}{\sqrt{2\pi}\sigma_x} e^{-x_j^2/2\sigma_x^2}, \tag{1.95}$$

则整体平均可通过解析解计算. 将 (1.94) 式中的第一项对 x_j 积分, 得到

$$\mathcal{B}(x, \phi; 0) = N_e \mathcal{B}_G \frac{\sigma_r}{\sqrt{\sigma_x^2 + \sigma_r^2}} \exp\left[-\frac{x^2}{2(\sigma_x^2 + \sigma_r^2)} - \frac{\phi^2}{2\sigma_{r'}^2}\right]. \tag{1.96}$$

总功率 $\int dx d\phi \mathcal{B}(x, \phi)$ 与源的数量成线性比例关系, 而辐射束尺寸则由电子束与辐射面积的卷积给出. 此外, 峰值亮度正比于横向相干占比 $\mathcal{F}_{\text{coh}}/\mathcal{F} = \sigma_r/\sqrt{\sigma_x^2 + \sigma_r^2}$. 如果总的电子束尺寸远大于辐射的尺寸, 则相干占比及峰值亮度与 σ_r/σ_x ($\sigma_r/\sigma_x \ll 1$) 成正比. 反之, 当特征辐射尺寸大于电子束尺寸时, 峰值亮度达到最大, 相干占比接近于 1.

前述推导是对一个具有横向位置分布的源进行的, 类似的讨论也适用于源随位置 x 和角度 x' 变化的更一般的情况 [参见 (2.97) 式及相关的讨论]. 在这种情况下, 辐射束可被看成具有随机位置和方向的大量 Gauss 波包. 跟上述积分一样, 这种辐射束可通过相干 Gauss 辐射束与相空间中电子概率分布的卷积来描述. 由此得到的辐射束尺寸和散角为

$$\Sigma_x = \sqrt{\sigma_x^2 + \sigma_r^2}, \quad \Sigma_{x'} = \sqrt{\sigma_{x'}^2 + \sigma_{r'}^2}. \tag{1.97}$$

与相干辐射模式的矩 σ_r^2 和 $\sigma_{r'}^2$ 相比, 如果电子束的矩 σ_x^2 与 $\sigma_{x'}^2$ 可忽略, 则有

$$\Sigma_x \Sigma_{x'} \approx \sigma_r \sigma_{r'} = \frac{\lambda}{4\pi}, \tag{1.98}$$

由电子产生的辐射因此是横向相干的, 可产生杨氏干涉现象. 当电子束的矩远大于相干模式的矩时, 相空间面积

$$\Sigma_x \Sigma_{x'} \gg \frac{\lambda}{4\pi}, \tag{1.99}$$

辐射因此是非相干的, 不产生干涉现象. 中间情况被称为部分相干, 比值

$$M_T = \frac{\Sigma_x \Sigma_{x'}}{\lambda/4\pi} \approx \frac{\varepsilon_x}{\varepsilon_r} \tag{1.100}$$

则给出了辐射束中相干横向 "模式" 的数目.

1.2.5 时间相干性[①]

我们已经看到, 空间相干性[②] 可衡量两个独立空间位置处的场的相关性. 类似地, 时间相干性则描述辐射在两个不同时间上维持确定相位关系的程度. 时间相干

[①] 这里的讨论主要参照了第 4 章的参考文献 [6].
[②] 即横向相干性 (译者注).

性由相干时间表征, 而相干时间可在 Michelson 干涉仪中通过测量干涉条纹可见时的动臂移动距离来确定. 在时域上, 相干波的一个简单形式可由下式给出:

$$E_0(t) = e_0 \exp\left(-\frac{t^2}{4\sigma_\tau^2} - \mathrm{i}\omega_1 t\right). \tag{1.101}$$

此处 σ_τ 是强度分布 $|E_0(t)^2|$ 的 RMS 时间宽度. 相干时间 t_{coh} 可定义为

$$t_{\mathrm{coh}} \equiv \int \mathrm{d}\tau\, |\mathcal{C}(\tau)|^2, \tag{1.102}$$

其中 $\mathcal{C}(\tau)$ 为归一化的一阶相关函数 (或复时间相干度):

$$\mathcal{C}(\tau) \equiv \frac{\left\langle \int \mathrm{d}t\, E(t) E^*(t+\tau) \right\rangle}{\left\langle \int \mathrm{d}t |E(t)|^2 \right\rangle}, \tag{1.103}$$

尖括号表示整体平均. 在 (1.101) 式的简单 Gauss 模型中, 相干时间 $t_{\mathrm{coh}} = 2\sqrt{\pi}\sigma_\tau$.

在频域中, 我们有

$$E_\omega^0 = \int \mathrm{d}t\, \mathrm{e}^{\mathrm{i}\omega t} E_0(t) = \frac{e_0\sqrt{\pi}}{\sigma_\omega} \exp\left[-\frac{(\omega - \omega_1)^2}{4\sigma_\omega^2}\right], \tag{1.104}$$

其中 $\sigma_\omega = (2\sigma_\tau)^{-1}$ 是频谱分布 $|E_\omega|^2$ 的 RMS 宽度. 让我们引入时间 (纵向) 相空间变量 ct 和 $(\omega - \omega_1)/\omega_1 = \Delta\omega/\omega_1$, Gauss 波包因此满足

$$c\sigma_\tau \cdot \frac{\sigma_\omega}{\omega_1} = \frac{\lambda_1}{4\pi}, \tag{1.105}$$

这与横向相干的 Gauss 束的相空间面积关系式 (1.59) 相同.

然而, 在自然界中观察到的大多数辐射在时间上是不相干的. 太阳光、荧光灯、黑体辐射和波荡器辐射 (将在下一章中研究) 都是时间上不相干的, 通常被称为混沌光或部分相干光. 作为这种混沌光的数学模型, 我们考虑一个具有随机时间间隔的相干 Gauss 脉冲的集合:

$$E(t) = \sum_{j=1}^{N_e} E_0(t - t_j) = e_0 \sum_{j=1}^{N_e} \exp\left[-\frac{(t - t_j)^2}{4\sigma_\tau^2} - \mathrm{i}\omega_1(t - t_j)\right]. \tag{1.106}$$

在上式中, t_j 是一个随机数, N_e 则表明这些波包是由电子产生的. 图 1.12 是这种部分相干光 (混沌光) 的示意图. 在绘制此图时, 我们使用了 $N_e = 100$ 个 $\lambda_1 = 2\pi/\omega_1 = 1$, $\sigma_\tau = 2(\sigma_\omega = 0.25)$ 的波包, 并假设 t_j 以相同的概率随机分布在束团时间长度 $T = 100$ 内. 为避免导致混乱, 图 1.12 (a) 仅显示了 10 个随机选出的波包.

图 1.12(b) 显示了对 100 个波包求和的结果, 其显著特征是振荡相对规则, 仅有几次中断, 远少于人们可能的直观猜测 (考虑到这是 100 个波包的随机叠加). 事实上, 每个规则区域的持续时间与波包的数目无关, 而是由相干时间 (在相干时间内, 波动维持一定的相位关系) 来主导. 请注意, (1.106) 式中 Gauss 脉冲随机组合的相干长度等于单一模式的相干长度, 因此, 每个规则区域可等同于一个时间宽度约为相干时间 t_{coh} 的相干模式, 而规则区域的数目则等于相干纵向模式的数目 M_L. M_L 大致是束团长度与相干长度的比值, 近似地有

$$M_L \approx \frac{T}{t_{\mathrm{coh}}} = \frac{T}{2\sqrt{\pi}\sigma_\tau} \approx \frac{T}{4\sigma_\tau}. \tag{1.107}$$

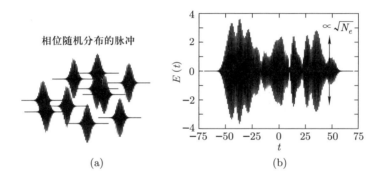

相位随机分布的脉冲

(a)　　　　　　　　　(b)

图 1.12　(a) 相位随机分布的波包的示意图, 从 100 个波包中选出了 10 个, 波包横向错位地呈现只是为了看起来清楚. (b) 总电场, 由 100 个波包的非相干求和得到. 总电场约包含 $T/4\sigma_\tau$ 个规则区域 (即 $M_L \approx 10$ 个纵向模式).

混沌光的平均强度与源的数目成线性关系, 而其瞬时强度则随时间波动. 与该强度变化相关联的是在给定时间内观测到的光子数目 $\mathcal{N}_{\mathrm{ph}}$ 随时间的涨落. 用 $\langle\mathcal{N}_{\mathrm{ph}}\rangle$ 表示平均光子数, 则观测到的光子数目的 RMS 平方涨落为

$$\sigma_{\mathcal{N}_{\mathrm{ph}}}^2 = \frac{\langle\mathcal{N}_{\mathrm{ph}}\rangle^2}{M_L}, \tag{1.108}$$

其中 M_L 为观测时间 T 内的纵向模式数目.

光子数目变化公式 (1.108) 可从两个方面进行推广. 首先, 模式计数必须包含 x 与 y 方向上的横向模式数目 M_T, 因此总模式数目为

$$M = M_L M_T^2. \tag{1.109}$$

其次, 存在源自于量子力学不确定性, 以光子散粒噪声为形式的固有强度涨落. 这一数量上的不确定性归因于电磁辐射的离散量子性质, 并且像任何其他散粒噪声一

样, 会在 $\sigma^2_{\mathcal{N}_{\mathrm{ph}}}$ 上增加一个 $\langle \mathcal{N}_{\mathrm{ph}} \rangle$ 的贡献. 因此, RMS 平方光子数目涨落为

$$\sigma^2_{\mathcal{N}_{\mathrm{ph}}} = \frac{\langle \mathcal{N}_{\mathrm{ph}} \rangle^2}{M} + \langle \mathcal{N}_{\mathrm{ph}} \rangle = \frac{\langle \mathcal{N}_{\mathrm{ph}} \rangle^2}{M} \left(1 + \frac{1}{\delta_{\mathrm{degen}}} \right). \tag{1.110}$$

括号内的第二项是每个模式中光子数目 (也被称为简并参数) 的倒数. 在经典光源装置中, 可认为每个模式中有大量光子, 即 $\langle \mathcal{N}_{\mathrm{ph}} \rangle / M \equiv \delta_{\mathrm{degen}} \gg 1$, 由量子不确定性导致的涨落因此可以忽略. 在这个经典极限条件下, 辐射脉冲的长度可通过测量其强度的涨落来确定, 由此可以推测源电子束的长度[11].

值得注意的是, 我们在时域所做的模式计数也可以在频域中进行. 图 1.13 显示了强度谱 $P(\omega)[P(\omega) \propto |E_\omega|^2]$, 其中

$$E_\omega = \frac{e_0 \sqrt{\pi}}{\sigma_\omega} \sum_{j=1}^{N_e} \exp \left[-\frac{(\omega - \omega_1)^2}{4\sigma_\omega^2} + \mathrm{i}\omega t_j \right] \tag{1.111}$$

采用了与图 1.12 相同的参数. 图中的频谱由宽度为 $\Delta\omega \approx 2/T$ 的尖峰组成, 这些尖峰随机分布在辐射带宽 $\sigma_\omega = (2\sigma_\tau)^{-1}$ 内. 换句话说, 每个模式的频带宽度 $\Delta\omega$ 由整个辐射脉冲的持续时间 T 确定, 而全部模式的频率范围则由相干时间的倒数给出. 因此, 谱峰的数目与时域上的相干模式数目相同.

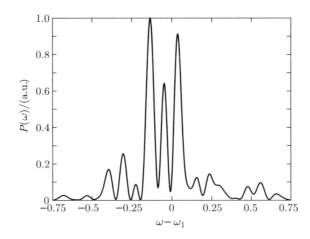

图 1.13 (1.111) 式对应的强度谱, 采用了与图 1.12(b) 相同的参数. 频谱由 M ($M \sim 10$) 个宽度近似为 0.02 ($2/T \approx 0.02$) 的清晰频率尖峰组成, 这些尖峰分布在 RMS 宽度 $\sigma_\omega \sim 0.25$ 的 Gauss 包络内. 对于不同的随机数集合, 谱峰高度和位置的波动为 100%.

1.2.6 群聚与强度增强

下面我们来计算 (1.111) 式中电场的平均谱强度. 定义 $|E_\omega^0|^2$ 为单个电子的辐

射谱强度, 有

$$\left\langle \left| E(\omega) \right|^2 \right\rangle = \left| E_\omega^0 \right|^2 \left\langle \left| \sum_{j=1}^{N_e} \mathrm{e}^{\mathrm{i}\omega t_j} \right|^2 \right\rangle, \tag{1.112}$$

其中尖括号表示在多组初始粒子分布上的整体平均, 可以写成

$$\left\langle \left| \sum_{j=1}^{N_e} \mathrm{e}^{\mathrm{i}\omega t_j} \right|^2 \right\rangle = N_e + \left\langle \sum_{j\neq k}^{N_e} \mathrm{e}^{\mathrm{i}\omega(t_j - t_k)} \right\rangle. \tag{1.113}$$

假设电子是无关联的, 即在位置 t_j 处找到任一电子的概率与所有其他电子的位置无关, 则时间统计特性完全由单个粒子的概率分布函数 $f(t)$ 确定, (1.113) 式中的求和因此可表示成

$$\left\langle \sum_{j\neq k}^{N_e} \mathrm{e}^{\mathrm{i}\omega(t_j - t_k)} \right\rangle = N_e(N_e - 1) \left| \int \mathrm{d}t f(t) \mathrm{e}^{\mathrm{i}\omega t} \right|^2 \tag{1.114}$$

$$= N_e(N_e - 1) \left| f(\omega) \right|^2. \tag{1.115}$$

这个表达式适用于在时间上按 $f(t)$ 独立分布的电子的任意集合. 为了理解 (1.114) 式的物理意义, 我们考虑一个 Gauss 分布的电子束团, 其分布函数为

$$f(t) = \frac{1}{\sqrt{2\pi}\sigma_e} \exp\left(-\frac{t^2}{2\sigma_e^2} \right),$$

其中 σ_e 为束团长度. 对 (1.114) 式进行积分, 并将结果代入 (1.112) $\sim$ (1.113) 式, 有

$$\left\langle \left| E(\omega) \right|^2 \right\rangle = N_e \left| E_\omega^0 \right|^2 [1 + (N_e - 1)\mathrm{e}^{-\omega^2\sigma_e^2}]. \tag{1.116}$$

在我们感兴趣的频率范围内, 通常有

$$(N_e - 1)\mathrm{e}^{-\omega^2\sigma_e^2} \ll 1.$$

例如, 1 nC 电荷量的电子数 $N_e \sim 10^{10}$, 当 $c\sigma_e \sim \lambda$ 时, $N_e e^{-\omega^2\sigma_e^2} \sim 1$. 因此, 在波长远短于电子束团长度时, (1.116) 式中的第二项可以忽略, N_e 个电子的平均辐射强度只是单个电子辐射强度的 N_e 倍. 这符合由非群聚电子束产生的非相干辐射的强度叠加规则.

然而, 如果束团长度变得与辐射波长相当, 则有

$$(N_e - 1)\mathrm{e}^{-\omega^2\sigma_e^2} \geqslant 1,$$

这将导致明显高于非相干情况的辐射强度. 在束团长度等于零 ($c\sigma_e \ll \lambda$) 的极限条件下, 辐射强度等于 $N_e^2 \left| E_\omega^0 \right|^2$, 相对于非相干情况产生了 N_e 倍的增强. 经常观察

到强度增强的情形有相干渡越辐射和相干同步辐射, 前者是电子束团穿过具有不同折射率的两个介质之间的界面时产生的, 后者是束流轨道在磁场中偏转时产生的. 但是, 即便是对于长度为 fs 的高电荷量电子束团, 这些过程产生的相干辐射波长都被限制在 $\lambda \gtrsim 300$ nm 的光谱区域内.

由于这些原因, 典型的同步辐射光源都产生非时间相干的 X 射线, 其平均强度与束团中的电子数目成正比. 我们将在下一章中讨论这种非相干辐射的性质, 这些辐射既有来自偏转磁铁的, 也有来自波荡器的, 后者是极性交替变化的周期性磁铁序列. 然而, 可以存在另外一种产生相干辐射的机制, 其波长远远短于电子束团. 由 (1.114) 式或 (1.115) 式可以看出, 相干项正比于分布函数 Fourier 变换的绝对值平方. 因此, 如果分布函数 $f(t)$ 在频率 ω 上具有精细结构 (微群聚), 则可观察到相干强度增强:

$$\left\langle \left| E(\omega) \right|^2 \right\rangle = N_e \left| E_\omega^0 \right|^2 (1 + (N_e - 1) \left| f(\omega) \right|^2). \tag{1.117}$$

自由电子激光 (free-electron laser, 简称 FEL) 正是这样的一类装置, 其中的电子束分布在辐射波长尺度上形成周期性的密度调制, 由此导致辐射强度的相干增强. 密度调制源自周期性波荡器中电子束与 X 射线的共振相互作用. 我们将看到, 如果波荡器足够长, 束团电流足够大, 且电子束具有足够好的品质 (低发射度与低能散度), 则经过与辐射的作用, 粒子将形成共振 X 射线波长尺度上的周期性密度调制. 这会导致比非相干波荡器辐射高得多的强度, 即使电子束团长度远远大于辐射波长.

参考文献

[1] A. W. Chao, *Physics of Collective Beam Instabilities in High Energy Accelerators.* New York: Wiley, 1993.

[2] H. Wiedemann, *Particle Accelerator Physics I and II*, 2nd ed. Berlin: Springer-Verlag, 1999.

[3] K.-J. Kim, "Brightness, coherence, and propagation characteristics of synchrotron radiation," *Nucl. Instrum. Methods Phys. Res., Sect. A*, vol. 246, p. 71, 1986.

[4] R. Coisson and R. P. Walker, "Phase space distribution of brilliance of undulator sources," in *Proc. of SPIE*, I. E. Lindau and R. O. Tatchyn, Eds., no. 582. United States: SPIE, p. 24, 1986.

[5] E. Wigner, "On the quantum correction for thermodynamic equilibrium," *Phys. Rev.*, vol. 40, p. 749, 1932.

[6] N. D. Cartwright, "A non-negative Wigner-type distribution," *Physica*, vol. 83, p. 210, 1976.

[7]   R. Jagannathan, R. Simon, E. C. G. Sudarshan, and R. Vasudevan, "Dynamical maps and nonnegative phase-space distribution functions in quantum mechanics," *Phys. Lett. A*, vol. 120, p. 161, 1987.

[8]   M. Born and E. Wolf, *Principles of Optics*. New York: Pergamon Press, New York, 6th ed., 1980.

[9]   L. Mandel and E. Wolf, "Coherence properties of optical fields," *Rev. Mod. Phys.*, vol. 37, p. 231, 1965.

[10] K.-J. Kim, "Characteristics of synchrotron radiation," in *Proc. US Particle Accelerator School*, ser. AIP Conference Proceedings, M. Month and M. Dienes, Eds., no. 184. New York: AIP, p. 565, 1989.

[11] P. Catravas, W. P. Leemans, J. S. Wurtele, M. S. Zolotorev, M. Babzien, I. Ben-Zvi, Z. Segalov, X.-J. Wang, and V. Yakimenko, "Measurement of electron-beam bunch length and emittance using shot-noise-driven fluctuations in incoherent radiation," *Phys. Rev. Lett*, vol. 82, p. 5261, 1999.

第 2 章　同步辐射

同步辐射 (以相对论速度沿曲线轨迹运动的带电粒子产生的辐射) 已经成为许多基础及应用科学领域的重要实验工具. 现代同步辐射装置 (通常被称为光源) 采用高品质电子束来产生从软 X 射线到硬 X 射线频谱范围的高亮度光子束, 这是其他类型光源不易做到的.

同步辐射元件有三种基本类型, 即偏转磁铁、扭摆器和波荡器. 在偏转磁铁中, 电子沿环形轨道运动, 产生连续 X 射线谱. 扭摆器可以看成交替极性的偏转磁铁序列, 沿其轴线来回地偏转带电粒子. 因此, 扭摆器辐射的特性和偏转磁铁类似, 但其强度随磁极数目成比例地增加, 在 $2N_u$ 对磁极组成的扭摆器中, 可获得 $2N_u$ 倍的辐射增强. 尽管扭摆器辐射可看成是波荡器辐射的一种极限情况, 但在本书中我们将不再讨论扭摆器辐射. 波荡器也是一种周期性磁结构 (N_u 个周期), 但电子在其中具有较平缓的周期性轨道. 由于电子在轨道不同部分的辐射发生干涉, 波荡器辐射频谱为离散的不连续谱, 且具有更窄的发射角. 因此, 前向的辐射角通量密度有一个 N_u^2 倍的增强. 偏转磁铁、扭摆器和波荡器的电子轨迹和辐射频谱特性如图 2.1 所示.

在实验中, 对光源性能的可能要求包括 (但不限于) 峰值功率、平均功率、总光子数、纵向和/或横向相干度、脉冲长度和稳定性等, 但评判同步辐射光源性能的最有用的度量参数可能就是亮度 $\mathcal{B}$ 了, 即单位相空间面积、单位带宽内的光子通量. ① 高亮度意味着辐射在长距离传输中不会明显发散, 且可以聚焦成小光斑. 对辐射的后续操控一般不会改善亮度. 例如, 为改善横向相干性而引入一个光阑充其量只能维持亮度, 但总通量会随着相空间面积的减小而成比例地减少. 在采用单色仪选取窄带辐射谱时情况也类似.

近年来, 同步辐射的亮度持续稳定增长. 这一方面是由于加速器技术的不断进步, 从而可以储存高流强、充分聚焦的稳定电子束流, 另一方面则是由于强磁场、高精度磁铁技术的发展, 从而可以很好地控制电子轨道以优化辐射的产生. 在图 2.2 中, 我们大致展示了近几十年来光源亮度的增长情况. 可以看出, 同步辐射光源亮度比传统的 X 射线管高多个量级: 偏转磁铁的亮度至少高出了两个量级, 现代光源装置中的波荡器辐射可高出十个量级以上, X 射线 FEL 的亮度则更高.

---

①在这里我们将亮度定义为横向相空间 (x, ϕ) 中光子的谱通量密度, 但亮度也可认为是六维相空间 (x, t, ϕ, ω) 中的光子数密度. 前者更符合以前的记法, 而后者则表明改变积分亮度需要辐射或吸收光子.

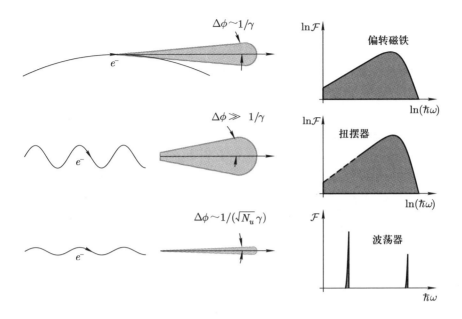

图 2.1 偏转磁铁、扭摆器和波荡器的辐射角分布和频谱特性示意图. 改编自文献 [1].

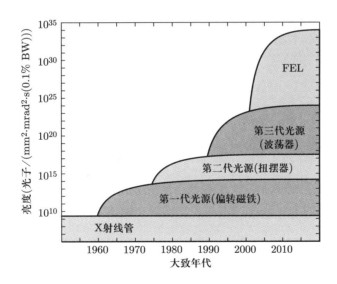

图 2.2 各种光源中 X 射线峰值亮度增长示意图.

这一章主要介绍同步辐射的基本原理, 尤其是与自由电子激光相关的基本概念. 为此, 我们对偏转磁铁辐射的讨论大多是概念性的, 而对波荡器辐射的讨论则更加仔细, 但并不详尽. 有兴趣的读者可查阅综述文章 [1] 或相关书籍 [2, 3]. 我们

首先在 §2.1 中简要回顾相对论电子辐射的物理图像, 接下来在 §2.2 中讨论傍轴方程, 并在 §2.3 中讨论傍轴方程在偏转磁铁辐射中的应用. §2.4 比较详细地讨论波荡器辐射, 包括基本物理、通量的解析表达和电子束分布对亮度的影响. 在本章的最后, 我们将分析自由电子激光是如何将波荡器辐射的亮度提高约十个量级的.

§2.1 相对论电子的辐射

Schott 首先发展了同步辐射的理论[4], 之后 Schwinger 对同步辐射的特性进行了分析[5]. 当电子以接近光速朝着静止观察者运动时, 运动看起来发生在远远短于实际运动①的时间尺度上[6], 同步辐射的独特性能即来源于此. 在这一节中, 我们讨论相对论电子辐射的物理图像.

考虑图 2.3(a) 所示的沿任意轨迹运动的相对论电子和静止观察者. 选择坐标系使观察者位于原点, 并设 $r(t')$ 为 t' 时刻电子的位置, 则 t' 时刻电子辐射的电磁信号 (沿直线传播) 将在 t 时刻到达观察者处:

$$t = t' + |r(t')|/c. \tag{2.1}$$

(2.1) 式为时间 t 和 t' 之间的关系. 我们将 t 称为观察时间, 而 t' 则通常被称为 "推迟时间". "推迟时间" 不太容易理解, 为了与观察时间形成清晰的对照, 我们在这里称之为发射时间. 按照定义, 电子运动的位置矢量 $r(t')$ 是发射时间的函数. 然而, 对位于原点的观察者, 这一运动会显得不同: 在观察时间上的视运动可通过拉伸或压缩时间轴 [根据 (2.1) 式] 获得:

$$r_{\mathrm{obs}}(t) = r(t'(t)), \tag{2.2}$$

其中 $t'(t)$ 为 (2.1) 式的解. 为了了解时间尺度的变化, 考虑一个很小的发射时间间隔 $\Delta t'$, 与之对应的观察时间间隔为 Δt. 我们可以得到

$$\Delta t \approx \frac{\mathrm{d}t}{\mathrm{d}t'}\Delta t' = [1 - \beta(t')\cos\phi(t')]\Delta t', \tag{2.3}$$

其中, $\beta(t')$ 是以光速 c 为单位的粒子瞬时速度, $\cos\phi(t')$ 为粒子速度矢量与其位置矢量之间的夹角 [如图 2.3(a) 所示], 而函数 $[1 - \beta(t')\cos\phi(t')]$ 则为依赖于 t' 的尺度变化因子, 产生与同步辐射相关的时间压缩或拉伸. 请注意, 这里的尺度变化因子可能会使人联想到狭义相对论的 Lorentz 变换, 但它并不是来自惯性坐标系变换. 尽管如此, 同步辐射的基本物理图像仍是基于狭义相对论的基本原则之一, 即光速与发射体的运动速度无关.

①粒子坐标系中的运动 (译者注).

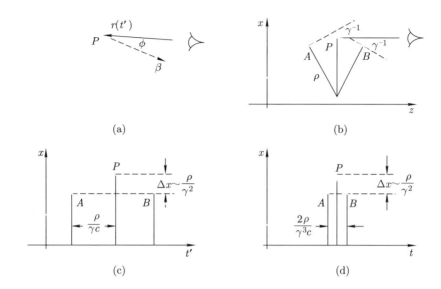

图 2.3 (a) 电子轨迹和静止观察者. (b) xz 坐标系中局部曲率半径为 ρ 的轨迹. A 点和 B 点处的切线与观察方向的夹角为 γ^{-1}. (c) xt' 坐标系 (t' 为发射时间) 中的轨迹. (d) xt 坐标系 (t 为观察时间) 中的运动, A, B 两点之间的距离被压缩了 $1/\gamma^2$ 倍. 改编自文献 [1].

对于极相对论电子, 时间压缩与角度 ϕ 密切相关. 如果我们用 Lorentz 因子 $\gamma(\gamma \gg 1)$ 替代相对速度 β,

$$\beta = \sqrt{1 - \frac{1}{\gamma^2}} \approx 1 - \frac{1}{2\gamma^2}, \tag{2.4}$$

则 (2.3) 式中的时间压缩因子变为

$$1 - \beta\cos\phi \approx \begin{cases} O(1) & (\text{当 } \phi \sim 1 \text{ 时}), \\ \dfrac{1}{2}\left(\dfrac{1}{\gamma^2} + \phi^2\right) & (\text{当 } \phi \ll 1 \text{ 时}). \end{cases} \tag{2.5}$$

由 (2.5) 式可以看到, 当 $\phi \lesssim \gamma^{-1}$ 时, 发射时间和观察时间的尺度差异达到最大:

$$\Delta t \sim \Delta t'/\gamma^2. \tag{2.6}$$

也就是说, 当电子速度与观察方向的夹角在 γ^{-1} 以内时, 时间间隔 $\Delta t'$ 内的电子运动在观察者看来被压缩到了由 (2.6) 式给出的短得多的时间间隔内. 这一电子运动的有效压缩如图 2.3(c) $\sim$ (d) 所示. 对于大角度情形, 这一时间压缩效应就不那么显著了.

(2.6) 式中时间压缩效应的根本原因是相对论电子能够紧随它在前一时刻发射的光子. 这样, 那些后续发射的光子将在相对较短的时间间隔内被静止观察者测量到. 作为一个极端的例子, 假设电子以光速 c 向观察者运动, 则电子在不同位置处发射的电磁辐射信号将在同一时刻到达观察者处 ($\Delta t = 0$!), 此时时间压缩效应为无穷大.

观察者探测到的电场强度正比于其看到的视加速度, 而当时间压缩效应显著时, 视加速度将明显增大. 因此, 当电子运动和观测方向使时间压缩效应达到最大时, 可以观察到很强的辐射. 这就是同步辐射的基本解释.

同步辐射基本物理公式的完整数学形式可由 Liénard-Wiechert 势得到, 详见文献 [7, 8]. 在一些文献中 (如 [1, 9, 10] 等), 这些表达式被用来对远场同步辐射进行深入的定量分析. 我们的做法则是基于适当电子源驱动的傍轴波动方程, 和文献 [11] 中的傍轴研究更为相似. 我们的表达形式相对简单, 而且与后续的 FEL 理论直接相关.

§2.2   傍轴波动方程

为了计算相对论运动电荷的辐射场, 我们首先写出频域中 E_ω 的完整波动方程:

$$\left[\frac{\partial^2}{\partial z^2} + \frac{\partial^2}{\partial \boldsymbol{x}^2} + k^2 \right] \boldsymbol{E}_\omega(\boldsymbol{x}; z) = \frac{1}{\epsilon_0 c^2} \frac{1}{2\pi} \int \mathrm{d}t \mathrm{e}^{\mathrm{i}\omega t} \left[\frac{\partial \boldsymbol{J}}{\partial t} + c^2 \frac{\partial \rho_e}{\partial \boldsymbol{x}} \right]. \tag{2.7}$$

在傍轴方程推导的开始, 我们引入角度表象的缓变振幅 $\widetilde{\mathcal{E}}_\omega$:

$$E_\omega(\boldsymbol{x}; z) = \mathrm{e}^{\mathrm{i}kz} \widetilde{E}_\omega(\boldsymbol{x}; z) = \mathrm{e}^{\mathrm{i}kz} \int \mathrm{d}\boldsymbol{\phi} \mathrm{e}^{\mathrm{i}k\boldsymbol{\phi}\cdot\boldsymbol{x}} \widetilde{\mathcal{E}}_\omega(\boldsymbol{\phi}; z). \tag{2.8}$$

与我们在 1.2.2 节中首次引入傍轴波动方程一样, 包络 $\widetilde{\mathcal{E}}_\omega$ 中剔除了沿 z 轴、波长为 $\lambda = 2\pi/k = 2\pi c/\omega$ 的快速振荡. 为了得到一阶傍轴波动方程, 我们再次假设包络 $\widetilde{\mathcal{E}}_\omega$ 的变化出现在远长于 $1/k$ 的尺度上, 在这种情况下可以舍弃波动方程中的二阶导数 (对 z 求导) 项. 这一假设的具体要求和有效范围取决于我们所考虑的辐射源, 但在任何情况下, 由此得到的傍轴波动方程的角度表象均由下式给出:

$$\left[\frac{\partial}{\partial z} + \frac{\mathrm{i}k}{2}\boldsymbol{\phi}^2 \right] \widetilde{\mathcal{E}}_\omega(\boldsymbol{\phi}; z) = -\frac{1}{4\pi\epsilon_0 c\lambda^2} \int \mathrm{d}t \mathrm{d}\boldsymbol{x} \mathrm{e}^{\mathrm{i}k(ct-z-\boldsymbol{\phi}\cdot\boldsymbol{x})}$$
$$\times [\boldsymbol{J}(\boldsymbol{x}, t; z) - c\rho_e(\boldsymbol{x}, t; z)\boldsymbol{\phi}], \tag{2.9}$$

其中, 我们对电荷密度和电流密度都进行了分部积分. 电子 j 的电荷密度为 $\rho_e = -e\delta[z - z_j(t)]\delta[\boldsymbol{x} - \boldsymbol{x}_j(t)]$, 电流密度则为 $\boldsymbol{J} = \rho_e\boldsymbol{v}_j(t)$, 它们都可以通过恒等式 $\delta[z - z_j(t)] = \delta[t - t_j(z)]/|\mathrm{d}z/\mathrm{d}t_j|$ 写成粒子时间坐标 $t_j(z)$ 的形式. 这样, 单电子辐射源的傍轴波动方程为

$$\left[\frac{\partial}{\partial z} + \frac{\mathrm{i}k}{2}\boldsymbol{\phi}^2 \right] \widetilde{\mathcal{E}}_\omega(\boldsymbol{\phi}; z) = \frac{e[\boldsymbol{\beta}_j(z) - \boldsymbol{\phi}]}{4\pi\epsilon_0\lambda^2|\mathrm{d}z/\mathrm{d}t_j|} \mathrm{e}^{\mathrm{i}k[ct_j(z)-z-\boldsymbol{\phi}\cdot\boldsymbol{x}_j(z)]}. \tag{2.10}$$

(2.10) 式对于傍轴同步辐射普遍适用, 其中正比于 β_j 和 ϕ 的项分别来自粒子束流密度对时间的导数和电荷密度的梯度. 前者由横向速度给出, 其量级为 $|\beta_j| \sim 1/\gamma$, 后者在 $\phi \approx 1/\gamma$ 时有明显的贡献, 而在 $\phi \to 0$ 或 $\phi \gg 1/\gamma$ 时则可忽略.

角度表象的傍轴方程 (2.10) 式是一种 "频率" 为 $k\phi^2/2$ 的受迫振荡, 其解可通过 Green 函数 $e^{-ik(z-z')\phi^2/2}\Theta(z-z')$ 得到. 另一种方法是在方程两边同时乘以 $e^{ik\phi^2z/2}$, 并将左边写成

$$e^{ik\phi^2z/2}\left[\frac{\partial}{\partial z} + \frac{ik}{2}\phi^2\right]\widetilde{\mathcal{E}}_\omega(\phi; z) = \frac{\partial}{\partial z}[e^{ik\phi^2z/2}\widetilde{\mathcal{E}}_\omega(\phi; z)]. \tag{2.11}$$

这样, 通过很简单的积分就可得到

$$\widetilde{\mathcal{E}}_\omega(\phi; z) = \int_{-\infty}^{z} \mathrm{d}z'\frac{e[\beta_j(z') - \phi]}{4\pi\epsilon_0\lambda^2c^2}e^{ik[ct_j(z')-z'-\phi\cdot x_j(z')+\phi^2(z'-z)/2]} \tag{2.12}$$

$$\equiv \frac{e\omega^2}{16\pi^3\epsilon_0c^2} \int_{-\infty}^{z/c} \mathrm{d}\zeta[\beta_j(\zeta) - \phi]e^{i\omega\tau(\zeta,\phi)}. \tag{2.13}$$

其中已取 $|\mathrm{d}z/\mathrm{d}t_j| \approx c$ (考虑沿光轴运动的相对论粒子情形). 在 (2.13) 式中, 我们将积分变量 z' 替换成了 $c\zeta$, 并定义了变量

$$\tau(\zeta, \phi) \equiv t_j(\zeta) - \zeta - \phi \cdot x_j(\zeta)/c + \phi^2(\zeta - z/c)/2, \tag{2.14}$$

这一变量与前一节中引入的发射时间密切相关, 可以证明 (2.3) 式中定义的时间压缩因子等于 $\frac{\partial}{\partial\zeta}\tau(\zeta, \phi) \equiv \dot{\tau}(\zeta, \phi)$.

当电子轨迹已知时, (2.12) 式给出了电场的频谱-角度表象. 除了场之外, 功率和功率密度的表达式也很有用. 我们将 (2.13) 式中的场代入 (1.72) 式, 有

$$\frac{\mathrm{d}P}{\mathrm{d}\omega\mathrm{d}\phi} = \frac{e^2\omega^2}{16\pi^3\epsilon_0cT} \int \mathrm{d}\zeta\mathrm{d}\zeta'[\beta_j(\zeta) - \phi] \cdot [\beta_j(\zeta') - \phi]e^{i\omega[\tau(\zeta,\phi)-\tau(\zeta',\phi)]}. \tag{2.15}$$

功率密度角分布可通过对频率的积分得到. 由于这一积分并不直接, 我们将它分步写出. 首先, 利用导数公式 (对 ζ 求导) 写出 ω^2 因子:

$$\frac{\mathrm{d}P}{\mathrm{d}\phi} = \frac{e^2}{16\pi^3\epsilon_0cT} \int \mathrm{d}\zeta\frac{[\beta_j(\zeta) - \phi]}{\dot{\tau}(\zeta,\phi)} \cdot \frac{\partial}{\partial\zeta}\left\{\frac{-1}{\dot{\tau}(\zeta,\phi)}\right.$$

$$\left. \times\frac{\partial}{\partial\zeta} \int \mathrm{d}\zeta'[\beta_j(\zeta') - \phi] \int \mathrm{d}\omega e^{i\omega[\tau(\zeta,\phi)-\tau(\zeta',\phi)]}\right\}. \tag{2.16}$$

请注意, 这里的积分只在正 ω 区域进行. 尽管如此, 由于 P 是实数, 对频率的积分可按如下方式进行:

$$\int_0^\infty \mathrm{d}\omega \mathrm{e}^{\mathrm{i}\omega[\tau(\zeta,\phi)-\tau(\zeta',\phi)]} = \frac{1}{2}\int_{-\infty}^\infty \mathrm{d}\omega \mathrm{e}^{\mathrm{i}\omega[\tau(\zeta,\phi)-\tau(\zeta',\phi)]}$$

$$= \pi\delta[\tau(\zeta,\phi)-\tau(\zeta',\phi)] = \frac{\pi\delta(\zeta-\zeta')}{|\dot{\tau}(\zeta,\phi)|}. \tag{2.17}$$

这又使得 (2.16) 式中对 ζ' 的积分变得容易, 角功率密度因此为

$$\frac{\mathrm{d}P}{\mathrm{d}\phi} = -\frac{e^2}{16\pi^2\epsilon_0 cT}\int \mathrm{d}\zeta \frac{[\boldsymbol{\beta}_j(\zeta)-\boldsymbol{\phi}]}{\dot{\tau}(\zeta,\phi)}\cdot\frac{\partial}{\partial\zeta}\left\{\frac{1}{\dot{\tau}(\zeta,\phi)}\frac{\partial}{\partial\zeta}\frac{[\boldsymbol{\beta}_j(\zeta)-\boldsymbol{\phi}]}{\dot{\tau}(\zeta,\phi)}\right\}$$

$$= \frac{e^2}{16\pi^2\epsilon_0 cT}\int \mathrm{d}\zeta \frac{\{\dot{\boldsymbol{\beta}}_j(\zeta)\dot{\tau}(\zeta,\phi)-[\boldsymbol{\beta}_j(\zeta)-\boldsymbol{\phi}]\ddot{\tau}(\zeta,\phi)\}^2}{\dot{\tau}^5(\zeta,\phi)}. \tag{2.18}$$

(2.18) 式中的第二个等式是分部积分的结果. 请注意, 边界项正比于加速度 $\dot{\beta}(\zeta)$, 当观察点在磁结构之外时, 边界项将消失.

为了进一步简化频率积分功率密度, 将时间的导数 $\mathrm{d}t_j/\mathrm{d}\zeta = 1/\beta_z \approx 1+\boldsymbol{\beta}_\perp^2/2+1/2\gamma^2$ 代入相位的导数 $\dot{\tau}$ 和 $\ddot{\tau}$. 这样, 有

$$\dot{\tau}(\zeta,\phi) = \frac{1}{2\gamma^2}+\frac{1}{2}(\boldsymbol{\beta}_j-\boldsymbol{\phi})^2, \quad \ddot{\tau}(\zeta,\phi) = \dot{\boldsymbol{\beta}}_j\cdot(\boldsymbol{\beta}_j-\boldsymbol{\phi}), \tag{2.19}$$

(2.18) 式中的分子变为

$$\dot{\boldsymbol{\beta}}_j\dot{\tau}-(\boldsymbol{\beta}_j-\boldsymbol{\phi})\ddot{\tau} = \frac{\dot{\beta}_x}{2\gamma^2}[1-\gamma^2(\beta_x-\phi_x)^2+\gamma^2\phi_y^2]\widehat{x}$$

$$+\frac{\dot{\beta}_x}{2\gamma^2}2\gamma(\beta_x-\phi_x)\gamma\phi_y\widehat{y}. \tag{2.20}$$

在这里, 我们假设了粒子在 x-z 平面内运动, 因此 $\boldsymbol{\beta}_j$ 只有 $\widehat{x}$ 方向的分量. 代入 (2.18) 式, (2.20) 式右边第一项给出沿 x 方向偏振的分量对功率的贡献, 而第二项则包含了沿 y 方向偏振的辐射功率. 为避免混淆, 我们将沿 x 方向偏振的功率分量记为 P_σ, 沿 y 方向偏振的功率分量记为 P_π, 当后续反射光路在垂直方向时, 这和传统的符号表示一致. 综合所有结果, 可得傍轴功率密度为

$$\frac{\mathrm{d}P_\sigma}{\mathrm{d}\phi} = \frac{e^2\gamma^6}{2\pi^2\epsilon_0 cT}\int \mathrm{d}\zeta \frac{\dot{\beta}_x^2[1-\gamma^2(\beta_x-\phi_x)^2+\gamma^2\phi_y^2]^2}{[1+\gamma^2(\beta_x-\phi_x)^2+\gamma^2\phi_y^2]^5}, \tag{2.21}$$

$$\frac{\mathrm{d}P_\pi}{\mathrm{d}\phi} = \frac{e^2\gamma^6}{2\pi^2\epsilon_0 cT}\int \mathrm{d}\zeta \frac{4\dot{\beta}_x^2\gamma^2(\beta_x-\phi_x)^2\gamma^2\phi_y^2}{[1+\gamma^2(\beta_x-\phi_x)^2+\gamma^2\phi_y^2]^5}. \tag{2.22}$$

§2.3 偏转磁铁辐射

作为傍轴方程 (2.10) 式及其功率表达式 (2.21)~(2.22) 的一个例证, 本节考虑偏转磁铁产生的同步辐射. 在这种情况下, 我们近似地认为粒子在 x-z 平面内沿半径为 ρ 的环形轨道运动, 且速度为常量 v:

$$x_j(t) = \rho - \rho\cos(vt/\rho), \quad y_j(t) = 0, \quad z_j(t) = \rho\sin(vt/\rho). \tag{2.23}$$

为了得到偏转磁铁情形下的 $t_j(z)$, 我们反解 (2.23) 式的最后一个方程. 当粒子与光轴 $\hat{z}$ 的夹角 $\lesssim 1/\gamma$, 即当 $vt/\rho \lesssim 1/\gamma \ll 1$ 时, 产生的辐射主要沿光轴方向. 因此, 可将 $z_j(t)$ 对 vt/ρ 展开, 并通过逐阶反推求解粒子时间 $t_j(z)$. 在三阶近似下, 有

$$ct_j(z) \approx \frac{z}{\beta} + \frac{\rho}{6\beta}\frac{z^3}{\rho^3} \approx \left(1 + \frac{1}{2\gamma^2}\right)z + \frac{\rho}{6}\frac{z^3}{\rho^3}, \tag{2.24}$$

这里我们对归一化速度 $\beta = (1 - 1/\gamma^2)^{1/2}$ 进行了展开 (假设 $\gamma \gg 1$). 将 (2.24) 式代入傍轴波动方程 (2.10) 式, 我们发现 $t_j(z)$ 展开式的第一项 ($\sim z$) 刚好和电流相位中的 kz 项抵消. 剩余相位 ($\sim kz/\gamma^2$) 则是傍轴近似中时间压缩效应的标志: 由于粒子沿轴速度接近光速, 辐射的特征频率约下降到了原来的 $1/\gamma^2$.

在前向 ($\phi = 0$), 利用横向速度 $\beta_j(z) \approx (v^2t/c\rho)\hat{x} \approx (z/\rho)\hat{x}$, (2.10) 式可直接对 z 进行积分. 引入偏转磁铁辐射的临界频率

$$\omega_c \equiv \frac{3\gamma^3 c}{2\rho}, \tag{2.25}$$

轴上电场沿 x 方向偏振, 可由下式给出:

$$\widetilde{\mathcal{E}}_\omega(\mathbf{0}) = \frac{e}{4\pi\epsilon_0\lambda^2}\frac{3\gamma}{2\omega_c}\int d\zeta \exp\left[\frac{3i\omega}{4\omega_c}(\zeta + \zeta^3/3)\right], \tag{2.26}$$

其中 $\zeta \equiv \gamma z/\rho$ 为无量纲量. (2.26) 式可利用变型 Bessel 函数进行计算, 但我们这里只做定性讨论. 当频率小于或接近 ω_c 时, 积分值在 1 附近, 而当 $\omega \gg \omega_c$ 时, 被积函数快速地振荡, 积分基本上为零. 因此, 偏转磁铁辐射为宽谱辐射, 习惯上将 $4\omega_c$ 看作有用光子通量的频率上限. 和 (2.26) 式中的场相关的辐射光子总数可通过将 (1.73) 式中的总通量 $T\mathcal{F}$ 对频率积分近似估算:

$$\mathcal{N}_{\mathrm{ph}} \equiv \int d\omega\, T\frac{d\mathcal{F}}{d\omega} = \int d\omega\, \frac{4\pi\epsilon_0 c\lambda^2}{\hbar\omega}\int d\phi\, |\widetilde{\mathcal{E}}_\omega(\phi; z)|^2$$

$$\sim \Delta\omega\Delta\phi\frac{4\pi\epsilon_0 c\lambda_c^2}{\hbar\omega_c}|\widetilde{\mathcal{E}}_{\omega_c}(\mathbf{0}; z)|^2, \tag{2.27}$$

其中 $\lambda_c = 2\pi c/\omega_c$ 为偏转磁铁辐射的临界波长. 辐射谱宽 $\Delta\omega \sim 2\omega_c$, 每个横向方向上的辐射角宽度约为 $1/\gamma$, 因此 $\Delta\phi \sim 2\pi/\gamma^2$. 由 (2.26) 式知, 轴上光强为

$$|\widetilde{\mathcal{E}}_{\omega_c}(\mathbf{0}; z)|^2 \sim \left(\frac{e}{4\pi\epsilon_0\lambda_c^2}\frac{3\gamma}{2\omega_c}\right)^2 = \frac{\alpha\hbar}{4\pi\epsilon_0 c\lambda_c^2}\frac{9\gamma^2}{16\pi^2}, \tag{2.28}$$

其中, 精细结构常数 $\alpha \equiv e^2/(4\pi\epsilon_0\hbar c) \approx 1/137$. 结合 (2.27) 和 (2.28) 式, 并利用 $\Delta\omega\Delta\phi \sim 4\pi\omega_c/\gamma^2$, 我们得到

$$\mathcal{N}_{\text{ph}} \approx \frac{9}{4\pi}\alpha \sim \alpha, \tag{2.29}$$

这正是一个广为人知的结果, 即当电子被偏转 $1/\gamma$ 的角度时, 平均辐射出约 α 个光子.

    为求解偏转磁铁辐射的角通量密度, 可以结合环形轨道方程 (2.23) 式, 对傍轴方程 (2.10) 式进行更为详细的分析. 在这里, 我们给出对于偏转磁铁辐射源的特征尺度和散角的一个简单物理解释, 然后较为详细地分析频率积分的功率分布, 并以此作为结束. 基于我们对图 2.3 所示的视运动的讨论, 可以预期只有长度为 $\ell \sim \rho/\gamma$ 的一段弧线中的加速度对场有贡献, 水平和垂直方向的有效源尺度因此为 $\Delta x \sim \ell\Delta\phi_x$ 和 $\Delta y \sim \ell\Delta\phi_y$. 此外, 当频率远低于临界频率 $\omega_c = 3c\gamma^3/2\rho$ 时, 水平方向的辐射张角 $\Delta\phi_x \sim 1/\gamma$, 而在高频极限下, 张角更小. 因此, 我们有

$$\Delta x \sim \frac{\rho}{\gamma}\Delta\phi_x \sim \rho \begin{cases} (\Delta\phi_x)^2 & (\text{当 } \omega \ll \omega_c \text{ 时}), \\ \Delta\phi_x/\gamma & (\text{当 } \omega \gg \omega_c \text{ 时}), \end{cases} \quad \Delta y \sim \Delta x\frac{\Delta\phi_y}{\Delta\phi_x}. \tag{2.30}$$

    由于在空间中受限的辐射场会因衍射作用而发散, 因此也有 $\Delta x \sim \lambda/\Delta\phi_x$ 和 $\Delta y \sim \lambda/\Delta\phi_y$. 结合衍射极限和 (2.30) 式中的偏转磁铁辐射尺寸, 我们得到

$$\Delta\phi_x \sim \Delta\phi_y \sim \begin{cases} \left(\dfrac{\lambda}{\rho}\right)^{1/3} \sim \dfrac{1}{\gamma}\left(\dfrac{\omega_c}{\omega}\right)^{1/3} & (\text{当 } \omega \ll \omega_c \text{ 时}), \\ \left(\dfrac{\gamma\lambda}{\rho}\right)^{1/2} \sim \dfrac{1}{\gamma}\left(\dfrac{\omega_c}{\omega}\right)^{1/2} & (\text{当 } \omega \gg \omega_c \text{ 时}). \end{cases} \tag{2.31}$$

及

$$\Delta x \sim \Delta y \sim \begin{cases} \rho\left(\dfrac{\lambda}{\rho}\right)^{2/3} & (\text{当 } \omega \ll \omega_c \text{ 时}), \\ \left(\dfrac{\rho\lambda}{\gamma}\right)^{1/2} & (\text{当 } \omega \gg \omega_c \text{ 时}). \end{cases} \tag{2.32}$$

当以 1:1 光学系统聚焦时, 以上引入的源尺寸即为像尺寸. 在下一节中讨论波荡器辐射时, 源尺度和散角的概念将会相当有用.

前面的讨论给出了源尺度和散角的频率依赖关系. 如果对频率积分, 我们将得到相关的功率分布. 为了进行这一分析, 我们采用 (2.21)~(2.22) 式中的结果. 需要注意的是, 在上述公式中, P_σ 表示 x 偏振功率分量, P_π 表示 y 偏振功率分量. 将偏转磁铁中的电子速度 $\beta_x \approx z/\rho = c\zeta/\rho$ 和加速度 $\dot{\beta}_x = c/\rho$ 代入上述公式, 可得辐射功率为

$$\frac{\mathrm{d}P_\sigma}{\mathrm{d}\phi} = \frac{e^2\gamma^5}{\pi\epsilon_0\rho T} \int \mathrm{d}\xi \frac{[1-\xi^2+\gamma^2\phi_y^2]^2}{[1+\xi^2+\gamma^2\phi_y^2]^5}, \tag{2.33}$$

$$\frac{\mathrm{d}P_\pi}{\mathrm{d}\phi} = \frac{e^2\gamma^5}{\pi\epsilon_0\rho T} \int \mathrm{d}\xi \frac{4\xi^2\gamma^2\phi_y^2}{[1+\xi^2+\gamma^2\phi_y^2]^5}, \tag{2.34}$$

其中 $\xi = \gamma(c\zeta/\rho - \phi_x)$. 上述积分可以在复平面内进行, 让积分围道在无穷远处闭合并采用留数定理, 可以得到

$$\frac{\mathrm{d}P_\sigma}{\mathrm{d}\phi} = \frac{7}{64\pi} \frac{e^2\gamma^4}{\epsilon_0 mc} \frac{eB}{mc} \frac{I}{e} \frac{1}{[1+\gamma^2\phi_y^2]^{5/2}}, \tag{2.35}$$

$$\frac{\mathrm{d}P_\pi}{\mathrm{d}\phi} = \frac{7}{64\pi} \frac{e^2\gamma^4}{\epsilon_0 mc} \frac{eB}{mc} \frac{I}{e} \frac{5\gamma^2\phi_y^2}{[1+\gamma^2\phi_y^2]^{7/2}}. \tag{2.36}$$

在轴线上, X 射线完全沿 x 方向偏振, 且功率密度为

$$\left.\frac{\mathrm{d}P_\sigma}{\mathrm{d}\phi}\right|_{\phi=0} = \frac{7}{64\pi} \frac{e^2\gamma^4}{\epsilon_0 mc} \frac{eB}{mc} \frac{I}{e} = 5.43B[\mathrm{T}](\gamma mc^2)^4[\mathrm{GeV}]I[\mathrm{A}]\mathrm{W}/\mathrm{mrad}^2. \tag{2.37}$$

将 (2.35) 式和 (2.36) 式对垂直角度 ϕ_y 积分, 可以发现 σ/x 偏振的总功率是 π/y 偏振的 7 倍, 将这两个结果的和对水平接收角 $\Delta\phi_x$ 积分, 可得

$$P = \frac{e^2\gamma^2}{6\pi\epsilon_0} \frac{I}{e} \left(\frac{eB}{mc}\right)^2 (\rho\Delta\phi_x) \tag{2.38}$$

$$\approx 1.27(\gamma mc^2)[\mathrm{GeV}]B^2[\mathrm{T}]I[\mathrm{A}](\rho\Delta\phi_x)[\mathrm{m}]\mathrm{kW}. \tag{2.39}$$

§2.4　波荡器辐射

到目前为止, 我们介绍了同步辐射的基本物理图像, 推导了傍轴波动方程, 说明了偏转磁铁产生的 X 射线通量和功率的一些特性. 本节将较为详细地分析波荡器辐射, 这一方面是因为波荡器辐射作为高亮度 X 射线光源本身就很重要, 另一方面是因为波荡器辐射反过来又可以作用于电子从而产生 FEL 增益. 波荡器是一种极性交替排列的周期性磁结构. 当前使用的大部分波荡器都沿袭了 Halbach 的开

创性工作[12,13], 由永磁铁构成. 图 2.4 给出了一个基于永磁/钢铁混合设计的典型现代插入件的示意图. 经优化设计的波荡器, 峰值磁场强度由 Halbach 公式给出:

$$
\begin{aligned}
B_0[\mathrm{T}] &\approx 3.44 \ \exp\left[-\frac{g}{\lambda_u}\left(5.08 - 1.54\frac{g}{\lambda_u}\right)\right] \quad (\text{钕铁硼}), \\
B_0[\mathrm{T}] &\approx 3.33 \ \exp\left[-\frac{g}{\lambda_u}\left(5.47 - 1.8\frac{g}{\lambda_u}\right)\right] \quad (\text{钐钴}),
\end{aligned}
\tag{2.40}
$$

其中 g 为磁极间隙, 且 $g < \lambda_u$.

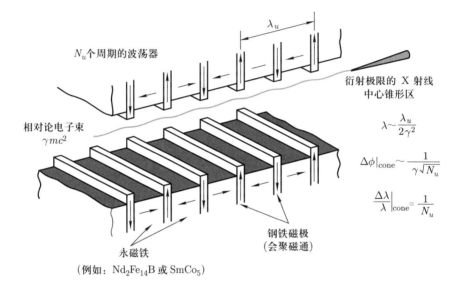

图 2.4 周期性磁结构 (波荡器) 示意图, 周期长度为 λ_u, 周期数为 N_u. 该结构基于永磁铁. 改编自文献 [1].

本书将主要考虑平面波荡器, 其磁场 $\boldsymbol{B}$ 主要沿垂直轴方向 (y 方向), 且在电子传输方向 (z) 上呈周期性变化. 我们偶尔也会提及螺旋波荡器, 其主磁场方向沿 z 螺旋式变化. 为了给出平面波荡器中磁场 $\boldsymbol{B}$ 的表达式, 我们从磁标势出发. 在自由空间中, 磁场可以从满足 Laplace 方程 $\nabla^2 \Phi_B = 0$ 的磁标势 Φ_B 导出. 对于沿 z 振荡且在 $x = y = 0$ 处不为零的 B_y 场, 最简单的磁标势为

$$
\Phi_B(x,y,z) = -\frac{B_0}{k_u}\sinh(k_u y)\sin(k_u z).
\tag{2.41}
$$

取 (2.41) 式的梯度, 可得到平面波荡器中磁场的良好近似:

$$
\boldsymbol{B}(x,y,z) = -B_0\cosh(k_u y)\sin(k_u z)\widehat{y} - B_0\sinh(k_u y)\cos(k_u z)\widehat{x},
\tag{2.42}
$$

在这里, B_0 为轴线上的峰值磁场, k_u 为波荡器的波矢, 与波荡器周期 λ_u 的关系为 $k_u = 2\pi/\lambda_u$. 当波荡器在 z 方向无限长、x 方向无限宽时, 磁场公式 (2.42) 是严格成立的, 且满足真空中的 Maxwell 方程组 (即散度和旋度为零), 这是因为选取了适当的磁标势.

对于固定的磁极间隙, (2.40) 式表明轴线上的峰值磁场随波荡器周期的减小指数地下降. 永磁波荡器的典型参数为 $B_0 \approx 1$ T 和 $\lambda_u \approx 2 \sim 3$ cm. 为了进一步减小波荡器周期且同时保持足够的磁场强度, 人们正在积极发展替代技术, 其中低温波荡器、RF 波荡器和超导波荡器引领着波荡器的发展方向. 在本章最后探讨同步辐射光源的未来发展方向时, 我们还会简要地讨论超导波荡器.

2.4.1 电子轨迹和波荡器辐射的定性讨论

为了得到波荡器辐射的基本物理图像, 我们采用沿 z 轴的场分布, 并假设波荡器有 N_u 个周期, 相应的磁场为

$$B_y = -B_0 \sin(k_u z) \qquad (0 \leqslant z \leqslant N_u \lambda_u). \tag{2.43}$$

当电子沿 z 轴传输, 从而 $k_u |\boldsymbol{x}| \ll 1$, $N_u \ll \gamma/K$ 时, 一维磁场 (2.43) 式是一个很有用的近似. 下面我们来计算自发波荡器辐射. 假设辐射场对电子的作用力可以忽略, 则横向运动方程为

$$\begin{aligned}
\frac{\mathrm{d}}{\mathrm{d}t}\gamma mc\boldsymbol{\beta} &= -e\boldsymbol{E} - e\boldsymbol{v} \times \boldsymbol{B} = -eB_0\frac{\mathrm{d}z}{\mathrm{d}t}\sin(k_u z)\widehat{x} \\
&= \frac{eB_0}{k_u}\frac{\mathrm{d}}{\mathrm{d}t}\cos(k_u z)\widehat{x}.
\end{aligned} \tag{2.44}$$

假设初始时电子沿光轴运动, 则 y 方向的速度为零, 而 x 方向的速度则由 (2.44) 式积分得到:

$$\beta_x = \frac{eB_0}{\gamma mck_u}\cos(k_u z) \equiv \frac{K}{\gamma}\cos(k_u z), \tag{2.45}$$

在这里, 我们引入了无量纲的波荡器参数 K. 由 (2.45) 式可以看到电子轨迹的最大斜率为 K/γ. 波荡器通常是指最大斜率小于辐射张角 $1/\gamma$ 的磁结构, 也就是 $K \lesssim 1$, 当 K 很大时, 这类装置通常被称为扭摆器. 参数 K 的一个实用的工程公式为

$$K = \frac{eB_0}{mck_u} = 0.934\lambda_u[\text{cm}]B_0[\text{T}]. \tag{2.46}$$

从 Hamilton 力学 (参见附录 A) 的角度来看, (2.45) 式是正则动量 $\boldsymbol{p} = \gamma\boldsymbol{\beta} - \boldsymbol{a} = \gamma\boldsymbol{\beta} - K\cos(k_u z)\widehat{x}$ 守恒的结果.[①]

[①]此处 Hamilton 量 $\mathcal{H} = [p_x + K\cos(k_u z)]^2/2\gamma + p_y^2/2\gamma - (\gamma - 1/2\gamma)$ 与 $\boldsymbol{x}$ 无关, 因此 p_x 和 p_y 守恒.

我们继续推导粒子的轨迹. 利用速度与 (恒定) 能量之间的关系, 可得到纵向速度:

$$\beta_z = \sqrt{1 - \frac{1}{\gamma^2} - \beta_x^2} \approx 1 - \frac{1}{2\gamma^2} - \frac{K^2}{2\gamma^2}\cos^2(k_u z)$$

$$= 1 - \frac{1 + K^2/2}{2\gamma^2} - \frac{K^2}{4\gamma^2}\cos(2k_u z). \tag{2.47}$$

由于电子沿 $\hat{x}$ 振荡, 纵向速度平均值 $\overline{\beta}_z = 1 - (1 + K^2/2)/2\gamma^2$ 小于其最大值 $1 - 1/2\gamma^2$. 这一振荡导致纵向速度随 z 的正弦变化, 其周期为横向振荡的两倍. 在一个以束流平均速度运动的惯性系中, 这一运动在 x-z 平面内呈现出 "8" 字形径迹.

下面, 我们利用定义式 $\mathrm{d}t/\mathrm{d}z = 1/c\beta_z$, 由纵向速度来推导粒子的时间坐标. 利用 (2.47) 式将 $1/\beta_z$ 展开至 $1/\gamma^2$ 阶并进行积分, 可知粒子在 $t_j(z)$ 时刻穿过 z 平面, 其中, $t_j(z)$ 由下式给出:

$$ct_j(z) = \left[1 + \frac{1 + K^2/2}{2\gamma^2}\right]z + \frac{K^2}{8\gamma^2 k_u}\sin(2k_u z) + ct_j(0). \tag{2.48}$$

请注意, 这一结果也可以通过对 Hamilton 运动方程 $ct' = -\tau' = -(\partial \mathcal{H}/\partial \gamma)$ 进行积分得到.

为了了解电子发射的 X 射线的性质, 我们可以假想电子在每个波荡器周期的开始处发出辐射. 如图 2.5 所示, 在 ϕ 方向上的一个远方观察者将会看到不同的周期 $\lambda_1(\phi)$. 由于光行进 $\overline{AA''}$ 的距离, 而电子则沿着弧长 $\widetilde{AB}$ 运动, 因此有

$$\frac{\lambda_1(\phi)}{c} = \frac{\widetilde{AB}}{v} - \frac{\overline{AA'}}{c}. \tag{2.49}$$

弧长 $\widetilde{AB}$ 可通过沿电子轨迹的积分给出:

$$\widetilde{AB} = \int_0^{\lambda_u} \mathrm{d}z\sqrt{1 + (x')^2} \approx \int_0^{\lambda_u} \mathrm{d}z\left(1 + \frac{1}{2}x'^2\right) = \lambda_u\left(1 + \frac{K^2}{4\gamma^2}\right). \tag{2.50}$$

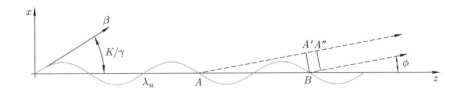

图 2.5 波荡器中的共振条件示意图.

对于小观察角度, 长度

$$\overline{AA'} = \lambda_u \cos\phi \approx \lambda_u \left(1 - \frac{\phi^2}{2}\right). \tag{2.51}$$

将 (2.50) 和 (2.51) 式代入 (2.49) 式, 可得

$$
\begin{aligned}
\frac{\lambda_1(\phi)}{c} &= \frac{\lambda_u}{c} \left[\frac{1 + K^2/(4\gamma^2)}{\beta} - \left(1 - \frac{\phi^2}{2}\right) \right] \\
&\approx \frac{\lambda_u}{c} \frac{1 + K^2/2 + \gamma^2\phi^2}{2\gamma^2},
\end{aligned}
\tag{2.52}
$$

上式中的最后一步利用了 $1/\beta \approx 1 + 1/2\gamma^2$. 当 $\phi \lesssim 1/\gamma$ 时, 在观察者看来, 辐射波长缩短成了 λ_u 的约 $1/\gamma^2$ 倍, 这正是时间压缩效应. 在这里, 我们用角标 "1" 表示 λ_1 为基波波长, 而在下一节中, 我们还将推导谐波辐射的一般性质. 基波辐射的频率为

$$\omega_1(\phi) = \frac{2\pi c}{\lambda_1(\phi)} = ck_u \frac{2\gamma^2}{1 + K^2/2 + \gamma^2\phi^2}, \tag{2.53}$$

光子能量则为 $\hbar\omega_1(\phi)$.

电子在 N_u 个周期的波荡器中振荡 N_u 次, 产生的波列因此有 N_u 个周期. 在 ϕ 角度上观察到的波荡器辐射, 谱峰位于 $\omega_1 (\varphi)$ 处, 且其固有带宽为

$$\frac{\Delta\omega}{\omega_1} = \frac{\Delta\lambda}{\lambda_1} \sim \frac{1}{N_u}. \tag{2.54}$$

这一性质如图 2.6(a) 所示. 当观察角从零开始增加时, 波长发生 "红" 移, 这是由于

$$\frac{\lambda_1(\phi) - \lambda_1(0)}{\lambda_1(0)} = \frac{\gamma^2\phi^2}{1 + K^2/2} = \frac{\lambda_u}{2\lambda_1(0)}\phi^2 > 0. \tag{2.55}$$

当 $\Delta\phi \sim 1/\gamma$ 时, 相对带宽 $|\Delta\lambda/\lambda| = O(1)$, 和单个偏转磁铁相当, 对角度积分后的谱分布如图 2.6(b) 左侧所示. 然而, 当我们引入一个接收角 $\Delta\phi \ll 1/\gamma$ 的针孔后, 频谱将变窄至波荡器辐射的固有带宽 ($\sim 1/N_u$). 对于通常的波荡器, $N_u \sim 100$, 辐射因此是准单色的, 相对带宽 $\Delta\omega/\omega_1 \sim 1\%$.

通过确定观测到固有带宽 $1/N_u$ 的最大小孔尺寸, 我们可以得到波荡器辐射自然散角的近似表达式. 由 (2.55) 式可写出

$$\frac{\Delta\lambda}{\lambda} = \frac{\gamma^2\phi^2}{1 + K^2/2} = \frac{\lambda_u}{2\lambda_1(0)}(\Delta\phi)^2 \leqslant \frac{1}{N_u}. \tag{2.56}$$

定义 RMS 散角 $\sigma_{r'} \equiv \Delta\phi/2$, 由 (2.56) 式可得

$$\Delta\phi \leqslant \frac{1}{\gamma} \sqrt{\frac{1 + K^2/2}{N_u}} \sim \sqrt{\frac{2\lambda_1}{L_u}} \Rightarrow \sigma_{r'} = \sqrt{\frac{\lambda_1}{2L_u}}, \tag{2.57}$$

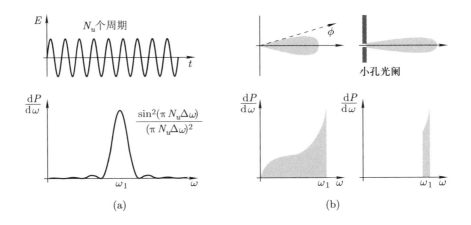

图 2.6 (a) 波荡器辐射的时域和频域分布. (b) 针孔前后的频谱分布. 改编自文献 [14].

其中, $L_u = \lambda_u N_u$ 为波荡器长度. 因此, 长度为 L_u 的波荡器辐射源的散角为 $\sqrt{\lambda_1/2L_u}$. 由于相对论效应, 频率积分的同步辐射角分布通常具有 $\sim 1/\gamma$ 的宽度, (2.57) 式则表明, 在频带宽度 $1/N_u$ 内, 波荡器辐射的角分布可进一步减小至同步辐射的 $N_u^{-1/2}$ 倍. 需要强调的是, (2.57) 式中的 $\sigma_{r'}$ 只是散角的近似表征, 虽然稍后在以 Gauss 场来近似表示波荡器辐射时我们仍将采用它.

为了确定辐射源在整个长度 L_u 上的有效横向尺寸 Δx, 我们考虑图 2.7. 假设角度 $\Delta\phi \ll 1$, 图 2.7 表明波荡器辐射的有效源尺寸可由下式给出:

$$\Delta x \sim \Delta\phi \frac{L_u}{2} \sim \sqrt{\frac{\lambda_1 L_u}{2}}. \tag{2.58}$$

考虑 (2.57) 和 (2.58) 式, 我们可以看到源尺寸和散角的乘积受限于衍射定律:

$$\Delta\phi\Delta x \sim \lambda_1. \tag{2.59}$$

在下一节中, 我们将更系统、更正式地推导和讨论这些性质.

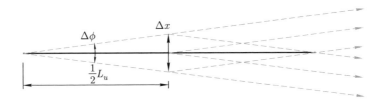

图 2.7 波荡器辐射的有效源尺寸和散角.

2.4.2 波荡器辐射的傍轴分析

我们从傍轴波动方程开始对波荡器辐射的性质进行数学分析. 对于 N_e 个电子组成的电子源, 傍轴方程 (2.12) 式变为

$$\widetilde{\mathcal{E}}_\omega(\boldsymbol{\phi}; z) = \int_0^z \mathrm{d}z' \sum_{j=1}^{N_e} \frac{e[\boldsymbol{\beta}_j(z') - \boldsymbol{\phi}]}{4\pi\epsilon_0 c\lambda^2} \mathrm{e}^{\mathrm{i}k[ct_j(z')-z'-\boldsymbol{\phi}\cdot\boldsymbol{x}_j(z')+\phi^2(z'-z)/2]}. \tag{2.60}$$

当包络 $(\widetilde{\mathcal{E}}_\omega)$ 变化发生在远大于共振波长 λ_1 的尺度上时, (2.60) 式适用. 这一条件在 $N_u \gg 1$ 时通常能满足. 在本节中, 我们假设电子束为沿光轴运动、具有单一能量 γ_r 的理想束 (有限能散度和发射度的情形将在 2.4.5 节中讨论). 利用沿波荡器轴线入射的电子的横向速度公式 (2.45) 式, 可得傍轴波动方程的 $\hat{x}$ 分量为

$$\widetilde{\mathcal{E}}_\omega(\boldsymbol{\phi}; z) = \int_0^z \mathrm{d}z' \sum_{j=1}^{N_e} \frac{e[K\cos(k_u z') - \gamma\phi_x]}{4\pi\epsilon_0\gamma_r c\lambda^2} \mathrm{e}^{\mathrm{i}k[ct_j(z')-z'-\boldsymbol{\phi}\cdot\boldsymbol{x}_j(z')+\phi^2(z'-z)/2]}. \tag{2.61}$$

在后面, 我们将很快看到 γ_r 为共振能量.

在进一步简化 (2.61) 式之前, 请首先注意这里主要关注 $\gamma\phi \lesssim 1/\sqrt{N_u}$ 的中心锥形区域内的场分布, 所以在以下讨论中我们将舍弃电荷密度项 $(\sim \gamma\phi_x)$. 其次, 我们注意到 (2.61) 式中的积分包含和粒子轨迹相关的相位, 因此积分一般为零, 除非该相位近似为常数. 为得到合适的缓变 (共振) 源电流, 我们利用理想参考轨道 (2.48) 式写出

$$
\begin{aligned}
\cos(k_u z)\mathrm{e}^{\mathrm{i}k[ct_j(z)-z-\boldsymbol{\phi}\cdot\boldsymbol{x}_j(z)]} &= \cos(k_u z)\exp\left[\mathrm{i}k\left(\frac{1+K^2/2}{2\gamma_r^2}z + ct_j(0)\right)\right] \\
&\quad \times \exp\left[\mathrm{i}k\left(\frac{K^2}{8\gamma_r^2 k_u}\sin(2k_u z) - \frac{K\phi_x}{\gamma_r k_u}\sin(k_u z)\right)\right] \\
&\approx \mathrm{e}^{\mathrm{i}ck t_j(0)}\sum_n J_n\left(\frac{K^2 k}{8\gamma_r^2 k_u}\right) \\
&\quad \times \cos(k_u z)\exp\left[\mathrm{i}\left(\frac{1+K^2/2}{2\gamma_r^2}\right)kz + 2\mathrm{i}n k_u z\right].
\end{aligned}
\tag{2.62}
$$

为得到以上近似式, 我们忽略了中心锥形区域内角度 $(\sim 2\gamma_r\phi_x \lesssim 2/\sqrt{N_u})$ 的贡献, 这和我们之前忽略 (2.61) 式中的电荷密度项是一致的. 在上式中, 我们还利用了 Jacobi-Anger 恒等式

$$\mathrm{e}^{\mathrm{i}x\sin\theta} = \sum_{n=-\infty}^{\infty} J_n(x)\mathrm{e}^{\mathrm{i}n\theta}. \tag{2.63}$$

(2.62) 式表明, 波荡器中源电流的相位可由下式给出:

$$\sum_n \exp\left[\mathrm{i}k_u z\left(\frac{k}{k_u}\frac{1+K^2/2}{2\gamma_r^2} \mp 1 + 2n\right)\right], \tag{2.64}$$

其中 $\pm \mathrm{i}k_u z$ 来自 $\cos(k_u z)$ 的指数形式. 因此, 当 $\lambda/\lambda_u = (1 + K^2/2)/2h\gamma_r^2$ (h 为奇数) 时, 相位近似不变. 换句话说, 在中心锥形区域内, 只有对于奇次谐波

$$\lambda_h \equiv \frac{1 + K^2/2}{2\gamma_r^2}\frac{\lambda_u}{h} \quad (h = 2n - 1, n = 1, 2, 3, \cdots), \tag{2.65}$$

(2.62) 式中的相位才是不变的. (2.65) 式定义了轴上 (奇次) 谐波波长 $\lambda_h \equiv \lambda_{2n-1}$ ($\phi = 0$), 其中 γ_r 为共振能量. 轴上辐射频谱之所以只有奇次谐波, 是因为粒子轨迹 (虽然不是正弦曲线) 关于其周期中点反对称, 这意味着其 Fourier 展开没有偶阶分量. 在离轴处这一对称性被打破, 所有谐波都会存在. 此外, 我们定义归一化频率 $\nu \equiv \omega/\omega_1 \equiv k/k_1$ 和偏离共振的归一化频差 $\Delta\nu \equiv (k - k_h)/k_1$, 利用此定义, 有

$$\frac{\omega}{ck_u} = \frac{k}{k_u} = \frac{k_1}{k_u}\nu = \frac{2\gamma_r^2}{1 + K^2/2}\nu = \frac{2\gamma_r^2}{1 + K^2/2}(h + \Delta\nu). \tag{2.66}$$

在傍轴方程的源电流中使用缓变相位 (2.64) 式, 利用 Bessel 函数恒等式 $J_{-n}(x) = (-1)^n J_n(x)$ 和共振条件 (2.66) 式, 同时考虑到接近共振状态的频率为 $\nu = 2n - 1 + \Delta\nu = h + \Delta\nu$ ($\Delta\nu \ll 1$), 我们对该方程的右侧进行化简, 可得中心锥形区域内的波荡器辐射场为

$$\widetilde{\mathcal{E}}_\omega(\boldsymbol{\phi}; L_u) = \sum_{h \text{ 为奇数}} \frac{eK[\mathrm{JJ}]_h}{8\pi\epsilon_0\gamma_r c\lambda^2} \sum_{j=1}^{N_e} \mathrm{e}^{\mathrm{i}\omega t_j(0)} \int_0^{L_u} \mathrm{d}z \mathrm{e}^{\mathrm{i}\Delta\nu k_u z} \mathrm{e}^{\mathrm{i}k[\phi^2(z-L_u)/2 - \boldsymbol{\phi}\cdot\boldsymbol{x}_j(z)]}, \tag{2.67}$$

式中引入了谐波 Bessel 函数因子:

$$[\mathrm{JJ}]_h = (-1)^{(h-1)/2}\left[J_{(h-1)/2}\left(\frac{hK^2}{4 + 2K^2}\right) - J_{(h+1)/2}\left(\frac{hK^2}{4 + 2K^2}\right)\right]. \tag{2.68}$$

(2.67) 式将中心锥形区域内波荡器辐射场的表达式简化成了对基频辐射的奇次谐波的求和. 这些谐波在频率上间隔得很开, 当 $\gamma|\phi| \lesssim 1/\sqrt{N_u}$ 时, 基本上可独立地处理. 对于 $\boldsymbol{x}_j(z) = 0$ 的理想电子束, (2.67) 式中的被积函数正比于 $\mathrm{e}^{\mathrm{i}az}$, 对 z 的积分因此很简单. 我们可以得到波荡器出口处的辐射场为

$$\widetilde{\mathcal{E}}_\omega(\boldsymbol{\phi}; L_u) = \sum_{h \text{ 为奇数}} \frac{eKL_u[\mathrm{JJ}]_h}{8\pi\epsilon_0 c\lambda^2\gamma_r} \exp\left[\mathrm{i}\pi N_u\left(\Delta\nu + \frac{h(\gamma_r\phi)^2}{1 + K^2/2}\right)\right]$$

$$\times \frac{\sin\left[\pi N_u\left(\Delta\nu + \frac{h(\gamma_r\phi)^2}{1 + K^2/2}\right)\right]}{\pi N_u\left(\Delta\nu + \frac{h(\gamma_r\phi)^2}{1 + K^2/2}\right)} \sum_{i=1}^{N_e} \mathrm{e}^{\mathrm{i}\omega t_j(0)}. \tag{2.69}$$

(2.69) 式中波荡器辐射场的频谱–角度分布由 sinc 函数决定. $\mathcal{E}_\omega(\phi; L_u)$ 的峰值对应于 sinc 函数的极大值, 出现在如下频率处:

$$\omega_h(\phi) = h\omega_1\left[1 - \frac{\gamma_r^2\phi^2}{1 + K^2/2}\right]. \tag{2.70}$$

正如在前一节中讨论的那样, 离轴的共振频率较低 (发生了红移). 此外, 令 sinc 函数的参数为 π 可给出谱宽的一个衡量标准. 在固定角度处的谱宽和固定频率下的角宽分别为

$$\frac{\Delta\omega}{\omega} \sim \frac{1}{hN_u}, \quad \sigma_{r'} \sim \frac{1}{\gamma}\sqrt{\frac{1+K^2/2}{hN_u}}, \tag{2.71}$$

和我们在前一节中所得到的结果完全一致. 如果注意到谱分布是具有 N_u 个周期的波列的 Fourier 变换, 则 (2.71) 式中的频谱宽度很容易理解. 由于周期数是确定的, 因此带宽 $\Delta\omega$ 也是确定的, 这又意味着在共振频率 $\omega \sim h\omega_1$ 附近, 归一化带宽 $\Delta\omega/\omega_h \sim 1/hN_u$.

考虑时域中的纵向物理图像, 我们知道每经过一个波荡器周期, 电子会落后于其产生的自发辐射一个波长. 这样, 任何一个电子的辐射场都被限制在 "滑移距离" $N_u\lambda_1$ 内, 波荡器辐射的相关时间因此为

$$\sigma_\tau \leqslant 2\pi N_u/\omega_1 = 2\pi/\Delta\omega, \tag{2.72}$$

这一时间通常远远短于电子束团长度 T. 对于 1 Å 的 X 射线, 当 $N_u \sim 10^2$ 时, $\sigma_\tau \lesssim 0.1$ fs, 而储存环中电子束团的长度通常大于几个皮秒. 因此, 波荡器辐射在时间上是无序的, 具有许多纵向模式 ($M_L \approx 10^4 \sim 10^5$). 尽管辐射场是无序的, 每个脉冲中的光子数的相对涨落却较小, 由 (1.110) 式可得 $\sigma_{\mathcal{N}_{ph}}/\mathcal{N}_{ph} = 1/\sqrt{M} \leqslant 1/\sqrt{M_L} \lesssim 10^{-2}$.

由于具有随机相位的电子的辐射是非相干的, 因此波荡器辐射的功率和通量正比于粒子数. 在数学上, 辐射场绝对值的平方

$$|\widetilde{\mathcal{E}}_\omega(\phi; L_u)|^2 \sim \sum_{j,k}^{N_e} e^{-i\omega[t_j(0)-t_k(0)]} = N_e + \sum_{j\neq k}^{N_e} e^{-i\omega[t_j(0)-t_k(0)]} \to N_e. \tag{2.73}$$

这样, 沿光轴运动的 N_e 个电子产生的光子通量仅是单个电子的 N_e 倍. FEL 则不同, 由于辐射和粒子的相互作用, (2.67) 式依赖于动态时间 $t_j(z)$, (2.69) 式也不再适用.

回到自发辐射上来, 将 (2.69) 式的电场代入功率公式 (1.72) 可得到光子通量. 利用电流 $I = eN_e/T$、共振条件 (2.66) 式以及精细结构常数 $\alpha \equiv e^2/(4\pi\epsilon_0\hbar c) \approx 1/137$ 对光子通量的表达式进行化简, 有

$$\frac{\mathrm{d}\mathcal{F}}{\mathrm{d}\omega\mathrm{d}\phi} = \alpha N_u^2 \gamma_r^2 \frac{I}{e}\frac{1}{\omega}\left\{\frac{\sin\left[\pi N_u\left(\Delta\nu + \frac{h(\gamma_r\phi)^2}{1+K^2/2}\right)\right]}{\pi N_u\left(\Delta\nu + \frac{h(\gamma_r\phi)^2}{1+K^2/2}\right)}\right\}^2 \frac{h^2 K^2 [\mathrm{JJ}]_h^2}{(1+K^2/2)^2}, \tag{2.74}$$

其中 h 是之前定义的奇数 (即 $h = 2n - 1$, $n = 1, 2, \cdots$). 作为参考, 我们在图 2.8(a) 中画出了函数 $h^2 K^2 [\mathrm{JJ}]_h^2 / (1 + K^2/2)^2$. 沿光轴的光子通量可采用实用单位表示为

$$
\left. \frac{\mathrm{d}\mathcal{F}}{\mathrm{d}\omega \mathrm{d}\phi} \right|_{\phi=0, \omega=h\omega_1} = 1.74 \times 10^{14} N_u^2 (\gamma m c^2)^2 [\mathrm{GeV}] I[\mathrm{A}]
$$

$$
\times \frac{h^2 K^2 [\mathrm{JJ}]_h^2}{(1 + K^2/2)^2} \frac{\text{光子 (数目)}}{\mathrm{s} \cdot \mathrm{mrad} \cdot (0.1\% \mathrm{BW})}, \tag{2.75}
$$

其中, 选取 0.1% 带宽 (BW) 是同步辐射领域的标准惯例. (2.74) 式对立体角积分, 可得到 $\phi \lesssim 1/(\gamma \sqrt{N_u})$ 的中心锥形区域内的总通量. 将奇次谐波 h 附近的角分布近似为 Gauss 分布, 有

$$
\frac{\mathrm{d}\mathcal{F}_h}{\mathrm{d}\omega} = \left. \frac{\mathrm{d}\mathcal{F}_h}{\mathrm{d}\omega \mathrm{d}\phi} \right|_0 2\pi \sigma_{r'}^2 = \left. \frac{\mathrm{d}\mathcal{F}_h}{\mathrm{d}\omega \mathrm{d}\phi} \right|_0 2\pi \frac{\lambda_h}{2 L_u} = \left. \frac{\mathrm{d}\mathcal{F}_h}{\mathrm{d}\omega \mathrm{d}\phi} \right|_0 2\pi \frac{1 + K^2/2}{4 h \gamma_r^2 N_u}, \tag{2.76}
$$

其中, 下标 0 表示 $\phi = 0$ 及 $\omega = h\omega_1$, RMS 角宽度 (2.57) 式被推广到了谐波 h. 将沿光轴的通量密度 [(2.74) 式, 取 $\phi = 0$] 代入 (2.76) 式, 可得到总的自发辐射通量

$$
\left. \frac{\mathrm{d}\mathcal{F}_h}{\mathrm{d}\omega} \right|_{\omega=h\omega_1} = \frac{\pi}{2} \alpha N_u \frac{I}{e} \frac{1}{\omega} \frac{h K^2 [\mathrm{JJ}]_h^2}{1 + K^2/2}. \tag{2.77}
$$

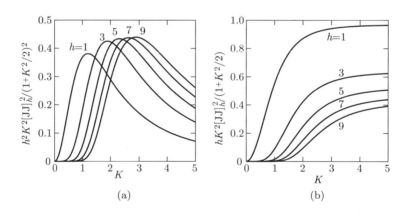

图 2.8 无量纲波荡器辐射通量函数与 K 的关系 ($h = 1, 3, 5, 7, 9$). (a) 画出了谱通量密度表达式 (2.74) 中出现的 h 和 K 的函数, (b) 则画出了与中心锥形区域内的总光子通量相关的函数. 改编自文献 [1].

图 2.8(b) 画出了函数 $h K^2 [\mathrm{JJ}]_h^2 / (1 + K^2/2)$. 如果考虑基波 ($h = 1$), 并取 $K \sim 1$, 则 (2.77) 式可粗略地写成 $\mathrm{d}\mathcal{F}_1 \sim \alpha N_u (I/e) \mathrm{d}\omega/\omega$, 这可以通过下述方式简单地理解. 由于每周期的偏转角约为 $1/\gamma$, 每个电子每周期发射约 α 个光子 [根据 (2.29) 式], 而在整个波荡器长度上则发射 αN_u 个光子. 因此, 流强为 I 的电子束每单位时间发

射 $\mathcal{F}_1 \sim \alpha N_u(I/e)$ 个光子. 这里估算的是整个频谱范围内 $(\Delta\omega/\omega \sim 1)$ 的光子总数, 在较窄的频谱范围内 $(d\omega/\omega \ll 1)$, 辐射的光子数 $d\mathcal{F}_1$ 则可由 $d\mathcal{F}_1 \sim \alpha N_u(I/e)d\omega/\omega$ 给出, 如上所述. 请注意, 在中心锥形区域, 特征带宽 $\Delta\omega/\omega \sim 1/N_u$ 内的光子数与 N_u 无关. 采用实用单位, 中心锥形区域内的波荡器辐射光子通量 [(2.77) 式] 可写成

$$\left.\frac{d\mathcal{F}_h}{d\omega/\omega}\right|_{\omega=h\omega_1} = \frac{1}{2} \times 1.43 \times 10^{14} N_u I[A] \frac{hK^2[JJ]_h^2}{1+K^2/2} \frac{光子}{s \cdot (0.1\%BW)}. \tag{2.78}$$

与文献 [15, 16] 中所引用的公式相比, 上述通量公式多了一个 $1/2$ 的系数, 这是因为我们计算的是 $\omega = h\omega_1$ 上的通量. 在频率略低处通量更高, 当频率 $\omega \approx h\omega_1[1 - (hN_u)^{-1}]$ 时, 通量变为 (2.77) $\sim$ (2.78) 式的两倍. 然而, 这些频率上的角分布在前向并非最大, 因此当前讨论中采用的 Gauss 近似不再适用.

2.4.3 频率积分功率

到目前为止, 我们对波荡器辐射的讨论主要集中在它的频率特性上. 我们看到了在周期性磁场结构中干涉效应是如何导致 X 射线通量集中到基频共振波长的谐波上的. 这与偏转磁铁产生的宽谱形成了鲜明的对比, 因此波荡器辐射的亮度和谱通量都远远大于 $2N_u$ 个具有同样场强的独立偏转磁铁一起产生的辐射. 与此不同的是, 在这一节中我们将看到波荡器辐射的频率积分功率与 $2N_u$ 个偏转磁铁的辐射较为接近, 特别是在 $K \gtrsim 1$ 时.

将波荡器中电子的横向速度 $\beta_x = (K/\gamma)\cos(ck_u\zeta)$ 代入功率表达式 (2.21) 和 (2.22) 式, 可以得到波荡器辐射的频率积分功率. 用 N_u 乘以一个周期上的积分来替代整个波荡器长度上的积分, x/σ 偏振分量的功率可写成

$$\frac{dP_\sigma}{d\phi} = N_u \frac{e^2\gamma^4 K^2 k_u}{2\pi\epsilon_0 T} \frac{1}{\pi} \int_0^{2\pi} d\xi \frac{[1 - (K\cos\xi - \gamma\phi_x)^2 + \gamma^2\phi_y^2]^2 \sin^2\xi}{[1 + (K\cos\xi - \gamma\phi_x)^2 + \gamma^2\phi_y^2]^5}, \tag{2.79}$$

y/π 偏振分量的功率则为

$$\frac{dP_\pi}{d\phi} = N_u \frac{e^2\gamma^4 K^2 k_u}{2\pi\epsilon_0 T} \frac{1}{\pi} \int_0^{2\pi} d\xi \frac{(K\cos\xi - \gamma\phi_x)^2 \gamma^2\phi_y^2 \sin^2\xi}{[1 + (K\cos\xi - \gamma\phi_x)^2 + \gamma^2\phi_y^2]^5}. \tag{2.80}$$

令 $e^{i\xi}$ 等于复变量 z, 则 $e^{-i\xi} = 1/z$, $d\xi = -idz/z$. 将 (2.79) 式的积分转化为绕单位圆 $|z| = 1$ 的围道积分, 可以得到轴线上 $(\phi_x = \phi_y = 0)$ 功率密度的解析表达式. 由于围道是闭合的, 故积分等于留数之和. 围道包围了位于 $\pm i(\sqrt{1+K^2} - 1)/K$ 处的两个五重简并极点, 因此轴线上的总功率为[17]

$$\left.\frac{dP_\sigma}{d\phi}\right|_{\phi=0} = \left[\frac{7e^2 K k_u \gamma^4}{64\pi\epsilon_0} \frac{I}{e}\right] 2N_u \frac{K\left(K^6 + \frac{24}{7}K^4 + 4K^2 + \frac{16}{7}\right)}{(1+K^2)^{7/2}}. \tag{2.81}$$

利用 K 的定义, 可以证明 (2.81) 式中方括号内的表达式和磁场强度等于 B_0(波荡器峰值磁场) 的偏转磁铁的表达式 (2.35) 是相同的. 因子 $2N_u$ 代表 N_u 个周期长的波荡器的 $2N_u$ 对磁极, 而最后的 K 的函数则来自干涉效应. 当 $K^2 \ll 1$ 时, 这一函数约为 $16K/7$, 而在 $K \gtrsim 1$ 时接近于 1. 采用实用单位 $\mathrm{W/mrad^2}$, 轴线上的峰值功率密度为

$$\frac{\mathrm{d}P}{\mathrm{d}\phi}\bigg|_{\phi=0} [\mathrm{W/mrad^2}] \approx 10.84 N_u B_0[\mathrm{T}](\gamma mc^2)^4[\mathrm{GeV}]I[\mathrm{A}]$$

$$\times \frac{K(K^6 + \dfrac{24}{7}K^4 + 4K^2 + \dfrac{16}{7})}{(1+K^2)^{7/2}}. \tag{2.82}$$

任意角度上的总功率密度自然是 (2.79) 式和 (2.80) 式之和. 这些表达式表明, 垂直角宽度 $\Delta\phi_y \sim 1/\gamma$, 与预期的一样, 水平方向的角宽度则可粗略地由电子的最大偏角给出, 即 $\Delta\phi_x \sim K/\gamma$. 最后, 将角功率密度对立体角积分, 我们发现 σ/x 偏振分量的功率是 π/y 偏振分量的 7 倍, 这和偏转磁铁辐射是一样的, 二者之和为

$$P = \frac{e^2\gamma^2}{12\pi\epsilon_0}\frac{I}{e}\left(\frac{eB_0}{mc}\right)^2 L_u. \tag{2.83}$$

如果我们让偏转磁铁的弧长 $\rho\Delta\phi_x$ 和波荡器长度 L_u 相等, 并将偏转磁铁的磁场替换为波荡器磁场的 RMS 值, 即 $B^2 \to B_0^2/2$, 则波荡器辐射的总功率和偏转磁铁辐射完全相同. 采用实用单位, 有

$$P[\mathrm{kW}] \approx 0.63(\gamma mc^2)^2[\mathrm{GeV}]B_0^2[\mathrm{T}]I[\mathrm{A}]L_u[\mathrm{m}]. \tag{2.84}$$

2.4.4 偏振控制

平面波荡器产生线偏振辐射. 偏振方向一般是观测角的复杂函数[18], 当观察者在水平面内观测时, 辐射场沿 x 方向偏振. 辐射场的线偏振特性源自每个波荡器周期内电子轨迹的对称性. 考虑在与电子振荡平面 (如图 2.5 所示) 具有一定垂直距离的某一位置上观察波荡器辐射, 可以看到电子在前半周期内逆时针旋转, 产生椭圆偏振辐射, 在后半周期内则反向旋转, 产生螺旋性相反的椭圆偏振辐射. 由于两个半周期中的运动是对称的, 上述椭圆偏振合成后得到的场是线偏振的.

以上讨论为我们提供了一种产生椭圆偏振辐射的方法, 即采用特殊设计的平面波荡器, 使电子轨迹在每个周期内的对称性被打破. 图 2.9 所示的周期性磁场就可以产生这样的电子轨迹, 当我们垂直于扭摆平面 (即沿 y 方向) 观察波荡器辐射时, 这种电子轨迹会产生椭圆偏振辐射. 除产生离轴椭圆偏振辐射外, 这样的波荡器也会在前向产生偶次谐波, 这是因为只有在对称运动的 Fourier 展开中偶次谐波才会消失. 然而, 除非有很强的非对称性, 轴线上的偶次谐波不会太显著, 离轴辐射也不

会明显地偏离线偏振. 在 $K \gg 1$ 的扭摆器中, 轨道偏转较大, 上述效应将会更为明显.

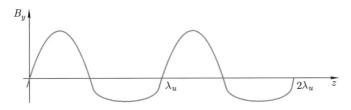

图 2.9 非正弦波荡器的磁场变化示意图, 该波荡器可以在 z 方向上产生偶次谐波辐射, 并在 $\phi_y \neq 0$ 的方向上产生椭圆偏振辐射.

采用在 x, y, z 方向上变化的磁铁设计通常可更容易、更有效地实现偏振控制. 例如, 在螺旋波荡器[9,10] 中电子沿螺旋线扭摆运动, 产生的 X 射线为圆偏振的. 此外, 由于横向速度 $\beta_x = (K/\gamma)\cos(k_u z)$, $\beta_y = (K/\gamma)\sin(k_u z)$, 纵向速度没有振荡部分:

$$\frac{v_z}{c}\bigg|_{\text{helical}} = \sqrt{1 - \frac{1}{\gamma^2} - \boldsymbol{\beta}_\perp^2(z)} \approx 1 - \frac{1+K^2}{2\gamma^2}. \tag{2.85}$$

由于 $v_z = \overline{v}_z$, 螺旋波荡器轴线上只有基频辐射, 谐波只有在离轴情况下才会存在. 然而, 螺旋波荡器并不常用, 部分原因是用到 X 射线偏振的大多数应用都要求偏振态可以调节 (从线偏振到椭圆偏振再到圆偏振, 最后又回到线偏振). 下面我们简要讨论几种能够在轴线方向上产生可变偏振 X 射线的波荡器设计.

变偏振波荡器

改变偏振的方法之一是控制特殊设计的电磁波荡器的励磁电流. 然而, 有限的磁场强度和对电功率的需求使得电磁波荡器不如永磁波荡器有吸引力, 特别是对硬 X 射线. 由于这一原因, 人们提出了几种可以动态地改变 X 射线偏振态的永磁波荡器设计. 在这里我们只介绍其中的两种.

在储存环中, 电子束在水平方向上的尺寸远远大于垂直方向, 必须避免辐射装置对电子束的水平运动区域的限制. 为此, 先进平面偏振光辐射器 (advanced planar polarized light emitter, 简称 APPLE)[19] 是使用得最为广泛的可变偏振波荡器. 如图 2.10 所示, APPLE 波荡器由四组标准 Halbach 型磁铁序列构成, 对角的两组形成磁极对且保持相对固定, 辐射的偏振态可以通过改变两个磁极对之间的磁相位来控制. 例如, 在图 2.10 所示的结构中, 两个磁极对在相位上相差半个周期, 理论上这会让磁场的 x 分量和 y 分量相等, 从而产生圆偏振辐射. 如果由下后方和上前方磁铁序列构成的磁极对沿 z 轴移动 $-\lambda_u/2$, 则上部和下部磁场完全对应, 轴线上的磁场沿 y 方向, 就像传统的平面波荡器一样, 输出的 X 射线因此沿 x 方向线偏振. 反之, 如果下后/上前磁极对沿 z 轴移动 $+\lambda_u/2$, 则轴线上的 B_y 分量消失, 电子在 y 方向上作扭摆运动, 辐射场沿 y 方向线偏振. 请注意, 这类波荡器由完全处在电子束上方和下方的平面磁铁序列构成, 因此和第三代储存环中采用的椭圆真空室是相容的.

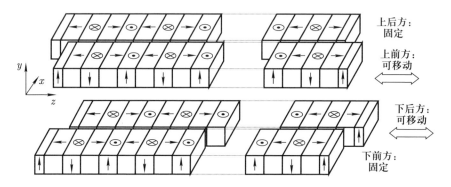

图 2.10 APPLE-2 波荡器示意图. 图中显示了文中采用的坐标系, 每个磁块上的箭头代表磁化方向. 改编自文献 [19].

另一类可变偏振波荡器为 Delta波荡器[20], 之所以如此命名, 是由于其使用的永磁块看起来像希腊字母 "Δ". Delta 波荡器也有四组磁极序列, 但其磁极序列对称地排布在间隙的上、下及左右两侧. Delta 波荡器采用圆形真空室, 四组磁极序列离束轴的平均距离更近, 因此其螺旋场的强度大约是 APPLE-2 波荡器的 1.7 倍. 和 APPLE 波荡器类似, Delta 波荡器工作在固定间隙模式, 通过纵向移动四组磁极序列间的相对位置来调节辐射光子能量和偏振状态. 由于采用圆形真空室, Delta 波荡器一般不适合于储存环, 但它可用于电子束横截面基本为圆形的 FEL 装置. 轴线上磁场强度的增加可以使这种波荡器具有更高的 K 参数以及更大的光子能量调节范围.

正交波荡器

产生任意偏振辐射的另一种方法是采用如图 2.11 所示的一对正交的平面波荡器 [21,22]. 这种正交波荡器的辐射振幅是两个部分的线性叠加: 一部分沿 x 方向线偏振而另一部分沿 y 方向线偏振. 在两个波荡器之间是一个可变磁场磁铁, 用于控制电子束的延时, 从而控制各波荡器的辐射之间的相对相位. 假设对某一延时, 输出辐射为图 2.11 所示的 $-45°$ 线偏振, 则通过改变延时可以快速地变成右旋圆偏振、$45°$ 线偏振和/或左旋圆偏振. 为使这类装置工作, 需要使用一个窄带通的单色仪, 以使两个波荡器输出的波列得到拉伸并重叠. 此外, 电子束的散角应足够小, 否则相对相位的起伏将限制可以实现的偏振度. 最后, 需要提一下的是, Alferov 等人给出了一个产生可变偏振辐射的双螺旋线圈类似结构[23].

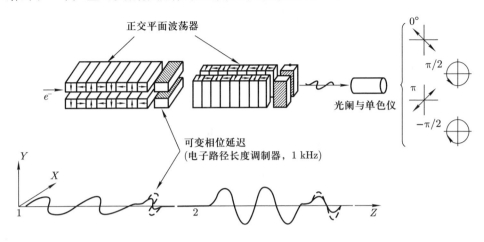

图 2.11 正交波荡器对示意图, 可用于产生可变偏振辐射. 复制自文献 [22].

2.4.5 波荡器辐射亮度与电子束分布的影响

此前我们计算了沿光轴运动的理想共振电子所产生的波荡器辐射. 在实际电子束中, 粒子的坐标分布在相空间中, 伴随着粒子能量和到达时间的变化以及由发射度表征的横向坐标和角度的散布. 在这里, 我们希望得到包含电子束分布的影响在内的波荡器辐射源的强度, 这可能会和 N_e 个理想电子所产生的辐射很不一样.

我们的计算将利用 1.2.3 节中为描述一般傍轴场而引入的波荡器辐射亮度函数. 首先, 我们计算由一个理想电子产生的辐射亮度, 即与 (2.67) 式的解相关的亮度. 接着, 我们推导亮度卷积定理, 该定理将电子分布产生的辐射亮度与单粒子辐射亮度联系起来. 最后, 我们应用亮度卷积公式计算具有非零能散度的电子束及具有有限横向发射度的电子束产生的波荡器辐射.

我们从计算一个理想电子的辐射亮度开始. 在波荡器出口处, 辐射电场的角度表象可通过求解 (2.67) 式 ($h = 1$) 给出, 将其乘以相位项 $\mathrm{e}^{-\mathrm{i}k\phi^2\ell/2}$ 即得到沿 z 方向传播 ℓ 距离后的场. 为方便起见, 我们将辐射看作是由波荡器中点处的假想平面波源所发出. 因此, 我们将波荡器出口处的电场乘以相位项 $\mathrm{e}^{\mathrm{i}k\phi^2L_u/4}$, 使其传播 $\ell = -L_u/2$ 的距离, 有

$$\mathcal{E}_\nu(\phi; z = L_u/2) = \frac{eK[\mathrm{JJ}]\mathrm{e}^{\mathrm{i}\omega t_j}}{8\pi\epsilon_0\gamma_r c\lambda^2}\mathrm{e}^{-\mathrm{i}k\phi^2 L_u/4}\int_0^{L_u}\mathrm{d}z\,\mathrm{e}^{\mathrm{i}kz\phi^2/2}\mathrm{e}^{\mathrm{i}(\nu-1)k_u z}. \tag{2.86}$$

将上式代入 (1.75) 式, 可以得到单电子的波荡器辐射亮度. 暂不在波荡器长度上积

分, 同时注意到 $\mathcal{B}$ 是实数, 可知理想电子的波荡器辐射亮度由下式给出:

$$\mathcal{B}_\nu^0(\boldsymbol{x}, \boldsymbol{\phi}) = \frac{\mathrm{d}\mathcal{F}^0/\mathrm{d}\omega}{(\lambda/2)^2} \int\limits_0^{L_u} \mathrm{d}p \int\limits_{-p}^{L_u-p} \mathrm{d}q \frac{1}{\pi L_u q}$$

$$\times \sin\left\{\frac{2k}{q}\left[\boldsymbol{x} + \left(p + \frac{q-L_u}{2}\right)\boldsymbol{\phi}\right]^2 - \left[\frac{k\boldsymbol{\phi}^2}{2} + (\nu-1)k_u\right]q\right\}, (2.87)$$

其中, 单电子通量 $\mathcal{F}^0$ 由 (2.77) 式 ($h = 1$, I/e 等于时间倒数 $1/T$) 给出. 在共振时 ($\nu = 1$), (2.87) 式在原点处为零, 即 $\mathcal{B}(\mathbf{0}, \mathbf{0}) = 0$. 然而, 由于正弦函数参数中 $1/q$ 的奇点, 当 $(\boldsymbol{x}, \boldsymbol{\phi})$ 趋近原点时, $\mathcal{B}(\boldsymbol{x}, \boldsymbol{\phi})$ 为有限值. 如果我们将 $\mathcal{B}(\mathbf{0}, \mathbf{0})$ 定义为该极限值, 则可以证明 $\mathcal{B}(\mathbf{0}, \mathbf{0}) = \mathcal{F}^0/(\lambda/2)^2$. 由于实际情形中的亮度函数将会在电子分布函数上进行平均, 因此这一极限值更有意义. 这表明单电子的辐射是横向相干的, 正如 1.2.4 节中所讨论的那样. 这一结果并不意外, 因为我们可以预期由单一点源产生的辐射场在横向平面内是完全相关的. 我们在图 2.12 中画出了横向坐标 $\boldsymbol{x}$ 与角度 $\boldsymbol{\phi}$ 平行时的理想参考电子的波荡器辐射亮度, 其特点是: 在相空间中有一个很大的中心峰值, 同时沿坐标轴起伏, 且有一个很宽的、缓慢衰减的拖尾.

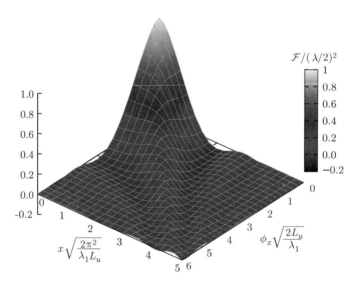

图 2.12　理想电子波荡器辐射的亮度函数 $\mathcal{B}_1^0(\boldsymbol{x}, \boldsymbol{\phi})$. 我们在 $x\text{-}\phi_x$ 平面内画出了亮度函数 ($\boldsymbol{x}$ 与 $\boldsymbol{\phi}$ 在 "同一方向"), 为清楚起见, x 和 ϕ 分别对 σ_r 和 $\sigma_{r'}$ 进行了归一化. 改编自文献 [24].

亮度卷积定理将表明如何从单电子的辐射亮度 $\mathcal{B}_\nu^0$ 和电子分布函数 f 得到电子束的辐射亮度. 在下面的推导中, 我们考虑一个相当一般的情形, 即采用无横向梯度磁场的任意同步辐射装置. 在这一前提下, 我们将首先介绍如何将任意初始坐标处的电子产生的辐射场与理想参考电子的辐射场联系起来. 然后, 我们利用这一结果证明亮度卷积定理, 并在最后将其应用于平面波荡器.

设想有一个起始于 $z = 0$、长度为 L_u 的同步辐射插入件. 通过乘以 $e^{ik\phi^2 L_u/4}$ 将 $z = L_u$ 处的傍轴解 (2.12) 传递回插入件的中点, 我们得到在虚源处 $(z = L_u/2)$ 由单电子所产生的辐射场:

$$
\begin{aligned}
\mathcal{E}_{\omega,j}(\phi) &= e^{ik\phi^2 L_u/4} e^{-ik\phi^2 L_u/2} \int\limits_0^{L_u} dz \frac{e[\boldsymbol{\beta}_j(z) - \phi]}{4\pi\epsilon_0 c\lambda^2} e^{ik[ct_j(z) - z - \phi \cdot \boldsymbol{x}_j(z) + \phi^2 z/2]} \\
&= e^{-ik\phi^2 L_u/4} \int\limits_0^{L_u} dz \frac{e[\boldsymbol{\beta}_j(z) - \phi]}{4\pi\epsilon_0 c\lambda^2} e^{ik[S_j(\phi,z) + \phi^2 L_u/4]}.
\end{aligned}
\tag{2.88}
$$

在这里, 我们将粒子相位中的 $S_j(\phi, z)$ 写成

$$
\begin{aligned}
S_j(\phi, z) &= \int\limits_{L_u/2}^z dz' \left(c\frac{dt_j}{dz'} - 1 - \phi \cdot \boldsymbol{\beta}_j(z') + \frac{1}{2}\phi^2 \right) \\
&\quad + ct_j(L_u/2) - L_u/2 - \phi \cdot \boldsymbol{x}_j(L_u/2),
\end{aligned}
\tag{2.89}
$$

其中的时间坐标可以通过下式消去:

$$
c\frac{dt_j}{dz'} - 1 = \frac{1}{\sqrt{1 - \gamma_j^{-2} - \boldsymbol{\beta}_j^2}} - 1 \approx \frac{1}{2\gamma_j^2} + \frac{1}{2}\boldsymbol{\beta}_j^2.
\tag{2.90}
$$

现在, 我们假定电子在辐射装置中受到纯磁场作用力, 且可近似认为磁场与横向坐标无关 (即忽略所有梯度和/或聚焦力). 这样, γ_j 为常量且粒子的横向速度由下式给出:

$$
\boldsymbol{\beta}_j(z) = \left[\frac{K_x(z)}{\gamma_j} + x_j'(L_u/2) \right] \widehat{x} + \left[\frac{K_y(z)}{\gamma_j} + y_j'(L_u/2) \right] \widehat{y}.
\tag{2.91}
$$

参考粒子在辐射装置中心的坐标为 $(\boldsymbol{x}, \boldsymbol{x}') = (\boldsymbol{0}, \boldsymbol{0})$, $(t, \gamma) = (t_0, \gamma_0)$. 如果我们用 kS_0 表示与参考电子相关的相位, 则在一般情况下有

$$
kS_j(\phi, z) \approx k(1 - 2\eta_j)S_0(\phi - \boldsymbol{x}_j', z) + kc(t_j - t_0) - k\phi \cdot \boldsymbol{x}_j,
\tag{2.92}
$$

其中, 坐标 $(\boldsymbol{x}_j, \boldsymbol{x}_j', t_j, \eta_j)$ 同样是辐射装置中心处的值. 将 (2.92) 式代入 (2.88) 式, 并设 $t_0 = 0$, 可得任意电子产生的自发辐射 $\mathcal{E}_{\nu,j}$ 和理想参考电子辐射 $\mathcal{E}_\nu^0$ 之间的关系:

$$
\begin{aligned}
\mathcal{E}_{\nu,j}(\phi) &= e^{ickt_j} e^{-ik\phi \cdot \boldsymbol{x}_j} \int\limits_0^{L_u} dz \frac{e[K(z)/\gamma + (\boldsymbol{x}_j' - \phi)]}{4\pi\epsilon_0 c\lambda^2} e^{ik(1 - 2\eta_j)S_0[(\phi - \boldsymbol{x}_j'), z]} \\
&= e^{ickt_j} e^{-ik\phi \cdot \boldsymbol{x}_j} \mathcal{E}_{\nu - 2\eta_j}^0 (\phi - \boldsymbol{x}_j').
\end{aligned}
\tag{2.93}
$$

上式中, 前两个因子分别表示由粒子到达时间和横向坐标引起的相位差. 此外, 粒子 j 的辐射场的中心频率变成了 $\nu - 2\eta_j$, 这是由于共振条件的能量依赖关系, 而角度 $\phi - \boldsymbol{x}_j'$ 则可以理解为当电子与 z 轴有横向夹角 $\boldsymbol{x}_j'$ 时, 其辐射光轴发生了改变. 在实空间中, 虚源的电场可由 Fourier 变换式给出:

$$\widetilde{E}_{\nu,j}(\boldsymbol{x}) = \mathrm{e}^{\mathrm{i}ckt_j}\mathrm{e}^{\mathrm{i}k(\boldsymbol{x}-\boldsymbol{x}_j)\cdot\boldsymbol{x}_j'}\widetilde{E}_{\nu-2\eta_j}^0(\boldsymbol{x}-\boldsymbol{x}_j). \tag{2.94}$$

推导 (2.93) 和 (2.94) 式时所做的主要假设为磁场与 $\boldsymbol{x}$ 无关, 在此假设下, 粒子沿直线在辐射装置中振荡. 然而, 平面波荡器的磁场在轴线上有极小值, 以至于在 $\lambda_u\gamma/K$ 的纵向尺度上存在一定的自然聚焦. 因此, 在将 (2.93) 或 (2.94) 式应用于平面波荡器时, 一个必要的条件是波荡器长度应远远小于聚焦长度, 即 $N_u \ll \gamma/K \sim 10^3$.

把 N_e 个电子的贡献 [(2.93) 式] 相加即可得到总的辐射场, 再将结果代入 (1.75) 式即得到电子束的波荡器辐射亮度. $\mathcal{B}$ 的表达式可分解成两个求和项, 一个为 N_e 个对角项的和, 另一个则包含其余的 $N_e(N_e-1)$ 项:

$$\mathcal{B}_\nu(\boldsymbol{x},\boldsymbol{\phi}) = \sum_{j=1}^{N_e}\mathcal{B}_{\nu-2\eta_j}^0(\boldsymbol{x}-\boldsymbol{x}_j,\boldsymbol{\phi}-\boldsymbol{x}_j') + \left\langle\sum_{j\neq k}\mathrm{e}^{\mathrm{i}\omega(t_j-t_k)}[\cdots]\right\rangle. \tag{2.95}$$

我们采用单粒子概率分布函数 $f(\boldsymbol{x}_j,\boldsymbol{x}_j',\eta_j,t_j)$ 来计算整体平均, 假设所有的电子都不相关, 即在相空间中的一个给定点上发现一个电子的概率与所有其他电子的位置无关. 为了证明上式中的第二项可以忽略, 我们假设粒子束在时间上为 Gauss 分布, 且 RMS 长度为 σ_e, 即

$$f(\boldsymbol{x}_j,\boldsymbol{x}_j',\eta_j,t_j) = f(\boldsymbol{x}_j,\boldsymbol{x}_j',\eta_j)\mathrm{e}^{-t_j^2/2\sigma_e^2}. \tag{2.96}$$

正如我们在 1.2.6 节中所证明过的那样, 在这种情况下, (2.95) 式中的第二个求和项约为对角求和项的 $N_e\mathrm{e}^{-\omega^2\sigma_e^2}$(远远小于 1) 倍. 此外, 尽管我们是在 Gauss 时间分布假设下进行的严格推导, 但只要电子束在关注的波长上没有明显的 Fourier 成分(群聚), 则此处的基本结论就仍然成立. 这是 2.4.2 节中讨论过的非相干的更正式判据, 由此可得辐射的总通量为单个电子通量的 N_e 倍. 舍弃 (2.95) 式中的第二个求和项, 我们可以得到亮度卷积公式[24]:

$$\mathcal{B}_\nu(\boldsymbol{x},\boldsymbol{\phi}) = N_e\int\mathrm{d}\boldsymbol{x}_j\mathrm{d}\boldsymbol{x}_j'\mathrm{d}\eta_j\mathcal{B}_{\nu-2\eta_j}^0(\boldsymbol{x}-\boldsymbol{x}_j,\boldsymbol{\phi}-\boldsymbol{x}_j')f(\boldsymbol{x}_j,\boldsymbol{x}_j',\eta_j), \tag{2.97}$$

其中下标 j 是指任一电子, 这是由于我们假设了所有粒子的概率分布函数是相同的且彼此独立. 如前所述, 当发射度 $\varepsilon_x \geqslant \lambda/4\pi$ 时, Gauss 分布电子束的辐射亮度处处为正[25], 对于更一般的分布函数 f, 这一基本规则似乎至少近似适用. 相关工作也可参阅文献 [26, 27] 等.

卷积定理 (2.97) 式在数学上表明, 为使自发辐射的亮度最大化, 应使电子束与辐射的相空间分布函数相匹配. 在下面的几页中, 我们将采用两个简单却有用的例子来对此进行说明.

首先, 我们考虑一个具有有限能散度的电子束. 这样做的主要原因是我们在讨论 FEL 辐射时将会推导更一般情形下的类似结果. 尽管如此, 当共振频率的变化 $\Delta\nu \sim \sigma_\eta$ 与同步辐射的归一化带宽 ($\sim 1/2\pi N_u$) 相当时, 将有限能散度考虑进来是很重要的. 为简单起见, 我们假设电子束的散角远远小于同步辐射的散角, 即 $\sigma_{x'} \ll \sigma_{r'}$. 在这种情况下, 卷积定理 (2.97) 式中的电子概率分布函数可近似为 $f(\boldsymbol{x}_j, \boldsymbol{x}'_j, \eta_j) = f(\boldsymbol{x}_j, \eta_j)\delta(\boldsymbol{x}'_j)$. 将得到的表达式对横向维度积分并乘以光子能量 $\hbar\omega$, 我们可以计算功率密度角分布:

$$\frac{\mathrm{d}P}{\mathrm{d}\omega \mathrm{d}\boldsymbol{\phi}} = N_e\hbar\omega \int \mathrm{d}\boldsymbol{x} \int \mathrm{d}\boldsymbol{x}_j \mathrm{d}\eta_j f(\boldsymbol{x}_j, \eta_j)\mathcal{B}^0_{\nu-2\eta_j}(\boldsymbol{x} - \boldsymbol{x}_j, \boldsymbol{\phi})$$
$$= N_e\hbar\omega \int \mathrm{d}\boldsymbol{y} \int \mathrm{d}\boldsymbol{x}_j \mathrm{d}\eta_j f(\boldsymbol{x}_j, \eta_j)\mathcal{B}^0_{\nu-2\eta_j}(\boldsymbol{y}, \boldsymbol{\phi}), \tag{2.98}$$

其中 $\boldsymbol{y} \equiv \boldsymbol{x} - \boldsymbol{x}_j$. 如果电子分布在位置和能量上不相关, 则对 $\boldsymbol{x}_j$ 的积分显然等于 1. 将波荡器辐射亮度 (2.87) 式代入上式后, 对 $\boldsymbol{y}$ 的积分可以计算如下:

$$\int \mathrm{d}\boldsymbol{y}\mathcal{B}^0_\nu(\boldsymbol{y}, \boldsymbol{\phi}) = \frac{\mathrm{d}\mathcal{F}^0/\mathrm{d}\omega}{(\lambda/2)^2} \int_0^{L_u} \mathrm{d}p \int_{-p}^{L_u-p} \mathrm{d}q \frac{\mathrm{i}\mathrm{e}^{\mathrm{i}[k\phi^2/2+(\nu-1)k_u]q}}{\pi L_u q} \left(-\frac{2\pi\mathrm{i}q}{4k}\right)$$
$$= \frac{\mathrm{d}\mathcal{F}^0}{\mathrm{d}\omega}\frac{L_u}{\pi\lambda} \left\{\frac{\sin\left[\left(\frac{1}{2}k\phi^2 + \Delta\nu k_u\right)L_u/2\right]}{\left(\frac{1}{2}k\phi^2 + \Delta\nu k_u\right)L_u/2}\right\}^2. \tag{2.99}$$

合并 (2.98)~(2.99) 式并进行一些处理, 可以得到前向的辐射功率谱密度:

$$\frac{\mathrm{d}P}{\mathrm{d}\omega\mathrm{d}\boldsymbol{\phi}}\Big|_{\boldsymbol{\phi}=\mathbf{0}} = mc^2 N_u^2 \gamma^2 \frac{I}{I_A}\frac{K^2[JJ]^2}{(1+K^2/2)^2}$$
$$\times \int \mathrm{d}\eta_j f(\eta_j)\left\{\frac{\sin[(\eta_j - \Delta\nu/2)k_u L_u]}{(\eta_j - \Delta\nu/2)k_u L_u}\right\}^2, \tag{2.100}$$

其中, Alfvén电流 $I_A \equiv emc^2/\alpha\hbar \equiv 4\pi\epsilon_0 mc^3/e \approx 17\mathrm{kA}$. 由于共振条件随电子能量变化, 谱密度被展宽而且下降, 当能散度 $\sigma_\eta \equiv \sigma_\gamma/\gamma \gtrsim 1/2\pi N_u$ 时, 这一效应变得更为明显. (2.100) 式在我们讨论自放大自发辐射 FEL 时还将再次出现.

卷积定理的第二个应用不仅对波荡器辐射研究自身具有指导意义, 也可以说明 FEL 对辐射亮度的大幅改进. 在这里, 我们重点关注电子束的横向分布而忽略亮度与辐射频谱及电子能量的关系. 为得到简单的解析结果, 我们将共振条件 ($\nu = 1$)

下的波荡器辐射亮度 (2.87) 式近似为位置和角度的 Gauss 函数:

$$\mathcal{B}_1^0(\boldsymbol{x}, \boldsymbol{\phi}) \approx \frac{\mathrm{d}\mathcal{F}^0/\mathrm{d}\omega}{(\lambda/2)^2} \exp\left(-\frac{\boldsymbol{x}^2}{2\sigma_r^2} - \frac{\boldsymbol{\phi}^2}{2\sigma_{r'}^2}\right), \tag{2.101}$$

其中散角 $\sigma_{r'}$ 由 (2.57) 式给出, 尺寸 σ_r 则满足 $\sigma_r\sigma_{r'} = \lambda/4\pi$:

$$\sigma_{r'} = \sqrt{\frac{\lambda_1}{2L_u}}, \quad \sigma_r = \frac{\sqrt{2\lambda_1 L_u}}{4\pi}. \tag{2.102}$$

然而, 由于波荡器辐射强度并非 Gauss 分布, σ_r 和 $\sigma_{r'}$ 的定义并不是唯一的. 实际上, 还有一些很实用的选择, 跟此处的定义相差一个数值因子, 详见文献 [3, 28, 29] 等.

回到卷积计算上来, 我们假设电子束在横向也是 Gauss 分布, 即

$$f(\boldsymbol{x}_j, \boldsymbol{x}_j') = \frac{1}{(2\pi)^2 \sigma_x \sigma_y \sigma_{x'} \sigma_{y'}} \exp\left(-\frac{x_j^2}{2\sigma_x^2} - \frac{y_j^2}{2\sigma_y^2} - \frac{x_j'^2}{2\sigma_{x'}^2} - \frac{y_j'^2}{2\sigma_{y'}^2}\right). \tag{2.103}$$

在此情况下, (2.97) 式中的卷积计算很简单. 积分后可得单能电子束流的波荡器辐射亮度为

$$\mathcal{B}_1(\boldsymbol{x}, \boldsymbol{\phi}) = \frac{N_e \mathrm{d}\mathcal{F}^0/d\omega}{(2\pi)^2 \Sigma_x \Sigma_y \Sigma_{x'} \Sigma_{y'}} \exp\left(-\frac{x^2}{2\Sigma_x^2} - \frac{y^2}{2\Sigma_y^2} - \frac{\phi_x^2}{2\Sigma_{x'}^2} - \frac{\phi_y^2}{2\Sigma_{y'}^2}\right), \tag{2.104}$$

其中, 各方向上卷积 RMS 宽度的定义为 $\Sigma_{x,y}^2 \equiv \sigma_{x,y}^2 + \sigma_r^2$, $\Sigma_{x',y'}^2 \equiv \sigma_{x',y'}^2 + \sigma_{r'}^2$. 辐射源强度不变量由相空间原点处的亮度给出, 即 $\mathcal{B}(\boldsymbol{0}, \boldsymbol{0})$. 为简化符号, 我们舍弃角标 "1", 并将理想波荡器辐射的总光子通量记为 $N_e \mathcal{F}^0 \equiv \mathcal{F}$, 其计算式在 (2.77) 式中已给出. 由此可很容易地得到辐射源亮度不变量的两种极限情形:

发射度占主导:
$$\sigma_{x,y} \gg \sigma_r \text{ 且 } \sigma_{x',y'} \gg \sigma_{r'}, \quad \mathcal{B}(\boldsymbol{0}, \boldsymbol{0}) = \frac{N_e \mathrm{d}\mathcal{F}^0/\mathrm{d}\omega}{(2\pi)^2 \sigma_x \sigma_{x'} \sigma_y \sigma_{y'}} = \frac{\mathrm{d}\mathcal{F}/\mathrm{d}\omega}{(2\pi)^2 \varepsilon_x \varepsilon_y}, \tag{2.105}$$

辐射占主导:
$$\sigma_r \gg \sigma_{x,y} \text{ 且 } \sigma_{r'} \gg \sigma_{x',y'}, \quad \mathcal{B}(\boldsymbol{0}, \boldsymbol{0}) = \frac{N_e \mathrm{d}\mathcal{F}^0/\mathrm{d}\omega}{(2\pi)^2 \sigma_r^2 \sigma_{r'}^2} = \frac{\mathrm{d}\mathcal{F}/\mathrm{d}\omega}{(\lambda/2)^2}. \tag{2.106}$$

可以看出, 当束流发射度远远小于最小辐射发射度 $\lambda/4\pi$ 时 $\mathcal{B}(\boldsymbol{0}, \boldsymbol{0})$ 具有最大值, 即 (2.106) 式. 反之, 当束流发射度远远大于最小辐射发射度时, 亮度 [(2.105) 式] 降低为最大值的 $(\lambda/4\pi)^2/\varepsilon_x\varepsilon_y = \varepsilon_r^2/\varepsilon_x\varepsilon_y$ 倍. 与之相关的是, 在发射度占主导时, 光子通量分布在约 $\varepsilon_x\varepsilon_y/\varepsilon_r^2 \gg 1$ 个横向模式中. 请注意, 虽然上述两种情形下的亮度 (单位相空间体积内的光子数) 很不一样, 但其在整个相空间内积分后得到的总光子通量是相等的, 均为 $\mathrm{d}\mathcal{F}/\mathrm{d}\omega$.

2.4.6　从波荡器辐射到自由电子激光

这一章介绍了同步辐射光源的一些物理基础和重要结果, 并主要侧重于波荡器辐射. 现代同步辐射光源中的波荡器可以产生亮度高出传统光源几个量级的 X 射线辐射. 亮度的进一步提高 (多个量级) 已可由自由电子激光做到. 本节将讨论这是如何实现的. 我们重申一下, 亮度是辐射源最重要的品质因数之一, 光源的亮度定义为

$$\mathcal{B} = \frac{\text{谱通量}}{\text{横向相空间面积}}. \tag{2.107}$$

和之前的定义一样, 它等于在相空间原点处的亮度函数不变量 $\mathcal{B}(\mathbf{0},\mathbf{0})$. 在上一节中, 我们已知在 Gauss 近似下波荡器辐射的横向相空间面积由下式给出:

$$(\sqrt{2\pi}\Sigma_x)(\sqrt{2\pi}\Sigma_{x'})(\sqrt{2\pi}\Sigma_y)(\sqrt{2\pi}\Sigma_{y'}), \tag{2.108}$$

其中, Σ 仍是每个相空间维度上的卷积宽度, 如 $\Sigma_x = \sqrt{\sigma_x^2 + \sigma_r^2}$. 将光子通量 (2.77) 式代入 (2.104) 式, 相空间坐标原点处的波荡器辐射亮度为

$$\mathcal{B} = \frac{\pi \alpha N_u (I/e)(\Delta\omega/\omega)}{(2\pi\Sigma_x\Sigma_{x'})(2\pi\Sigma_y\Sigma_{y'})} \frac{K^2[JJ]^2}{1 + K^2/2}. \tag{2.109}$$

Σ_x 的标准单位为 mm, $\Sigma_{x'}$ 的标准单位为 mrad, I/e 的单位为 #/s, 而传统上带宽 $\Delta\omega/\omega$ 取 0.1%, 因此亮度的单位通常为 "光子/[mm². mrad². s (0.1% BW)]".

典型 "第三代光源" 的特征如下:

$$\Sigma_x\Sigma_{x'} \approx \varepsilon_x \sim 10^{-2}\text{mm-mrad}, \qquad I/e \sim 100\text{ mA}/e \approx 10^{18}/\text{s},$$

$$\Sigma_y\Sigma_{y'} \approx \varepsilon_y \sim 10^{-4}\text{mm-mrad}, \qquad \alpha N_u \sim 100/137 \approx 1,$$

且一般有 $\Delta\omega/\omega = 10^{-3}$. 因此, 波荡器辐射的典型亮度为

$$\mathcal{B} = \frac{10^{18} \times 10^{-3}}{(2\pi)^2 \times 10^{-6}} \sim 10^{20}\frac{\text{光子/s/(0.1\%BW)}}{\text{mm}^2 \cdot \text{ mrad}^2}. \tag{2.110}$$

当我们考虑 FEL 辐射时, 基于以下因素, 其亮度将大幅增加.

1. 横向增强: FEL 辐射在横向上近似相干, 因此相空间面积 $\Sigma_x\Sigma_{x'}\Sigma_y\Sigma_{y'} \to (\lambda/4\pi)^2$. 当辐射波长为 1.5Å 时, 相对于典型第三代储存环的增强因子为

$$\frac{\varepsilon_x\varepsilon_y}{(\lambda/4\pi)^2} \sim \frac{(10^{-9}\text{m-rad})(10^{-11}\text{m-rad})(4\pi)^2}{(1.5 \times 10^{-10}\text{m-rad})^2} \approx 10^2. \tag{2.111}$$

2. 时间增强: 为达到 FEL 过程所要求的高峰值电流, 电子束团被压缩到 100 fs 以内, 这至少比第三代光源短 2 个数量级.

3. 相位相干增强: 在 FEL 中, 位于一个相干长度内的电子 "同时" 产生辐射. 强度
　增强为

$$N_{l_{\mathrm{coh}}} = \text{一个相干长度} \ (l_{\mathrm{coh}}) \ \text{内的电子数目} \approx 10^6. \tag{2.112}$$

综上, X 射线 FEL 的峰值亮度可比第三代光源高 10 个数量级! 具有这种改进幅度
的光源常被称为 "第四代" 光源. 在图 2.13 中, 我们比较了几种最新的 X 射线光源
的峰值谱亮度曲线. 要对平均亮度进行类似的比较, 还需知道 X 射线脉冲的重复频
率. 我们在图 2.14 中进行了这种比较, 其中包括由超导直线加速器驱动的、运行在
1MHz 重复频率附近的连续波 FEL.

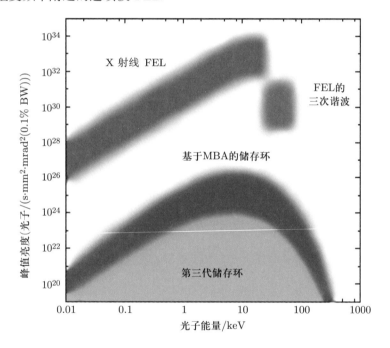

图 2.13 第三代和第四代光源的峰值亮度. 基于 MBA 结构的储存环有望将传统的第三代光源的
亮度提高约 2 个量级. FEL 则可将亮度再提高 8 个量级.

§2.5　同步辐射光源的未来方向

在下一章中我们将开始讨论自由电子激光, 正如我们刚提到的, 其亮度可比传
统同步辐射光源高 10 个数量级. 这会使第三代光源被淘汰吗? 我们并不这样认为.
实际上, 我们相信由于具有高平均通量、高稳定性以及能够同时支持许多实验的特
点, 第三代储存环在未来的许多年里会一直是一种重要的科学研究工具. 我们也认

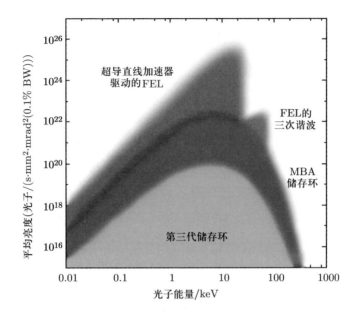

图 2.14 第三代和第四代光源的平均亮度. 平均亮度与重复频率相关, 由常温射频直线加速器驱动的 FEL 的重复频率约为 100 Hz. 在这里, 我们假设 FEL 平均亮度的上限由重复频率接近 1 MHz 的超导直线加速器给出.

为, 在可预见的未来, X 射线光源会继续朝着更高的亮度和更好的灵活性发展.

2.5.1 基于多偏转消色散结构的低发射度储存环

提高 X 射线亮度的一个方法是采用所谓的 "极限" 储存环, 将发射度降低到比第三代储存环小 $1 \sim 2$ 个量级. 电子储存环的发射度取决于自发辐射中的量子激发和辐射阻尼这两个物理过程的平衡. 辐射阻尼是由于高能电子平均起来比低能电子辐射更多的能量, 因此所有电子的轨迹跟参考电子趋于一致. 量子激发则源自发射离散光子后的电子反冲, 这是由于在量子力学中辐射是一个随机事件. 当辐射阻尼和量子激发过程平衡时, 储存环达到平衡发射度, 此时发射度 ε_x 正比于量子激发常数和阻尼时间的乘积. 因此, 如果量子激发能够得到抑制, 电子束的发射度就可以降低.

然而, 由于需要采用二极偏转磁铁来形成闭合轨道, 水平面 (习惯上为设计轨道所在的平面) 内的量子激发无法完全消除. 因此, 水平发射度 ε_x 不会为零. 垂直发射度 ε_y 则会小得多. 在理想情况下, 垂直方向上光子发射的不确定度被限制在约 $1/\gamma$ 的张角内, 因此沿 y 轴的量子激发会大幅降低. 然而, 在实际中垂直发射度取决于水平运动到垂直运动的耦合, 这将导致比理论极小值大得多的 ε_y. 这一较小

的 x-y 耦合通常会被有意地利用和控制, 但由磁铁准直误差及其他误差引起的一些耦合总会存在.

尽管水平面内的量子激发总会导致非零的 ε_x, 但其影响可以限制在 "消色散偏转" 节中. 消色散偏转节由一定数量 (M) 的偏转磁铁组成, 并配以适当设计的聚焦四极磁铁. 单个二极磁铁的偏转角度越小, 消色散节中的量子激发就越小, 平衡发射度也就越小. 由于所有消色散节的偏转角度加起来应为 360°, 因此偏转磁铁的总数目应很多, 以减弱量子激发, 从而实现低发射度. $M = 2$ 的消色散节 (通常被称为双偏转消色散节) 是美国 Brookhaven 国家实验室在美国国家同步辐射光源 (National Synchrotron Light Source, 简称 NSLS) 上首次提出的[30]. 自那以后, 所有同步辐射装置的储存环均采用双偏转或三偏转 ($M = 3$) 消色散节.

作为双偏转消色散节的直接推广, D. Einfeld 等人于 1995 年提出使用 $M \gg 3$ 的多偏转消色散节 (multi-bend achromat, 简称 MBA)[31]. 对于固定周长的储存环, 其发射度正比于 $1/M^3$, 因此, 基于 MBA 的储存环可提供发射度减小的巨大回报. 另一方面, 实现 MBA 储存环并不容易, 这是因为大量的磁铁必须安装到给定的长度内. 克服这一挑战需要在紧凑型磁铁的设计和制造方面开展大量的研究, 也需要其他加速器技术的改进. 位于瑞典隆德的 MAX-IV 储存环当前正处在调试阶段, 它将很快成为第一个 $M = 7$ 的 MBA 储存环[32]. MAX-IV 设计的水平发射度将达到 0.33 nm, 比其他任何第三代光源都要小一个量级. 最近, 几个其他的同步辐射装置或计划采用 MBA 结构升级现有的储存环, 或可能建造全新的 MBA 储存环. 预期的水平发射度可低至几十皮米, 可使波荡器辐射的亮度比现有第三代储存环提高约 2 个量级.

MBA 结构的另一优势是可以在保持很高的 X 射线亮度的同时产生横截面基本为圆形的束流. 这可以通过水平和垂直两个自由度的耦合来实现, 此时 $\varepsilon_x \approx \varepsilon_y$. 理论上, 圆形束在所有的储存环中都可以实现. 然而, 从总的辐射阻尼和量子激发上来看, $\varepsilon_x + \varepsilon_y$ 是一个常数①, 因此在第三代储存环中产生圆形束将大大降低 X 射线的亮度. 由圆形电子束产生的圆形 X 射线束通常能够更好地与 X 射线光学系统相匹配. 此外, 圆形电子束可使电子密度及与之相关的 Coulomb 散射率最小, 这将改善电子束的寿命. MBA 储存环的一些近期综述文章可以在文献 [33] 中找到.

正如我们在本节开篇时所提到的, 基于多偏转消色散节的低发射度储存环有时也被称为极限储存环. 这一术语给人的印象是, 在实现 $M = 7$ 的 MBA 储存环后, 储存环的设计将会止步不前, 但实际上进一步的发展仍有可能出现.

---

①只有当 x 和 y 方向上的阻尼时间相同时, $\varepsilon_x + \varepsilon_y$ 才真正是常量. 如果阻尼率接近, 则这一表述近似正确.

2.5.2 能量回收直线加速器

在储存环中, 束流处于平衡状态. 通过大幅减小发射度来改善 X 射线亮度的努力因此也就变成了寻求减弱与偏转有关的量子激发. 与之不同的一个策略是采用直线加速器来产生高能电子, 此时电子束不再处于平衡状态, 而且偏转可被最大限度地避免. 一个很有希望的途径是采用能量回收直线加速器 (energy recovery linac, 简称 ERL). ERL 的初始端为高亮度光阴极电子枪, 用于产生重复频率高达 GHz 的低发射度电子束团. 这些束团随后被超导直线加速器加速到几个 GeV 的能量, 此时可用于在插入件中产生高强度的 X 射线. 在产生 X 射线之后, 高功率、高能量的电子束沿一个闭合环路回到直线加速器, 并被减速至注入能量, 最后可被束流垃圾靶安全地接收. 当束流在合适的射频相位上被减速时, 其动能转化回电磁能量. 因此, 用于加速电子的能量大部分被回收, ERL 的名称即由此而来. 设计多圈 ERL 也是可能的, 这时电子在经过直线加速器的多个环路上被加速及减速, 因此可以降低超导加速器的长度和造价.

ERL 有望提供多种运行模式, 包括高强度 (高束团电荷量) 模式、以极低发射度为特征的高相干模式以及超短脉冲模式. 这种灵活性在束流特性由稳定平衡态决定的储存环中很难获得. 对储存环来说, 产生超短 X 射线脉冲尤其具有挑战性, 因此, ERL 在这方面具有明显的优势. 另一方面, 电子束在 ERL 中基本上是单次通过, 对于像这样的机器, 获得跟储存环同等水平的稳定性仍是一个重大的挑战. ERL 最新研发活动的综述参见文献 [34].

2.5.3 超导波荡器

如果不提及超导波荡器 (SCU) 的最新进展, 我们对先进同步辐射光源未来发展的了解就不完整. 在过去几十年间, 永磁技术为建造高场强、短周期 (几个厘米) 且具有足够束流间隙的辐射装置提供了最佳的途径, 因此一直是波荡器设计的主流. 从最初的 Halbach 设计至今, 永磁波荡器的性能取得了不少的进展. 例如, 真空波荡器不再需要束流管道, 因此磁极间隙可以更小, 而低温波荡器则可达到更强的磁场. 正如我们之前提到过的, 采用常温线圈的电磁波荡器在紧凑性和高场强方面是无法与永磁波荡器相比的. 然而, 采用超导线的电磁波荡器则在理论上可以达到足够大的电流密度, 其磁场性能因此可以超越永磁装置. 建造实用的超导波荡器需要克服多项技术和工程困难, 不过, ANKA[35] 和 APS[36] 分别在 2005 年和 2013 年成功运行了采用铌钛超导线的超导波荡器装置. 我们期待在不久的将来会有更多的超导波荡器被安装和投入在线运行.

超导波荡器的主要优势是更高的场强. 一方面, 这意味着对于给定的 K 值可以采用更短的周期长度 λ_u, 因此也就可以在给定长度上容纳更多的波荡器周期. 另一方面, 也可以在固定 λ_u 的情况下增大 K 值, 从而显著地增强高次谐波输出. 上述两种方式都对硬 X 射线的输出特别有利, 使人们可以考虑电子束能量较为适中, 更紧凑、更便宜的同步辐射装置了.

对于给定的磁极间隙 g 和波荡器波长 λ_u, 磁场的增强可通过文献 [37] 中所给出的两个拟合公式来计算. 对于 NbTi(铌钛) 平面超导波荡器, 峰值场为

$$B_0[\text{T}] \approx (0.48534 + 0.41611\lambda_u[\text{cm}] - 0.039932\lambda_u^2[\text{cm}])$$
$$\times \exp\left[-\frac{\pi(2g - \lambda_u)}{2\lambda_u}\right], \tag{2.113}$$

而 Nb$_3$Sn (铌三锡) 超导线 SCU 的峰值场则为

$$B_0[\text{T}] \approx (0.68115 + 0.64105\lambda_u[\text{cm}] - 0.060986\lambda_u^2[\text{cm}])$$
$$\times \exp\left[-\frac{\pi(2g - \lambda_u)}{2\lambda_u}\right]. \tag{2.114}$$

(2.113) 和 (2.114) 式是 (2.40) 式中所给出的永磁铁 Halbach 公式在 SCU 情况下的对应公式, 适用条件为周期长度 λ_u 在 0.8~3.6 cm 之间, 线圈电流为临界电流的 80%. 我们在图 2.15 中比较了两种不同磁极间隙情况下预期的 K 值与 λ_u 的关系. 可以看出, 对于给定的 g 和 λ_u, NbTi 波荡器的 K 值差不多是永磁波荡器的 3 倍, 或者说, 在 K 值相同时, NbTi 波荡器具有更小的周期和/或间隙. 请注意, 这里的 g 是磁极间隙, 束流真空室的内径一般比 g 小 2~4 mm.

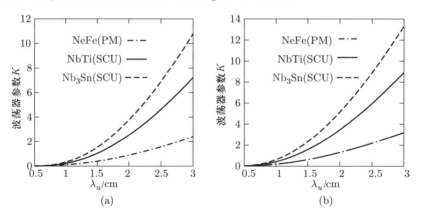

图 2.15 超导波荡器 (SCU) 和永磁 (PM) 波荡器的 K 参数随其波长 $\lambda\mu$ 变化的比较. (a) 磁极间隙 $g = 9$ mm, (b) 磁极间隙 $g = 7$ mm. 对于同样的 g 和 $\lambda\mu$, NbTi SCU 的 K 值约为永磁波荡器的 3 倍, 而 Nb$_3$Sn 又比 NbTi 强 50% 左右.

最后还需要指出, 超导波荡器技术也将不断地演变, 例如,Nb$_3$Sn 超导线有望达到更高的电流密度和 K 值 (如图 2.15 所示), 但同时也存在更多的挑战. 此外, 采用高 T_c 超导体可能会给磁铁的制造带来革命性的变化.

2.5.4 激光波荡器

本书中讨论的同步辐射光源通常要求几个 GeV 的电子束, 因此传统上采用相当长的粒子加速器, 整个装置规模大、造价高. 也许降低这些 X 射线光源规模和造价的最好的办法是缩短加速器长度, 其可能的实现途径为提高加速梯度或找到利用较低能量电子束的方法. 尽管获得更高加速梯度是一个十分活跃的研究领域, 但它并不直接影响 X 射线的产生, 因此在这里不再进一步讨论. 在这一节中, 我们将讨论一个很有希望的方案, 它用激光替代通常的磁波荡器, 从而可以利用能量相对较低的电子束来产生高强度 X 射线. 由于激光的波长可以短至静磁波荡器的约 $10^{-3} \sim 10^{-4}$ 倍, 因此电子束的能量有可能降低至百分之一. 近些年来, 已有许多采用激光波荡器的紧凑型 X 射线源的方案被提出来[38,39,40,41,42], 也有了一些实验结果[43,44,45].

采用激光波荡器的 X 射线源被称为 "逆 Compton 光源", 尽管我们并不认为这是一个合适的名称. 首先, Compton 散射适用于电子的反冲很显著的情况, 而这里要描述的效应在电子的静止参考系中只是简单的 Thomson 散射. 其次, 对我们来说到底是什么的 "逆" 并不明确. 因此, 我们将尽量回避 "逆 Compton 散射" 这一名称, 即使它看起来会被长期使用.

现在, 我们回过头来处理激光波荡器的物理问题. 在这里, 我们考虑一束沿 $\widehat{k} = \boldsymbol{k}/k_L$ 方向传播的平面波激光, 其磁场可以通过 $\boldsymbol{B} = (\widehat{k} \times \boldsymbol{E})/c$ 由电场导出, Lorentz 力作用下的运动方程为

$$\frac{\mathrm{d}}{\mathrm{d}t}(\gamma mc\boldsymbol{\beta}) = -e\left[\boldsymbol{E} + \boldsymbol{\beta} \times (\widehat{k} \times \boldsymbol{E})\right] = -e\left[\boldsymbol{E} + (\boldsymbol{\beta} \cdot \boldsymbol{E})\widehat{k} - (\boldsymbol{\beta} \cdot \widehat{k})\boldsymbol{E}\right]. \quad (2.115)$$

我们选取坐标系使激光波荡器沿 $\widehat{x}$ 方向偏振, 且激光的传播方向如图 2.16 所示. 因此 $\boldsymbol{E} = E_0 \sin(\omega_L t - \boldsymbol{k} \cdot \boldsymbol{x})\widehat{x}$, 其中, $\boldsymbol{k} = k_L(0, \sin\Psi, -\cos\Psi)$, 激光频率 $\omega_L = ck_L$. 这样, (2.115) 式中的 $\widehat{x}$ 分量变为

$$\frac{\mathrm{d}}{\mathrm{d}t}(\gamma mc\beta_x) = -eE_0 \sin(ck_L t - \boldsymbol{k} \cdot \boldsymbol{x})[1 - (\widehat{k} \cdot \boldsymbol{\beta})]$$

$$= \frac{eE_0}{ck_L}\frac{\mathrm{d}}{\mathrm{d}t}\cos(ck_L t - \boldsymbol{k} \cdot \boldsymbol{x}). \quad (2.116)$$

这一方程表示水平方向的正则动量守恒, 对其进行积分, 很容易得到

$$\beta_x = \frac{eE_0}{\gamma mc^2 k_L}\cos(ck_L t - \boldsymbol{k} \cdot \boldsymbol{x}). \quad (2.117)$$

激光场中的横向 "扭摆速度" 方程 (2.115) 和 (2.117) 式与磁波荡器中对应的方程 (2.44) 和 (2.45) 式非常相似, 由此可以看出激光波荡器的强度参数为

$$K_L = \frac{eE_0}{mc^2 k_L} = \sqrt{\frac{2r_e I_{\text{laser}}}{\pi mc^3}}\lambda_L, \quad (2.118)$$

其中, I_{laser} 为激光的强度, 经典电子半径 $r_e \equiv e^2/(4\pi\varepsilon_0 mc^2) \approx 2.818 \times 10^{-15}$ m. 在其他文献中, K_L 常被称为峰值无量纲矢势 a_L. 写成实用的形式, 我们有 $K_L \approx 8.9 \times 10^{-10}\lambda_L[\mu m]\sqrt{I_{\text{laser}}[\text{W/cm}^2]}$. 在一般情况下, $K_L < 1$.

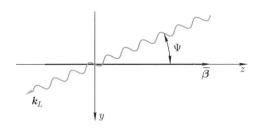

图 2.16 激光波荡器的几何关系. 激光与电子以 Ψ 角度对撞.

除波荡器强度参数外, 我们还可以得出有效波荡器波长. 将 (2.117) 式中的 t 替换为 $z/\overline{\beta}_z$, 可以发现横向速度以 $\cos[k_L(1/\overline{\beta}_z + \cos\Psi)z - k_L y\sin\Psi]$ 振荡, 因此激光场起到类似于波荡器的作用, 相应的波荡器波长为

$$\lambda_u \to \frac{\overline{\beta}_z \lambda_L}{1 + \overline{\beta}_z \cos\Psi}. \tag{2.119}$$

基于激光的 X 射线源的所有性质都可以从波荡器辐射的相应表达式导出, 只要进行 (2.119) 式的波荡器波长替换, 并采用 (2.118) 式中的 K_L 参数. 特别地, 激光场中产生的同步辐射的共振波长为

$$\lambda = \frac{1 + K_L^2/2}{2\gamma^2}\frac{\lambda_L}{1 + \overline{\beta}_z \cos\Psi}. \tag{2.120}$$

基于激光的同步辐射光源为产生极短波长的 X 射线光子提供了可能, 也为利用能量相当低的电子束产生一定波长的高强度 X 射线提供了可能. 采用激光波荡器可以显著降低所需加速器的规模和造价. 然而, 紧凑光源的优势同时伴随着代价: 由于电子束发射度 $\varepsilon_x = \varepsilon_{x,n}/\gamma$, X 射线的相干性和亮度都会降低. 另一个重要问题是激光包络会在所有维度和时间上变化. 因此, 强度参数 K_L 在整个相互作用过程中不会是常数, 共振条件 (2.120) 也会相应地变化. 虽然在 $K_L \ll 1$ 时这一效应并不显著, 但 FEL 通常要求 $K_L^2 > 0.1$, 此时这一效应就会变得相当重要. 尽管如此, 一些基于激光的 FEL 方案也许是可行的, 参见文献 [46, 47] 等.

参考文献

[1]   K.-J. Kim, "Characteristics of synchrotron radiation," in *Proc. US Particle Accelerator School*, ser. AIP Conference Proceedings, M. Month and M. Dienes, Eds., no.

184. New York: AIP, p. 565, 1989.

[2] H. Wiedemann, *Synchrotron Radiation*. Berlin, Germany: Springer-Verlag, 1993.

[3] A. Hofmann, *The Physics of Synchrotron Radiation*. Cambridge, UK: England: Cambridge University Press, 2004.

[4] G. A. Schott, *Electromagnetic Radiation*. Cambridge, UK: Cambridge University Press, 1912.

[5] J. Schwinger, "On the classical radiation of accelerated electrons," *Phys. Rev.*, vol. 75, p. 1912, 1949.

[6] R. P. Feynman, R. B. Leighton, and M. Sands, *The Feynman Lecture on Physics*. Reading, Mass: Addison-Wesley, 1963.

[7] L. D. Landau and E. M. Lifshitz, *The Classical Theory of Fields*, 4th ed., vol. 2, ser. Course of Theoretical Physics. London: Pergamon, 1979 (Translated from the Russian).

[8] J. D. Jackson, *Classical Electrodynamics*, 2nd ed. New York: Wiley, 1975.

[9] D. F. Alferov, Y. A. Bashmakov, and E. G. Bessonov, "Undulator radiation," *Zh. Tekh. Fiz.*, vol. 43, p. 2126, 1973, translated from Russian in Sov. Phys. Tech. Phys., 18:1336, 1974.

[10] B. M. Kincaid, "A short-period helical wiggler as an improved source of synchrotron radiation," *J. Appl. Phys.*, vol. 48, p. 2684, 1977.

[11] G. Geloni, E. L. Saldin, E. A. Schneidmiller, and M. V. Yurkov, "Paraxial green's functions in synchrotron radiation theory," DESY, Tech. Rep. 05-032, 2005.

[12] K. Halbach, "Physical and optical properties of rare earth cobalt magnets," *Nucl. Instrum. Methods Phys. Res.*, vol. 187, p. 109, 1981.

[13] K. Halbach, "Permanent magnetic undulators," *J. Phys. Colloques C1*, vol. 44, pp. C1–211, 1983.

[14] D. Attwood, *Soft X-rays and Extreme Ultraviolet radiation*. Cambridge, UK: Cambridge University Press, 1999.

[15] S. Krinsky, "Undulators as sources of synchrotron radiation," *IEEE Trans. Nucl. Sci.*, vol. 30, p. 3078, 1983.

[16] K.-J. Kim, in *X-ray Data Booklet*, D. Vaughn, Ed., no. 490. New York: Lawrence Berkeley Laboratory, 1986.

[17] K.-J. Kim, "Angular distribution of undulator power for an arbitrary deflection parameter K," *Nucl. Instrum. Methods Phys. Res., Sect. A*, vol. 246, p. 67, 1986.

[18] H. Kitamura, "Polarization of undulator radiation," *Japanese J. Appl. Phys.*, vol. 19, p. 2185, 1980.

[19] S. Sasaki, "Analyses for a planar variably-polarizing undulator," *Nucl. Instrum. Methods Phys. Res., Sect. A*, vol. 347, p. 83, 1994.

[20] A. Temnykh, "Delta undulator for Cornell energy recovery linac," *Phys. Rev. ST-Accel. Beams.*, vol. 11, p. 120702, 2008.

[21] M. B. Moiseev, M. M. Nikitin, and N. I. Fedosov, "Change in the kind of polarization of undulator radiation," *Sov. Phys. J.*, vol. 21, p. 332, 1978.

[22] K.-J. Kim, "A synchrotron radiation source with arbitrarily adjustable elliptical polarization," *Nucl. Instrum. Methods Phys. Res.*, vol. 219, p. 425, 1984.

[23] D. F. Alferov, Y. A. Bashmakov, and E. G. Bessonov, "Generation of circularly-polarized electromagnetic radiation," *Zh. Tekh. Fiz.*, vol. 46, p. 2392, 1976, translated from Russian in Sov. Phys. Tech. Phys., 21:1408, 1976.

[24] K.-J. Kim, "Brightness, coherence, and propagation characteristics of synchrotron radiation," *Nucl. Instrum. Methods Phys. Res., Sect. A*, vol. 246, p. 71, 1986.

[25] N. D. Cartwright, "A non-negative Wigner-type distribution," *Physica*, vol. 83, p. 210, 1976.

[26] G. Geloni, E. L. Saldin, E. A. Schneidmiller, and M. V. Yurkov, "Transverse coherence properties of x-ray beams in third-generation synchrotron radiation sources," *Nucl. Instrum. Methods Phys. Res., Sect. A*, vol. 588, p. 463, 2008.

[27] I. V. Bazarov, "Synchrotron radiation representation in phase space," *Phys. Rev. ST-Accel. Beams*, vol. 15, p. 050703, 2012.

[28] H. Onuki and P. Elleaume, *Undulators, Wigglers, and Their Applications*. London, UK: CRC Press, 2003.

[29] R. R. Lindberg and K.-J. Kim, "Compact representations of partially coherent undulator radiation suitable for wave propagation," *Phys. Rev. ST-Accel. Beams*, vol. 18, p. 090702, 2015.

[30] R. Chasman, G. K. Green, and E. M. Rowe, "Preliminary design of a dedicated synchrotron radiation facility," in *Proceedings of the 1975 Particle Accelerator Conference*, Washington, DC, p. 1765, 1975.

[31] D. Einfeld, J. Schaper, and M. Plesko, "Design of a diffraction limited light source (DIFL)," in *Proceedings of the 1995 Particle Accelerator Conference*, Dallas, TX, p. 177, 1995.

[32] S. C. Leemann, A. Åndersson, M. Eriksson, L. J. Lindgren, E. Wallén, J. Bengtsson, and A. Streun, "Beam dynamics and expected performance of Sweden's new storage-ring light source: MAX IV," *Phys. Rev. ST-Accel. Beams.*, vol. 12, p. 12070, 2009.

[33] *J. of Synchrotron Rad.*, vol. 21, no. 5, Special issue on Diffraction-Limited Storage Rings and New Science Opportunities, 2014.

[34] D. H. Bilderback, J. D. Brock, D. S. Dale, K. D. Finkelstein, M. A. Pfeifer, and S. M. Gruner, "Energy recovery linac (ERL) coherent hard x-ray sources," *New J. Phys.*, vol. 12, p. 035011, 2010.

[35] S. Casalbuoni, M. Hagelstein, B. Kostka, R. Rossmanith, M. Weisser, E. Steffens, A. Bernhard, D. Wollmann, and T. Baumbach, "Generation of x-ray radiation in a storage ring by a superconductive cold-bore in-vacuum undulator," *Phys. Rev. ST-Accel. Beams.*, vol. 9, p. 010702, 2006.

[36] Y. Ivanyushenkov *et al.*, "Development and operating experience of a short-period superconducting undulator at the advanced photon source," *Phys. Rev. ST-Accel. Beams.*, vol. 18, p. 040703, 2015.

[37] S. H. Kim, "A scaling law for the magnetic fields of superconducting undulators," *Nucl. Instrum. Methods Phys. Res., Sect. A*, vol. 546, p. 604, 2005.

[38] R. H. Milburn, "Electron scattering by an intense polarized photon field," *Phys. Rev. Lett.*, vol. 10, p. 75, 1963.

[39] P. Sprangle, A. Ting, E. Esarey, and A. Fisher, "Tunable, short pulse hard x-rays from a compact laser synchrotron source," *J. Appl. Phys.*, vol. 72, p. 5032, 1992.

[40] K.-J. Kim, S. Chattopadhyay, and C. V. Shank, "Generation of femtosecond x-rays by $90°$ Thomson scattering," *Nucl. Instrum. Methods Phys. Res., Sect. A*, vol. 341, p. 351, 1994.

[41] Z. Huang and R. D. Ruth, "Laser-electron storage ring," *Phys. Rev. Lett.*, vol. 80, p. 976, 1998.

[42] W. Graves, J. Bessuille, P. Brown, S. Carbajo, V. Dolgashev, K.-H. Hong, E. Ihloff, B. Khaykovich, H. Lin, K. Murari, E. Nanni, G. Resta, S. Tantawi, L. Zapata, F. Kärtner, and D. Moncton, "Compact x-ray source based on burst-mode inverse Compton scattering at 100 khz," *Phys. Rev. ST-Accel. Beams*, vol. 17, p. 120701, 2014.

[43] R. W. Schoenlein, W. P. Leemans, A. H. Chin, P. Volfbeyn, T. E. Glover, P. Balling, M. Zolotorev, K.-J. Kim, S. Chattopadhyay, and C. V. Shank, "Femtosecond x-ray pulses at 0.4 å generated by $90°$ Thomson scattering," *Science*, vol. 274, p. 236, 1996.

[44] W. J. Brown, S. G. Anderson, C. P. J, Barty, S. M. Betts, R. Booth, J. K. Crane, R. R. Cross, D. N. Fittinghoff, D. J. Gibson, F. V. Hartemann, E. P. Hartouni, J. Kuba, G. P. Le Sage, D. R. Slaughter, A. M. Tremaine, A. J. Wootton, P. T. Springer, and J. B. Rosenzweig, "Experimental characterization of an ultrafast Thomson scattering x-ray source with three-dimensional time and frequency-domain analysis," *Phys. Rev. ST-Accel. Beams*, vol. 7, p. 060702, 2004.

[45] H. Shimizu, M. Akemoto, Y. Arai, S. Araki, A. Aryshev, M. Fukuda, S. Fukuda, J.
      Haba, K. Hara, H. Hayano, Y. Higashi, Y. Honda, T. Honma, E. Kako, Y. Kojima,
      Y. Kondo, K. Lekomtsev, T. Matsumoto, S. Michizono, T. Miyoshi, H. Nakai, H.
      Nakajima, K. Nakanishi, S. Noguchi, T. Okugi, M. Sato, M. Shevelev, T. Shishido,
      T. Takenaka, K. T., J. Urakawa, K. Watanabe, S. Yamaguchi, A. Yamamoto, Y.
      Yamamoto, K. Sakaue, S. Hosoda, H. Iijima, M. Kuriki, R. Tanaka, A. Kuramoto,
      M. Omet, and A. Takeda, "X-ray generation by inverse Compton scattering at the
      superconducting RF test facility," *Nucl. Instrum. Methods Phys. Res., Sect. A*, vol.
      772, p. 26, 2015.

[46] J. C. Gallardo, R. C. Fernow, R. Palmer, and C. Pellegrini, "Theory of a free-electron
      laser with a gaussian optical undulator," *IEEE J. Quantum Electron.*, vol. 24, p. 1557,
      1988.

[47] J. E. Lawler, J. Bisognano, R. A. Bosch, T. C. Chiang, M. A. Green, K. Jacobs, T.
      Miller, R. Wehlitz, D. Yavuz, and R. C. York, "Nearly copropagating sheared laser
      pulse FEL undulator for soft x-rays," *J. Appl. Phys. D*, vol. 46, p. 325501, 2013.

第 3 章　FEL 基本原理

本章对自由电子激光原理进行一些较为定性的介绍. 在简要介绍 FEL 与相干光源的共性以及 FEL 放大器是如何工作的之后, 我们在 §3.2 中推导 FEL 的一维电子运动方程, 可以看到电子在横向波荡器场和辐射场形成的摆型势中运动. 然后, 在 §3.3 中讨论低增益条件下的 FEL 粒子动力学, 此时我们可以将电场近似为常数, 因此不需要求解 Maxwell 方程. 这一情形最适合于振荡器型 FEL(将在第 7 章中详细介绍). 在这一节中我们重点计算小信号条件下的 FEL 增益, 并对辐射功率较大时的 FEL 进行定性描述. §3.4 将给出辐射的自洽演化, 将方程扩展到指数增长的高增益 FEL. 在这一节中, 我们将会看到如何利用三个集体变量导出小信号增益和指数增长的基本表达式, 以及 FEL 的 Pierce 参数 ρ 在确定其输出特性中的重要作用. 最后, 我们简要地介绍自放大自发辐射 (在第 4 章中将有更全面的描述).

§3.1　引　　言

3.1.1　相干辐射源

波长大于 1 mm 和波长在几微米到 0.1 µm 左右的强相干源是人们所熟知的, 前者为微波设备, 后者为基于原子和分子跃迁的激光器. 微波设备 (磁控管、速调管以及越来越多的固态源) 已经有许多应用, 包括雷达、加速结构和食品加工等. 运行在红外 (IR)、可见光和近紫外波段的激光器的应用也是多种多样: 从时间和距离的精确测量到纳米级的切割和刻蚀, 再到量子计算中的单原子寻址等等.

尽管上述应用的涉及面已经很广, 但在相当广阔的频谱区域, 包括 THz ($\lambda \sim 0.1$ mm) 和 X 射线 ($\lambda \lesssim 40$ Å) 波段, 相干辐射仍不易获得. 自由电子激光 (FEL) 是基于自由电子 (而非束缚在原子或分子中的电子) 辐射的相干辐射光源, 由 John Madey 于 1971 年发明[1] 并随后在斯坦福大学进行了实验演示[2]. FEL 原则上可以工作在任意波长, 仅受限于加速器产生的电子束的能量和品质, 因此能够用来填补其他相干辐射源无法覆盖的频谱间隙. 图 3.1 列出了一些辐射源的特征波长和功率. 在红外波段 (辐射波长大于 1 µm 而小于 1mm), 已经建成了基于静电加速器 (Van de Graaf)、回旋加速器、射频直线加速器等的 FEL 振荡器, 而储存环(束流能量从 500 MeV 到 1 GeV) 中的 FEL 振荡器则适合产生可见光到紫外波段的相干辐射. 在储存环 FEL 中已实现的最短波长约为 200 nm, 受限于短波长反射镜的反射率.

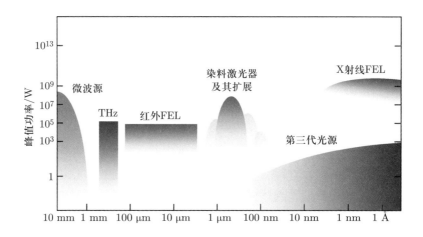

图 3.1 可调谐辐射源的功率.

在更短波长上产生相干辐射的主要途径是不需要反射镜的高增益 FEL. 在 20 世纪 90 年代末和 21 世纪初, 人们首先设计并建造了产生高强度紫外 (UV) 及真空紫外 (VUV) 辐射的装置, 为 X 射线 FEL 装置的规划与建设铺平了道路. 2005 年, 位于德国汉堡的 FLASH 装置开始为科学用户提供软 X 射线 FEL; 2009 年, SLAC 的直线加速器相干光源 (Linac Coherent Light Source, 简称 LCLS)[3] 则开启了硬 X 射线 FEL 时代. 随后, 日本的 X 射线 FEL 装置 (SACLA)[4] 和意大利的 X 射线 FEL 装置 (FERMI)先后调试成功并为用户提供服务, 其他 X 射线 FEL 装置则正处在建设/研制阶段 (如位于德国的欧洲 XFEL[5]、位于韩国浦项的 PAL XFEL[6]、位于瑞士 PSI 的 SwissFEL[7]). X 射线 FEL 有时也被称为第四代光源, 以区别于由高亮度储存环驱动的第三代光源, 后者使用偏转磁铁、扭摆器、波荡器等磁铁插入件产生准相干自发辐射.

3.1.2 什么是 FEL

到目前为止, 我们已经研究了 "自由" 电子在波荡器中产生的自发电磁辐射, 它类似于原子中束缚电子的自发辐射. 在某些有利条件下, 辐射场与电子相互作用, 由此导致的加速作用将放大电磁辐射场, 此即 FEL. 这个过程类似于传统激光中的受激辐射, 然而, 由于 FEL 并不受限于任何电子能级, 因此原则上可产生任何波长的辐射.

为了理解辐射的放大, 我们首先考虑波荡器中的电子轨迹. 电子的横向运动由

磁场精准地确定, 相应的横向速度在 (2.45) 式中已经得出:

$$v_x = \frac{Kc}{\gamma} \cos(k_u z). \tag{3.1}$$

除了波荡器磁场导致的运动外, 电子还受到自发辐射场的作用. 自发辐射场可看作与粒子束共线传播的电磁波,

$$\boldsymbol{E}(z,t) = \widehat{x} E_0 \sin(kz - \omega t + \phi), \quad \omega = ck = \frac{2\pi c}{\lambda}. \tag{3.2}$$

从辐射场到电子的能量转换效率由下式给出:

$$\boldsymbol{F} \cdot \boldsymbol{v} = -e\boldsymbol{E} \cdot \boldsymbol{v} = -\frac{eE_0 Kc}{\gamma} \cos(k_u z) \sin(kz - \omega t + \phi) \neq 0, \tag{3.3}$$

因此能量可在场与粒子之间交换. 如果 $\boldsymbol{F} \cdot \boldsymbol{v} > 0$ 则电子被加速 (称为逆 FEL), 而如果 $\boldsymbol{F} \cdot \boldsymbol{v} < 0$ 则电子被减速. 在后一种情况下, 粒子动能转化为电磁能, 电磁波的场强增强.

在一般情况下, 由于电磁波的传播速度比电子运动速度快, 上述辐射场与电子的相互作用无法维持. 然而, 有一种方式可使能量转移得以持续. 我们知道, 波荡器辐射的基波波长 $\lambda = (1 + K^2/2)\lambda_u /2\gamma^2$ 等于电子通过一个波荡器周期 λ_u 时辐射在电子前方传播的距离, 也就是说电子在通过一个波荡器周期时落后于电磁波一个 λ. 因此, 由于系统的周期性, 相互作用得以维持, 如图 3.2 所示. 图中左侧电子的初始横向速度沿 $-\widehat{x}$ 方向, 平行于箭头所示的辐射场. 因此, 该电子处在辐射场的减速相位上, 向场辐射能量. 经过一个波荡器周期后, 电磁波超前电子一个辐射波长, 如图右侧所示. 在这两个位置之间, 能量的转移总是朝着同一方向, 例如在 $\lambda_u/2$ 处电子速度与辐射场都指向 $+\widehat{x}$, 因此 $\boldsymbol{F} \cdot \boldsymbol{v} < 0$. 更进一步, 如果电子与辐射场的相对相位使得辐射场对电子的平均作用效果为减速, 则电磁波获得能量, 放大发生.

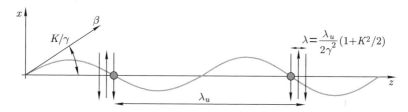

图 3.2 电子 (灰色圆点) 经过正弦轨迹 (灰线) 的一个波荡器周期 λ_u 后, 平面波 (由交替变换的垂直箭头表示) 超前电子一个共振波长 λ. 因此, 具有这一共振波长的波荡器辐射可与电子在很多个波荡器周期上交换能量.

跟任何激光一样, 自由电子激光可以有几种运行模式. 图 3.3 为 FEL 振荡器、放大器和自放大自发辐射 FEL 的工作原理示意图. 振荡器使用反射镜约束辐射,

使辐射场多次通过波荡器 (被多次放大), 逐渐建立起来. 迄今为止, 在容易获得高品质反射镜的 IR 至 UV 频谱范围内, FEL 振荡器已经取得了很大成功. 随着基于 Bragg 晶体光学的软 X 射线及硬 X 射线多层反射镜技术的发展, 覆盖 X 射线频谱的 FEL 振荡器也是有可能实现的.

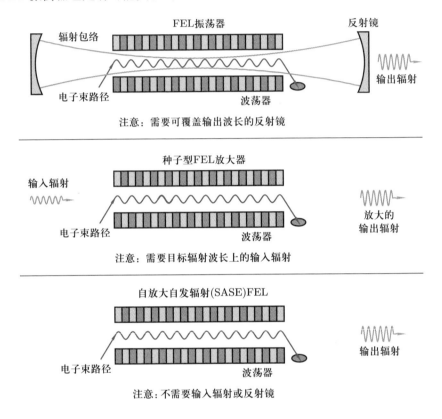

图 3.3 三种不同模式的 FEL 示意图: 振荡器、放大器和自放大自发辐射.

FEL 也可作为一个线性放大器, 用以放大中心频率接近波荡器共振条件的辐射. 由于需要相应波长的种子光源, 这种运行模式最容易在其他类型光源已经覆盖的频谱区域内实现. FEL 放大器延伸至更短波长通常需要采用谐波产生等先进技术, 因此将其应用到 X 射线波段具有很大的挑战性. 由于这一原因, 首批规划和建成的 X 射线 FEL 装置均基于自放大自发辐射(self-amplified spontaneous emission, 简称 SASE) 模式, 这里的 "自发辐射" 即指我们之前介绍的波荡器辐射. SASE FEL 放大由散粒噪声产生的自发波荡器辐射, 因此不需要外部光源或者反射镜就可以产生很强的准相干辐射[8,9,10,11]. 虽然这一辐射并不完全相干, 但其增益过程却使得光源的亮度可比传统同步辐射光源高 10 个量级左右.

§3.2 电子运动方程 —— 摆方程

本节考虑 FEL 的一维粒子方程. 我们首先通过快速推导引入纵向动力学, 推导过程中略去一些细节, 重点阐述基本物理图像. 随后, 我们补充细节并写出一维纵向 FEL 方程. 在本节的结尾, 我们将更为详细地说明相空间中粒子的坐标及其运动.

3.2.1 方程的推导

根据本章开篇时的讨论, 波荡器中电子–辐射相互作用所引起的能量交换可由下式给出:

$$\frac{\mathrm{d}\gamma}{\mathrm{d}t} = -\frac{eE_0Kc}{mc^2\gamma}\cos(k_u z)\sin(kz - \omega t + \phi)$$
$$= -\frac{eE_0Kc}{2mc^2\gamma}\left\{\sin\underbrace{[(k+k_u)z - \omega t + \phi]}_{\sim\ \text{粒子相位}\ \theta} + \underbrace{\sin[(k-k_u)z - \omega t + \phi]}_{\text{忽略, 稍后说明其正当性}}\right\}, \quad (3.4)$$

其中 $\theta \approx (k + k_u)z - \omega t + \phi$ 已被标记为粒子相位 θ. 此处没有写等号是因为 "正确" 的粒子相位还应考虑波荡器中的纵向振荡 —— 这一复杂因素暂且忽略, 留待 (3.14) 式再予以纠正.

相位 θ 与粒子在波荡器场和辐射电磁场中复合运动的有效纵向势有关, 因此通常被称为有质动力相位. (3.4) 式表明, 如果 θ 持续变化, 则粒子能量会发生振荡, 几乎没有净变化. 而如果 θ 近乎不变, 则能量会显著减少 (或增加). 相位 θ 的时间变化率由下式给出:

$$\frac{\mathrm{d}\theta}{\mathrm{d}t} = (k + k_u)v_z - ck. \quad (3.5)$$

我们将忽略 (3.5) 式中纵向速度的振荡部分, 为此进行如下替换:

$$v_z \to \bar{v}_z = c\left(1 - \frac{1 + K^2/2}{2\gamma^2}\right), \quad (3.6)$$

其中 $\bar{v}_z$ 是平均纵向速度. 将其代入相位方程 (3.5) 式并利用 $k_u/k \ll 1$, 可得

$$\frac{\mathrm{d}\theta}{\mathrm{d}t} = ck\left(\frac{k_u}{k} - \frac{1 + K^2/2}{2\gamma^2}\right). \quad (3.7)$$

为维持固定相位 ($\mathrm{d}\theta/\mathrm{d}t = 0$), 从而实现显著的能量交换, 应有

$$\frac{k_u}{k} = \frac{\lambda}{\lambda_u} = \frac{1 + K^2/2}{2\gamma^2}, \quad (3.8)$$

这正是波荡器的共振条件. 因此, 当满足共振条件 (3.8) 式时, 相位 θ 近乎不变, 且每经过一个波荡器周期 λ_u, 辐射比粒子超前一个 λ_1.[①] 在这种情况下, 辐射场与电

[①]此处增加了下标 "1", 代表基波辐射 (译者注).

子束之间可以存在持续的相互作用, 进而导致辐射场的显著放大. 因为 γ 现在是时间的函数, 我们用 γ_r 来表示与电磁场 (波长为 λ_1) 共振的电子能量, 即

$$\frac{\lambda_1}{\lambda_u} \equiv \frac{1 + K^2/2}{2\gamma_r^2}. \tag{3.9}$$

进一步引入归一化电子能量偏离 (假设其值较小)

$$\eta \equiv \frac{\gamma - \gamma_r}{\gamma_r} \ll 1. \tag{3.10}$$

将 Lorentz 因子写成 $\gamma = \gamma_r(1 + \eta)$, $\eta \ll 1$ 时的相位方程变为

$$\frac{\mathrm{d}\theta_j}{\mathrm{d}t} = 2k_u c \eta_j, \tag{3.11}$$

此处我们增加了下标 j, 旨在强调它们是单个粒子的坐标. 能量方程 (3.4) 式变为

$$\frac{\mathrm{d}\eta_j}{\mathrm{d}t} = \frac{1}{\gamma_r}\frac{\mathrm{d}\gamma_j}{\mathrm{d}t} = -\frac{eE_0 K c}{2\gamma_j\gamma_r mc^2}\sin\theta_j. \tag{3.12}$$

对于恒定的 E_0(对低增益 FEL, 这是一个很好近似), 这两个方程完全决定了电子能量 η 和有质动力相位 θ 的演变. 由于它们的形式与描述摆的方程相同, 因此自 W. Colson 在斯坦福大学的研究生工作之后就被称为摆方程[12].

之前的推导阐明了一维粒子动力学的基本物理图像. 为了获得最终形式的运动方程, 还需要进行一些修正. 首先, 我们用 z 代替 t 来作为独立变量 ($c\mathrm{d}t \approx \mathrm{d}z$), 这样做既是惯例, 也很方便. 其次, 我们来证明忽略 (3.4) 式中第二项的合理性, 这相当于忽略在一个波荡器周期内具有较大相移的振荡项. 为了正确地处理这个问题, 我们回顾一下 2.4.1 节, 可以看到平面波荡器中电子的纵向速度 v_z 还有一个振荡项, 即

$$v_z = \overline{v}_z - \frac{cK^2}{4\gamma^2}\cos(2k_u z) \approx \overline{v}_z - \frac{ck_u K^2}{k_1(2 + K^2)}\cos(2k_u z). \tag{3.13}$$

v_z 的振荡意味着粒子时间坐标也应快速振荡, 这与我们假设的相位 θ_j 缓变矛盾. 为了解决这个问题, 我们可根据缓变的平均粒子时间 $\overline{t}_j$(由 t_j 减去振荡部分得到) 来定义 θ_j:

$$\begin{aligned}
\theta_j(z) &\equiv (k_1 + k_u)z - ck_1\overline{t}_j(z) \\
&\equiv (k_1 + k_u)z - ck_1\left[t_j(z) - \frac{K^2}{\omega_1(4 + 2K^2)}\sin(2k_u z)\right].
\end{aligned} \tag{3.14}$$

将此相位对 z 求导, 可得

$$\frac{\mathrm{d}\theta_j}{\mathrm{d}z} = (k_1 + k_u) - ck_1\frac{\mathrm{d}\overline{t}_j}{\mathrm{d}z} = (k_1 + k_u) - \frac{ck_1}{\overline{v}_z}. \tag{3.15}$$

将平均速度 (3.6) 式代入, 并在 $\gamma \gg 1$ 和 $\eta \ll 1$ 的条件下做展开, 可得 (3.11) 式 (其中 $cdt \to dz$). 现在, 我们利用 (3.14) 式的缓变相位对能量方程做如下处理[①]:

$$\cos(k_u z) \sin(k_1 z - \omega_1 t + \phi)$$
$$= \frac{e^{ik_u z} + e^{-ik_u z}}{4i} \left\{ e^{i\theta} e^{-ik_u z} \exp\left[-\frac{iK^2}{4 + 2K^2} \sin(2k_u z)\right] - c.c. \right\}$$
$$= \frac{e^{i\theta}}{4i} \sum_n J_n\left(\frac{K^2}{4 + 2K^2}\right) \left[e^{-2ink_u z} + e^{-2i(n+1)k_u z}\right] - c.c.. \tag{3.16}$$

对于求和式第一部分中 $n \neq 0$ 的项和第二部分中 $n \neq -1$ 的项, 其相位的导数为

$$\frac{d}{dz}(\theta + 2nk_u z) \approx 2nk_u \quad (n \neq 0), \tag{3.17}$$

意味着这些项的相位在每个波荡器周期上增长 $4n\pi$. 这种快速振荡的平均值趋于零, 无法支持持续的相互作用, 这是仅保留 (3.4) 式中共振项的原因, 通常被称为波荡器中快速振荡的 "扭摆平均".[②] 保留 (3.16) 式中的两个缓变项, 则需对 (3.12) 式的能量方程做如下改变:

$$K \longrightarrow K[JJ], \quad 其中 [JJ] \equiv J_0\left(\frac{K^2}{4 + 2K^2}\right) - J_1\left(\frac{K^2}{4 + 2K^2}\right). \tag{3.18}$$

这个 [JJ] 因子很像傍轴波动方程 (2.67) 中引入的 [JJ] 因子. 实际上, 二者均来自电子在平面波荡器中的纵向振荡 (波数为 $2k_u$), 该振荡改变了粒子与辐射场之间的平均耦合. 在螺旋波荡器中, $v_z = \bar{v}_z$ [参见 (2.85) 式及前面的讨论], 因此没有 [JJ]. 此外, 螺旋波荡器的峰值磁场等于其 RMS 值. 因此, 相应的 FEL 方程可由平面波荡器的 FEL 方程得到, 只需做如下改变:

$$[JJ] \to 1, \quad K \to \sqrt{2}K. \tag{3.19}$$

将上述修正包含进来, 则 FEL 的一维粒子方程由下式给出:

$$\frac{d\theta}{dz} = 2k_u \eta, \quad \frac{d\eta}{dz} = -\frac{\epsilon}{2k_u L_u^2} \sin\theta, \tag{3.20}$$

其中 ϵ 是为了下面讨论的方便而引入的无量纲电场强度,

$$\epsilon = \frac{eE_0 K[JJ]}{\gamma_r^2 mc^2} k_u L_u^2. \tag{3.21}$$

我们用图 3.4 来说明摆方程中各变量的物理意义. 简而言之, 有

[①] 由此至 §3.3, 下标 "j" 被略去 (译者注).
[②] 机敏的读者会注意到, 由于纵向振荡, 之前忽略的项实际上对 $\sim J_1$ 的缓变部分有贡献.

z: 独立变量, 给出波荡器中的位置.

$t(z)$: 电子到达 z 的时间.

$\theta(z)$: 有质动力相位, 定义为

$$\theta = (k_1 + k_u)z - \omega_1 \bar{t} + 常数 = \omega_1 \left[\frac{k_1 + k_u}{\omega_1} z - \bar{t}(z) \right] + 常数$$
$$= \omega_1 [z/\bar{v}_z - \bar{t}(z)] + 常数. \tag{3.22}$$

参考电子在 $t = 0$ 时进入波荡器的 $z = 0$ 处, 因此 $z/\bar{v}_z$ 是该参考电子到达 z 位置处的时间. 如果我们定义参考电子位于束团的中心, 则 θ 是相对于束团中心的电子纵向位置 (以 $\lambda_1/2\pi$ 为单位). 一个脉冲长度为 300 fs (~ 0.1 mm) 的电子束团在辐射波长 $\lambda_1 = 1$ nm 时对应的相位宽度为 $2\pi \times 10^5$, 这是一个很大的数值.

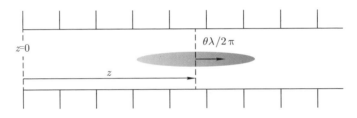

图 3.4　FEL 摆方程中定义的变量示意图.

摆方程 (3.20) 描述了在所谓 "有质动力势"(由波荡器场和辐射场共同引起) 中电子的运动[12]. 有质动力势导致群聚作用力, 后者以束流平均速度 $\bar{v}_z$ 移动, 在 θ 上缓慢变化且呈近似周期性.

3.2.2　相空间中的运动

对于一个恒定的 ϵ (电场因此也为恒定值), 摆运动取决于运动常量 H:

$$H = k_u \eta^2 - \frac{\epsilon}{2k_u L_u^2}(\cos\theta - 1). \tag{3.23}$$

实际上, H 也是摆的 Hamilton 量, 由其可得运动方程, 详见附录 A. 图 3.5 中的每条虚线代表 (θ, η) 相空间中的一条可能轨迹, 这些轨迹的 H 值彼此不同但均保持恒定. 连接 $(\theta = \pm\pi, \eta = 0)$ 处两个不稳定不动点的轨迹称为分界线, 对应 $H = \epsilon/k_u L_u^2$, 因此

$$\eta = \pm \frac{\sqrt{\epsilon}}{k_u L_u} \sqrt{(1 + \cos\theta)/2} = \pm \frac{\sqrt{\epsilon}}{k_u L_u} \cos(\theta/2). \tag{3.24}$$

分界线以粗虚线示于图 3.5 中. 在分界线外, 轨迹是无界的, 相应的运动可看作单方向绕轴旋转的摆. 在分界线内, 粒子绕稳定不动点 $(0,0)$ 周期性地振荡, 这对应

于摆的振动. 分界线之间的稳定区域被称为有质动力相稳定区, 这是因为在恒定电场时粒子将被俘获在该区域内. 分界线的最大值 η_{max} 定义了相稳定区的高度, 由下式给出:

$$\eta_{max} = \frac{\sqrt{\epsilon}}{k_u L_u} = \sqrt{\frac{eE_0 K[JJ]}{k_u \gamma_r^2 mc^2}}. \tag{3.25}$$

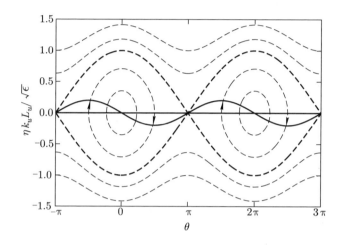

图 3.5 由于波荡器中共振电磁波的存在而导致的电子在纵向相空间 (θ, η) 中的运动. 虚线为相空间轨迹, 其中较粗的虚线表示分界线. $\eta = 0$ 处的粗黑直线画出了电子束的初始位置 (假设电子分布在所有的纵向相位上). 在波荡器内的初始演化导致了近似正弦的能量调制 (粗黑曲线). 随着演化的进行, 在 $\theta = 2n\pi$ (n 为整数) 附近, 电子分布形成强烈的扭结, 这意味着电子束的密度也被调制/微群聚.

分界线之间的振荡是周期性的, 其频率通常取决于能量 H. 然而, 在靠近稳定不动点处, 粒子的运动近似于一个简谐振子. 当 $|\theta| \ll 1$ 时, (3.20) 式可简化为 $\mathrm{d}^2\theta/\mathrm{d}z^2 = -\Omega_s^2\theta$. 振荡的固有频率由同步波数 Ω_s 给出, 其周期则为 z_s:

$$\Omega_s = \frac{\sqrt{\epsilon}}{L_u} = \sqrt{\frac{eE_0 K[JJ]k_u}{\gamma_r^2 mc^2}}, \quad z_s \equiv \frac{2\pi}{\Omega_s}. \tag{3.26}$$

§3.3 低增益区

在低增益区, 我们假设电场–电子相互作用所导致的电场变化很小. 在这种情况下, 仅由电子运动方程和能量守恒就能推导出 FEL 的增益. 当然, 要具体确定场的演化则需用到 Maxwell 方程组, 我们将在 §3.4 和 §4.3 中讨论高增益区时再回到这上面来.

在进入低增益区的数学分析之前, 让我们稍作停顿, 简要概述一下 FEL 的摆模型动力学. 在这里, 我们假设电子束最初是单能的, 且其能量满足共振条件. 在这种情况下, 随着电子与波荡器场和辐射场的相互作用, 束流首先在共振波长上形成能量调制. 由图 3.5 可知, 随着演化的进行, 能量调制将导致纵向相对位置的变化 (取决于电子的初始条件), 而这一变化又会导致电子束在共振波长上的密度调制 (微群聚). 假设粒子能量最初处于共振状态, 则由于获得能量和失去能量的电子数目相同, 粒子与电磁场之间的净能量交换为零. 在低增益 FEL 中, 为了实现辐射的放大, 应让初始束流能量稍高于共振条件所要求的能量, 从而使更多的电子将能量交给电场而不是被电场加速. 在下面, 我们将以更为定量的方式来推导这些结果.

3.3.1　增益的推导

我们将在低增益区求解摆方程 (3.20), 此时单次通过波荡器的辐射放大很小, ϵ 因而近似为常数. 此外, 假设电子在摆势中无显著旋转, 因而可通过电子运动的微扰求解来简化分析. 这一假设等同于假定同步周期与波荡器长度的乘积很小, 或者说无量纲电场强度 $\epsilon \equiv (\Omega_s L_u)^2 \ll 1$. 因此, 可通过将相空间变量展开为

$$\theta = \theta_0(z) + \epsilon\theta_1(z) + \epsilon^2\theta_2(z) + \ldots,$$
$$\eta = \eta_0(z) + \epsilon\eta_1(z) + \epsilon^2\eta_2(z) + \ldots$$

来得出微扰方程. 将上述展开代入运动方程 (3.20), 有

$$\frac{\mathrm{d}\theta_m}{\mathrm{d}z} = 2k_u\eta_m, \tag{3.27}$$

$$\frac{\mathrm{d}\eta_0}{\mathrm{d}z} + \epsilon\frac{\mathrm{d}\eta_1}{\mathrm{d}z} + \epsilon^2\frac{\mathrm{d}\eta_2}{\mathrm{d}z} = -\frac{\epsilon}{2k_u L_u^2}(\sin\theta_0 + \epsilon\theta_1\cos\theta_0), \tag{3.28}$$

其中 (3.27) 式是任意阶次 (m) 的 θ 方程, (3.28) 式则是保留至 $O(\epsilon^2)$ 的能量方程. 在零阶上, 我们有

$$\frac{\mathrm{d}\eta_0}{\mathrm{d}z} = 0 \qquad\qquad \frac{\mathrm{d}\theta_0}{\mathrm{d}z} = 2k_u\eta_0 \tag{3.29}$$
$$\Rightarrow \eta_0 = \text{常数}, \qquad \Rightarrow \theta_0(z) = 2k_u\eta_0 z + \phi_0,$$

其中 (ϕ_0, η_0) 定义为相空间中的初始粒子坐标. 在最低阶次上, 粒子以恒定速度沿直线运动. 与电场的相互作用反映在一阶方程中:

$$\frac{\mathrm{d}\theta_1}{\mathrm{d}z} = 2k_u\eta_1, \tag{3.30}$$

$$\frac{\mathrm{d}\eta_1}{\mathrm{d}z} = -\frac{1}{2k_u L_u^2}\sin\theta_0. \tag{3.31}$$

将零阶方程的解 (3.29) 式代入 (3.31) 式并求解 η_1, 有

$$\eta_1(z) = -\frac{1}{2k_u L_u^2} \int_0^z \mathrm{d}z' \sin\theta_0(z') = \frac{\cos\theta_0(z) - \cos\phi_0}{4k_u^2 L_u^2 \eta_0}. \tag{3.32}$$

请注意, 一阶能量偏离对初始相位的平均值为零, 即 $\langle\eta_1(z)\rangle_{\phi_0} = 0$. 因此, 在一阶上粒子与场之间没有能量交换. 然而, 能量调制是存在的, 这是由于

$$\begin{aligned}
\epsilon\eta_1(z) &= \frac{eE_0 K[\mathrm{JJ}]k_u L_u^2}{\gamma_r^2 mc^2}\frac{\cos(2k_u\eta_0 z + \phi_0) - \cos\phi_0}{4k_u^2 L_u^2 \eta_0} \\
&\approx -\frac{eE_0 K[\mathrm{JJ}]}{2\gamma_r^2 mc^2}\frac{\sin(k_u\eta_0 z)\sin(\phi_0)}{k_u\eta_0} \approx -\frac{eE_0 K[\mathrm{JJ}]}{2\gamma_r^2 mc^2}z\sin\phi_0,
\end{aligned} \tag{3.33}$$

式中的近似在 $k_u\eta_0 z = 2\pi N_u(\gamma_0 - \gamma_r)/\gamma_r \ll 1$ 时有效. 在这里我们只是将 η 的调制视为 FEL 增益的前奏, 而实际上, 采用光学激光作为驱动电磁场的各种纵向相空间操控技术都可以利用上述现象. 在第 6 章中, 我们将会提到其中几种与谐波产生相关的技术.

当能量调制演变成可产生相干辐射的密度调制时, FEL 增益在 ϵ 的二阶上出现. 首先, 我们从 (3.30) 式求解出 θ_1,

$$\begin{aligned}
\frac{\mathrm{d}\theta_1}{\mathrm{d}z} &= \frac{\cos\theta_0(z) - \cos\phi_0}{2k_u L_u^2 \eta_0} \\
\Rightarrow \theta_1(z) &= \frac{\sin\theta_0(z) - \sin\phi_0}{(2k_u L_u \eta_0)^2} - \frac{z\cos\phi_0}{2k_u L_u^2 \eta_0}.
\end{aligned} \tag{3.34}$$

因此二阶能量方程为

$$\begin{aligned}
\frac{\mathrm{d}\eta_2}{\mathrm{d}z} &= -\frac{\theta_1(z)}{2k_u L_u^2}\cos\theta_0(z) \\
\Rightarrow \eta_2(L_u) &= -\int_0^{L_u}\mathrm{d}z\left[\frac{\cos\theta_0(\sin\theta_0 - \sin\phi_0)}{(2k_u L_u^2)(2k_u L_u \eta_0)^2} - \frac{z\cos\theta_0\cos\phi_0}{(2k_u L_u^3)(2k_u L_u \eta_0)}\right].
\end{aligned} \tag{3.35}$$

对初始相位 ϕ_0 取平均, 可得

$$\begin{aligned}
\langle\cos\theta_0\sin\theta_0\rangle_{\phi_0} &= \frac{1}{2}\langle\sin 2\theta_0\rangle_{\phi_0} = 0, \\
\langle\cos\theta_0\sin\phi_0\rangle_{\phi_0} &= \langle[\cos(2k_u\eta_0 z)\cos\phi_0 - \sin(2k_u\eta_0 z)\sin\phi_0]\sin\phi_0\rangle_{\phi_0} \\
&= \frac{1}{2}\sin(2k_u\eta_0 z), \\
\langle\cos\theta_0\cos\phi_0\rangle_{\phi_0} &= \frac{1}{2}\cos(2k_u\eta_0 z),
\end{aligned}$$

故有

$$\langle \eta_2(L_u) \rangle_{\phi_0} = -\frac{1}{2k_uL_u^2} \int_0^{L_u} dz \left[\frac{\sin(2k_u\eta_0 z)}{(2k_uL_u\eta_0)^2} - \frac{z\cos(2k_u\eta_0 z)}{L_u(2k_uL_u\eta_0)} \right]. \tag{3.36}$$

将相对于共振能量的初始电子能量偏离写成 $x = k_u\eta_0 L_u$, 可直接得到

$$\langle \eta_2(L_u) \rangle_{\phi_0} = \frac{2x\sin x\cos x - 2\sin^2 x}{16k_uL_u x^3} = \frac{1}{16k_uL_u} \frac{\mathrm{d}}{\mathrm{d}x} \left(\frac{\sin x}{x} \right)^2. \tag{3.37}$$

因此, 电子能量的二阶平均净变化由下式给出:

$$\langle \Delta\eta \rangle = \langle \epsilon^2 \eta_2(L_u) \rangle = -\frac{e^2 E_0^2 K^2 [JJ]^2}{4\gamma_r^4 (mc^2)^2} \frac{k_u L_u^3}{4} g(x), \tag{3.38}$$

此处我们引入了归一化增益函数

$$g(x) = -\frac{\mathrm{d}}{\mathrm{d}x} \left(\frac{\sin x}{x} \right)^2. \tag{3.39}$$

在上面, 我们利用 $g(x)$ 的形式写出了能量变化方程 (3.38) 式, 从而使此处推导的 FEL 增益 (受激辐射) 和前一章中讨论的波荡器辐射 (自发辐射) 之间形成了深层次的关联. 为了让这一关联更为明确, 我们再看一下 (2.100) 式. 在前向, 单能电子束 $f(\eta) = \delta(\eta - \eta_0)$ 产生的波荡器辐射频谱为

$$\left. \frac{\mathrm{d}P}{\mathrm{d}\omega \mathrm{d}\phi} \right|_{\phi=0} \propto \mathcal{S}(\omega, \eta_0) \propto \left\{ \frac{\sin[k_u L_u(\eta_0 - \Delta\nu/2)]}{k_u L_u(\eta_0 - \Delta\nu/2)} \right\}^2. \tag{3.40}$$

我们可以看到能量变化 (增益/受激辐射) 与自发辐射通过 $\langle \Delta\eta \rangle \propto g(\eta_0) \propto \frac{\mathrm{d}}{\mathrm{d}\eta_0}\mathcal{S}(\omega, \eta_0)$ 联系在一起. 写成 Lorentz 因子 γ 的变化, 有

$$\langle \Delta\gamma \rangle = \frac{\pi\lambda^2 cT}{N_e} \frac{\epsilon_0 E_0^2}{(mc^2)^2} \frac{\partial}{\partial\gamma} \left. \frac{\mathrm{d}P}{\mathrm{d}\omega d\phi} \right|_{\phi=0}. \tag{3.41}$$

当波荡器的 K 值为常数时, 频谱 $\mathrm{d}P/\mathrm{d}\omega$ 是 $\eta - \Delta\nu/2 = (\gamma - \gamma_r)/\gamma_r - (\omega - \omega_1)/2\omega_1$ 的函数, 因此除 (3.41) 式之外, 还有

$$\langle \Delta\eta \rangle \propto -\frac{\mathrm{d}}{\mathrm{d}\omega}\mathcal{S}(\omega, \eta_0). \tag{3.42}$$

在文献 [1] 中, 谱增益曲线可从自发辐射频谱公式 (3.41) 导出最初是作为 Madey 第二定理推导出的. Madey 第一定理则把整体平均的能量损失 $\langle \epsilon^2 \eta_2 \rangle \equiv \langle \Delta\eta \rangle$ 与电子–辐射相互作用导致的能散 $\langle (\epsilon\eta_1)^2 \rangle \equiv \langle \eta^2 \rangle$ 联系起来了. 利用一阶能量变化表达式 (3.32), 容易得到

$$\langle \eta^2 \rangle = \frac{e^2 E_0^2 K^2 [JJ]^2}{4\gamma_r^4 (mc^2)^2} \frac{L_u^2}{2} \left(\frac{\sin x}{x} \right)^2 \quad \Rightarrow \quad \langle \Delta\eta \rangle = \frac{1}{2}\frac{\partial}{\partial\eta_0}\langle \eta^2 \rangle. \tag{3.43}$$

(3.41)、(3.42) 和 (3.43) 式通常一起被粗略地称为 Madey 定理, 尽管 (3.41) 和 (3.43) 分别对应第二定理和第一定理. 虽然此处我们是在理想波荡器这一特定情形下推导的 (3.41) 和 (3.43) 式, 但 Madey 定理是相当普遍的结果, 在低增益限定条件下只需要很少的假设即可证明[13,14]. 此外, Madey 定理具有实用性, 因为自发辐射的计算通常比增益容易得多.

现在回到 FEL 增益上来. 我们在图 3.6 中画出了增益函数 $g(x)$. 当归一化失谐量 $x \equiv 2\pi N_u \eta_0 \approx 1.3$ 时, 增益达到极大值 $g(x) \approx 0.54$. 因此, 对于 N_u 个周期长的波荡器, 最优的初始能量偏离为

$$\left.\frac{\gamma_0 - \gamma_r}{\gamma_r}\right|_{\substack{\text{最大} \\ \text{增益}}} = \frac{1.3}{2\pi N_u} \approx \frac{1}{5N_u}. \tag{3.44}$$

就 x 而言, 峰值附近增益曲线的 RMS 宽度在 1 左右, 这对应于束流能量变化 $\Delta\eta \sim 1/6N_u$. 利用共振条件, 增益曲线的频宽为

$$\frac{\sigma_\omega}{\omega_r} \sim 2\Delta\eta \sim \frac{1}{3N_u}. \tag{3.45}$$

由此可见, 低增益 FEL 的特征带宽与波荡器周期数成反比, 这与自发辐射的特征带宽相似.

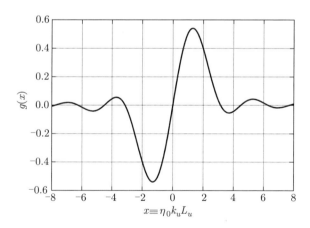

图 3.6 低增益 FEL 的归一化增益函数 $g(x)$. $g(x)$ 的正值对应电子的净能量损失, 因此也对应辐射信号的增益.

粒子能量的净损失导致电磁场能量的增加. 为了计算这一能量交换, 我们回顾一下平面电磁波的能量密度:

$$u = \frac{\epsilon_0}{2}(\boldsymbol{E}^2 + c^2\boldsymbol{B}^2) = \frac{\epsilon_0}{2}E_0^2, \tag{3.46}$$

FEL 作用导致的电子能量密度的改变为

$$\Delta u = mc^2 \langle \Delta\gamma \rangle \frac{N_e}{cT\mathscr{A}_{\rm tr}} = mc^2 \langle \Delta\gamma \rangle \frac{I}{ec}\frac{1}{\mathscr{A}_{\rm tr}}, \tag{3.47}$$

其中 $\mathscr{A}_{\rm tr}$ 是电子–辐射相互作用的横截面积, I 是束流强度, 平均能量变化 $\langle \Delta\gamma \rangle$ 可由 (3.38) 式得到. 电磁能量密度的变化等于 $-\Delta u$, 因此 FEL 相对增益 $G \equiv -\Delta u/u$ 由下式给出:

$$G = -\frac{2\pi\lambda_1^2}{mc^2\mathscr{A}_{\rm tr}}\frac{\partial}{\partial\gamma}\frac{{\rm d}P}{{\rm d}\omega{\rm d}\phi}\bigg|_{\phi=0} = \frac{I}{I_A}\frac{4\pi^2 K^2 [{\rm JJ}]^2}{(1+K^2/2)^2}\frac{\gamma N_u^3\lambda_1^2}{\mathscr{A}_{\rm tr}}g(x). \tag{3.48}$$

这里 $I_A \equiv ec/r_e \equiv 4\pi\epsilon_0 mc^3/e \approx 17045$ A 为 Alfvén 电流. 电子–辐射三维相互作用的横截面积 $\mathscr{A}_{\rm tr}$ 可由辐射与电子束流尺寸的卷积给出. 如果我们假设电子束和辐射束均为 Gauss 分布, 且其束腰处的宽度分别为 σ_x 和 σ_r, 则有

$$\mathscr{A}_{\rm tr} \to 2\pi(\sigma_x^2 + \sigma_r^2), \quad \sigma_r^2 = \frac{\lambda_1}{4\pi}Z_R, \tag{3.49}$$

其中 Z_R 是辐射的 Rayleigh 长度. 上述 $\mathscr{A}_{\rm tr}$ 的选取在物理上是合理的, 在适当限制条件下, 涵盖这一简单扩展的更为严格的三维增益公式将在 §5.4 中推导. Rayleigh 长度通常选为波荡器长度的一半, 即 $Z_R = L_u/2 = \lambda_u N_u/2$, 而电子束与辐射束的最优重叠则出现在二者横截面积相等时, 即

$$\mathscr{A}_{\rm tr} \approx 2 \times 2\pi\sigma_r^2 = \lambda_1 Z_R = \lambda_1\lambda_u N_u/2. \tag{3.50}$$

在这种情况下, 增益为

$$G = 8\pi^2 \frac{I}{I_A}\frac{K^2[{\rm JJ}]^2}{(1+K^2/2)^2}\frac{\gamma N_u^2\lambda_1}{\lambda_u}g(x). \tag{3.51}$$

在 §5.4 中处理三维效应时, 我们将更严格地讨论电子束与辐射束的模式匹配问题.

我们已经得到了线性增益 (至 ϵ 的二阶), 现在针对 ϵ 参数为小量的说法给出一些详细说明. 为方便起见, 我们采用无量纲量 (~ 1) 来代替变量 z 和 η. 将纵向坐标对波荡器长度进行归一化处理, 引入无量纲传播距离 τ:

$$\tau \equiv z/L_u. \tag{3.52}$$

对于能量 η, 我们已经看到增益曲线的带宽 $\sim 1/N_u$, 因此能量改变量 $\sim 1/N_u$ 的任何电子均将脱离 FEL 共振. 在随后讨论低增益 FEL 的效率时, 我们将验证这一结果, 其中我们将会看到饱和时 $|\eta|$ 的最大值约为 $1/2N_u$. 因此, 我们定义归一化能量 $\widetilde{\eta}$ 如下:

$$\widetilde{\eta} = 2N_u\eta. \tag{3.53}$$

利用这些无量纲变量, 摆方程 (3.20) 变为

$$\frac{\mathrm{d}\theta}{\mathrm{d}\tau} = 2\pi\widetilde{\eta}, \quad \frac{\mathrm{d}\widetilde{\eta}}{\mathrm{d}\tau} = -\frac{\epsilon}{2\pi}\sin\theta. \tag{3.54}$$

从上述方程很容易看出 $\epsilon \equiv (\Omega_s L_u)^2$ 是合适的展开参数. 将其写成

$$\epsilon \equiv \frac{(eE_0 K[\mathrm{JJ}]/\gamma_r)L_u}{2mc^2\gamma_r/N_u} \ll 1, \tag{3.55}$$

我们可以得到 ϵ 的另一层含义. $eE_0 K/\gamma_r$ 是电子在其运动方向上受到的电磁 (有质动力) 作用力, 因此 (3.55) 式中的分子是电磁场在波荡器长度上对电子做功的最大值 (除去 [JJ] 因子). 另一方面, (3.55) 式中的分母是饱和时电子最大能量损失的两倍. 因此, (3.55) 式表明当辐射场远远小于其饱和值时微扰展开是可靠的.

3.3.2　粒子俘获与低增益饱和

当辐射功率很大以至于 (3.55) 式不再满足时, 增益将从前一节中推导出的小信号值开始降低. 此时, 辐射场强度大到足以俘获有质动力相稳定区内的电子并将其旋转至吸收相位上 (电子从辐射场中获取能量).

对增益 "饱和" 的完整讨论需要求解任意电场的摆方程. 在这里我们并不打算这样做, 而是在图 3.7 中画出低增益 FEL 饱和时波荡器头部、中间和尾部附近的电子相空间分布, 以此获得对临近饱和时粒子运动的感性认识. 如图 3.7(a) 所示, 在波荡器入口处, 功率为 $P_{\mathrm{sat}} - \Delta P$ 的辐射场在有质动力相稳定区内俘获了大部分电子, 束流很快形成能量调制. 随着束流在相空间中的演化, 其能量调制转化成了图 3.7(b) 所示的 λ_1 上的密度调制. 此时约经过了波荡器长度的一半, 且电子束与光场之间的净能量交换相对较小. 在波荡器的后半部分, 束流在相空间中的旋转使得更

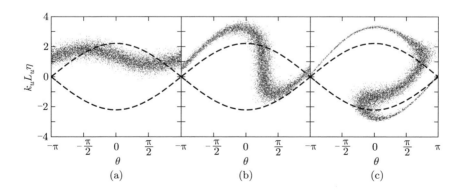

图 3.7　FEL振荡器饱和时波荡器头部 (a)、中间 (b) 和尾部 (c) 的纵向相空间示意图. 虚线为相稳定区的分界线, 最初的束流中心能量由 $k_u L_u \eta \approx 1.3$ 给出 (此能量对应最大增益).

多电子进入相稳定区的下半部分, 这意味着将能量交给辐射场的电子明显多于被辐射场加速的电子 [见图 3.7(c)]. 电子损失的动能转换成了辐射场的能量, 为了估算这一能量, 我们可以考虑初始相空间坐标 $(\theta, \eta) = (0, 0.5\eta_{max})$ 的电子 (位于分界线的半高度处). 如果该电子在波荡器的后半部分旋转至 $(\theta, \eta) = (0, -0.5\eta_{max})$, 则能量损失将达到最大. 因此, 当粒子在辐射场中振荡半个周期, 亦即 $\Omega_s L_u \approx \pi$ 时, 出现最大能量交换. 考虑到同步周期的公式 (3.26), 当

$$\Omega_s L_u = \sqrt{\epsilon} \approx \pi \tag{3.56}$$

时能量交换将达到最大, 此时电子对于辐射能量的贡献为

$$mc^2\gamma\eta_{max} = mc^2\gamma\frac{\sqrt{\epsilon}}{k_u L_u} = mc^2\gamma\frac{1}{2N_u}, \tag{3.57}$$

式中我们利用 (3.56) 式消去了 ϵ. 因此, 该电子将其能量的 $1/2N_u$ 交给了辐射场. 如果我们假设 (3.57) 式中的能量等于所有电子的平均能量损失, 则可得到 FEL 振荡器效率的估计值 :

$$\Delta P = 效率 \times P_{beam} \approx \frac{1}{2N_u}P_{beam}. \tag{3.58}$$

在上式中, $P_{beam} = (I/e)\gamma mc^2$ 为电子束的功率. 在饱和时, 低增益装置约将其动能的 $1/2N_u$ 转换成了辐射场能量, 每个辐射脉冲的理想输出功率为 $\Delta P \approx P_{beam}/2N_u$.

在上文中我们认为当辐射功率接近和超过 $P_{beam}/2N_u$ 时 FEL 增益开始降低, 这是因为在此功率水平下同步周期$z_s \sim L_u$, 因此粒子会旋转到有质动力势的吸收相位上. 尽管这种增益降低可以半解析地确定[15], 但通过 FEL 摆方程的数值求解和绘图来说明物理图像可能更加容易. 在图 3.8 中我们给出了增益 (对小信号增益的最大值归一化) 的模拟结果, 其中的内插图显示了不同输入功率时波荡器末端处的纵向相空间分布和有质动力相稳定区 (根据 $z = L_u$ 处的辐射电场计算得到). 当功率远低于 $P_{beam}/2N_u$ 时, 粒子主要处于减速相位. 当 $P = 5(P_{beam}/2N_u)$ 时, 有质动力相稳定区内旋转的迹象已经比较明显. 而当辐射场功率最大时, 电子在有质动力势中发生显著的旋转, 增益大幅减小.

§3.4 高增益区

FEL 也可以作为高增益放大器, 此时单次通过波荡器的电子束与辐射场的能量交换很大, 辐射场的振幅不能再被看作常数. 在难以获得建造振荡器所需的反射镜时, 高增益放大尤为重要, 它是高强度 X 射线 FEL 的首要途径. 在这里, 我们有必要考虑辐射场的演化, 因此必须研究与辐射傍轴波动方程耦合的摆方程.

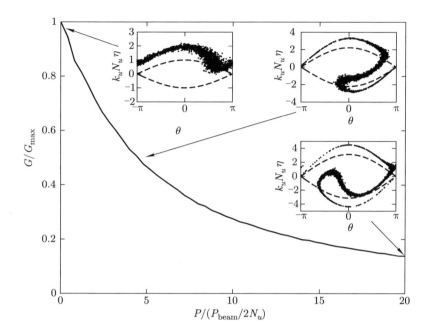

图 3.8 增益降低随输入功率 P (对 $P_{\text{beam}}/2N_u$ 归一化) 变化的模拟结果. 其中内插图分别为 $P/(P_{\text{beam}}/2N_u) = 0.2, 5$ 和 20 时的粒子相空间分布 (散点) 和分界线 (虚线, 根据波荡器末端处的辐射电场计算得到).

3.4.1 Maxwell 方程

FEL 的电磁场方程可从同步辐射的傍轴波动方程 (2.10) 导出. 这是可以预期的, 因为 FEL 是自发波荡器辐射的自然延伸 —— 只要我们把辐射场中的自洽电子运动包含进来. 作为 FEL 推导的开始, 我们将 N_e 个源电子的傍轴方程 (2.10) 展开为

$$\left[\frac{\partial}{\partial z} + \frac{\mathrm{i}k}{2}\boldsymbol{\phi}^2\right]\widetilde{\mathcal{E}}_\omega(\boldsymbol{\phi}; z) = \sum_{j=1}^{N_e}\frac{e[\boldsymbol{\beta}_j(z) - \boldsymbol{\phi}]}{4\pi\epsilon_0 c\lambda^2}\mathrm{e}^{\mathrm{i}k[ct_j(z)-z]}$$
$$\times \int \mathrm{d}\boldsymbol{x}\mathrm{e}^{-\mathrm{i}k\boldsymbol{\phi}\cdot\boldsymbol{x}}\delta(\boldsymbol{x} - \boldsymbol{x}_j). \tag{3.59}$$

在这里, 我们重写了电流的角度依赖关系, 以便通过 $\delta(\boldsymbol{x} - \boldsymbol{x}_j) \to \mathscr{A}_{\text{tr}}^{-1}$ 的置换 (其中 $\mathscr{A}_{\text{tr}}$ 为横截面积) 将类点电子源替换为横向平面内的恒定电荷密度. 在一维情形下, 有

$$\int \mathrm{d}\boldsymbol{x}\mathrm{e}^{-\mathrm{i}k\boldsymbol{\phi}\cdot\boldsymbol{x}}\delta(\boldsymbol{x} - \boldsymbol{x}_j) \to \frac{1}{\mathscr{A}_{\text{tr}}}\int \mathrm{d}\boldsymbol{x}\mathrm{e}^{-\mathrm{i}k\boldsymbol{\phi}\cdot\boldsymbol{x}} = \frac{\lambda^2}{\mathscr{A}_{\text{tr}}}\delta(\boldsymbol{\phi}), \tag{3.60}$$

可见源项完全沿前向 (仅在前向存在). 作为一维限定条件的另一组成部分, 我们定义一维电场 $\widetilde{E}_\omega(z)$:

$$\widetilde{\mathcal{E}}_\omega(\phi; z) = \widetilde{E}_\omega(z)\delta(\phi), \tag{3.61}$$

其中 $\delta(\phi)$ 使辐射场仅在前向存在, 这也意味着电场的空间表象与 x 无关. 我们将 (3.61) 式中的电场和横向电子速度 $\beta_{x,j} = (K/\gamma_j)\cos(k_u z)$ 代入 (3.59) 式, 并对角度积分, 得到一维场方程:

$$\frac{\partial}{\partial z}\widetilde{E}_\omega(z) = \frac{1}{2\pi}\sum_{j=1}^{N_e}\frac{eK\cos(k_u z)}{4\epsilon_0 c \mathscr{A}_{\mathrm{tr}}\gamma_j}\mathrm{e}^{\mathrm{i}k[ct_j(z)-z]}. \tag{3.62}$$

我们已经假设 $\widetilde{E}_\omega(z)$ 表示一个缓变的包络, 为了保持一致, 还需确定 (3.62) 式中的缓变电流. 跟之前的讨论一样, 可通过引入平均粒子时间 $\bar{t}_j = t_j - (K^2/8k_u\gamma^2)\sin(2k_u z)$ (即从 t 中减去 "8" 字振荡分量) 来做到这一点. 利用缓变有质动力相位, 我们有

$$
\begin{aligned}
k[ct_j(z)-z] &= \nu[\omega_1\bar{t}_j(z) - (k_1+k_u)z] + \nu k_u z + \frac{\nu K^2}{4+2K^2}\sin(2k_u z)\\
&= -\nu\theta_j(z) + \Delta\nu k_u z + hk_u z + \nu\xi\sin(2k_u z).
\end{aligned}
\tag{3.63}
$$

在这里, 已知 h 是代表谐波次数的奇数, 归一化频差 $\Delta\nu \equiv \nu - h \equiv k/k_1 - h$, 我们还引入了简写符号 $\xi \equiv K^2/(4+2K^2)$. 波动方程 (3.62) 因此变为

$$
\begin{aligned}
\frac{\partial}{\partial z}\widetilde{E}_\omega(z) = &-\frac{eK}{4\epsilon_0 c \mathscr{A}_{\mathrm{tr}}}\frac{1}{2\pi}\sum_{j=1}^{N_e}\frac{1}{\gamma_j}\mathrm{e}^{-\mathrm{i}\nu\theta_j(z)+\mathrm{i}\Delta\nu k_u z}\\
&\times[\mathrm{e}^{\mathrm{i}(h-1)k_u z} + \mathrm{e}^{\mathrm{i}(h+1)k_u z}]\mathrm{e}^{\mathrm{i}\nu\xi\sin(2k_u z)}.
\end{aligned}
\tag{3.64}
$$

包络 $\widetilde{E}_\omega(z)$、能量 γ_j 和相位 $\theta_j(z)$ 都在一个波荡器周期上缓慢地变化. 如果只关注微小的频率失谐, 即 $|\Delta\nu| \ll 1$, 则 $\mathrm{e}^{\mathrm{i}\Delta\nu k_u z}$ 亦如此. 我们可以通过在一个波荡器周期 λ_u 上取平均将 (3.64) 式第二行的缓变项写成

$$
\begin{aligned}
\frac{1}{\lambda_u}\int_0^{\lambda_u}&\mathrm{d}z[\mathrm{e}^{\mathrm{i}(h-1)k_u z} + \mathrm{e}^{\mathrm{i}(h+1)k_u z}]\mathrm{e}^{\mathrm{i}\nu\xi\sin(2k_u z)}\\
&= J_{-(h-1)/2}(\nu\xi) + J_{-(h+1)/2}(\nu\xi) \equiv [\mathrm{JJ}]_h.
\end{aligned}
\tag{3.65}
$$

此处用到了 Jacobi-Anger 恒等式 (2.63) 来计算积分, 从中可以看到我们熟悉的谐波 Bessel 函数因子, 这一因子是在 (2.68) 式中首次引入的.

　　现在已经可以写出频域中的一维 FEL 波动方程了, 但我们还想简化几个符号. 首先, 我们将会看到在联系时域和频域表象的 Fourier 变换中, 采用归一化频率 ν

更为方便, 为此我们写出

$$
E_x(\boldsymbol{x}, t; z) = \int \mathrm{d}\omega \mathrm{d}\boldsymbol{\phi} \, \mathrm{e}^{-\mathrm{i}(\omega t - k\boldsymbol{\phi}\cdot\boldsymbol{x})} \mathrm{e}^{\mathrm{i}kz} \widetilde{\mathcal{E}}_\omega(\boldsymbol{\phi}; z) = \int \mathrm{d}\omega \mathrm{e}^{-\mathrm{i}(\omega t - kz)} \widetilde{E}_\omega(z)
$$

$$
= \mathrm{e}^{-\mathrm{i}h(\omega_1 t - k_1 z)} \int \mathrm{d}\nu \mathrm{e}^{\mathrm{i}\Delta\nu\theta} c k_1 \mathrm{e}^{-\mathrm{i}\Delta\nu k_u z} \widetilde{E}_\omega(z). \tag{3.66}
$$

被积函数中含有缓变场, 通过定义相移的电场振幅

$$
E_\nu(z) = c k_1 \mathrm{e}^{-\mathrm{i}\Delta\nu k_u z} \widetilde{E}_\omega(z) \tag{3.67}
$$

可使之简化, 并同时消去 (3.64) 式中源电流的相位 $\mathrm{e}^{\mathrm{i}\Delta\nu k_u z}$. 请注意, 即便 $\Delta\nu \ll 1$, 该相移也必须保留, 这是因为可能也有 $k_u z \gg 1$. 最后, $E_\nu(z)$ 的场方程为

$$
\left[\frac{\partial}{\partial z} + \mathrm{i}\Delta\nu k_u \right] E_\nu(z) = -\frac{e k_1 K[\mathrm{JJ}]_h}{4\epsilon_0 \gamma_r \mathscr{A}_{\mathrm{tr}}} \frac{1}{2\pi} \sum_{j=1}^{N_e} \mathrm{e}^{-\mathrm{i}\nu\theta_j(z)}
$$

$$
= -\kappa_h n_e \frac{1}{N_\lambda} \sum_{j=1}^{N_e} \mathrm{e}^{-\mathrm{i}\nu\theta_j(z)}. \tag{3.68}
$$

在这里, N_λ 是一个波长内的电子数目, 谐波耦合参数及电子体密度分别为

$$
\kappa_h \equiv \frac{e K[\mathrm{JJ}]_h}{4\epsilon_0 \gamma_r}, \quad n_e \equiv \frac{I/ec}{\mathscr{A}_{\mathrm{tr}}} \equiv \frac{N_\lambda}{\lambda_1 \mathscr{A}_{\mathrm{tr}}}. \tag{3.69}
$$

请注意, 尽管在 κ_h 中用 γ_r 取代 γ_j 是一个很好的近似, 但如果在粒子相位中进行这一替换则会完全消除 FEL 相互作用.

频率表象对于理论分析是最合适的, 因此在第 4 章中我们将采用 (3.68) 式来全面分析一维 FEL 动力学. 然而, 在有些情况下, 时域方法也很有用, 特别是时域方程非常适合于高效的数值模拟程序 (见附录 B). 在本章的以下部分中, 我们将采用时域形式来获得对于高增益特性及相关比例关系的一些基本认识.

时域波动方程基本上来自 (3.68) 式的 Fourier 逆变换. 由定义式 (3.66) 和 (3.67) 可以发现一维缓变包络通过以下 Fourier 变换联系在一起:

$$
E(\theta; z) = \int \mathrm{d}\nu \mathrm{e}^{\mathrm{i}\Delta\nu\theta} E_\nu(z), \quad E_\nu(z) = \frac{1}{2\pi} \int \mathrm{d}\theta \mathrm{e}^{-\mathrm{i}\Delta\nu\theta} E(\theta; z). \tag{3.70}
$$

因此, 将 (3.68) 式乘以 $\mathrm{e}^{\mathrm{i}\Delta\nu\theta}$ 并对 ν 积分, 可以得到基频 ω_1 上的场方程

$$
\left[\frac{\partial}{\partial z} + k_u \frac{\partial}{\partial \theta} \right] E(\theta; z) = -\kappa_1 n_e \frac{2\pi}{N_\lambda} \sum_{j=1}^{N_e} \mathrm{e}^{-\mathrm{i}\theta_j(z)} \delta[\theta - \theta_j(z)]. \tag{3.71}
$$

我们的工作看似已经完成了, 然而 (3.71) 式中的横向电流是由 δ 函数的求和组成, 不仅很难处理, 而且明显违背了 E 缓慢变化的假设. 为了得到一个定义清晰的缓

变电流, 我们在若干个 θ 的周期上对 (3.71) 式取平均. 这种 "切片平均" 与我们之前假设的 $|\Delta\nu| \ll 1$ 具有同样的物理意义, 且在平均时间远远短于场幅度变化的特征时间时有效. 对于高增益 FEL, 我们要求平均时间 Δt 远远短于相干时间, 即 $\Delta t = \Delta\theta/\omega_h \ll t_{\text{coh}}$, 这在基频下可以简化为 $\Delta t \ll \lambda_1/(4\pi c\rho)$ 或 $\Delta\theta \ll 1/2\rho$. 取束流平均的时间窗口有时也被称为 FEL 切片.

我们在 (3.71) 式两边同时进行如下运算, 得到其在 FEL 切片上的平均:

$$\frac{1}{\Delta\theta} \int_{\theta-\Delta\theta/2}^{\theta+\Delta\theta/2} \mathrm{d}\theta' \Big|_{z \text{ 固定}}. \tag{3.72}$$

(3.71) 式的左边变化缓慢, 上述平均不会带来变化, 其右边则不然, (3.72) 式的运算将会选出有质动力相位 θ_j 在 $\theta-\Delta\theta/2$ 与 $\theta+\Delta\theta/2$ 之间的那些电子. 换言之, $E(\theta)$ 的源包含了 $N_\Delta = N_\lambda(\Delta\theta/2\pi)$ 个电子, 这些电子在到达 z 位置时满足 $|\theta_j - \theta| \leqslant \Delta\theta/2$. 因此, 我们得到时域的波动方程为

$$\left[\frac{\partial}{\partial z} + k_u\frac{\partial}{\partial\theta}\right] E(\theta; z) = -\kappa_1 n_e \frac{1}{N_\Delta} \sum_{j\in\Delta} \mathrm{e}^{-\mathrm{i}\theta_j(z)} \tag{3.73}$$

$$= -\kappa_1 n_e \langle\mathrm{e}^{-\mathrm{i}\theta_j(z)}\rangle_\Delta. \tag{3.74}$$

(3.73) 式是对 z 位置处 θ 相位上的 FEL 切片内的 N_Δ 个电子求和. 因此, 平均值 $\langle\mathrm{e}^{-\mathrm{i}\theta_j}\rangle_\Delta$ [通常被称为局域群聚因子 (或群聚因子)] 是 z 和 θ 的函数. 对于任意给定的 z, 群聚因子以幅值在 0 与 1 之间的复数来量化基频附近电流的频谱含量.[①]最后我们注意到, 尽管时域和频域上的 Maxwell 方程看起来很相似, 但它们却具有以下区别: 频域方程 (3.68) 中的驱动电流是对所有电子的相位项 $\mathrm{e}^{-\mathrm{i}\nu\theta_j}$ 求和, 而时域方程 (3.73) 仅对 FEL 时间切片内电子的相位项 $\mathrm{e}^{-\mathrm{i}\theta_j}$ 求和.

3.4.2 FEL 方程与能量守恒

我们整理一下时域中的一维 FEL 方程. 以 E 的形式写出基波的场方程 (3.74) 和摆方程 (3.20), 有

$$\left[\frac{\partial}{\partial z} + k_u\frac{\partial}{\partial\theta}\right] E(\theta; z) = -\kappa_1 n_e \langle\mathrm{e}^{-\mathrm{i}\theta_j}\rangle_\Delta, \tag{3.75}$$

$$\frac{\mathrm{d}\theta_j}{\mathrm{d}z} = 2k_u\eta_j, \tag{3.76}$$

$$\frac{\mathrm{d}\eta_j}{\mathrm{d}z} = \chi_1(E\mathrm{e}^{\mathrm{i}\theta_j} + E^*\mathrm{e}^{-\mathrm{i}\theta_j}), \tag{3.77}$$

[①]群聚因子的谐波推广也可定义为 $b_h \equiv \langle\mathrm{e}^{-\mathrm{i}h\theta_j}\rangle_\Delta$.

其中

$$\kappa_1 \equiv \frac{eK[\mathrm{JJ}]}{4\epsilon_0\gamma_r}, \quad \chi_1 \equiv \frac{eK[\mathrm{JJ}]}{2\gamma_r^2 mc^2}. \tag{3.78}$$

(3.75)、(3.76) 和 (3.77) 式是一维高增益 FEL 的核心方程, 这组方程可保持粒子和辐射场的总能量守恒. 为了证明这一点, 我们首先在纵向 (θ) 上对电磁场能量密度 u_{EM} 进行积分, 并将结果乘以横向面积 $\mathscr{A}_{\mathrm{tr}}$ 以得到场能量:

$$\begin{aligned}
U_{\mathrm{EM}} = \frac{\mathscr{A}_{\mathrm{tr}}\lambda_1}{2\pi} \int \mathrm{d}\theta u_{\mathrm{EM}} &= \frac{\mathscr{A}_{\mathrm{tr}}\lambda_1}{2\pi} \int \mathrm{d}\theta \frac{\epsilon_0}{2}(\boldsymbol{E}^2 + c^2\boldsymbol{B}^2) \\
&= \frac{\mathscr{A}_{\mathrm{tr}}\lambda_1}{2\pi} \int \mathrm{d}\theta 2\epsilon_0 |E|^2.
\end{aligned} \tag{3.79}$$

因此, 将 (3.75) 式乘以 $(\mathscr{A}_{\mathrm{tr}}\lambda_1/\pi)\epsilon_0 E^*$, 加上其复共轭并在 θ 上积分就可得到电磁场能量方程. 我们发现

$$\begin{aligned}
\frac{\mathrm{d}}{\mathrm{d}z}U_{\mathrm{EM}} &= -\frac{eK[\mathrm{JJ}]}{2\gamma_r} \frac{N_\lambda}{2\pi N_\Delta} \int \mathrm{d}\theta \sum_{j\in\Delta} E^* \mathrm{e}^{-\mathrm{i}\theta_j} + c.c. \\
&= -\frac{eK[\mathrm{JJ}]}{2\gamma_r} \sum_j \frac{\mathrm{e}^{-\mathrm{i}\theta_j}}{\Delta\theta} \int_{\theta_j-\Delta\theta/2}^{\theta_j+\Delta\theta/2} \mathrm{d}\theta E^*(\theta) + c.c. \\
&= -\frac{eK[\mathrm{JJ}]}{2\gamma_r} \sum_j E^*(\theta_j)\mathrm{e}^{-\mathrm{i}\theta_j} + c.c.,
\end{aligned} \tag{3.80}$$

在上式的最后一行中我们假设了 $E(\theta)$ 在 $\Delta\theta$ 内为常数. 对于此处的切片平均, 这个假设是必需的, 但如果采用频率表象 (3.68) 式或未取平均的方程 (3.71), 这个假设就不必要了. 将 (3.77) 式乘以 $\gamma_r mc^2$ 并对所有的电子求和, 可得到电子束总动能的变化:

$$\frac{\mathrm{d}}{\mathrm{d}z}U_{\mathrm{KE}} = \frac{\mathrm{d}}{\mathrm{d}z}\sum_j \gamma_r(1+\eta_j)mc^2 = \frac{eK[\mathrm{JJ}]}{2\gamma_r}\sum_j E(\theta_j)\mathrm{e}^{\mathrm{i}\theta_j} + c.c.. \tag{3.81}$$

将 (3.80) 和 (3.81) 式相加, 即可看到能量是守恒的:

$$\frac{\mathrm{d}}{\mathrm{d}z}[U_{\mathrm{EM}} + U_{\mathrm{KE}}] = \frac{\mathrm{d}}{\mathrm{d}z}\left[\sum_j \gamma_r\eta_j mc^2 + \frac{\mathscr{A}_{\mathrm{tr}}\lambda_1}{2\pi}\int \mathrm{d}\theta 2\epsilon_0 |E(\theta;z)|^2\right] = 0. \tag{3.82}$$

3.4.3 无量纲 FEL 比例参数 ρ

通过将物理系统的基本方程写成无量纲量的形式, 可以确定重要的时间和长度尺度, 并表征物理变量的相关幅度. 在本节中, 我们将 FEL 方程转化为无量纲形式,

并找出基本比例参数 ρ. 我们随后将看到 ρ (也被称为 Pierce 参数) 可以表征高增益 FEL 的大部分属性, 而无量纲束流和辐射变量则让我们不做任何额外的计算就可以对动力学有一些认识.

我们通过定义归一化纵向坐标 $\hat{z} \equiv 2k_u\rho z$ 来引入迄今为止尚未明确定义的参数 ρ. 采用归一化纵向坐标, 可以得到以下相位方程:

$$\frac{\mathrm{d}\theta_j}{\mathrm{d}\hat{z}} = \widehat{\eta}_j, \tag{3.83}$$

其中 $\widehat{\eta}_j \equiv \dfrac{\eta_j}{\rho}$ 为新的 "动量" 变量. 为了简化 $\widehat{\eta}_j$ 的方程 (能量方程), 我们定义无量纲复场振幅

$$a = \frac{\chi_1}{2k_u\rho^2}E. \tag{3.84}$$

利用无量纲复振幅, 能量方程简化为

$$\frac{\mathrm{d}\widehat{\eta}_j}{\mathrm{d}\hat{z}} = a(\theta_j, \hat{z})\mathrm{e}^{\mathrm{i}\theta_j} + a^*(\theta_j, \hat{z})\mathrm{e}^{-\mathrm{i}\theta_j}. \tag{3.85}$$

将辐射场方程 (3.75) 写成 $\hat{z}$ 和 a 形式, 有

$$\left[\frac{\partial}{\partial\hat{z}} + \frac{1}{2\rho}\frac{\partial}{\partial\theta}\right]a(\theta, \hat{z}) = -\frac{\chi_1}{2k_u\rho^2}\frac{n_e\kappa_1}{2k_u\rho}\langle\mathrm{e}^{-\mathrm{i}\theta_j}\rangle_\Delta. \tag{3.86}$$

为了简化辐射场方程, 我们将 (3.86) 式右边的系数取为 1. 因此, 无量纲 Pierce 参数 ρ 应为[11]

$$\begin{aligned}\rho &= \left[\frac{n_e\kappa_1\chi_1}{(2k_u)^2}\right]^{1/3} = \left(\frac{e^2K^2[\mathrm{JJ}]^2n_e}{32\epsilon_0\gamma_r^3mc^2k_u^2}\right)^{1/3} \\ &= \left[\frac{1}{8\pi}\frac{I}{I_A}\left(\frac{K[\mathrm{JJ}]}{1+K^2/2}\right)^2\frac{\gamma_r\lambda_1^2}{2\pi\sigma_x^2}\right]^{1/3},\end{aligned} \tag{3.87}$$

其中, $I_A = ec/r_e = 4\pi\epsilon_0mc^3/e \approx 17045$ A 为 Alfvén 电流, 电子束的横截面积已取为 $\mathscr{A}_{\mathrm{tr}} \to 2\pi\sigma_x^2$ (假设横向为 Gauss 分布).

归一化 FEL 方程所有的系数均为 1, 因此无量纲形式允许我们对动力学进行一些数量级上的估算. 首先, 我们可以先验地预期归一化变化 $\mathrm{d}/\mathrm{d}\hat{z} \lesssim 1$. 因此, 在指数增长区我们可以预见一维增益长度 $L_{G0} \sim (2k_u\rho)^{-1}$. 另外, 由于共振能量交换是在有质动力相位近似不变的条件下进行的, 这就意味着 FEL 饱和发生在归一化能量偏离 $\widehat{\eta}_j \sim 1$ (或 $\eta_j \sim \rho$) 的时候. 在该点上, 我们预期群聚将达到其最大值 $|\langle\mathrm{e}^{-\mathrm{i}\theta_j}\rangle_\Delta| \to 1$, 这又意味着辐射场的最大归一化幅值 $|a| \sim 1$. 此外, 如果我们在波动方程中包含横向导数, 则可预期

$$\frac{1}{4k_uk_1\rho}\nabla_\perp^2 \to 1. \tag{3.88}$$

通过 $\nabla_\perp^2 \sim 1/\sigma_r^2$ 将横向 Laplace 算符与辐射的横向尺寸联系起来, 可以发现辐射的 RMS 模式尺寸大致由下式给出:

$$\sigma_r \sim \sqrt{\frac{\lambda_1}{4\pi}\frac{\lambda_u}{4\pi\rho}}. \tag{3.89}$$

尽管这些论点只是探索性质的, 但却给出了对 FEL 性能的有用预测. 除了看到增益长度约为 $\lambda_u/4\pi\rho$ 外, 我们还可利用定义式 (3.84) 将饱和时的归一化辐射振幅 $|a| \to 1$ 转化为 $|E| \to 2k_u\rho^2/\chi_1$, 因此辐射场的最大能量密度为

$$2\epsilon_0 |E|^2 \sim 2\epsilon_0\rho\frac{4k_u^2\rho^3}{\chi_1^2} = 2\epsilon_0\rho\frac{\kappa_1}{\chi_1} = \rho n_e \gamma_r mc^2. \tag{3.90}$$

由于 $n_e mc^2 \gamma_r$ 是电子束能量密度, 因此 ρ 也可以给出饱和时的 FEL 效率:

$$\rho = \frac{产生的辐射场能量}{电子束动能}. \tag{3.91}$$

为了确定达到 FEL 增益饱和($P \sim \rho P_{\text{beam}}$) 所需的长度, 我们考虑摆势中电子的运动. 在 3.2.2 节中, 我们已经知道电子运动的周期由同步波数表征:

$$\Omega_s \equiv \sqrt{\frac{eE_0 k_u K[\text{JJ}]}{\gamma^2 mc^2}} = 2\rho k_u |2a_0|^{1/2}, \tag{3.92}$$

且辐射场是获得能量还是损失能量取决于粒子的振荡相位. 当大部分粒子在有质动力相稳定区中振荡半周后, 电子束向辐射场的能量转移就基本结束了, 因此我们有 $\langle\Omega_s\rangle z_{\text{sat}} \approx \pi$, 其中 $\langle\Omega_s\rangle$ 是同步波数在 FEL 饱和长度 z_{sat} 上的平均值. 将 $\langle\Omega_s\rangle$ 取为其饱和时 ($|a_0| \sim 1$) 最大值的四分之一, 有 $\rho k_u z_{\text{sat}}/\sqrt{2} \sim \pi$, 亦即 $z_{\text{sat}} \sim \lambda_u/\rho$. 有意思的是, 当同步波数大致等于指数增长率时功率达到饱和:

$$P \sim \rho P_{\text{beam}} \Leftrightarrow \Omega_s \sim 2\rho k_u. \tag{3.93}$$

这是可以预期的, 因为当 $\Omega_s \sim 2\rho k_u$ 时, 粒子在一个增益长度内会旋转至有质动力势的加速相位上, 此时粒子将从辐射场中获取能量.

综上所述, 高增益 FEL 系统的主要特性由 FEL (或 Pierce) 参数 ρ 决定, 这些特性包括:

1. 增益长度 $\sim \lambda_u/4\pi\rho$,
2. 饱和功率 $\sim \rho \times$ 电子束功率,
3. 饱和长度 $L_{\text{sat}} \sim \lambda_u/\rho$,
4. 横向模式尺寸 $\sigma_r \sim \sqrt{\lambda_1 \lambda_u/16\pi^2\rho}$.

在以下部分中, 我们将分析 FEL 方程, 并证明 FEL 动力学确实会呈现出这些简单的比例关系.

3.4.4 采用集体变量的一维求解

在本节中, 我们将忽略辐射电磁场对 θ 的依赖以展现 FEL 增益的要点, 这相当于忽略了辐射的传播 (滑移), 也等效于假设 a 只有一个频率分量. 此模型将有助于说明高增益 FEL 装置中电子束和辐射场的基本物理图像, 但不足以完全理解自放大自发辐射 (SASE) 的频谱特性 —— 我们将在 §4.3 中对 SASE 进行更为严格的讨论. 忽略辐射滑移的一维 FEL 方程为

$$\frac{\mathrm{d}\theta_j}{\mathrm{d}\widehat{z}} = \widehat{\eta}_j, \tag{3.94}$$

$$\frac{\mathrm{d}\widehat{\eta}_j}{\mathrm{d}\widehat{z}} = a\mathrm{e}^{\mathrm{i}\theta_j} + a^*\mathrm{e}^{-\mathrm{i}\theta_j}, \tag{3.95}$$

$$\frac{\mathrm{d}a}{\mathrm{d}\widehat{z}} = -\langle \mathrm{e}^{-\mathrm{i}\theta_j} \rangle_\Delta. \tag{3.96}$$

这是 $2N_\Delta + 2$ 个耦合的一阶常微分方程, 其中包含 $2N_\Delta$ 个粒子方程, 2 个复振幅 a 的方程. 一般来说, 这一体系只能通过计算机模拟来求解, 然而我们却可采用以下三个变量对其进行线性化[11]:

$$a \qquad (\text{场振幅}),$$

$$b = \langle \mathrm{e}^{-\mathrm{i}\theta_j} \rangle_\Delta \quad (\text{群聚因子}),$$

$$P = \langle \widehat{\eta}_j \mathrm{e}^{-\mathrm{i}\theta_j} \rangle_\Delta \quad (\text{集体动量}).$$

群聚因子 b 和场振幅 a 的运动方程可直接由 (3.94) 和 (3.96) 式得到. 对集体动量求导得

$$\frac{\mathrm{d}P}{\mathrm{d}\widehat{z}} = \langle \frac{\mathrm{d}\widehat{\eta}_j}{\mathrm{d}\widehat{z}} \mathrm{e}^{-\mathrm{i}\theta_j} \rangle - \mathrm{i}\langle \widehat{\eta}_j^2 \mathrm{e}^{-\mathrm{i}\theta_j} \rangle = a + a^*\langle \mathrm{e}^{-2\mathrm{i}\theta_j} \rangle - \mathrm{i}\langle \widehat{\eta}_j^2 \mathrm{e}^{-\mathrm{i}\theta_j} \rangle. \tag{3.97}$$

请注意, (3.97) 式包含额外的场变量, 由其导致的方程系统并不闭合. 然而, 这些项是非线性的, 在饱和前, 当 a, b 和 P 远远小于 1 时, 可以预期由此导致的高阶修正是可以忽略的. 因此, 将 (3.97) 式线性化, 并与由 (3.94) 和 (3.96) 式导出的 b 与 a 的方程写在一起, 可得到小信号区的下列闭合系统:

$$\frac{\mathrm{d}a}{\mathrm{d}\widehat{z}} = -b, \quad \text{群聚产生相干辐射}, \tag{3.98a}$$

$$\frac{\mathrm{d}b}{\mathrm{d}\widehat{z}} = -\mathrm{i}P, \quad \text{能量调制变为密度调制}, \tag{3.98b}$$

$$\frac{\mathrm{d}P}{\mathrm{d}\widehat{z}} = a, \quad \text{相干辐射驱动能量调制}. \tag{3.98c}$$

这是三个耦合的一阶方程, 可简化为一个 a 的三阶方程:

$$\frac{\mathrm{d}^3 a}{\mathrm{d}\widehat{z}^3} = \mathrm{i}a. \tag{3.99}$$

为求解上述线性方程, 我们假设辐射场的形式为 $\sim \mathrm{e}^{-\mathrm{i}\mu\widehat{z}}$, 由此可得 μ 的色散关系

$$\mu^3 = 1. \tag{3.100}$$

这是众所周知的一元三次方程[16], 它的三个根为

$$\mu_1 = 1, \quad \mu_2 = \frac{-1 - \sqrt{3}\mathrm{i}}{2}, \quad \mu_3 = \frac{-1 + \sqrt{3}\mathrm{i}}{2}. \tag{3.101}$$

μ_1 为实数, 导致振荡解, μ_2 与 μ_3 为复共轭, 分别导致指数衰减和指数增长的模式. 此外, 这些根满足以下关系:

$$\sum_{\ell=1}^{3} \mu_\ell = 0, \quad \sum_{\ell=1}^{3} \frac{1}{\mu_\ell} = \sum_{\ell=1}^{3} \mu_\ell^* = \sum_{\ell=1}^{3} \mu_\ell^2 = 0. \tag{3.102}$$

(3.99) 式的通解是三个指数解的线性组合:

$$a(\widehat{z}) = \sum_{\ell=1}^{3} C_\ell \mathrm{e}^{-\mathrm{i}\mu_\ell \widehat{z}}. \tag{3.103}$$

三个常数 C_ℓ 由初值条件 $a(0)$, $b(0)$ 和 $P(0)$ 确定. 对 a 的表达式求导并利用 (3.98) 式, 有

$$a(0) = C_1 + C_2 + C_3, \tag{3.104}$$

$$\left.\frac{\mathrm{d}a}{\mathrm{d}\widehat{z}}\right|_0 = -b(0) = -\mathrm{i}[\mu_1 C_1 + \mu_2 C_2 + \mu_3 C_3], \tag{3.105}$$

$$\left.\frac{\mathrm{d}^2 a}{\mathrm{d}\widehat{z}^2}\right|_0 = \mathrm{i}P(0) = -[\mu_1^2 C_1 + \mu_2^2 C_2 + \mu_3^2 C_3]. \tag{3.106}$$

结合 (3.102) 式, 可得如下辐射场的表达式:

$$a(\widehat{z}) = \frac{1}{3} \sum_{\ell=1}^{3} \left[a(0) - \mathrm{i}\frac{b(0)}{\mu_\ell} - \mathrm{i}\mu_\ell P(0) \right] \mathrm{e}^{-\mathrm{i}\mu_\ell \widehat{z}}. \tag{3.107}$$

辐射场的通解同时用到了 μ 的三个根. 然而, 当传播距离较长时, 与 μ_3 对应的增长解相比, 振荡根 μ_1 和衰减根 μ_2 变得无足轻重. 在 $\widehat{z} \gg 1$ 的指数增长区, 辐射场完全由 μ_3 表征, 因此有

$$a(\widehat{z}) \approx \frac{1}{3} \left[a(0) - \mathrm{i}\frac{b(0)}{\mu_3} - \mathrm{i}\mu_3 P(0) \right] \mathrm{e}^{-\mathrm{i}\mu_3 \widehat{z}}. \tag{3.108}$$

括号中的第一项代表外部辐射信号的相干放大, 第二项和第三项则反映电子束的密度调制和能量调制导致的 FEL 输出. 当这些调制源自电子束的散粒噪声时, 指数增长被称为自放大自发辐射 (SASE).

3.4.5　自放大自发辐射 (SASE) 的定性描述

自放大自发辐射是对非相干的自发波荡器辐射的 FEL 放大[8,9,11]，在无反射镜及振荡器结构可用的波长区域内至关重要.

为了初步了解 SASE，我们采用高增益区的辐射公式 (3.108)，同时假设没有外部场 [即 $a(0) = 0$] 且束流没有能散 [即 $P(0) = 0$]. 在此情况下，指数增长区内的辐射强度为

$$\langle |a(\widehat{z})|^2 \rangle \approx \frac{1}{9} \langle |b(0)|^2 \rangle \mathrm{e}^{\sqrt{3}\widehat{z}}. \tag{3.109}$$

在这里，归一化传播距离 $\sqrt{3}\widehat{z} = \sqrt{3}(2k_u z \rho) = z/L_{G0}$，理想一维功率增益长度为

$$L_{G0} \equiv \frac{\lambda_u}{4\pi\sqrt{3}\rho}. \tag{3.110}$$

波荡器入口处的群聚因子 $\langle |b(0)|^2 \rangle$ 源自束流的初始散粒噪声，后者在 FEL 过程中被放大. 散粒噪声水平由辐射相干长度内的粒子数目决定，在 4.3.2 节中我们将看到

$$\langle |b(0)|^2 \rangle = \left\langle \frac{1}{N_{l_{\mathrm{coh}}}^2} \left| \sum_{j \in l_{\mathrm{coh}}} \mathrm{e}^{-\mathrm{i}\theta_j} \right|^2 \right\rangle \approx \frac{1}{N_{l_{\mathrm{coh}}}}, \tag{3.111}$$

其中 $N_{l_{\mathrm{coh}}}$ 是相干长度 l_{coh} 内的电子数目. SASE 的归一化带宽为 $\Delta\omega/\omega \sim \rho$ (详见下一章)，因此相干时间 $t_{\mathrm{coh}} \sim \lambda_1/c\rho$，相干长度 $l_{\mathrm{coh}} \sim \lambda_1/\rho$，更为精确的表达将在 (4.54) 和 (4.64) 式中给出. 我们也可将相干长度看作几个增益长度内辐射相对于电子束的滑移. 因此，SASE FEL 的起振噪声由下式表征:

$$N_{l_{\mathrm{coh}}} \sim \frac{I}{ec} \frac{\lambda_1}{\rho}. \tag{3.112}$$

图 3.9 示意了 SASE FEL 的初始起振、指数增长和饱和. 该图及之前的讨论都清楚地表明，ρ 在高增益 FEL(SASE) 物理中扮演着重要的角色. 尽管我们尚未推导出所有的辐射特性，但还是列出其中一些重要的，包括:

1. 饱和长度 $L_{\mathrm{sat}} \sim \lambda_u/\rho$;
2. 输出功率 $\sim \rho \times P_{\mathrm{beam}}$;
3. 频带宽度 $\Delta\omega/\omega \sim \rho$;
4. 一维功率增益长度 $L_{G0} = \lambda_u/(4\pi\sqrt{3}\rho)$;
5. 横向相干性，辐射发射度 $\varepsilon_r = \lambda/4\pi$;
6. 横向模式尺寸 $\sigma_r \sim \sqrt{\varepsilon_r L_{G0}}$;
7. 对于 SASE 功率 $P = P_{\mathrm{in}} \exp(z/L_G)$，有效噪声 $P_{\mathrm{in}} \sim \rho P_{\mathrm{beam}}/N_{l_{\mathrm{coh}}}$.

尽管这些基本比例关系和图 3.9 描述了 SASE 的整体平均特性，但我们应该记住，任一 SASE 脉冲在本质上都是放大的波荡器辐射，因此与 1.2.5 节中讨论的

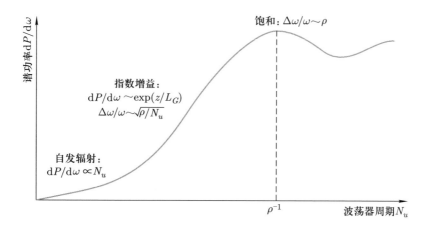

图 3.9 基本 SASE 过程示意图. 改编自文献 [17].

混沌光具有相同的功率和频谱涨落 (我们将在 4.3.2 和 4.3.3 节中推导 SASE 的涨落特性). 我们可以用另外一种方式来理解 SASE 与放大的波荡器辐射之间的联系, 即由一维 (1D) 功率谱密度计算波荡器辐射能量:

$$U_{\mathrm{und}} = T \int \mathrm{d}\omega\mathrm{d}\phi \frac{\mathrm{d}P}{\mathrm{d}\omega\mathrm{d}\phi} \xrightarrow{\mathrm{1D}} T \int \mathrm{d}\omega \frac{\lambda^2}{\mathscr{A}_{\mathrm{tr}}} \frac{\mathrm{d}P}{\mathrm{d}\omega\mathrm{d}\phi}\bigg|_{\phi=0}, \tag{3.113}$$

其中 $\lambda^2/\mathscr{A}_{\mathrm{tr}}$ 可理解成面积为 $\mathscr{A}_{\mathrm{tr}}$ 的源的特征角散度, 即 $\Delta\phi_x\Delta\phi_y \sim \lambda^2/\mathscr{A}_{\mathrm{tr}}$. 在一维限定条件下, $\lambda^2/\mathscr{A}_{\mathrm{tr}}$ 趋于零, 可认为 $\delta(\phi) = \mathscr{A}_{\mathrm{tr}}/\lambda^2$, 因此有

$$\frac{\mathrm{d}P}{\mathrm{d}\omega}\bigg|_{1D} = \frac{\lambda^2}{\mathscr{A}_{\mathrm{tr}}}\delta(\phi)\frac{\mathrm{d}P}{\mathrm{d}\omega} = \frac{\lambda^2}{\mathscr{A}_{\mathrm{tr}}} \frac{\mathrm{d}P}{\mathrm{d}\omega\mathrm{d}\phi}\bigg|_{\phi=0}. \tag{3.114}$$

相同的因子 $\lambda^2/\mathscr{A}_{\mathrm{tr}}$ 在 (3.60) 式的一维限定条件中出现过. 将前向方程 (2.100) 代入上述表达式并取 $f(\eta_j) = \delta(\eta_j)$, 在 FEL 饱和长度处 ($N_u \approx 1/\rho$) 有

$$U_{\mathrm{und}} = T \left[\frac{\lambda_1^2}{\mathscr{A}_{\mathrm{tr}}} \frac{I}{I_A} \left(\frac{K[\mathrm{JJ}]}{1+K^2/2} \right)^2 \gamma_r^2 mc^2 N_u^2 \right] \frac{\omega_1}{\pi N_u} \int \mathrm{d}x \left(\frac{\sin x}{x} \right)^2$$
$$= 8\pi\omega_1 T \gamma_r mc^2 N_u \rho^3 \to 8\pi\omega_1 T \gamma_r mc^2 \rho^2. \tag{3.115}$$

利用 (3.115) 式可将饱和时的 FEL 能量重写为

$$U_{\mathrm{FEL}} = N_e\rho\gamma_r mc^2 = \frac{N_e}{\rho\omega_1 T} \frac{U_{\mathrm{und}}}{8\pi} \sim \frac{t_{\mathrm{coh}}N_e}{T}U_{\mathrm{und}} = N_{l_{\mathrm{coh}}}U_{\mathrm{und}} \tag{3.116}$$

$$= \frac{T}{t_{\mathrm{coh}}}N_{l_{\mathrm{coh}}}^2 \frac{U_{\mathrm{und}}}{N_e}. \tag{3.117}$$

(3.116) 式表明, 饱和时 FEL 在前向的输出比波荡器辐射强得多, 二者的比值为相干时间内的粒子数目 $N_{l_{\mathrm{coh}}}(N_{l_{\mathrm{coh}}} \gtrsim 10^5)$. (3.117) 式则表明 FEL 能量是单个电子的波荡器辐射场能量、相干长度内电子数目的平方和相干区域个数 T/t_{coh} 的乘积.

最后我们想强调的是, 极高亮度的电子束对于 X 射线 FEL 是必不可少的, 如果没有在电子束产生、传输及操控方面的惊人进步, 基于 SASE 的 X 射线 FEL 就不可能实现. 尤其需要强调的是, SASE FEL 之所以成为可能, 是由于光阴极电子枪设计上的最新进展 (参见文献 [18] 及 [19] 中的综述) 以及射频直线加速器和波荡器技术的极大进步. 正是因为这些进展, 横向相干辐射才有可能在波荡器中获得足够的增益, 这意味着电子束已经满足以下条件:

1. 能散度 $\Delta\gamma/\gamma < \rho$;
2. 发射度 $\varepsilon_x \lesssim \lambda/(4\pi)$;
3. 束流尺寸 $\sigma_x \gtrsim \sigma_r \sim \sqrt{\dfrac{\lambda}{4\pi}\dfrac{\lambda_u}{4\pi\rho}}$, 以使一维比例关系近似地适用;
4. 高峰值流强, 以使 $\rho \sim 10^{-3}$, 因而得到合理的饱和长度和功率效率.

这种高亮度束流的产生和传输本身就是一个内容丰富的课题, 但超出了本书的范围. 在接下来的两章中, 我们将尝试说明隐含在这些要求背后的物理内容, 以及它们和先进 X 射线源的性能最终是如何联系在一起的.

参考文献

[1]   J. M. J. Madey, "Stimulated emission of bremsstrahlung in a periodic magnetic field," *J. Appl. Phys.*, vol. 42, p. 1906, 1971.

[2]   D. A. G. Deacon, L. R. Elias, J. M. J. Madey, G. J. Ramian, H. A. Schwettman, and T. I. Smith, "First operation of a free-electron laser," *Phys. Rev. Lett.*, vol. 38, p. 892, 1977.

[3]   J. Galayda *et al.*, "Linac Coherent Light Source (LCLS) Conceptual Design Report," SLAC, Report SLAC-R-593, 2002.

[4]   T. Shintake *et al.*, 2005, sPring-8 Compact SASE Source Conceptual Design Report, http://www-xfel.spring8.or.jp.

[5]   R. Brinkmann *et al.*, "TESLA XFEL: First Stage of the X-ray Laser Laboratory (Technical Design Report, Supplement)," DESY, Report TESLA FEL 2002-09, 2002.

[6]   H.-S. Kang, K.-W. Kim, and I.-S. Ko, "Current status of PAL-XFEL project," in *Proceedings of IPAC 2014*, p. 2897, 2014.

[7]   R. Ganter *et al.*, "SwissFEL-conceptual design report," Paul Scherrer Institute (PSI), Report, 2010.

[8]   A. Kondratenko and E. Saldin, "Generation of coherent radiation by a relativistic electron beam in an ondulator," *Part. Accelerators*, vol. 10, p. 207, 1980.

[9]   Y. S. Derbenev, A. M. Kondratenko, and E. L. Saldin, "On the possibility of using a free electron laser for polarization of electrons in storage rings," *Nucl. Instrum. Methods Phys. Res.*, vol. 193, p. 415, 1982.

[10] R. Bonifacio, C. Pellegrini, and L. M. Narducci, "Collective instabilities and high-gain regime free electron laser," in *Free Electron Generation of Extreme Ultraviolet Coherent Radiation*, J. M. J. Madey and C. Pellegrini, Eds., no. 118. SPIE, p. 236, 1984.

[11] R. Bonifacio, C. Pellegrini, and L. M. Narducci, "Collective instabilities and high-gain regime in a free electron laser," *Opt. Commun.*, vol. 50, p. 373, 1984.

[12] W. B. Colson, "One-body electron dynamics in a free electron laser," *Phys. Lett. A*, vol. 64, p. 190, 1977.

[13] N. M. Kroll, "A note on the Madey gain-spread theorem," in *Free-electron generators of coherent radiation Vol. 8*. Reading, MA: Addison-Wesley, p. 315, 1982.

[14] S. Krinsky, J. M. Wang, and P. Luchini, "Madey's gain spread theorem for the free-electron laser and the theory of stochastic processes," *J. Appl. Phys.*, vol. 53, p. 5453, 1982.

[15] I. Boscolo, M. Leo, R. A. Leo, G. Soliani, and V. Stagno, "On the gain of the free electron laser (FEL) amplifier for a nonmonoenergetic beam," *IEEE J. Quantum Electron.*, vol. 18, p. 1957, 1982.

[16] N. Kroll and W. McMullin, "Stimulated emission from relativistic electrons passing through a spatially periodic transverse," *Phys. Rev. A*, vol. 17, p. 300, 1978.

[17] K.-J. Kim, "Three-dimensional analysis of coherent amplification and self-amplified spontaneous emission in free electron lasers," *Phys. Rev. Lett.*, vol. 57, p. 1871, 1986.

[18] J. S. Fraser, R. L. Sheffield, and E. R. Gray, "A new high brightness electron injector for free-electron lasers driven by RF linacs," *Nucl. Instrum. Methods Phys. Res., Sect. A*, vol. 250, p. 71, 1986.

[19] I. Ben-Zvi, "Photoinjectors," in *Accelerator Physics, Technology, and Applications*, A. W. Chao, H. O. Moser, and Z. Zhao, Eds. World Scientific, p. 158, 2004.

第 4 章 一维 FEL 理论

本章将更深入地研究 FEL 的一维理论. 由于 FEL 的基本物理实际上只涉及纵向, 因此一维物理图像已经足够用来理解 FEL 的工作原理. 在小信号区, 自由电子激光类似于线性放大器, 我们将会看到在频率表象中对其进行理论分析是最简单的. 因此, 本章首先推导描述频域中电子束的 Klimontovich 方程, 并在其中加入 Maxwell 方程 (3.68). §4.2 将这些方程应用到低增益情形, 从而推广 §3.3 中的解. 之后在 §4.3 中我们将注意力转移到高增益 FEL, 阐述如何利用 Laplace 变换来求解任意初始条件下的线性 FEL 方程. 由于自放大自发辐射 (SASE) 提供了产生高强度 X 射线的最简单途径, §4.3 将特别介绍 SASE 的一些细节. 我们在频域中推导 SASE 的基本特性, 包括始于电子束密度起伏 (散粒噪声) 的初始化、指数增益以及频谱特性. 随后我们通过 Fourier 变换将相关分析与时域图像联系起来, 这有助于给出完整的 SASE 涨落特性. 作为本章的结尾, §4.4 将讨论 FEL 增益的饱和. 我们将推导准线性理论, 以描述电子束能散增长所引起的增益下降, 并定性说明它与粒子俘获的关系. 我们还将讨论在饱和之后如何通过逐渐减小波荡器强度参数来进一步从电子束中提取辐射能量. 最后, 我们对超辐射稍做讨论, 重点关注与粒子俘获相关的超辐射 FEL 解, 其功率可超过通常的 FEL 饱和功率.

§4.1 一维 FEL 的耦合 Maxwell–Klimontovich 方程

使用频域中的一维 FEL 方程可以清晰地理解 SASE 过程的各个方面, 包括始于粒子散粒噪声的起振、指数增益、纵向相干性的演变以及电子束能散度的影响. 由于在短波长上衍射的影响更小, 一维方程还可定性地描述 X 射线 FEL 的完整物理图像. 在前一章中, 我们推导了频域波动方程 (3.68), 因此本节将重点关注描述电子分布函数动力学过程的 Klimontovich 方程的频率表象.

在之前的分析中, 我们采用单粒子 (Newton) 方程描述 FEL 中电子的运动, 由此得到束流的近似集体描述. 另一种方法是采用相空间中的分布函数, 在将电子束看作一个单独实体的同时, 完全保留单粒子方程的一般性. 事实表明, 这一方法也自然地适用于频率表象.

为了保持电子的离散性质, 我们采用 (θ, η) 所构成的纵向相空间中的 Klimontovich 分布函数来描述电子束:

$$F(\theta, \eta; z) = \frac{k_1}{I/ec} \sum_{j=1}^{N_e} \delta[\theta - \theta_j(z)]\delta[\eta - \eta_j(z)]. \qquad (4.1)$$

在这里 I/ec 是线密度, F 是对束流中所有 (N_e 个) 粒子求和的结果, 其中每个粒子贡献一个以其相空间坐标为中心的 δ 函数.

上述分布函数可以分解成平滑背景项 $\overline{F}$ 和余项 δF, 后者包含散粒噪声和 FEL 相互作用引起的微扰:

$$F(\theta, \eta; z) = \overline{F}(\eta; z) + \delta F(\theta, \eta; z), \qquad (4.2)$$

其中, 我们假设了平滑背景项与相位 θ 无关. 这相当于均匀束团 (直流束) 模型, 在束团长度远远大于一个增益长度上的滑移距离 ($\lambda_1/4\pi\rho$) 时, 该模型近似有效. 由 (4.2) 式可知, 平滑背景项的归一化为 $\int \mathrm{d}\eta \overline{F} = 1$.

保守系统的 Hamilton 动力学表明, 分布函数沿单粒子轨迹守恒, 因此 F 满足连续性方程

$$\frac{\mathrm{d}}{\mathrm{d}z}F(\theta, \eta; z) = \frac{\partial F}{\partial z} + \frac{\mathrm{d}\theta}{\mathrm{d}z}\frac{\partial F}{\partial \theta} + \frac{\mathrm{d}\eta}{\mathrm{d}z}\frac{\partial F}{\partial \eta} = 0. \qquad (4.3)$$

相位方程 $\mathrm{d}\theta_j/\mathrm{d}z$ 和之前推导的一样. 利用 (3.70) 式可将能量方程 (3.77) 写成

$$\mathrm{e}^{\mathrm{i}\theta_j} E(z, \theta_j) = \mathrm{e}^{\mathrm{i}\theta_j} \int \mathrm{d}\nu E_\nu(z)\mathrm{e}^{\mathrm{i}\Delta\nu\theta_j} = \int \mathrm{d}\nu E_\nu(z)\mathrm{e}^{\mathrm{i}\nu\theta_j}. \qquad (4.4)$$

在这里 $\int \mathrm{d}\omega E_\omega = \omega_1 \int \mathrm{d}\nu E_\nu$. 如果我们把所有的奇次谐波也包含进来, 则 $\chi_1 \to \sum_h \chi_h$, $F = \overline{F} + \delta F$ 的 Liouville 方程 (4.3) 变为

$$\frac{\partial}{\partial z}\overline{F} + \sum_{h\text{为奇数}} \chi_h \left[\int \mathrm{d}\nu E_\nu(z)\mathrm{e}^{\mathrm{i}\nu\theta} + c.c.\right] \frac{\partial}{\partial \eta}\delta F$$

$$+ \left[\frac{\partial}{\partial z} + 2k_u\eta\frac{\partial}{\partial \theta}\right]\delta F + \sum_{h\text{为奇数}} \chi_h \left[\int \mathrm{d}\nu E_\nu(z)\mathrm{e}^{\mathrm{i}\nu\theta} + c.c.\right] \frac{\partial}{\partial \eta}\overline{F} = 0, \quad (4.5)$$

其中积分范围是 $\nu \approx h$ 附近的小区域.

(4.5) 式中的第二行包含了与 δF 及 E_ν 相关的涨落, 在 FEL 相互作用过程中, 上述涨落由基波频率及可能的奇次谐波频率主导. 第一行则包含了所有在束团内缓慢变化的项和一些非线性谐波的贡献. 由于上述两行表达式的变化具有不同的时间尺度, 因此应分别为零. 由此得到的方程在频率空间中会更为简洁, 因此我们

写出 Klimontovich 分布函数的频率表象:

$$F_\nu(\eta; z) = \frac{1}{2\pi} \int d\theta e^{-i\nu\theta} F(\theta, \eta; z) = \frac{1}{N_\lambda} \sum_{j=1}^{N_e} e^{-i\nu\theta_j(z)} \delta[\eta - \eta_j(z)], \qquad (4.6)$$

其中 N_λ 是一个辐射波长 λ_1 内的电子数.

现在, 我们通过在束团长度 cT 上对 (4.5) 式取平均得到 $\overline{F}$ 的运动方程, 这一平均可有效地消去整个第二行以及第一行中的涨落项. 类似地, 通过要求 (4.5) 式中第二行的 Fourier 变换为零, 可得到 F_ν 的方程, 这一推导的更多细节将在 §4.4 中给出. 为了得到完整的方程组, 我们利用定义式 (4.6) 将波动方程 (3.68) 的源项写成 F_ν 的形式, 因此有

$$\frac{\partial}{\partial z}\overline{F}(\eta; z) = -\sum_{h \text{为奇数}} \chi_h \int d\nu \left[E_\nu(z)\frac{\partial F_\nu^*}{\partial \eta} + c.c. \right], \qquad (4.7)$$

$$\left[\frac{\partial}{\partial z} + 2i\nu k_u\eta \right] F_\nu(\eta; z) = -\sum_{h \text{为奇数}} \chi_h E_\nu(z)\frac{\partial \overline{F}}{\partial \eta}, \qquad (4.8)$$

$$\left[\frac{\partial}{\partial z} + i\Delta\nu k_u \right] E_\nu(z) = -\kappa_h n_e \int d\eta F_\nu(\eta; z), \qquad (4.9)$$

其中谐波耦合参数

$$\chi_h \equiv \frac{eK[\text{JJ}]_h}{2\gamma_r^2 mc^2}, \quad \kappa_h \equiv \frac{eK[\text{JJ}]_h}{4\epsilon_0\gamma_r}. \qquad (4.10)$$

(4.7)、(4.8) 和 (4.9) 三个方程构成了本章中一维 FEL 分析的基础. 然而, 在继续讨论之前, 我们将假设只有一个辐射谐波对 FEL 作用有贡献, 并以此来简化 FEL 方程. 在低增益区, 这意味着考虑近乎单色的场的放大, 其频率以 $h\omega_1$ 为中心 (h 是正奇数). 这种情形对于 FEL 振荡器 (多次通过波荡器, 对一个频率成分进行放大) 尤为重要. 另一方面, 高增益 FEL 装置一般运行在基波模式, 此时有最大的放大倍数, 因此高增益分析通常假设 $h = 1$.

接下来, 由 (4.7) 式可以看出平滑分布的改变与高频扰动成平方依赖关系. 因此, 在微群聚 F_ν 和场 E_ν 都可被看作小量的初始阶段, 我们可忽略 $\overline{F}$ 的演化. 在此限定条件下, 设 $\overline{F}(\eta; z) \to V(\eta)$, 有

$$\left[\frac{\partial}{\partial z} + 2i\nu k_u\eta \right] F_\nu(\eta; z) = -\chi_h \frac{dV}{d\eta} E_\nu(z), \qquad (4.11)$$

$$\left[\frac{\partial}{\partial z} + i\Delta\nu k_u \right] E_\nu(z) = -\kappa_h n_e \int d\eta F_\nu(\eta; z). \qquad (4.12)$$

(4.11)~(4.12) 式是一维 FEL 的线性 Maxwell-Klimontovich方程组. 上述线性方程并不保持总能量守恒, 我们对此不应感到奇怪, 这是因为场能量是 E_ν 的二阶量. 因此, 这些方程仅在 FEL 饱和之前的小信号范围内适用, 此时 $P \ll \rho P_{\text{beam}}$. 在下面的几节中, 我们将研究与 (4.11) 和 (4.12) 式相关的线性 FEL 动力学, 并在 §4.4 中回到增益饱和的物理过程上来.

§4.2 低 FEL 增益的微扰解

我们已经阐明, 在线性区内 FEL 过程由耦合微分方程 (4.11) 和 (4.12) 决定. 容易看出上述两式等效于积分方程

$$E_\nu(z) = \mathrm{e}^{-\mathrm{i}\Delta\nu k_u z}\left[E_\nu(0) - \kappa_h n_e \int_0^z \mathrm{d}z' \mathrm{e}^{\mathrm{i}\Delta\nu k_u z'} \int \mathrm{d}\eta F_\nu(\eta; z')\right], \quad (4.13)$$

$$F_\nu(\eta; z) = \mathrm{e}^{-2\mathrm{i}\nu k_u \eta z}\left[F_\nu(\eta; 0) - \chi_h \int_0^z \mathrm{d}z' \mathrm{e}^{2\mathrm{i}\nu k_u \eta z'}\frac{\mathrm{d}V}{\mathrm{d}\eta}E_\nu(z')\right]. \quad (4.14)$$

二式联立, 可得电场的方程

$$E_\nu(z) = \mathrm{e}^{-\mathrm{i}\Delta\nu k_u z}\bigg[E_\nu(0) - \kappa_h n_e \int_0^z \mathrm{d}z' \int \mathrm{d}\eta \mathrm{e}^{\mathrm{i}(\Delta\nu - 2\nu\eta)k_u z'}F_\nu(\eta; 0)$$

$$+\chi_h \kappa_h n_e \int \mathrm{d}\eta \int_0^z \mathrm{d}z' \mathrm{e}^{\mathrm{i}(\Delta\nu - 2\nu\eta)k_u z'}\int_0^{z'}\mathrm{d}z'' \mathrm{e}^{2\mathrm{i}\nu k_u \eta z''}\frac{\mathrm{d}V}{\mathrm{d}\eta}E_\nu(z'')\bigg]. \quad (4.15)$$

右边的第一项是输入的相干辐射, 不随 z 变化. 第二项是自发波荡器辐射, 我们可将其简记为

$$E_\nu^{\text{SR}}(z) \equiv -\kappa_h n_e \mathrm{e}^{-\mathrm{i}\Delta\nu k_u z}\int_0^z \mathrm{d}z' \int \mathrm{d}\eta \mathrm{e}^{\mathrm{i}(\Delta\nu - 2\nu\eta)k_u z'}F_\nu(\eta; 0). \quad (4.16)$$

(4.15) 式中的第三项代表电子束和辐射场相互作用的效果.

(4.15) 式清晰地分出了辐射场的起始、自发辐射和放大部分, 但通常比 (4.11) 和 (4.12) 式更难求解. 然而, 如果相互作用较弱, 则我们可以用非扰动场 $\mathrm{e}^{-\mathrm{i}\Delta\nu k_u z''}E_\nu(0)$ 来代替相互作用项中的 $E_\nu(z'')$. 在这种情况下, (4.15) 式有一个解析形式的解

$$E_\nu(z) = E_\nu^{\text{Coh}}(z) + E_\nu^{\text{SR}}(z), \quad (4.17)$$

其中弱相互作用 (低增益) 近似下场的相干部分为

$$E_\nu^{\mathrm{Coh}}(z) = \mathrm{e}^{-\mathrm{i}\Delta\nu k_u z} E_\nu(0)$$

$$\times \left[1 + \chi_h \kappa_h n_e \int \mathrm{d}\eta \int_0^z \mathrm{d}z' \int_0^{z'} \mathrm{d}z'' \mathrm{e}^{\mathrm{i}(\Delta\nu - 2\nu\eta)k_u(z'-z'')} \frac{\mathrm{d}V}{\mathrm{d}\eta} \right]. \quad (4.18)$$

上式中对 z' 和 z'' 积分是很容易的, 在波荡器的末端, 相干辐射场可写成如下形式:

$$E_\nu^{\mathrm{Coh}}(L_u) = \left\{ 1 + \frac{j_{C,h}}{8} \int \mathrm{d}\eta V(\eta)[g(x_{\nu,\eta}) + \mathrm{i}p(x_{\nu,\eta})] \right\} \mathrm{e}^{-2\pi\mathrm{i}\Delta\nu N_u} E_\nu(0). \quad (4.19)$$

(4.19) 式中的解是对 η 分部积分并引入额外的简记符号 $j_{C,h}$ (常数) 及函数 p 和 g 后得到的. 这里定义的 $g(x)$ 与 3.3.1 节中首次讨论低增益 FEL 物理时引入的增益函数相同, 而函数 $p(x)$ 则与 $E_\nu(z)$ 的相位变化相关:

$$g(x) = -\frac{\mathrm{d}}{\mathrm{d}x}\left(\frac{\sin x}{x}\right)^2, \quad p(x) = \frac{\mathrm{d}}{\mathrm{d}x}\left(\frac{2x - \sin 2x}{2x^2}\right). \quad (4.20)$$

我们假设频率在某一奇次谐波附近, 即 $\nu = h + \Delta\nu$ (h 为奇数, $\Delta\nu \ll 1$), 在此情形下, g 和 p 都是参量

$$x_{\nu,\eta} = 2\pi N_u(h\eta - \Delta\nu/2) \quad (4.21)$$

的函数. 最后, 无量纲常数 $j_{C,h}$ 是 Colson 在低增益 FEL 的分析中引入的[1], 其定义为

$$j_{C,h} \equiv 4h\chi_h\kappa_h n_e k_u L_u^3 = 4\pi^2 h \frac{e^2 n_e}{4\pi\epsilon_0} \frac{K^2[\mathrm{JJ}]_h^2}{\gamma^3 mc^2} N_u L_u^2 \quad (4.22)$$

$$= 2h(4\pi\rho N_u)^3 \frac{[\mathrm{JJ}]_h^2}{[\mathrm{JJ}]^2}, \quad (4.23)$$

其中 $[\mathrm{JJ}] \equiv [\mathrm{JJ}]_1$. (4.23) 式给出了 $j_{C,h}$ 与我们在 3.4.3 节中引入的无量纲 Pierce 参数 ρ 之间的关系. 在增益较低时, $j_{C,h}$ 正比于增益, 因此也有 $G \propto (\rho N_u)^3$. 低增益解 (4.19) 在 $j_{C,h} \ll 1$ 的条件下有效, 这等效于要求波荡器长度小于理想的一维 FEL 增益长度, 即 $L_u/L_{G0} = 4\pi\sqrt{3}\rho N_u < 1$. 如果电子束能散度导致增益降低, 则该条件可适当放宽.

为了研究电子束能散度的影响, 我们考虑电子能量分布为中心位于 η_0 的 Gauss 函数的情形:

$$V(\eta) = \frac{1}{\sqrt{2\pi}\sigma_\eta} \mathrm{e}^{-(\eta-\eta_0)^2/2\sigma_\eta^2}. \quad (4.24)$$

将振幅公式 (4.19) 写成

$$E_\nu^{\mathrm{Coh}}(L_u) = \left\{ 1 + \frac{j_{C,h}}{8}[\overline{g}(x_0) + \mathrm{i}\overline{p}(x_0)] \right\} \mathrm{e}^{-2\pi\mathrm{i}\Delta\nu N_u} E_\nu(0). \quad (4.25)$$

在这里, 我们定义了积分

$$\bar{g}(x_0) \equiv \int \mathrm{d}x' \frac{\mathrm{e}^{-x'^2/2(2\pi N_u h \sigma_\eta)^2}}{\sqrt{2\pi}(2\pi N_u h \sigma_\eta)} g(x_0 - x'), \tag{4.26}$$

$$\bar{p}(x_0) \equiv \int \mathrm{d}x' \frac{\mathrm{e}^{-x'^2/2(2\pi N_u h \sigma_\eta)^2}}{\sqrt{2\pi}(2\pi N_u h \sigma_\eta)} p(x_0 - x'), \tag{4.27}$$

其中, $x_0 \equiv 2\pi N_u(h\eta_0 - \Delta\nu/2)$.

考虑到辐射能量密度 $u \propto |E_\nu|^2$, 我们可以很容易地计算出增益. 保留到 $j_{C,h}$ 的一阶, 有

$$G = \frac{u(L_u) - u(0)}{u(0)} \approx \frac{j_{C,h}}{4} \bar{g}(x_0). \tag{4.28}$$

这个表达式将增益公式 (3.48) 推广到了包含电子束能散度的情形. 在 $\sigma_\eta \ll 1/(2\pi N_u h)$ 的限定条件下, 我们有 $\bar{g}(x_0) \to g(x_0)$, 此时 (4.28) 式回归到 (3.48) 式. 换句话说, 如果电子束的 RMS 能散度远远小于我们关注的 FEL 谐波的自发辐射带宽, 则可将其忽略. 反之, 如果能散度 $\sigma_\eta \gtrsim 1/(2\pi N_u h)$, 则我们必须考虑到不同能量的电子满足不同辐射波长上的 FEL 共振条件. 这往往会降低 FEL 增益, 其物理图像可由数学上的卷积 [(4.26) 式] 得到.

如果能量分布由 Gauss 函数 (4.24) 式给出, 则可通过另一种简便的方法写出 G. 我们暂不对 (4.18) 式中的波荡器长度积分, 转而对 η 积分, 即可得到该表达式. 将变量换成 $z = z'/L_u - 1/2$ 和 $s = z''/L_u - 1/2$, 有

$$G = -\frac{j_{C,h}}{2} \int_{-1/2}^{1/2} \mathrm{d}z \int_{-1/2}^{1/2} \mathrm{d}s(z - s) \sin[2x_0(z - s)] \mathrm{e}^{-2[2\pi N_u(z - s)\sigma_\eta]^2}. \tag{4.29}$$

除了能量交换, 振幅方程 (4.25) 中还有正比于 $\bar{p}(x)$ 的虚部, 该项会导致伴随 FEL 增益的场的相位改变. 图 4.1(a) 给出了能散度 $\sigma_\eta = 0.5(2\pi N_u h)$ 时函数 $\bar{g}(x)$ 和 $\bar{p}(x)$ 随失谐量 $x_0 = 2\pi N_u(h\eta_0 - \Delta\nu/2)$ 的变化关系. $\bar{g}$ 的函数形式与之前在图 3.6 中给出的零能散情形非常相似, 虽然峰值从 0.54 下降到了 0.46 左右. 在增益达到最大值的失谐量处, $\bar{p}$ 的值很小, 约为 0.13. 因此, FEL 放大过程中的相位变化也相对较小.

通常可选择能量或频率偏移来自由地设置失谐量 x_0, 从而使增益达到最大 (实际上, FEL 会自动选择工作在具有最大增益的 x_0 处). 图 4.1(b) 给出了 $\bar{g}$ 和 $\bar{p}$ 与能散度的关系曲线, 其中失谐量取最优值 x_M 以使增益达到最大, 可以看到相位变化 $\bar{p}$ 介于 $\bar{g}$ 的 1/4 至 2/5 之间, 因此一般都相当小.

此外, 我们可以看到在 $(2\pi N_u h)\sigma_\eta \lesssim 0.5$ 时能散度对增益的影响不大, 但此后 $\bar{g}$ 随着能散度的进一步增大会快速下降. 这表明高次谐波的 FEL 增益对能散度更

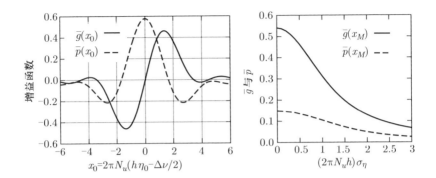

图 4.1　(a) 能散度 $\sigma_\eta = 0.5(2\pi N_u h)$ 时的低增益函数. 振幅增益 $\bar{g}$ 的曲线和零能散情形相似, 而 $\bar{p}$ 在最大增益处较小. (b) 低增益函数对能散度的依赖关系, 其中失谐量取最优值 x_M 以使增益达到最大.

加敏感, 其原因可归结为归一化波荡器辐射带宽 $\sim 1/hN_u$. 另一方面, 对于固定的电子束能量、波荡器周期和波荡器长度, FEL 增益还和常数 $j_{C,h}(j_{C,h} \propto hK^2[\mathrm{JJ}]_h^2)$ 成正比. 在这些限制条件下, 可以发现对于某一目标波长, 工作在更高次的 FEL 谐波上可使增益最大化, 因为 $j_{C,h}$ 随 h 和 K 的增大而增大. 这在能散度足够小即 $\sigma_\eta \lesssim 1/(4\pi N_u h)$ 的情况下是正确的. 对电子束能量或波荡器长度的限制往往是由 FEL 装置的费用和/或规模所致.

§4.3　通过 Laplace 变换求解任意 FEL 增益

在 §3.3 和 §4.2 中, 我们采用了两种不同的微扰展开来求解低增益条件下的 FEL 方程. 本节将给出线性一维 FEL 方程的完整解, 这是 3.4.4 节中集体变量法的推广. 我们假设基波辐射在动力学中占主导 ($\nu \approx 1$), 因此耦合 FEL 系统可由下式描述:

$$\left[\frac{\partial}{\partial z} + \mathrm{i}\Delta\nu k_u\right] E_\nu(z) = -\kappa_1 n_e \int \mathrm{d}\eta F_\nu(\eta; z), \tag{4.30}$$

$$\left[\frac{\partial}{\partial z} + 2\mathrm{i}k_u\eta\right] F_\nu(\eta; z) = -\chi_1 \frac{\mathrm{d}V}{\mathrm{d}\eta} E_\nu(z). \tag{4.31}$$

耦合方程 (4.30) 和 (4.31) 的初值问题可通过引入以下 Laplace 变换来求解[2,3]:

$$\begin{bmatrix} E_{\nu,\mu} \\ F_{\nu,\mu} \end{bmatrix} = \int_0^\infty \mathrm{d}z\, \mathrm{e}^{\mathrm{i}\mu 2\rho k_u z} \begin{bmatrix} E_\nu(z) \\ F_\nu(z) \end{bmatrix}. \tag{4.32}$$

需要强调一下的是, $\nu \approx 1$ 表示的频率是时域相位 θ 的 Fourier 共轭, 而 μ 则给出沿 z 传播的场的复增长率. 对粒子和辐射场方程做 Laplace 变换可得到线性代数方

程组:

$$-2\mathrm{i}\mu\rho k_u E_{\nu,\mu} + \mathrm{i}\Delta\nu k_u E_{\nu,\mu} = -\kappa_1 n_e \int \mathrm{d}\eta\, F_{\nu,\mu}(\eta) + E_\nu(0), \tag{4.33}$$

$$-2\mathrm{i}\mu\rho k_u F_{\nu,\mu}(\eta) + 2\mathrm{i}k_u\eta F_{\nu,\mu}(\eta) = -\chi_1 E_{\nu,\mu}\frac{\mathrm{d}V}{\mathrm{d}\eta} + F_\nu(\eta;0), \tag{4.34}$$

其中 $E_\nu(0)$ 和 $F_\nu(\eta;0)$ 分别为初始辐射场和初始束流分布的第 ν 个分量. 从 (4.33)~(4.34) 式容易解出 $E_{\nu,\mu}$, 对其进行逆 Laplace 变换可得

$$E_\nu(z) = \oint \frac{\mathrm{d}\mu}{2\pi\mathrm{i}} \frac{\mathrm{e}^{-\mathrm{i}\mu 2\rho k_u z}}{D(\mu)} \left[E_\nu(0) + \frac{\mathrm{i}\kappa_1 n_e}{2\rho k_u N_\lambda} \sum_{j=1}^{N_e} \frac{\mathrm{e}^{-\mathrm{i}\nu\theta_j(0)}}{\eta_j(0)/\rho - \mu} \right]. \tag{4.35}$$

在这里, 我们用到了 F_ν 的定义式 (4.6), 并定义了色散函数

$$D(\mu) \equiv \mu - \frac{\Delta\nu}{2\rho} - \int \mathrm{d}\eta \frac{V(\eta)}{(\eta/\rho - \mu)^2}. \tag{4.36}$$

请注意, 复 (μ) 平面上的积分围道必须绕开 (4.35) 式的所有奇点 (极点), 因此, 当 $z < 0$ 且积分围道可在 $\Im(\mu) \to +\infty$ 处闭合时, 其内部没有奇点, $E_\nu(z < 0) = 0$.

(4.35) 式的第一项描述了 $E_\nu(0)$ 的相干放大过程, 而第二项则包含粒子相位项 $\mathrm{e}^{-\mathrm{i}\nu\theta_j}$, 描述了由电子束引发的 FEL 辐射. 假设电子束没有初始微群聚, 则初始相位是随机的, 该项描述的就是自放大自发辐射过程.

当 $z > 0$ 时, (4.35) 式的积分围道包围了复 (μ) 平面内的所有奇点. 这些奇点很多源自电子的运动, 给出了自由流解 (没有相互作用), 对于这些解, $\mu = \eta_j(0)/\rho$. 然而, 每个粒子的奇点各不相同 (取决于其初始能量), 我们可以发现对这些奇点的贡献求和会得到通常的自发辐射. 因此, 自由电子激光的演化主要由 $1/D$ 的奇点决定, 后者由色散关系的根给出:

$$D(\mu) = \mu - \frac{\Delta\nu}{2\rho} - \int \mathrm{d}\eta \frac{V(\eta)}{(\eta/\rho - \mu)^2} = 0. \tag{4.37}$$

具有正虚部的 $D(\mu) = 0$ 的解将导致电场振幅的指数增长. 对于单能电子束, $V(\eta) = \delta(\eta)$, 色散关系变为 $\mu^2(\mu - \Delta\nu/2\rho) = 1$, 当 $\Delta\nu = 0$ 时, 它又简化为三次方程 (3.100).

有了场振幅的解, 我们可以略微调整 (1.71) 式以计算功率谱密度. 利用 $E_\omega = E_\nu/\omega_1$, 并在面积 $\mathscr{A}_{\mathrm{tr}}$ 上积分, 有

$$\frac{\mathrm{d}P}{\mathrm{d}\omega} = \frac{\epsilon_0}{\pi c} \frac{\mathscr{A}_{\mathrm{tr}}\lambda_1^2}{T} \langle |E_\nu(z)|^2 \rangle. \tag{4.38}$$

在这里, T 是电子脉冲的宽度, $\langle\cdot\rangle$ 表示微观电子分布的整体平均. 当计算 SASE 项

的 $\langle |E_\nu(z)|^2 \rangle$ 时, 我们将进行如下处理:

$$\left\langle \sum_{j,\ell} e^{-i\nu(\theta_j - \theta_\ell)} G(\eta_j, \eta_\ell) \right\rangle = \left\langle \sum_j G(\eta_j, \eta_j) \right\rangle + \left\langle \sum_{j \neq \ell} e^{-i\nu(\theta_j - \theta_\ell)} G(\eta_j, \eta_\ell) \right\rangle$$

$$\approx N_e \int d\eta V(\eta) G(\eta, \eta), \tag{4.39}$$

其中 θ_j 是初始相位. 第二个等式中, 我们在初始相位完全随机 (没有关联) 的假设下舍弃了 $j \neq \ell$ 的求和项. 为简单起见, 从现在起我们使用简写符号 $\theta_j = \theta_j(0)$ 和 $\eta_j = \eta_j(0)$.

4.3.1　自发辐射与低增益情形

FEL 系统的动力学主要由 (4.36) 式的色散函数 $D(\mu)$ 决定. FEL 相互作用自身被包含在第三项中, 涉及分布函数 V 对 η 的积分. 假设 FEL 相互作用较弱, 我们可把当前的分析与自发波荡器辐射的计算及低增益 FEL 联系起来. 为此, 我们将积分解 (4.35) 中的 $1/D$ 展开为

$$\frac{1}{D(\mu)} = \frac{1}{\mu - \Delta\nu/(2\rho)} + \frac{1}{(\mu - \Delta\nu/(2\rho))^2} \int d\eta \frac{V(\eta)}{(\eta/\rho - \mu)^2} + \cdots. \tag{4.40}$$

在 $\rho \to 0$ 的极限下, 此展开式在数学上成立, 因此我们也有 $\eta/\rho \to \infty$.

只保留展开式中的第一项并利用围道积分的留数定理计算自发辐射振幅, 有

$$E_\nu(z) = \frac{i\kappa_1 n_e}{2\rho k_u N_\lambda} \sum_{j=1}^{N_e} e^{-i\nu\theta_j} \frac{e^{-i\Delta\nu k_u z} - e^{-2i\eta_j k_u z}}{\eta_j/\rho - \Delta\nu/2\rho}. \tag{4.41}$$

容易证明, 此式与微扰展开式 (4.15) 中得到的自发辐射振幅相等. 为了得到功率谱密度, 我们将 $E_\nu(z)$ 代入 (4.38) 式, 并借助 (4.39) 式计算整体平均:

$$\left. \frac{dP}{d\omega} \right|_{1D} = \left(\frac{\lambda_1^2}{\mathscr{A}_{tr}} \right) \frac{I}{I_A} \left(\frac{K[JJ]}{1 + K^2/2} \right)^2 \frac{\gamma^2 mc^2 z^2}{\lambda_u^2}$$

$$\times \int d\eta V(\eta) \left\{ \frac{\sin[k_u z(\eta - \Delta\nu/2)]}{k_u z(\eta - \Delta\nu/2)} \right\}^2. \tag{4.42}$$

一维功率谱 (4.42) 式可通过 (3.114) 式与前向波荡器辐射功率谱密度联系起来. 具体来说, 我们有

$$\left. \frac{dP}{d\omega d\phi} \right|_{\phi=0} = \left. \frac{dP}{d\omega} \right|_{1D} \frac{\mathscr{A}_{tr}}{\lambda_1^2}. \tag{4.43}$$

(4.42) 和 (4.43) 式给出了大家熟知的波荡器辐射公式, 即我们之前推导的 (2.100) 式.

保留展开式 (4.40) 的第二项并代入 (4.35) 式, 可以再现低增益 FEL 理论. 我们将此留作一个练习题.

4.3.2 指数增益区域

一般来说, 色散关系会有一个正虚部的根, 它将导致场振幅的指数增长. 为和前面的符号一致, 我们将此根记为 μ_3, 则有 $\Im(\mu_3) > 0$. 随着 $\rho k_u z$ 增加至大于 1, 与 μ_3 相关的增长解往往会主导场的动力学过程, 在这种情况下, 场可以由单一模式很好地描述. 利用留数定理并只保留与 μ_3 相关的项, 可得

$$E_\nu(z) = \frac{\mathrm{e}^{-2\mathrm{i}\rho\mu_3 k_u z}}{D'(\mu_3)}\left[E_\nu(0) + \frac{\mathrm{i}\kappa_1 n_e}{2\rho k_u N_\lambda}\sum_{j=1}^{N_e}\frac{\mathrm{e}^{-\mathrm{i}\nu\theta_j}}{\eta_j/\rho - \mu_3}\right], \tag{4.44}$$

其中

$$D'(\mu) = \frac{\mathrm{d}D}{\mathrm{d}\mu} = 1 - 2\int\mathrm{d}\eta\,\frac{V(\eta)}{(\eta/\rho - \mu)^3}. \tag{4.45}$$

相应的电子分布函数可由 (4.34) 式得到:

$$F_{\nu,\mu}(\eta) = \frac{\mathrm{i}\chi_1}{2k_u}\frac{\mathrm{d}V/\mathrm{d}\eta}{(\nu\eta - \mu\rho)}E_{\nu,\mu}. \tag{4.46}$$

将 (4.44) 式代入 (4.38) 式, 可计算出指数增益区域的功率谱密度[2]:

$$\frac{\mathrm{d}P}{\mathrm{d}\omega} = \mathrm{e}^{4\mu_I\rho k_u z}g_A\left(\left.\frac{\mathrm{d}P}{\mathrm{d}\omega}\right|_0 + g_S\frac{\rho\gamma_r mc^2}{2\pi}\right). \tag{4.47}$$

在这里, 我们将虚部写成了 $\Im(\mu_3) \equiv \mu_I$, 场和电子束的初始条件由下式给出:

$$\left.\frac{\mathrm{d}P}{\mathrm{d}\omega}\right|_0 \equiv 输入功率谱, \tag{4.48}$$

$$g_A \equiv \frac{1}{|D'(\mu)|^2}, \tag{4.49}$$

$$g_S \equiv \int\mathrm{d}\eta\,\frac{V(\eta)}{|\eta/\rho - \mu|^2}. \tag{4.50}$$

μ_I, g_A 和 g_S 都是失谐量 $\Delta\nu$ 和电子束能量分布的函数, 其中 g_A 衡量初始辐射功率和散粒噪声作为 FEL 相互作用种子的有效性, 而 g_S 则量化电子束能散度增长时散粒噪声种子的相对增长. 我们将在本节快结束时进一步讨论这些耦合参数. 增长率 μ_I 是 FEL 的重要指标, 由其决定达到饱和所需的波荡器长度. 作为一个简单的例子, 图 4.2 给出了不同能散下增长率 μ_I 与 $\Delta\nu/2\rho = \Delta\omega/(2\rho\omega_1)$ 的函数关系, 其中假设电子束能量为平顶分布, 全宽 $\Delta\eta = \rho\zeta$ [即 $|\eta| \leqslant \rho\zeta/2$ 时 $V(\eta) = 1/\rho\zeta$, 其他处 $V(\eta) = 0$]. 对于该分布, 计算色散关系 (4.36) 中的积分可得

$$\left(\mu - \frac{\Delta\nu}{2\rho}\right)\left(\mu^2 - \frac{\zeta^2}{4}\right) = 1, \tag{4.51}$$

其根具有解析表达形式. 这一色散关系和包含量子反冲效应时得到的结果具有相同的函数形式. 附录 C 将给出辐射场、电子群聚和集体动量的初值问题在 μ 满足 (4.51) 式时的通解. 此处我们重点关注辐射场的增长率. 图 4.2 表明, μ 在高增益 FEL 带宽 $\Delta\nu \sim \rho$ 所表征的频谱宽度上具有正虚部. 此外, 峰值增长率是分布函数能谱宽度的递减函数.

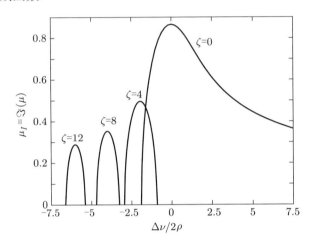

图 4.2 不同 ζ 值的增长率 μ_I 与归一化失谐量 $\Delta\nu/2\rho$ 的函数关系. 电子束能量为平顶分布, 全宽 $\Delta\eta = \zeta\rho$. 改编自文献 [2].

对于给定的电子束能散度, 计算 μ_I 的最大值显然很有意义, 我们假设其出现在频率失谐 $\Delta\nu_m$ 处: 在 $\Delta\nu = \Delta\nu_m$ 时, $\mu_I(\nu)$ 的最大值为 μ_{Im}. 最大值附近的增长率可通过 μ_I 对 $\Delta\nu$ 的 Taylor 级数展开近似确定:

$$\mu_I(\Delta\nu) = \mu_{Im} - \mu_{I2}(\Delta\nu - \Delta\nu_m)^2 + \cdots. \tag{4.52}$$

因此, 通过将增长率近似为频差 (与最大增长率处的频率之差) 的二次函数, 指数增益函数可写为

$$e^{4\mu_I \rho k_u z} \approx e^{z/L_G} \exp\left[-\frac{1}{2}\left(\frac{\omega - \omega_m}{\omega_m \sigma_\nu}\right)^2\right], \tag{4.53}$$

其中

$$4\mu_{Im}\rho k_u z \equiv \frac{z}{L_G}, \quad \omega_m \equiv \omega_1(1 + \Delta\nu_m), \quad \sigma_\nu^2 \equiv \frac{1}{8\mu_{I2}\rho k_u z}. \tag{4.54}$$

这里我们已将 $L_G = (4\mu_{Im}\rho k_u)^{-1}$ 定义为功率增益长度, $\sigma_\nu \propto (\rho k_u z)^{-1/2}$ 是 FEL 的 RMS 相对带宽. (4.53) 式将 FEL 增益的频率依赖关系近似为 Gauss 函数. 它既是初始谱功率 $dP/d\omega|_0$ 的相干放大增益曲线, 也是 SASE 项的整体平均频谱分布,

这是由于电子束散粒噪声起到了白噪声 (与频率无关) 种子的作用, 正如 (4.47) 式所示. 请注意 "整体平均" 这一术语: 我们随后将表明 SASE 的行为类似于 1.2.5 节中描述的混沌光, 即任何一个 SASE 脉冲均由许多纵向模式组成, 在时域及频域的单脉冲功率分布中, 这些纵向模式表现为 "尖峰".

现在, 我们采用 Gauss 近似 (4.53) 和定义式 (4.54), 将 FEL 功率谱密度 (4.47) 表示为

$$\frac{\mathrm{d}P}{\mathrm{d}\omega} = g_A \mathrm{e}^{z/L_G} \exp\left[-\frac{(\omega - \omega_m)^2}{2(\omega_m \sigma_\nu)^2}\right]\left(\frac{\mathrm{d}P}{\mathrm{d}\omega}\bigg|_0 + g_S \frac{\rho \gamma_r mc^2}{2\pi}\right). \tag{4.55}$$

(4.55) 式在指数增益区 $(2\rho k_u z \gg 1)$ 有效, 显示了功率是如何沿波荡器增长的.

在单能电子束的特殊情况下, 描述一维 FEL 的各种参数均有解析解[2,3]. 由 (4.36) 式可得, 单能束的色散关系为

$$D(\mu) = \mu - \frac{\Delta\nu}{2\rho} - \frac{1}{\mu^2} = 0, \tag{4.56}$$

且最大增长率位于失谐量 $\Delta\nu = 0$ 处. 由此可直接得出

$$g_A = \frac{1}{9}, \quad g_S = 1, \tag{4.57}$$

$$L_G = L_{G0} = \frac{\lambda_u}{4\pi\sqrt{3}\rho}, \quad \mu_{Im} = \frac{\sqrt{3}}{2}. \tag{4.58}$$

这些结果与集体变量模型的预期相同. 此外, 我们可通过以下展开得到增长率 μ 对频差 $\Delta\nu$ 的近似依赖关系:

$$\mu(\Delta\nu) \approx \mu(0) + \mu_1\Delta\nu + \mu_2(\Delta\nu)^2, \tag{4.59}$$

其中 $\mu(0) = (\mathrm{i}\sqrt{3} - 1)/2$, 且已假设 $\Delta\nu/\rho \ll 1$. 在这种情况下, 我们依次按照 $\Delta\nu/\rho$ 的阶次求解 (4.56) 式, 得到

$$\mu \approx -\frac{1}{2}\left[1 - \frac{\Delta\nu}{3\rho} + \frac{(\Delta\nu)^2}{36\rho^2}\right] + \mathrm{i}\frac{\sqrt{3}}{2}\left[1 - \frac{(\Delta\nu)^2}{36\rho^2}\right]. \tag{4.60}$$

因此, $\mu_{I2} = \sqrt{3}/72\rho^2$, 单能电子束情形的 RMS 带宽为

$$\sigma_\nu = \sigma_{\Delta\omega/\omega} = \sqrt{\frac{3\sqrt{3}\rho}{k_u z}} = \rho\sqrt{\frac{18}{N_G}} \approx \sqrt{\frac{0.83\rho}{z/\lambda_u}}, \tag{4.61}$$

其中 N_G 是所经过的功率增益长度的数目.

在一般情形下, 为了得到这些量需要进行数值计算. 图 4.3 给出了 Gauss 能量分布下最大增长率 μ_{Im} 及相应的耦合参数 g_S 和 g_A 与能散度的函数关系. 和预期

的一样, 最大增长率 (增益长度) 是 σ_η 的递减 (递增) 函数, 这是因为不同能量的电子会与不同的辐射频率发生共振. 在Gauss 能量分布下, 能散度对增益的影响可近似为

$$L_G(\sigma_\eta) = \frac{1}{4\rho k_u \mu_{Im}(\sigma_\eta)} \approx L_{G0}[1 + (\sigma_\eta/\rho)^2]. \tag{4.62}$$

可以看到, 当能散度接近于 FEL 带宽 (即 $\sigma_\eta/\rho \gtrsim 1$) 时, 增益长度被严重拉长. 请注意, (4.62) 式是在最优失谐量 $\Delta\nu$ 时的增益长度, 随着 σ_η 的增大, 最优 $\Delta\nu$ 向负值方向偏移更多.

此外, g_A 和 g_S 都是 σ_η 的递增函数, 其中 g_S 给出了以散粒噪声作为种子的SASE 的相对强度 (相比于相干辐射种子的情形). 如果要采用外部辐射源作为种子来产生纵向相干的 FEL, g_S 将是一个很重要的量. 当能散度增大时, 种子辐射的功率也必须相应增大, 以克服散粒噪声产生的 SASE 的相对增长. 对于低能散度 ($\sigma_\eta \ll \rho$) 的情形, g_S 的平方增长可归因于能量噪声, 这与我们在 3.4.4 节中引入的集体动量 $P(0)$ 有关.

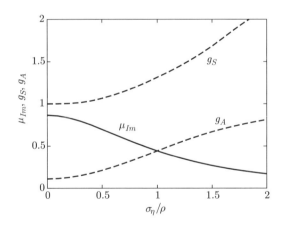

图 4.3　最大增长率 μ_{Im}、辐射耦合参数 g_A 及散粒噪声种子参数 g_S 与 RMS 能散度 σ_η(Gauss 能量分布) 的函数关系.

(4.61) 式表明, 在指数增长区内 SASE 带宽按 $(\lambda_u/z)^{1/2}$ 减小, 这比自发辐射阶段 (带宽 $\Delta\nu \propto \lambda_u/z$) 要慢一些. 从图 4.4 的实例中可以看到, 前几个增益长度的 SASE 带宽和波荡器辐射接近, 之后则按 $(\lambda_u/z)^{1/2}$ 减小. 在此处波荡器辐射的模拟中, 辐射对电子的作用被忽略. 请注意, 饱和时 ($\widehat{z} \approx 10$, $z \sim \lambda_u/\rho$) SASE 带宽是波荡器辐射的 $2\sim 3$ 倍, 而在指数增长阶段之后 SASE 的平均功率是单纯的波荡器辐射功率的 $10^5 \sim 10^7$ 倍.

饱和之前的 SASE 特性可由表达式 (4.55) 来计算. 例如, 相干时间 $t_{\rm coh}$ 可由相

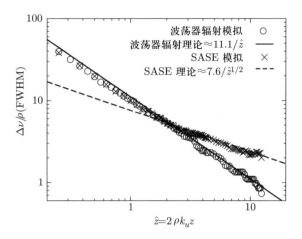

图 4.4 SASE 带宽与波荡器辐射 FWHM 带宽的演化. 理论直线的因子 11.1 和 7.6 分别来自 (2.74) 和 (4.61) 式, 计算中选取 $\rho = 5 \times 10^{-4}$.

干函数

$$\mathcal{C}(\tau) \equiv \frac{\left\langle \int \mathrm{d}t E(t) E^*(t+\tau) \right\rangle}{\left\langle \int \mathrm{d}t |E(t)|^2 \right\rangle} = \frac{1}{\langle P \rangle} \left\langle \int \mathrm{d}\omega \mathrm{e}^{-\mathrm{i}\omega\tau} \frac{dP}{d\omega} \right\rangle \tag{4.63}$$

计算, 其中第二个等号是利用 Weiner-Khinchin 定理将相关函数与功率谱密度的 Fourier 变换联系了起来. 相干时间 $t_{\mathrm{coh}} \equiv \int \mathrm{d}\tau \, |\mathcal{C}(\tau)|^2$ 可利用 (4.63) 式和功率谱密度 (4.55) 式简单地计算出来:

$$t_{\mathrm{coh}} = \frac{\sqrt{\pi}}{\omega_m \sigma_\nu}. \tag{4.64}$$

这一结果与 1.2.5 节中讨论的混沌光非常相似.

另外, (4.47) 式 [或 (4.55) 式] 中的 $\rho\gamma_r mc^2/2\pi$ 可理解为电子束中所包含的输入噪声功率 (谱密度)[4]. 该噪声功率与频率无关 (白噪声), 采用类似于 (3.113)~(3.115) 式的处理方法, 可以证明它与前两个功率增益长度上的自发波荡器辐射功率相等[5]. 将 SASE 项对频率积分, 可得电磁辐射功率

$$P = \int \mathrm{d}\omega \frac{\mathrm{d}P}{\mathrm{d}\omega} = g_S g_A \frac{\rho\gamma_r mc^2}{2\pi} \sqrt{2\pi} \omega_1 \sigma_\nu \mathrm{e}^{z/L_G}$$

$$= g_S g_A \rho P_{\mathrm{beam}} \frac{\mathrm{e}^{z/L_G}}{\sqrt{2} N_{l_{\mathrm{coh}}}}. \tag{4.65}$$

这里 $P_{\mathrm{beam}} = (I/e)\gamma_r mc^2$ 是电子束功率, $N_{l_{\mathrm{coh}}} = (I/ec)l_{\mathrm{coh}}$ 是一个相干长度 $l_{\mathrm{coh}} \equiv ct_{\mathrm{coh}} = \lambda_1/(2\sqrt{\pi}\sigma_\nu)$ 内的电子数目. 由于预期的饱和功率约为 ρP_{beam}, 因此总的放

大因子将约为 $N_{l_{\mathrm{coh}}}$, 这是一个很大的数值, 通常在 $10^5 \sim 10^7$ 的量级. 此外, (4.65) 式意味着在饱和时有

$$\frac{g_A g_S}{\sqrt{2}N_{l_{\mathrm{coh}}}}\mathrm{e}^{z_{\mathrm{sat}}/L_G} \sim \frac{\mathrm{e}^{z_{\mathrm{sat}}/L_G}}{12N_{l_{\mathrm{coh}}}} \sim 1 \Rightarrow z_{\mathrm{sat}} \sim \frac{\ln(12N_{l_{\mathrm{coh}}})}{4\pi}\frac{\lambda_u}{\rho}. \tag{4.66}$$

正如预期的那样, 饱和长度正比于 λ_u/ρ. 当 $N_{l_{\mathrm{coh}}}$ 在很大范围内取值时, 均有 $\ln(12N_{l_{\mathrm{coh}}}) \approx 4\pi$, 因此 $z_{\mathrm{sat}} \approx \lambda_u/\rho$, 然而这只是一种数值上的巧合.

4.3.3 SASE 的时间起伏和相关性

SASE 辐射是大量相干脉冲的随机组合, 跟同步辐射很像. 为了从时域上了解这一点, 我们对频率表象中的场进行 Fourier 变换以得到时域振幅:

$$E_x(z,t) = \int \mathrm{d}\nu E_\nu(z)\mathrm{e}^{\mathrm{i}\Delta\nu[(k_1+k_u)z-\omega_1 t]}\mathrm{e}^{\mathrm{i}(k_1 z-\omega_1 t)}, \tag{4.67}$$

其中 E_ν 由单能电子束情形下的增长(SASE) 解给出:

$$E_\nu(z) = \frac{\mathrm{i}\kappa_1 n_e}{2\rho k_u N_\lambda}\frac{\mathrm{e}^{-\mathrm{i}\mu 2\rho k_u z}}{\mu D'(\mu)}\sum_{j=1}^{N_e}\mathrm{e}^{-\mathrm{i}\nu\theta_j(0)}. \tag{4.68}$$

一般而言, 由于 μ 对 $\Delta\nu$ 的依赖关系, 上述积分无法精确计算. 然而, 在能散度可忽略的条件下, 可利用 (4.60) 式中的二阶展开得到近似的结果. 将

$$\mu = -\frac{1}{2}\left[1 - \frac{\Delta\nu}{3\rho} + \frac{(\Delta\nu)^2}{36\rho^2}\right] + \mathrm{i}\frac{\sqrt{3}}{2}\left[1 - \frac{(\Delta\nu)^2}{36\rho^2}\right] \tag{4.69}$$

代入 μ 的指数项, 所得到的表达式为 Gauss 积分, 可进行解析计算. 我们有[6]:

$$E_x(z,t) \propto \frac{\mathrm{e}^{\sqrt{3}\rho k_u z}}{\sqrt{z}}\sum_{j=1}^{N_e}\exp\left\{-\mathrm{i}\omega_1\left[t - \frac{z}{c}(1+\rho\Delta\beta) - t_j\right]\right\}$$
$$\times \exp\left\{-\frac{1+\mathrm{i}/\sqrt{3}}{4\sigma_\tau^2}\left[t - \frac{z}{c}\left(1+\frac{2}{3}\Delta\beta\right) - t_j\right]^2\right\}, \tag{4.70}$$

其中电子束平均速度相对于光速的归一化差值 $\Delta\beta \equiv 1-\overline{\beta}_z = (1+K^2/2)/2\gamma^2$, RMS 时间宽度

$$\sigma_\tau = \frac{1}{\sqrt{3}\sigma_\omega} \approx \frac{1}{2\omega_1}\sqrt{\frac{z/\lambda_u}{\rho}}. \tag{4.71}$$

(4.70) 式中的场分布是 RMS 脉冲宽度为 σ_τ、在传播中指数增长的 N_e 个波包之和. 模式的这种随机组合具有混沌光的基本性质, 尽管此处功率随 z 指数增长且其相干长度按 $\sqrt{k_u z}$ 增长. 请注意, 由于 (4.70) 式中的平方相位依赖关系, 这些模式

的 RMS 时域和频域宽度之间的关系不同于通常的 $\sigma_\tau \sigma_\omega = 1/2$. 在图 4.5 中, 我们给出了 SASE 时域演化的一个例子.

和波荡器辐射十分类似, SASE 辐射的波包在时间上随机分布, 其相速度比光速小 $\rho \Delta \beta$ 倍. 值得注意的是, 每个波包/时域模式的群速度为[7]

$$v_g = \frac{c}{1 + 2\Delta\beta/3} \approx c\left(1 - \frac{2}{3}\Delta\beta\right). \tag{4.72}$$

上述群速度略快于电子速度 (快 $\Delta\beta/3$ 倍), 但慢于光速 c, 这是因为增长的辐射模式由 FEL 增益决定. 由于 FEL 增益与局域电子群聚(以速度 $\bar{v}_z$ 移动) 密不可分, 因此增益区域会随着电子束移动, 辐射滑移和 FEL 增益的相互影响导致了 (4.72) 式的群速度. 图 4.6 所示的模拟结果证实了指数增长区内这一有趣的特性. 此外, 我们看到这些波包的群速度在饱和之后约等于 c, 此时辐射和电子束之间的耦合大大降低.

前面已经提到 SASE 的时域模式在脉冲内随机分布 (如图 4.5 和图 4.6 所示), 这是由于 SASE 起始于电子束流强的涨落, 后者归因于电子束的离散本质, 亦即散

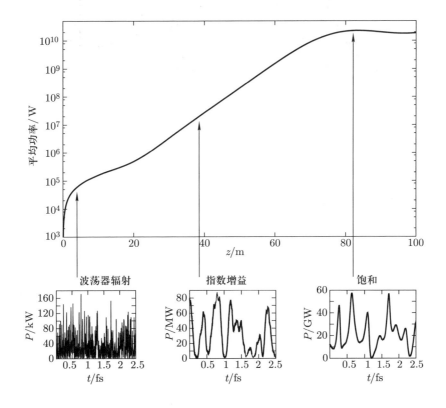

图 4.5　LCLS辐射功率与时间结构的演化 (1% 时间窗口). 此图由 H.-D.Nuhn 提供.

粒噪声. 因此, SASE 是一种部分相干的电磁波, 其时域涨落与 1.2.5 节中讨论的混沌光相同. 具体而言, SASE 脉冲含有约 $M \sim T/t_{\text{coh}}$ 个时域 (及频域) 模式或尖峰, 不同脉冲之间的积分能量相对起伏为 $1/\sqrt{M}$. 这里介绍的只是 SASE 的一些简单特征, 利用文献 [8] 等介绍的统计光学方法, 可得到对于 SASE 特性的详细描述. 在文献 [9, 10] 中, 这些方法已经应用到了 SASE 上. 下面我们将稍微详细地讨论一下几个这样的特性.

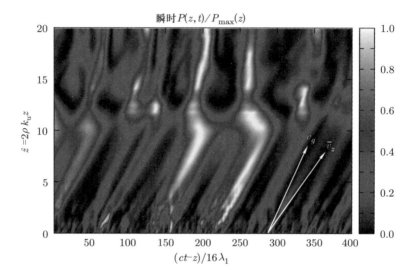

图 4.6 SASE 辐射功率与 $ct - z$ 及 $\hat{z}$ 的函数关系的模拟结果. 在每个 z 位置处, 功率均对最大值进行了归一化. 垂直方向的直线对应真空中电磁波的波前, 标记为 $\bar{v}_z$ 和 v_g 的箭头则分别标示沿 z 方向的电子束平均速度和 SASE 的理论群速度 [(4.72) 式]. 相干区域以群速度运动, 直至在 $\hat{z} \sim 10$ 附近达到饱和, 其后辐射与电子束几乎无耦合且近似以光速运动. 此图由 W. Fawley 提供.

SASE 功率时域涨落的特征时间尺度可由 (4.64) 式中的相干长度给出:

$$t_{\text{coh}} = \frac{\sqrt{\pi}}{\sigma_\omega} \to \frac{1}{6}\sqrt{\frac{z}{2\pi L_{G0}}}\frac{\lambda_1}{c\rho} \sim \frac{\lambda_1}{c\rho}, \tag{4.73}$$

其中最后两个表达式代入了一维结果, 并假设传播距离为几个增益长度. 对于任意给定的 SASE 脉冲, 场包络在时间 $\sim t_{\text{coh}}$ 上变化 (如图 4.5 所示), 而对于不同的脉冲, 强度尖峰的位置和高度则完全不相关. 后者的变化导致了不同 SASE 脉冲之间的能量涨落, 这一涨落同时依赖于相干时间和脉冲时间长度 T. 为了理解上述涨落, 我们首先考虑单个 SASE 脉冲. 由于电场在 $T \ll t_{\text{coh}}$ 的时间间隔内近似不变, 可以证明[11,12] T 内的辐射能量由负指数分布表示, 因此在 T 内测得能量 U 的概

率 $p(U)$ 为

$$T \ll t_{\text{coh}} : p(U) = \frac{1}{\langle U \rangle} \exp\left(-\frac{U}{\langle U \rangle}\right), \tag{4.74}$$

其中 $\langle U \rangle$ 是时间 T 内辐射能量的平均值. (4.74) 式在 $T \ll t_{\text{coh}}$ 时适用, 此时辐射场只包含一个纵向模式, 即 $M = 1$. 另一方面, 在 $M \to \infty$ $(T \to \infty)$ 的极限情况下, 按照中心极限定理, 能量将成正态分布. 在这两种极端情形之间则为 Γ 概率分布. 文献 [9] 依据这一推理指出, 对于持续时间为 T 的平顶 SASE 脉冲, 其能量 U 的统计特性由 Γ 分布决定:

$$p(U) = \frac{M^M}{\Gamma(M)} \frac{U^{M-1}}{\langle U \rangle^M} \exp\left(-M\frac{U}{\langle U \rangle}\right). \tag{4.75}$$

在这里, $\langle U \rangle$ 是持续时间为 T 的 SASE 脉冲电磁能量的整体平均, $\Gamma(M)$ 为 Γ 函数. 根据 Γ 分布的性质, M 与相对 RMS 能量起伏 σ_U 的关系为[6,9,13]

$$M = \frac{\langle U \rangle^2}{\sigma_U^2} = \frac{\langle U \rangle^2}{\langle U^2 \rangle - \langle U \rangle^2} \approx \begin{cases} T/t_{\text{coh}} & (\text{当 } T \gg t_{\text{coh}} \text{ 时}), \\ 1 & (\text{当 } T \lesssim t_{\text{coh}} \text{ 时}). \end{cases} \tag{4.76}$$

因此, M 表征脉冲中纵向自由度 (或模式) 的数目, (4.75)~(4.76) 式则给出了其更正式的定义. 大量的模拟[9] 已经证实, (4.75) 式可以很好地描述 SASE 脉冲能量的概率分布 (甚至可到 SASE 饱和), 而更全面的统计分析则表明, 时域中 SASE 强度尖峰的平均数目约为 $0.7M$[10].

   对于硬 X 射线波长, 由 (4.73) 式给出的相干时间只有几百阿秒, 而 SASE 脉冲长度 T 则由电子束团的长度决定. 通常, 电子束团长度在十飞秒至几百飞秒之间, 因此 $M \gg 1$. 此时脉冲能量的 Γ 分布接近于 Gauss 分布, 并具有较小的涨落 (相对 RMS 涨落由 $1/\sqrt{M}$ 给出). 另一方面, 如果电子束团长度与相干长度相当以至于 $T \lesssim t_{\text{coh}}$, 则 FEL 辐射只包含一个纵向相干模式, 但这是以辐射脉冲的稳定性为代价, 此时不同脉冲之间的能量变化将接近 100%.

   SASE 在频域中也表现出非常相似的统计特性. SASE 频谱的全宽约为 $2\sqrt{\pi}\sigma_\omega$, 其中随机分布着约 M 个谱宽为 $2\pi/T$ 的独立频谱模式. 在饱和处 $(z \sim \lambda_u/\rho)$, 单能电子束情形的频谱全宽为 $\sqrt{6\sqrt{3}}\rho\omega_1 \approx 3.2\rho\omega_1$. 此外, 考虑单色仪对辐射统计特性的影响也是很有意义的. 为了说明基本物理图像, 这里只考虑由许多纵向模式组成的单个 SASE 脉冲, 因此有 $M \gg 1$, $T \gg t_{\text{coh}}$, 更完整的处理参见文献 [9, 10]. 让 SASE 脉冲通过单色仪将会选出某一频带, 这和时域中 T 对应一个时间间隔一样. 如果我们用 σ_m 来表示单色仪的 RMS 带宽, 则当 $\sigma_m \lesssim \sigma_\omega$ 时, 经过单色仪后的平均脉冲能量 $\langle U \rangle_{\Delta\omega} \approx (\sigma_m/\sigma_\omega)\langle U \rangle$, 而当 $\sigma_m \gtrsim \sigma_\omega$ 时, 则有 $\langle U \rangle_{\Delta\omega} \approx \langle U \rangle$. 假设单色仪带宽小于 SASE 的谱宽, 即 $\sigma_m \lesssim \sigma_\omega$, 则单色仪将减小 SASE 谱宽, 且经过单色

仪后的频谱模式数由下式给出:

$$M_F \approx \begin{cases} \dfrac{\sigma_m}{\sigma_\omega} \dfrac{T}{t_{\mathrm{coh}}} & (\text{当 } \sigma_m \gg 2\pi/T \text{ 时}), \\ 1 & (\text{当 } \sigma_m \leqslant 2\pi/T \text{时}). \end{cases} \tag{4.77}$$

因此, 经过单色仪后的辐射具有更窄的带宽, 但与最初的 SASE 相比, 不同脉冲之间的能量起伏更大.

此处讨论的统计涨落可推广到三维情形, 为此重定义总模式数 $M = M_L M_T^2$, 其中 M_L 为纵向模式数 [其限值由 (4.76) 式给出], M_T^2 为横向模式数. 在起始时, 波荡器辐射也包含许多 $(M_T^2 \gg 1)$ 横向模式, 因此, 三维情形下初始的辐射能量起伏水平相对较低. 然而, 由于通常只有一个横向模式具有最大的 FEL 增益, 指数增长过程往往会优先选取这一横向模式, 在经过几个增益长度后, $M_T \to 1$. 因此, 饱和附近 SASE的起伏主要由之前介绍的一维纵向统计特性决定.

§4.4   准线性理论与饱和

由于电磁场只能从电子束中提取有限的能量, 其指数增长不能无限持续下去. 在线性理论中, $E_\nu(z)$ 中的平均束流能量在一阶上保持不变, 这是因为电磁辐射能量是一个二阶量. 由于饱和是一种非线性现象, 因此要获得解析结果比较困难, 往往需要使用模拟来确定饱和的动力学过程. 尽管如此, 有些物理过程还是既可以定性又可以定量地描述的.

在这一节里, 我们首先讨论饱和的准线性处理方法[2,14], 该方法通过将背景分布函数 $V(\eta)$ 变为电磁功率的缓变函数来扩展 §4.3 中的线性分析. 由于 V 现在随 z 变化, 因此从电子到辐射场的能量交换逐渐变慢并最终停止, 而准线性理论则可提供一个有用的动力学图像, 直至 FEL 饱和. 在介绍完该模型的一些数值实例后, 我们将对准线性理论和其他理论进行简要的比较. 最后, 我们将参考模拟结果, 讨论饱和物理过程的其他基本定性特征.

饱和的准线性理论是通过放宽背景分布函数 V 不依赖于演化坐标 z 这一假设, 即取 $V(\eta) \to V(\eta; z)$ 而得到的. 在这里我们采用相当通用的方法来推导准线性方程, 该方法也可用来研究时变电子束. 为了方便, 引入如下无量纲坐标:

$$\widehat{z} \equiv 2k_u \rho z, \quad \widehat{\eta} \equiv \frac{\eta}{\rho}. \tag{4.78}$$

如 3.4.3 节所述, 对于高增益 FEL, 上述无量纲坐标的量级为 1. 当我们研究三维理论时, 这些变量也很有用. 此外, 我们定义归一化场变量:

$$a_\nu \equiv \frac{eK[\mathrm{JJ}]}{4\gamma_r^2 mc^2 k_u \rho^2} E_\nu = \frac{\chi_1}{2k_u \rho^2} E_\nu, \quad f \equiv \rho F. \tag{4.79}$$

电磁场的归一化最初是在 3.4.3 节引入的, f 的表达式则确保了归一化条件 $\int \mathrm{d}\eta F$ $= \int \mathrm{d}\widehat{\eta}\widehat{f}$. 利用这些变量, 分布函数的 Klimontovich 方程可写成

$$\left\{\frac{\partial}{\partial \widehat{z}} + \widehat{\eta}\frac{\partial}{\partial \theta} + \int \mathrm{d}\nu[a_\nu(z)\mathrm{e}^{\mathrm{i}\nu\theta} + c.c.]\frac{\partial}{\partial \widehat{\eta}}\right\} f(\theta, \widehat{\eta}; \widehat{z}) = 0. \tag{4.80}$$

采用 f 的 Fourier 表象, 并将 $\int \mathrm{d}\theta \mathrm{e}^{-\mathrm{i}\nu\theta}$ 应用到 (4.80) 式, 有

$$\left[\frac{\partial}{\partial \widehat{z}} + \mathrm{i}\nu\widehat{\eta}\right] f_\nu(\eta; z) + \int \mathrm{d}\nu' a_{\nu'}(z)\frac{\partial}{\partial \widehat{\eta}}f_{\nu-\nu'}(\widehat{\eta}; \widehat{z})$$
$$+ \int \mathrm{d}\nu' a_{\nu'}^*(z)\frac{\partial}{\partial \widehat{\eta}}f_{\nu+\nu'}(\widehat{\eta}; \widehat{z}) = 0. \tag{4.81}$$

我们知道电磁场是在基频附近被共振激励的 (谐波功率最高才占百分之几), 这意味着 $a_{\nu'}$ 仅在 $\nu' = 1$ 附近的很小区域内较大, 通常 $|\nu' - 1| \lesssim \rho \ll 1$. 在这种情形下, (4.81) 式的第二行主要反映 $\nu \approx 1$ 时辐射场与分布函数高次谐波的耦合. 忽略这些在饱和前通常不重要的谐波贡献, 有

$$\left[\frac{\partial}{\partial \widehat{z}} + \mathrm{i}\widehat{\eta}\right] f_\nu(\widehat{\eta}; \widehat{z}) + \int \mathrm{d}\nu' a_{\nu'}(z)\frac{\partial}{\partial \widehat{\eta}}f_{\nu-\nu'}(\widehat{\eta}; \widehat{z}) = 0. \tag{4.82}$$

(4.82) 式在 $\nu \approx 1$ 且 $a_{\nu'}$ 分布于基频 $\nu' \approx 1$ 附近时适用, 因此 $\nu - \nu' \approx 0$, 且卷积只和分布函数的低频 (长波) 成分耦合. 换句话说, (4.82) 式是 (4.31) 式的推广, 它让背景分布函数 V 成为 θ 和 z 的函数, 这意味着电子束分布在有限的范围内, 且 V 可以动态地演化. 请注意, 从 (4.81) 式到 (4.82) 式的近似在饱和之后就失效了, 此时其他谐波成分 f_ν 变得很大. 因此, 准线性近似在饱和之后不再适用.

为了简化对于饱和物理过程的描述, 我们将再一次假设背景分布函数与相位无关. 为得到描述饱和的准线性方程, 平滑背景 $f_{\nu\approx 0}$ 取为 θ 上的均匀分布 (但随着 z 变化):

$$f_{\nu\approx 0}(\widehat{\eta}; \widehat{z}) = \delta(\nu)V(\widehat{\eta}; \widehat{z}). \tag{4.83}$$

将均匀背景分布 (4.83) 式代入 (4.82) 式, 对于基波附近的频率, 微分布函数由下式决定:

$$\left[\frac{\partial}{\partial \widehat{z}} + \mathrm{i}\nu\widehat{\eta}\right] f_\nu(\eta; z) + a_\nu(z)\frac{\partial}{\partial \widehat{\eta}}V(\widehat{\eta}; \widehat{z}) = 0. \tag{4.84}$$

尽管 V 的演化可由 (4.82) 式中 $\nu = 0$ 的成分得到[①], 但更直接的做法是将 (4.80) 式对 θ 积分. 利用 $\int \mathrm{d}\theta f = (2\pi cT/\lambda_1)V$ 和 $f_\nu = f_{-\nu}^*$ (由于 f 是实数), 将 (4.80) 式

[①] (4.82) 乘以 $\delta(\nu)$, 对 ν 积分, 然后让 $\delta(0)$ 等于 cT/λ_1.

对相位取平均, 得

$$\frac{\partial}{\partial \widehat{z}} V(\widehat{\eta}; \widehat{z}) + \frac{\lambda_1}{cT} 2\Re \int \mathrm{d}\nu \, a_\nu^* \frac{\partial f_\nu}{\partial \widehat{\eta}} = 0. \tag{4.85}$$

最后, Maxwell 方程 (4.12) 可采用归一化变量写成

$$\left[\frac{\partial}{\partial \widehat{z}} + \frac{\mathrm{i}(\nu - 1)}{2\rho} \right] a_\nu(\widehat{z}) = -\int \mathrm{d}\widehat{\eta} f_\nu(\widehat{\eta}; \widehat{z}). \tag{4.86}$$

当场 a_ν 足够小时, (4.84) 和 (4.86) 式回归到 §4.1 中的线性Maxwell-Klimon-tovich 方程, 此时 (4.85) 式意味着 V 是常数. 随着场的增长, 背景分布随 $\widehat{z}$ 变化, 以致束流的平均能量降低, 而其能散度则增大. 能散度的增大将降低场的有效增长率并最终限制 FEL 功率, 使得 $(\lambda_1/cT) \int \mathrm{d}\nu \, |a_\nu|^2 \sim 1$, 这意味着饱和功率 $P \sim \rho P_{\mathrm{beam}}$.

准线性方程 (4.84)~(4.86) 的一个重要特点是它们可使场与粒子的总能量守恒, 与线性方程组 (4.11)~(4.12) 形成对照. 这一点可通过计算动能的变化来证明:

$$\frac{\mathrm{d}}{\mathrm{d}\widehat{z}} \int \mathrm{d}\widehat{\eta} \widehat{\eta} V = \int \mathrm{d}\widehat{\eta} \frac{\partial V}{\partial \widehat{z}} \widehat{\eta} = -\frac{\lambda_1}{cT} \int \mathrm{d}\widehat{\eta} 2\Re \int \mathrm{d}\nu \, a_\nu^* \frac{\partial f_\nu}{\partial \widehat{\eta}} \widehat{\eta}$$

$$= -\frac{\lambda_1}{cT} \frac{\mathrm{d}}{\mathrm{d}\widehat{z}} \int \mathrm{d}\nu \, |a_\nu|^2 . \tag{4.87}$$

因此动能和场能量的和为常数, 总能量守恒.

通过数值求解准线性方程, 可以计算分布的高阶矩 (如能散度) 或确定背景能量分布 $V(\widehat{\eta}, \widehat{z})$ —— 后者更好. 为了简化方程, 我们假设 V 的演化远远慢于场的增长, 因此场变量可由增长模式很好地近似:

$$a_\nu(z) = a_\nu(0) \exp \left[-\mathrm{i} \int_0^{\widehat{z}} \mathrm{d}\widehat{z}' \mu_\nu(\widehat{z}') \right], \tag{4.88}$$

$$f_\nu(z) = f_\nu(0) \exp \left[-\mathrm{i} \int_0^{\widehat{z}} \mathrm{d}\widehat{z}' \mu_\nu(\widehat{z}') \right], \tag{4.89}$$

其中 $\mu_\nu(\widehat{z})$ 具有正虚部 (增长率), 我们将发现它满足线性条件下的一维色散关系 (4.36) 式. 利用 (4.88)~(4.89) 式, (4.84) 和 (4.86) 两个方程可合并成 $\mu_\nu(\widehat{z})$ 的单一方程, 同时 (4.85) 式也可得到简化:

$$\mu_\nu(\widehat{z}) - \frac{\nu - 1}{2\rho} = \int \mathrm{d}\widehat{\eta} \frac{V(\widehat{\eta}; \widehat{z})}{[\widehat{\eta} - \mu_\nu(\widehat{z})]^2}, \tag{4.90}$$

$$\frac{\partial}{\partial \widehat{z}} V(\widehat{\eta}; \widehat{z}) = -\frac{2\lambda_1}{cT} \int \mathrm{d}\nu \, |a_\nu(\widehat{z})|^2 \frac{\partial}{\partial \widehat{\eta}} \left\{ \Im \left[\frac{\partial V/\partial \widehat{\eta}}{\mu_\nu(\widehat{z}) - \widehat{\eta}} \right] \right\}. \tag{4.91}$$

正如上文所提及的, (4.90) 式看起来很像通常的 μ 的色散关系, 尽管现在它是由缓变分布 V 决定的 $\widehat{z}$ 的函数. (4.91) 式给出了直到饱和的, 由 FEL 相互作用导致的 V 的演变.

可以说明 (4.90) 和 (4.91) 式的动力学过程的最简单例子是单色辐射, 此时 $a_\nu = A(\widehat{z})\delta(\nu-1)$. 这样我们有 $|a_\nu|^2 = A^2(cT/\lambda_1)\delta(\nu-1)$, 因此准线性方程变为:

$$\mu(\widehat{z}) - \frac{\nu-1}{2\rho} = \int \mathrm{d}\widehat{\eta} \frac{V(\widehat{\eta};\widehat{z})}{[\widehat{\eta}-\mu(\widehat{z})]^2}, \tag{4.92}$$

$$\frac{\partial}{\partial \widehat{z}} V(\widehat{\eta};\widehat{z}) = -2\,|A(\widehat{z})|^2 \frac{\partial}{\partial \widehat{\eta}} \left\{ \Im\left[\frac{\partial V/\partial \widehat{\eta}}{\mu(\widehat{z})-\widehat{\eta}}\right] \right\}. \tag{4.93}$$

我们将饱和定义为 V 演化至增长率 $\Im(\mu) = 0$ 时, 从 (4.93) 式来看, 这意味着 $\partial V/\partial \widehat{z} = 0$, 动力学过程达到了平衡, FEL 功率保持不变.

当给定初值条件时, (4.92)~(4.93) 这组方程可以比较容易地数值求解. 在下面的例子中, 我们给出单频的准线性演化, 其中初始条件取为 $A(0) = 2 \times 10^{-3}$, 并假设辐射场在 $\nu = 1$ 上共振. 此外, 我们采用 RMS 能散度等于 0.1ρ 的 Gauss 能量分布来初始化 V, 从而有 $\langle\widehat{\eta}^2\rangle^{1/2} = 0.1$. 图 4.7 中显示功率在 $\Im(\mu) = 0$ 时达到饱和, 在这一点上, 能散度约增长到了 ρ, 而辐射功率 $|A|^2 \sim 1$. 我们还在 4.7(c) 中给出了起始及最终的背景分布 V. 可以看到, 最终的能量分布不仅更宽 (具有更大的能散), 而且在共振区域内 ($\widehat{\eta} \approx \Re[\mu(0)] \approx -0.5$) 变得很平坦, 这表明饱和时粒子被俘获.

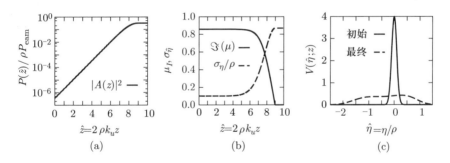

图 4.7 单色辐射准线性方程的动力学过程. (a) 表明功率最初指数地增长, 但在 $P \to \rho P_{\mathrm{beam}}$ 时逐渐变慢直至停止. 此时, 增长率从线性值 $\Im(\mu) \approx \sqrt{3}/2$ 降到了零, 而归一化能散度则如 (b) 所示增长 (趋向 1). (c) 给出了初始及饱和 ($\widehat{z} \approx 9$) 时的背景分布函数.

除了描述单频分量的增长, 准线性方程也可用于说明 SASE 的整体平均增长及饱和. 为了研究 SASE 的饱和, 我们假设 $V(\widehat{\eta};\widehat{z} = 0)$ 已经给定, 且任意位置 ($\widehat{z}$) 处的 V 在统计上不随 θ 变化. 对于此处研究的较长而又均匀的电子束来说, 这是一个很好的近似, 因为 V 的演变是由总辐射功率决定的, 后者的相对起伏约为 $1/\sqrt{M_L}$, 其中 M_L 是纵向模式的数目. 对于长束团, 辐射有许多纵向模式, $\langle V(\widehat{\eta};\widehat{z}) \rangle \approx V(\widehat{\eta};\widehat{z})$. 因此, (4.90) 式的整体平均很小, 而 (4.91) 式中唯一在统计上

变化的部分则来自起伏的辐射场. 为了对此进行计算, 我们利用 a_ν 的定义得到:

$$\frac{\lambda_1}{cT}\langle|a_\nu(\widehat{z})|^2\rangle = \frac{\lambda_1}{cT}\langle|a_\nu(0)|^2\rangle \exp\left\{\int \mathrm{d}\widehat{z}'\Im[2\mu_\nu(\widehat{z}')]\right\} = \frac{1}{\rho P_{\text{beam}}}\frac{\mathrm{d}P(\widehat{z})}{\mathrm{d}\nu}. \quad (4.94)$$

比较 (4.94) 式和初始 SASE 种子的整体平均结果 (4.47) 式, 可发现 V 的方程由下式给出:

$$\frac{\partial}{\partial\widehat{z}}V(\widehat{\eta};\widehat{z}) = \frac{2g_A g_S}{N_\lambda}\int \mathrm{d}\nu \exp\left\{\int \mathrm{d}\widehat{z}'\Im[2\mu_\nu(\widehat{z}')]\right\}\frac{\partial}{\partial\widehat{\eta}}\left[\Im\left(\frac{\partial V/\partial\widehat{\eta}}{\mu-\widehat{\eta}}\right)\right], \quad (4.95)$$

其中 g_S 和 g_A 是量级为 1 的常数, 在 (4.49) 和 (4.50) 式中是基于 $V(\widehat{\eta};0)$ 定义的, Gauss 能量分布下的 g_S 和 g_A 见图 4.3. 在那些具有正增长率的频率 (通常位于 FEL 带宽内, 即 $|\nu-1|\lesssim\sigma_\nu$) 上, 被积函数不为零. 当

$$\frac{g_A g_S}{N_\lambda}\sigma_\nu e^{2\mu\widehat{z}} \sim \frac{1}{10N_{l_{\text{coh}}}}e^{2\mu\widehat{z}} \sim 1 \Rightarrow \frac{z}{L_G} \sim \ln(10N_{l_{\text{coh}}}) \quad (4.96)$$

时, (4.95) 的右边约为 1, 其中 $N_{l_{\text{coh}}}$ 是一个相干长度内的电子数目. 因此, 饱和长度等于增益长度乘以一个数值因子, 该数值因子仅取决于一个相干长度内的电子数目 (成对数关系), 通常 $\ln(N_{l_{\text{coh}}})$ 在 16 至 20 之间.

    图 4.8 和图 4.9 给出了由准线性理论预测的 SASE 整体平均动力学结果, 同时也给出了对一维 FEL 程序的 100 次模拟取平均的结果. 在这里, 我们再次采用初

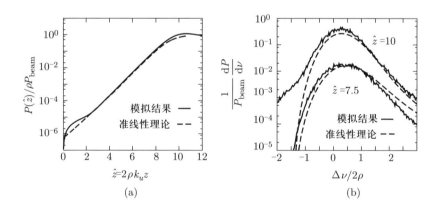

(a)   (b)

图 4.8 SASE 的功率演化. (a) 是准线性理论给出的整体平均功率 (对频率积分后的总功率) 和一维模拟结果的比较, 二者表现出几乎相同的线性演化, 饱和长度与功率也很好地吻合. (b) 给出了 $\widehat{z}=7.5$(临近线性增长阶段末端) 及 $\widehat{z}=10$(临近饱和) 处的整体平均功率谱密度. 线性增长阶段的动力学结果与预期符合得很好, 饱和的定性特征也得以显现. 在 $\widehat{z}=10$ 时, 由准线性理论得到的积分功率约为 (稍大于) 一维模拟结果的 1/3.

始能散度 $\sigma_{\widehat{\eta}} = 0.1$, 并选取 $N_\lambda = 1250$ 及 $\rho = 5 \times 10^{-4}$. 图 4.8 比较了功率的演化, 其中 (a) 为总积分功率, (b) 为两个波荡器位置处的整体平均功率谱密度. 准线性理论预测的功率演化过程 (直至饱和) 与模拟结果非常相似, 二者都得到了 $\widehat{z} \approx 10$ 的饱和长度. 虽然准线性方法很好地预测了饱和长度, 但在饱和功率 (总功率) 上却相差了 3 倍. 图 4.8(b) 给出了线性演化末端 ($\widehat{z} = 7.5$) 和邻近饱和 ($\widehat{z} = 10$) 处的功率谱密度. 两种方法在线性区域中仍然符合得很好, 其中整体平均功率谱密度以增长率 $\Im[\mu(\nu)]$ 增长. 准线性理论相当好地描述了饱和时的定性特征, 但由于存在非线性效应, 饱和时的 SASE 频谱应比准线性理论的预期更宽一些.

为了从另一个角度说明准线性饱和, 我们在图 4.9 中给出了两个位置处的背景分布 $V(\widehat{\eta}; \widehat{z})$. (a) 图表明直到线性区末端的 $\widehat{z} = 7.5$ 处, 背景分布函数的演化都可以很好地由准线性理论描述. 请注意, 虽然增长率变化很小, 但 V 已发生了显著的变化, 其中电子束能散增大, 平均能量降低. (b) 图为临近饱和时 ($\widehat{z} = 10$) 的背景分布函数. 尽管准线性理论与一维 SASE 模拟结果仍符合得较好, 但模拟结果呈现出更宽的能量分布和更多的能量损失. 二者之间的差异可在很大程度上归因于高度非线性的分布函数的谐波分量.

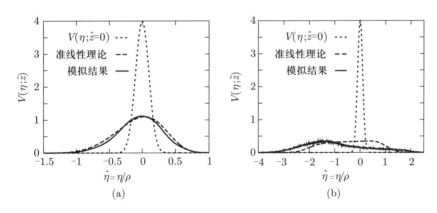

图 4.9 由准线性理论和一维 SASE 模拟得到的分布函数 $V(\widehat{\eta}; \widehat{z}) = \int \mathrm{d}\theta f(\theta, \widehat{\eta}; \widehat{z})$ 的比较. (a) 显示了在 $\widehat{z} = 7.5$ 处 (临近线性演化的末端) 准线性理论与一维 SASE 模拟结果的良好一致性, 其中 V 的展宽是由于大幅度的粒子群聚, 而 $\langle\widehat{\eta}\rangle$ 的减小则使得能量守恒. (b) 是 $\widehat{z} = 10$ 处 (临近饱和) 的结果. 此时准线性理论与一维 SASE 模拟结果基本一致, 但由于忽略了 f 中的非线性因素, 准线性理论低估了粒子的能量损失.

如上所述, 准线性理论给出了一个相当好的直至饱和的 FEL 演化图像. 然而, 饱和之后非线性物理的完整描述还应将分布函数的高次谐波包含进来. 关于饱和的其他解析结果可由时域中的一维稳态方程推导出来 (参见 [15, 16, 17, 18, 19] 等), 这些近似模型通常在与饱和相关的某一非线性动力学过程 (如粒子俘获) 中加入 FEL

的某种线性的集体描述形式. 由于这些分析超出了本书的范围, 在本章的剩余部分我们将只讨论与 FEL 饱和有关的一些重要的基本物理概念. 正如我们在 (4.96) 式及随后的讨论中提到的那样, 饱和长度等于一个数值因子和增益长度的乘积, 该数值因子在 18 至 20 之间 (变化不大). 由于 $4\pi\sqrt{3} \approx 20$, 因此当增益长度采用一维理论值 (即 $L_G \approx L_{G0}$) 时, 饱和长度正好是 λ_u/ρ.

在饱和之前, 准线性理论和一维模拟都显示了电子束能散度的显著增长. 在指数增长阶段, 能散度增长的主要原因是与 FEL 机制相关的能量调制和群聚. 例如, δ 函数能量调制 $\delta(\widehat{\eta} - A\sin\theta)$ 对应的能散度为 $\sigma_{\widehat{\eta}}^2 = \int d\widehat{\eta}\,\widehat{\eta}^2 V = A^2/2$. 随着调制的增强, 有效能散度增大, 这将导致增益的下降. 趋近饱和时, 粒子在辐射场和波荡器场所形成的有质动力势中开始显著地旋转. 随着粒子开始在相空间内旋转 (进行图 4.10 所示的所谓同步振荡), 分布函数的高次谐波分量变得更为重要.

在饱和之后, 与同步运动相关的粒子能量的周期性增加和丢失造成了辐射能量的振荡 (振荡一次需要经过许多个波荡器周期). 这又可将频率为 ω 的 FEL 辐射耦合到频率为 $\omega \pm c\Omega_S$ 的电磁场中, 从而可以持续地从所关注的模式中提取能量. 这被称为边带不稳定性, 进一步的说明参见文献 [20, 21, 22] 等. 饱和区域中更进一步的解析分析一般是不可能的, 我们通常借助模拟来描述和预测饱和后的 FEL 动力学过程.

§4.5　增益饱和后的波荡器磁场渐变

乍看起来, 饱和区域的粒子俘获似乎阻止了进一步从电子束中提取能量. 当电子在有质动力相稳定区内做同步振荡时, 它们交替地失去和得到能量, 因此辐射场能量平均起来近似地保持不变. 然而, Kroll, Morton 和 Rosenbluth (以下简称 KMR) 在文献 [23] 中指出, 在饱和之后有可能从电子束中提取更多的能量. 这些额外的辐射场能量可通过有效地调节波荡器参数 K (从而使得 FEL 的共振条件即使在电子损失能量时也能得以维持) 来产生. 为了提取更多的能量, 必须逐渐减小 K, 这一过程被称为波荡器磁场渐变. 从微波到硬 X 射线波段都有实验表明波荡器磁场渐变可大幅提高单通 FEL 放大器的输出功率和能量提取效率[24,25,26]. 在本节中, 我们利用 KMR 方法来分析高增益 FEL 的波荡器磁场渐变.

在渐变波荡器中, 波荡器参数 K 是 z 的函数, 我们可通过

$$\frac{1 + K(z)^2/2}{2\gamma_r(z)^2} = \frac{\lambda_1}{\lambda_u} = 常数 \tag{4.97}$$

来定义共振能量 $\gamma_r mc^2$. 我们强调上式的右边为常数, 这是由于 λ_1 是在指数增长区内确定且等于种子放大或 SASE FEL 的中心波长. 延续 3.3.3 节中摆方程的推

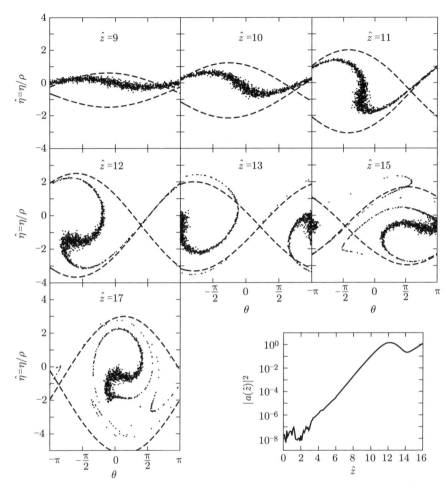

图 4.10 FEL 指数增长及饱和过程中的粒子分布演化. 右下图给出了功率随归一化距离 $\hat{z}$ 的变化关系, 其余各图则给出了波荡器中不同位置处的粒子相空间分布, 初始能散度 $\sigma_{\hat{\eta}} = \sigma_{\eta}/\rho = 0.1$. 图中黑点是电子位置, 虚线则表示由复电场瞬时值形成的有质动力势的分界线. 分界线将相空间分成了三个区域: 位于分界线上方及下方的两个通过区和位于分界线之间的俘获区. 在这个例子中, 饱和发生在 $\hat{z} \approx 12(z \approx 21L_G)$ 处, 之后随着俘获粒子在有质动力势中的旋转, 场振幅沿 z 振荡.

导, 我们将 θ 定义为电子相位 (相对于波长为 λ_1 的共振电磁波), 并定义相对能量偏移 $\eta = (\gamma - \gamma_r)/\gamma_r$. 同时, 我们假设总的能量变化仍远小于初始束流能量, 从而有 $\gamma_0 = \gamma_r(z = 0) \approx \gamma_r$. 这样, 电子的纵向运动可由下式给出:

$$\frac{\mathrm{d}\theta}{\mathrm{d}z} = 2k_u\eta, \tag{4.98}$$

$$\frac{\mathrm{d}\eta}{\mathrm{d}z} = -\frac{eK[\mathrm{JJ}]}{2\gamma_0^2 mc^2}|E|\sin(\theta + \phi) - \frac{1}{\gamma_0}\frac{\mathrm{d}\gamma_r}{\mathrm{d}z}. \tag{4.99}$$

在这里我们将复数场写成了 $E = |E|\,\mathrm{e}^{\mathrm{i}\phi}$, 因此 $|E|$ 和 ϕ 分别是辐射场的缓变振幅和相位. (4.99) 式右边的第二项是一个描述波荡器磁场渐变的函数, 其中波荡器磁场渐变反映在其对共振能量的影响中.

遵照 KMR 的方法[23], 我们通过下式定义同步相位 ψ_r:

$$-\frac{1}{\gamma_0}\frac{\mathrm{d}\gamma_r}{\mathrm{d}z} = \frac{eK[\mathrm{JJ}]}{2\gamma_0^2 mc^2}\,|E|\sin\psi_r. \tag{4.100}$$

请注意, 当 $\theta = \psi_r - \phi$ 时, (4.99) 式的右边为零, η 为常数, $\mathrm{d}\gamma/\mathrm{d}z = \mathrm{d}\gamma_r/\mathrm{d}z$. 与此式及 (4.98) 式相符的一个解的形式为 $\gamma = \gamma_r(z)$, 在这种情形下, 电子的能量损失刚好跟上外部设定的波荡器磁场渐变. 因此, 同步相位在饱和后波荡器磁场渐变的物理分析中起着重要的作用.

采用 (4.100) 式中的同步相位, 动力学方程 (4.98)~(4.99) 可由 Hamilton 量

$$H = k_u\eta^2 - \frac{eK[\mathrm{JJ}]}{2\gamma_0^2 mc^2}\,|E|\,[\cos(\theta + \phi) + \theta\sin\psi_r] \tag{4.101}$$

得出. 如果我们比较此处的 H 和 (3.23) 式中的 Hamilton 量, 可以看到 (4.101) 式中多出了 $\theta\sin\psi_r$ 一项, 这是由同步相位随 K 的变化所引起的. (4.101) 式和 RF 加速器中描述纵向 (同步) 运动的 Hamilton 量[27]在形式上是一样的.

在渐变波荡器 FEL 中, "同步" 电子是有质动力相位 $\psi \equiv \theta + \phi$ 等于同步相位 ψ_r 的电子, 同步电子的能量在整个波荡器中一直和共振能量 $\gamma_r mc^2$ 相等. 在有质动力相稳定区内, 具有较小能量偏移 ($\eta \neq 0$) 的电子在同步粒子附近做同步振荡. 图 4.11 显示了 $\phi = 0$ 时不同同步相位 ψ_r 情形的有质动力相稳定区. 当 $\sin\psi_r > 0$ 时, 相稳定区随着共振能量的降低而减小, 留在相稳定区内的电子继续向场辐射能量, 交给场的能量为共振能量的差值. 如果 $|E|$ 和 ϕ 随 z 绝热变化, 则电子将一直被俘获在相稳定区内, 此时辐射功率相对于非渐变波荡器情形的常规 "饱和" 值可有显著提高.

一旦电子被俘获在有质动力相稳定区内, 电子束的群聚将近似保持不变. 因此, 在渐变/俘获区内, 电场 E 随着传播距离线性增长. 如果 $E \propto z$, 则由 (4.100) 式知粒子动能损失 $\Delta\gamma_r \propto z^2$, 这是符合能量守恒的, 因为辐射功率也正比于 z^2. 相应的波荡器磁场渐变可由 (4.97) 式得到:

$$\frac{\Delta K}{K} = \frac{4\lambda_1}{\lambda_u}\frac{\Delta\gamma_r}{\gamma_r} \propto z^2, \tag{4.102}$$

因此, 磁场平方渐变的波荡器可使能量提取达到最大. 通常约在 FEL 饱和之前两个增益长度处开始渐变波荡器磁场, 此时电子束能量损失率接近 ρ, 而平方渐变的确切形式则需在实验或数值模拟中进行优化.

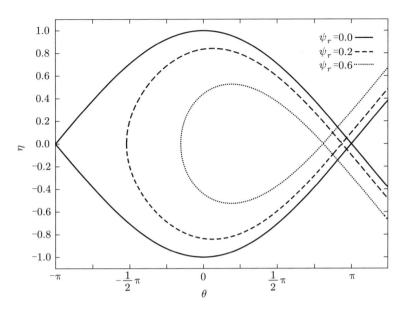

图 4.11 俘获电子的 FEL 有质动力相稳定区与同步相位 ψ_r 的关系. 图中分别给出了 $\psi_r = 0$(实线)、$\psi_r = 0.2$(虚线) 和 $\psi_r = 0.6$(点线) 的情形.

图 4.12 给出了种子型 FEL 放大器在两种情形下的性能比较, 其中一种情形没有波荡器磁场渐变 (虚线), 另一种情形则采用了最优的平方渐变 (实线). 初始能散选取了相对较小的值 $\sigma_\eta = 0.2\rho$, 平方渐变开始于 $\hat{z} = 2k_u\rho z = 9$ 处. 与固定 K 值的情形相比, 渐变波荡器可将 FEL 输出功率提高两个量级. 出现如此大差异的原

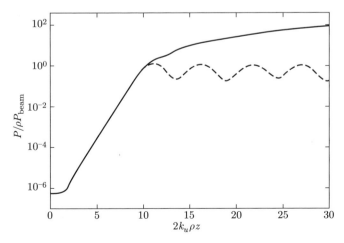

图 4.12 FEL 功率与波荡器距离的函数关系. 实线为渐变波荡器的情形, 虚线则对应固定 K 值的波荡器.

因如图 4.13 所示, 图中我们给出了渐变波荡器中多个位置处宏粒子的相空间分布. 可以看到很大一部分电子被俘获, 这些电子随后随着波荡器强度的减小而移动到更低能量处.

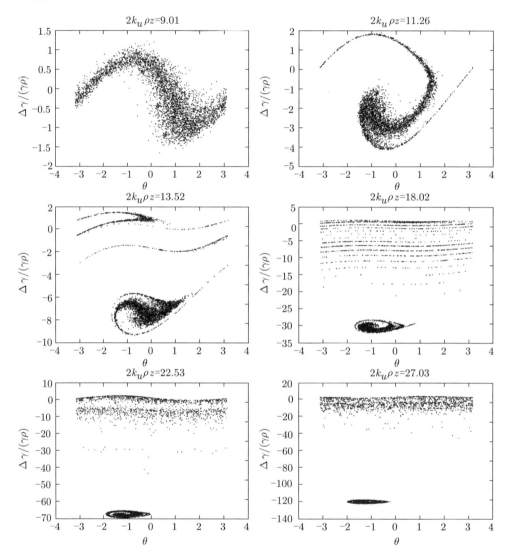

图 4.13　渐变波荡器情形下临近饱和及饱和之后粒子分布演化的一维模拟结果.

尽管图 4.12 和图 4.13 说明了波荡器磁场渐变的基本物理图像, 但这是起始于纵向相干 (种子型)FEL 的一维理想情形. 如果换成 SASE 情形, 则辐射场将在相干长度 ($\sim \lambda_1/\rho$) 内呈现出很大的变化. 当变化的电场滑移过电子时, 这又会导致电子的逃逸, 因此, SASE 中波荡器磁场渐变的效率会受到一定的限制. 实验已经表明, 波荡器渐变可将 SASE 的功率提高 2 到 4 倍[26]. 此外, 即使在初始电场纵向相干时, 三维效应 (如衍射) 也会降低波荡器磁场渐变的效率. 例如, 数值模拟显示, 对于足够长的波荡器, 初始的平方渐变规律最终会变为随 z 的线性变化. 由于这些不利效应, 所有粒子最终都会从相稳定区中逃逸, 此时辐射功率达到真正的饱和. 对于波荡器磁场渐变的进一步讨论超出了本书的范围, 可参见文献 [28, 29, 30, 31].

§4.6 超辐射

粒子集合的自发辐射通常可以通过假设每个粒子的辐射独立于所有其他粒子来计算. 在这种情形下, 总的辐射场能量与产生辐射的粒子数目成线性比例关系. 然而, 这个图像并不完整. 如果粒子之间存在初始关联, 或者由电磁场所致的粒子间的耦合足够强, 则这一图像将会给出错误的结果. 在研究此问题时, Dicke 创造了超辐射这一术语来表示一个 "由于相干性而强烈地辐射" 的体系[32]. 文献 [32] 中的一些实例表明某些相关性可以导致超辐射, 其总电磁能量与辐射体数目的平方成正比. 从那时起, "超辐射" 一词被应用到了许多电磁辐射过程中, 在这些过程中 N_e 个粒子辐射的能量正比于 N_e^2. 换言之, 超辐射可以指输出辐射强度正比于粒子密度平方的情形. 在下面, 我们将简单讨论一个表现出超辐射特性的 FEL 特解.

在常规的稳态运行中, 饱和时的 FEL 辐射强度 $\propto \rho(I/\sigma_r^2) \propto n_e^{4/3}$, 而辐射能量则 $\propto \rho N_e \propto n_e^{1/3} N_e$. 正如我们在 3.4.5 节中解释的那样, 后一比例关系可理解为自发波荡器辐射的相干增强. 除了这种稳态运行, Bonifacio 和合作者在文献 [33] 中指出 FEL 也可以表现出超辐射, 其辐射强度正比于 n_e^2(参见 [34] 和其中的参考文献). 本节讨论一个特殊的超辐射例子, 该例子是作为粒子俘获区内 FEL 方程的一个自洽解出现的. 之所以将这个解留到本节才介绍, 是因为它依赖于粒子俘获的物理图像, 且可使功率超过稳态饱和值 ρP_{beam}. 为了理解基本物理图像和比例关系, 我们考虑一个向前滑移到了电子束中未被扰动部分的 FEL 辐射脉冲. 如果辐射场足够强, 则电子将会被俘获在有质动力势中并开始在相空间内旋转. 在前半周期, 粒子将能量交给辐射场, 而在后半周期能量则反向转移. 因此, 只有在前半个同步周期内滑移出电子束的那部分辐射场才会被放大. 峰值功率为 $|a|^2$ 的脉冲逐渐形成, 其宽度正比于同步周期 ($\sim |a|^{-1/2}$), 因此总的电磁辐射能量为

$$U_{\text{EM}} = P\Delta t \sim |a|^2 \times |a|^{-1/2} = |a|^{3/2}. \tag{4.103}$$

同时, 由于相互作用, 电子的平均能量改变量约等于有质动力相稳定区的高度 $|a|^{1/2}$, 而失去能量的电子数目正比于超辐射脉冲在电子束前传播的距离(滑移长度),

即正比于 $\widehat{z}$. 因此, 动能的总变化为

$$U_{\mathrm{KE}} \propto \sum_j \Delta \eta_j \sim \widehat{z} \Delta \eta_j \sim -\widehat{z} |a|^{1/2}. \tag{4.104}$$

显而易见, 在 $|a| \sim \widehat{z}$ 时能量守恒. 在这种情形下, 功率 $|a|^2 \sim \widehat{z}^2$, 而强度则为

$$\frac{P}{\mathscr{A}_{\mathrm{tr}}} \approx \frac{I}{e} \frac{\rho \gamma m c^2}{\mathscr{A}_{\mathrm{tr}}} \widehat{z}^2 = c n_e \left(\rho \gamma m c^2\right) (2\rho k_u z)^2 = \left(\gamma m c^3 \kappa_1 \chi_1 z^2\right) n_e^2, \tag{4.105}$$

因此, 这一过程为超辐射. 实际上, 在束流坐标系[①]中, FEL 相互作用可理解为波荡器场的相干 Thomson 散射[34].

前面的讨论表明, 超辐射放大可近似为 FEL 方程的自相似解[35]. 例如, 辐射的峰值振幅与 $\widehat{z}$ 成正比, 而在随束流运动的坐标 $\widehat{z} - 2\rho\theta$ 中, 其宽度正比于 $\widehat{z}^{-1/2}$, 这表明可引入场 A 和坐标 y:

$$A \equiv a/\widehat{z}, \quad y \equiv \sqrt{\widehat{z}}(\widehat{z} - 2\rho\theta), \tag{4.106}$$

其中 A 在近似上只是 y 的函数. Maxwell 方程式 (3.86) 的左边因此变为

$$\left(\frac{\partial}{\partial \widehat{z}} + \frac{1}{2\rho} \frac{\partial}{\partial \theta}\right) a = \left(\frac{y}{2} \frac{\partial}{\partial y} + \widehat{z} \frac{\partial}{\partial \widehat{z}} + 1\right) A \approx \frac{y}{2} \frac{\mathrm{d}A}{\mathrm{d}y} + A. \tag{4.107}$$

正如我们前面提到的, 一个典型电子的能量改变量约等于有质动力相稳定区的高度 ($\sim |a|^{1/2} \sim \widehat{z}^{1/2}$). 由此我们定义自相似动量 $p_j \equiv \widehat{\eta}/\sqrt{\widehat{z}}$, 在 $\widehat{z} \gg 1$ 时, 可以得到

$$\frac{1}{\widehat{z}} \frac{\mathrm{d}\widehat{\eta}_j}{\mathrm{d}\widehat{z}} = \left(\frac{\partial}{\partial y} + \frac{y}{2\widehat{z}^{3/2}} \frac{\partial}{\partial y} + \frac{1}{\sqrt{\widehat{z}}} \frac{\partial}{\partial \widehat{z}} + \frac{1}{2\widehat{z}^{3/2}}\right) p_j \approx \frac{\mathrm{d}p_j}{\mathrm{d}y}, \tag{4.108}$$

因此, 自相似假设在长距离传播后是自洽的. 写出 (4.107) 和 (4.108) 式的后半部分, 并将相位方程包含进来, 可得到描述自相似超辐射 FEL 脉冲的常微分方程组[35]:

$$\frac{\mathrm{d}\theta_j}{\mathrm{d}y} = p_j(y), \tag{4.109}$$

$$\frac{\mathrm{d}p_j}{\mathrm{d}y} = A(y)\mathrm{e}^{\mathrm{i}\theta_j(y)} + A(y)^* \mathrm{e}^{-\mathrm{i}\theta_j(y)}, \tag{4.110}$$

$$\frac{y}{2} \frac{\mathrm{d}A}{\mathrm{d}y} + A = -\frac{1}{N_\Delta} \sum_j \mathrm{e}^{-\mathrm{i}\theta_j(y)}. \tag{4.111}$$

请注意, (4.111) 式表明在 $y = 0$ 处群聚和场 A 的和为零, 即

$$A(0) = -\sum_j \mathrm{e}^{-\mathrm{i}\theta_j(0)}/N_\Delta \equiv -b(0).$$

---

①即粒子静止坐标系 (译者注).

因此, 真正自相似的解还要求初始相干群聚, 此群聚应为沿束团的阶梯状函数. 虽然这在理论上是可能的, 但更切实的方法是使用一个具有很陡前沿的外部辐射源来作为 FEL 的种子. 在图 4.14(a) 中, 我们比较了自相似解和求解完整一维 FEL 方程所得到的结果, 前者采用了初始条件 $|A(0)| = |b(0)| = 0.03$, 后者假设 $a(0) = 0.1$ 及 $b(0) = 0$. 图中所示为三个不同的传播距离处自相似场功率 $|A|^2 = |a/\hat{z}|^2$ 与自相似坐标 $y = \sqrt{\hat{z}}(\hat{z} - 2\rho\theta)$ 的函数关系. 即使边界条件不同, 自相似解还是相当好地描述了辐射场. 更重要的是, 辐射场功率随着 $\hat{z}$ 平方增长, 因此该辐射为超辐射.

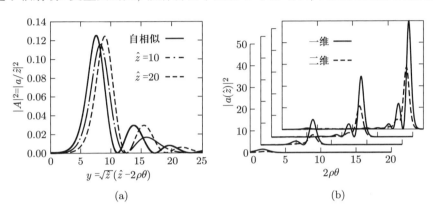

图 4.14 (a) 自相似超辐射场分布与在不同位置处求解完整一维 FEL 方程所得结果的比较. (b) 一维与二维超辐射功率分布的比较.

模拟也表明, 当包含三维衍射效应时, 在一维情形中推导的自相似超辐射特性依然存在. 这主要是因为 FEL 群聚在一定程度上提供了类似于光纤的光导作用: 群聚改变了折射率, 从而导引着部分辐射场沿电子束传播. 此处提到的折射导引与下一章中讨论的高增益 FEL 的增益导引有所不同. 在图 4.14(b) 中, 我们将二维柱对称模拟结果与一维结果进行了比较, 模拟中采用了与图 4.14(a) 相同的参数, 并取归一化电子束尺寸 $\hat{\sigma}_x = 4$, 初始 Gauss 场分布 RMS 值 $\sigma_r = 2/\sqrt{\rho k_1 k_u}$. 可以看到, 峰值功率虽然降低了一半, 但却一直正比于距离的平方, 且基本保持了自相似超辐射的脉冲结构.

在图 4.14 的模拟中, 束流中的电子初始时等间隔地分布在相位上, 因此由散粒噪声导致的涨落被抑制, 从而没有 SASE 作用. 然而, 当散粒噪声涨落被包含进来时, 由此产生的 SASE 最终会扰乱电子束, 从而破坏自相似放大. 由于这一原因, 我们预期此处介绍的超辐射放大在和 SASE 饱和长度相当的传播距离上适用, 通常 $\hat{z} \lesssim 4\pi$.

最后提一下, 在一些 FEL 实验中已成功地观测到了超辐射特性. 超辐射的首次观测是在文献 [36] 中报道的, 近期实验结果参见文献 [37].

参考文献

[1] W. Colson, "The nonlinear wave equation for higher harmonics in free-electron lasers," *IEEE J. Quantum Electron.*, vol. 17, p. 1417, 1981.

[2] K.-J. Kim, "An analysis of self-amplified spontaneous emission," *Nucl. Instrum. Methods Phys. Res., Sect. A*, vol. 250, p. 396, 1986.

[3] J.-M. Wang and L.-H. Yu, "A transient analysis of a bunched beam free electron laser," *Nucl. Instrum. Methods Phys. Res., Sect. A*, vol. 250, p. 484, 1986.

[4] K.-J. Kim, "Three-dimensional analysis of coherent amplification and self-amplified spontaneous emission in free electron lasers," *Phys. Rev. Lett.*, vol. 57, p. 1871, 1986.

[5] L.-H. Yu and S. Krinsky, "Amplified spontaneous emission in a single pass free electron laser," *Nucl. Instrum. Methods Phys. Res., Sect. A*, vol. 285, p. 119, 1989.

[6] K.-J. Kim, "Temporal and transverse coherence of SASE," in *Towards X-ray Free Electron Lasers*, ser. AIP Conference Proceedings 413, R. Bonifacio and W. Barletta, Eds. New York: AIP, 1997.

[7] R. Bonifacio, L. D. Salvo, P. Pierini, N. Piovella, and C. Pellegrini, "Spectrum, temporal structure, and fluctuations in a high-gain free-electron laser starting from noise," *Phys. Rev. Lett.*, vol. 73, p. 70, 1994.

[8] J. Goodman, *Statistical Optics*. New York: John Wiley & Sons, Inc., 2000.

[9] E. L. Saldin, E. A. Schneidmiller, and M. V. Yurkov, "Statistical properties of radiation from VUV and x-ray free electron laser," *Opt. Commun.*, vol. 148, p. 383, 1998.

[10] S. Krinsky and R. L. Gluckstern, "Analysis of statistical correlations and intensity spiking in the self-amplified spontaneous-emission free-electron laser," *Phys. Rev. ST Accel. Beams*, vol. 6, p. 050701, 2003.

[11] S. O. Rice, "Mathematical analysis of random noise," *Bell Systems Tech. J.*, vol. 23, p. 282, 1945.

[12] S. O. Rice, "Mathematical analysis of random noise," *Bell Systems Tech. J.*, vol. 24, p. 46, 1945.

[13] L.-H. Yu and S. Krinsky, "Analytical theory of intensity fluctuations in SASE," *Nucl. Instrum. Methods Phys. Res., Sect. A*, vol. 407, p. 261, 1998.

[14] N. A. Vinokurov, Z. Huang, O. A. Shevchenko, and K.-J. Kim, "Quasilinear theory of high-gain FEL saturation," *Nucl. Instrum. Methods Phys. Res., Sect. A*, vol. 475, p. 74, 2001.

[15] R. Bonifacio, F. Casagrande, and L. D. S. Souza, "Collective variable description of a free-electron laser," *Phys. Rev. A*, vol. 33, p. 2836, 1986.

[16] C. Marnoli, N. Sterpi, M. Vasconi, and R. Bonifacio, "Three-mode treatment of a high-gain steady-state free-electron laser," *Phys. Rev. A*, vol. 44, p. 5206, 1991.

[17] R. L. Gluckstern, S. Krinsky, and H. Okamoto, "Analysis of the saturation of a high-gain free-electron laser," *Phys. Rev. E*, vol. 47, p. 4412, 1993.

[18] G. Dattoli and P. Ottaviani, "Semi-analytical models of free electron laser saturation," *Opt. Commun.*, vol. 204, p. 283, 2002.

[19] S. Krinsky, "Saturation of a high-gain single-pass FEL," *Nucl. Instrum. Methods Phys. Res., Sect. A*, vol. 528, p. 52, 2004.

[20] W. B. Colson and R. A. Freedman, "Synchrotron instability for long pulses in free electron laser oscillators," *Opt. Commun.*, vol. 46, p. 37, 1983.

[21] J. C. Goldstein, "Theory of the sideband instability in free electron lasers," *Nucl. Instrum. Methods Phys. Res., Sect. A*, vol. 237, p. 27, 1985.

[22] W. B. Colson, "The trapped-particle instability in free electron laser oscillators and amplifiers," *Nucl. Instrum. Methods Phys. Res., Sect. A*, vol. 250, p. 168, 1986.

[23] N. M. Kroll, P. L. Morton, and M. N. Rosenbluth, "Free-electron lasers with variable parameter wigglers," *IEEE J. Quantum Electron.*, vol. 17, p. 1436, 1981.

[24] T. J. Orzechowski, B. R. Anderson, J. C. Clark, W. M. Fawley, A. C. Paul, D. Prosnitz, E. T. Scharlemann, S. M. Yarema, D. B. Hopkins, A. M. Sessler, and J. S. Wurtele, "High-efficiency extraction of microwave radiation from a tapered-wiggler free-electron laser," *Phys. Rev. Lett.*, vol. 57, p. 2172, 1986.

[25] X. J. Wang, H. P. Freund, D. Harder, W. H. Miner, J. B. Murphy, H. Qian, Y. Shen, and X. Yang, "Efficiency and spectrum enhancement in a tapered free-electron laser amplifier," *Phys. Rev. Lett.*, vol. 103, p. 154801, 2009.

[26] D. Ratner, A. Brachmann, F. J., D. Y. Ding, D. Dowell, P. Emma, J. Frisch, S. Gilevich, G. Hays, P. Hering, Z. Huang, R. Iverson, H. Loos, A. Miahnahri, H.-D. Nuhn, J. Turner, J. Welch, W. White, J. Wu, D. Xiang, G. Yocky, and W. M. Fawley, "FEL gain length and taper measurements at LCLS," in *Proceedings of the 2009 FEL Conference*, 2009.

[27] H. Wiedemann, *Particle Accelerator Physics I and II*, 2nd ed. Berlin: Springer-Verlag, 1999.

[28] W. M. Fawley, "'Optical guiding' limits on extraction efficiencies of single pass, tapered wiggler amplifiers," *Nucl. Instrum. Methods Phys. Res., Sect. A*, vol. 375, p. 550, 1996.

[29] W. M. Fawley, Z. Huang, K.-J. Kim, and N. A. Vinokurov, "Tapered undulators for

SASE FELs," *Nucl. Instrum. Methods Phys. Res., Sect. A*, vol. 483, no. 1-2, p. 537, 2002.

[30]   Y. Jiao, J. Wu, Y. Cai, A. W. Chao, W. M. Fawley, J. Frisch, Z. Huang, H.-D. Nuhn, C. P. S., and Reiche, "Modeling and multidimensional optimization of a tapered free electron laser," *Phys. Rev. ST Accel. Beams*, vol. 15, p. 050704, 2012.

[31]   E. A. Schneidmiller and M. V. Yurkov, "Optimization of a high efficiency free electron laser amplifier," *Phys. Rev. ST Accel. Beams*, vol. 18, p. 030705, 2015.

[32]   R. H. Dicke, "Coherence in spontaneous radiation processes," *Phys. Rev.*, vol. 93, p. 99, 1953.

[33]   R. Bonifacio and F. Casagrande, "The superradiant regime of a free electron laser," *Nucl. Instrum. Methods Phys. Res., Sect. A*, vol. 239, p. 36, 1985.

[34]   R. Bonifacio, F. Casagrande, L. D. Salvo, P. Pierini, and N. Piovella, "Physics of the high-gain FEL and superradiance," *Riv. Nuovo Cimento*, vol. 13, p. 1, 1990.

[35]   R. Bonifacio, L. D. Salvo, P. Pierini, P. Pierini, and N. Piovella, "The superradiant regime of a FEL: analytical and numerical results," *Nucl. Instrum. Methods Phys. Res., Sect. A*, vol. 296, p. 358, 1990.

[36]   T. Watanabe, X. J. Wang, J. B. Murphy, J. Rose, Y. Shen, T. Tsang, L. Giannessi, P. Musumeci, and S. Reiche, "Experimental characterization of superradiance in a single-pass high-gain laser-seeded free-electron laser amplifier," *Phys. Rev. Lett.*, vol. 98, p. 034802, 2007.

[37]   L. Giannessi, M. Bellaveglia, E. Chiadroni, A. Cianchi, M. E. Couprie, M. Del Franco, G. Di Pirro, M. Ferrario, G. Gatti, M. Labat, G. Marcus, A. Mostacci, A. Petralia, V. Petrillo, M. Quattromini, J. V. Rau, S. Spampinati, and V. Surrenti, "Superradiant cascade in a seeded free-electron laser," *Phys. Rev. Lett.*, vol. 110, p. 044801, 2013.

第 5 章　三维 FEL 分析

本章将 FEL 的一维理论分析推广到三维情形. 虽然实际上 FEL 相互作用主要是纵向的, 但如果想要得到 FEL 的完整图像, 横向的物理效应就不可忽略. 具体来说, 我们必须了解辐射衍射和导引的作用, 以及电子在波荡器中的 β 振荡对 FEL 性能的影响. 我们首先在 §5.1 中定性描述这些效应, 主要突出其背后的物理图像. §5.2 回顾波荡器中的电子轨迹, 将考虑三维波荡器磁场及横向自由度与纵向运动的耦合. §5.3 将结合这些横向效应, 将 FEL 摆方程和一维场方程推广到三维. 低增益解 (包括广义 Madey 定理) 将在 §5.4 中给出. 为了求解高增益区的耦合 Maxwell-Klimotovich 方程, 我们在 §5.5 中引入 Van Kampen 简正模式展开, 并推导辐射增长率的三维色散关系 (采用四个通用归一化参数). 最后, 我们讨论一个简单的变分解, 并在本章结尾给出 FEL 增益长度的一个简便拟合公式.

§5.1　定性讨论

5.1.1　衍射与光导

SASE FEL 一个显著特征是其横向相干性. 正如我们之前所讨论的, 自发波荡器辐射的横向相空间面积由电子束发射度 $(2\pi\varepsilon_x)^2$ 确定. 这一面积通常远远大于衍射极限的相空间面积 $(\lambda/2)^2$, 特别是在 X 射线波段, 因此波荡器辐射由许多横向模式组成. 在 SASE FEL 中, 自发辐射的初始横向相空间也是由许多空间模式的非相干叠加组成. 然而, 由于 FEL 相互作用被限制在电子束中峰值电子密度附近, 因此存在一个 "主导" 模式, 其横向尺寸 σ_r 由束流面积决定, 固有散角则满足 $\sigma_r\sigma_{r'} = \lambda/4\pi$. 高阶空间模式要么衍射更强, 要么空间分布范围更大, 前者导致更多的损失, 后者使得与粒子耦合的效率更低. 因此, 基模具有最高的有效增益, 从而最终成为 SASE 辐射的优选空间分布. 在波荡器中经过足够长的距离之后, 这一仅存的基模看起来就像被导引着一样, 这一现象通常被称为 "光导" 或 "增益导引"[1,2].

在图 5.1 中, 我们示意性地说明了增益导引的基本图像. 因为增益仅在中心区域内起作用, 一个 "匹配" 的横向模式从所有其他模式中被选择出来. 随后由于增益的作用, 这个模式在多个 Rayleigh 长度上看起来就像是被导引着一样. 横向模式选择在图 5.2 中也是显而易见的, 该图由 SASE 的三维 GENESIS模拟得到. 最初, 辐射功率随机分布在横向平面内, 但经过足够的传播距离之后, 只有一个局域的相

干模式存在. 为了让一个 Gauss 状横向模式像这样完全占据主导地位, 必须有足够
长的传播距离来让竞争模式通过衍射在横向产生相互作用.

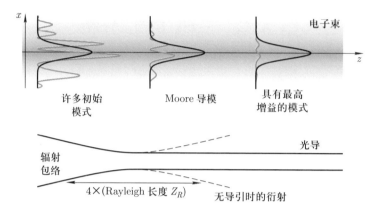

图 5.1 Moore 导模示意图. 上图中, 黑线为被优先导引的模式, 灰线则为高阶模式. 每个位置 (z)
处的强度均进行了归一化, 以使导模的高度保持不变. 高阶模式功率看似下降, 实际上是 Gauss
导模的增益超过了其他所有模式. 下图比较了辐射的自然衍射和 FEL 增益产生的导模.

在一维分析中, 我们引入了重要的 FEL 比例参数 (Pierce参数)ρ, 该参数是通
过关系式 $n_e \kappa_1 \chi_1 = 4k_u^2 \rho^3$ 定义的, 即

$$\rho = \left(\frac{e^2 K^2 [\mathrm{JJ}]^2 n_e}{32\epsilon_0 \gamma_r^3 mc^2 k_u^2} \right)^{1/3} = \left[\frac{1}{8\pi} \frac{I}{I_A} \left(\frac{K[\mathrm{JJ}]}{1 + K^2/2} \right)^2 \frac{\gamma_r \lambda_1^2}{2\pi\sigma_x^2} \right]^{1/3}, \tag{5.1}$$

其中 $I_A = ec/r_e \approx 17045$ A 为 Alfvén 电流. FEL 的许多重要特性均与 ρ 成比例关
系: 增益长度和饱和长度与 ρ 成反比, 带宽则正比于 ρ. 在前一章中我们已经看到,
单能电子束情形的理想增益长度由下式给出:

$$L_{G0} = \frac{\lambda_u}{4\sqrt{3}\pi\rho}. \tag{5.2}$$

当包含三维效应时, 可以由一个不同的无量纲参数组合来确定 FEL 的增益特
性. 为了看到这一点, 我们考虑衍射效应很严重的极端情形, 这种情形意味着辐射
模式的尺寸明显大于电子束尺寸. 为了更好地描述在此三维极限情形下电子与辐射
之间的相互作用, (5.1) 式中的束流面积 $\mathscr{A}_{\mathrm{tr}} = 2\pi\sigma_x^2$ 应该替换成 1.2.1 节中引入的
衍射极限横截面, 即

$$2\pi\sigma_x^2 \to 2\pi \frac{\lambda_1}{4\pi} Z_R, \tag{5.3}$$

这里 Z_R 为辐射的 Rayleigh 长度. 从我们对增益导引的讨论可知, Z_R 应为几个增
益长度左右. 将 $2\pi\sigma_x^2 \to \lambda_1 L_G$ 代入 (5.1) 式, 并将由此得到的 ρ 的表达式代入 (5.2)

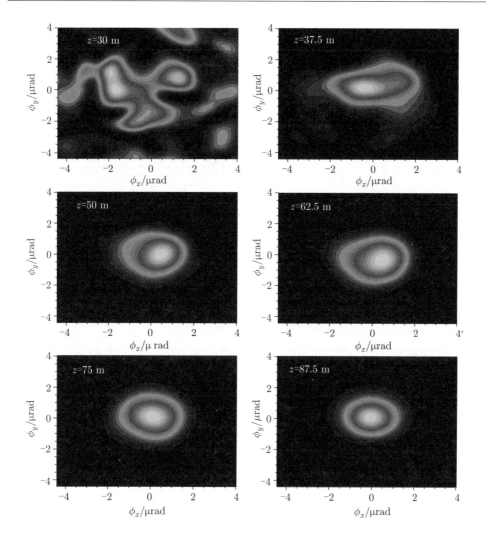

图 5.2 不同位置 (z) 处的 LCLS辐射角分布的演化. 此图由 S. Reiche 提供.

式, 可以得到增益长度 L_G 的代数方程. 求解此方程, 可得

$$L_G^{-1} = \frac{4\pi}{\lambda_u} \frac{3^{3/4}}{2} \sqrt{\frac{I}{\gamma I_A} \frac{K^2[\mathrm{JJ}]^2}{(1+K^2/2)}}. \tag{5.4}$$

上式给出了三维衍射效应占主导 (即光模大于电子束横截面积) 时的增长率近似公式. 因此, 一个可能比较方便的做法是像文献 [3] 那样在 FEL 中引入衍射 D 归一化. 注意 L_G^{-1} 在三维衍射极限下与 $I^{1/2}$ 成正比, 这与一维情形 (电子束尺寸大于光模尺寸) 中 $L_G^{-1} \propto I^{1/3}$ 形成对照. 此外, D 归一化表明, 当电子束横截面缩小至

比辐射模式小很多时, 增益长度不会进一步降低. 实际上, 在束流尺寸减小到某一个值后, 增益长度往往会增加, 这是因为减小束流尺寸必然会导致非零发射度电子束的角散度的增加. 尽管我们在下一节中才进一步研究电子束和辐射的发散, 但从此处的讨论可以明显看出, 最优电子束尺寸应该与辐射束尺寸相匹配:

$$\sigma_x \sim \sigma_r = \sqrt{\varepsilon_r Z_R} \sim \sqrt{\varepsilon_r L_G}, \tag{5.5}$$

其中 $\varepsilon_r = \lambda_1/4\pi$ 是辐射的发射度.

上述定性讨论对于理解衍射的影响和估算某些运行在红外及可见光波段、光模尺寸大于电子束尺寸的高增益 FEL 的增益长度很有用. 然而, 由于以下两个原因, 我们还将继续采用无量纲参数 ρ 来对一些物理量进行归一化. 首先, ρ 归一化与 X 射线 FEL 更为相关, 这是因为 XFEL 的典型光模尺寸小于 RMS 束流尺寸. 其次, ρ 不需要引入尚未正式确定的 Rayleigh 长度, 而是依赖于电子束的横截面积 [见 (5.1) 式].

5.1.2　束流发射度和聚焦

具有有限发射度 (ε_x) 的电子束的 RMS 角散度为 $\sigma_{x'} = \varepsilon_x/\sigma_x$, 其尺寸在自由空间中将会扩大. 这一点已在 1.1.4 节中讨论, (1.27) 式还给出了束流尺寸的表达式. 因此, 为了保持近似不变的电子束尺寸并让长波荡器中的 FEL 相互作用最大化, 需要对电子束进行适当的聚焦. 在下一节中将看到, 波荡器磁场可以提供一种 "自然" 的聚焦效果. 然而自然聚焦的强度一般都很弱, 因此通常需要由四极磁铁提供的外部聚焦. 采用外部聚焦可以减小束流尺寸, 从而增大 ρ 参数并减小增益长度. 如上节所述, 将束流尺寸减小到光模尺寸以下实际上会降低 FEL 的性能, 这是因为增大的角散度会使共振波长发散. 这与能散的作用效果相似, 可通过考虑以下的 FEL 共振条件来理解:

$$\lambda_1(\psi) = \frac{\lambda_u}{2\gamma^2}\left(1 + \frac{K^2}{2} + \gamma^2\psi^2\right), \tag{5.6}$$

式中 ψ 是粒子轨迹与 z 轴的夹角.[①] 由 (5.6) 式可以看到, 粒子角度发散 $\Delta\psi = \sigma_{x'}$ 所引起的共振波长发散为

$$\frac{\Delta\lambda}{\lambda_1} = \sigma_{x'}^2\frac{\lambda_u}{\lambda_1} = \frac{\varepsilon_x}{\beta_x}\frac{\lambda_u}{\lambda_1}. \tag{5.7}$$

为了避免对 FEL 增益产生不利的影响, 我们要求由角散度引起的波长变化小于 FEL 带宽 $(\sim \rho)$, 即

$$\frac{\Delta\lambda}{\lambda_1} = \sigma_{x'}^2\frac{\lambda_u}{\lambda_1} \lesssim \rho \approx \frac{\lambda_u}{4\pi L_G}. \tag{5.8}$$

[①] 在采用视角 ϕ 的 (2.52) 式中, 我们可以看到实质上相同的公式, 这是由于可以通过重新定义光轴来互换 ϕ 和 ψ.

由于光导作用, 辐射的 Rayleigh 长度约等于增益长度, 即 $Z_R \sim L_G$, 因此 (5.8) 式意味着电子束角散度不应超过辐射的角散度:

$$\sigma_{x'} = \sqrt{\frac{\varepsilon_x}{\beta_x}} \leqslant \sqrt{\frac{\varepsilon_r}{L_G}} \sim \sigma_{r'}. \tag{5.9}$$

(5.5) 式和 (5.9) 式合在一起, 要求

$$\varepsilon_{x,y} \lesssim \varepsilon_r = \frac{\lambda_1}{4\pi}. \tag{5.10}$$

对于给定发射度, 最佳聚焦 β 函数使不等式 (5.9) 达到上限:

$$\beta_x \sim L_G \frac{\varepsilon_x}{\varepsilon_r}. \tag{5.11}$$

更低的束流发射度可允许更小的聚焦束流尺寸, 由此可导致更短的增益长度. 在以下几节中, 我们将通过定量研究衍射、光导、束流发射度和 β 振荡对 FEL 增益的影响来详细地讨论这些定性结论.

§5.2 电子轨迹

第 3、第 4 两章考虑了波荡器场

$$\boldsymbol{B}(0,0,z) = -B_0 \sin(k_u z)\widehat{y} \tag{5.12}$$

中的一维运动, 表明横向平面内电子的轨迹可由以下 "扭摆" 运动描述:

$$x_w(z) = \frac{K}{\gamma k_u} \sin(k_u z), \quad y_w(z) = 0, \tag{5.13}$$

其中 $K \equiv eB_0/mck_u$ 是无量纲波荡器参数. (5.13) 式表示沿波荡器光轴注入的电子的理想轨迹. 和前一章类似, 我们在描述任意初始条件下的完整横向动力学时, 将对波荡场中的快速振荡进行平均. 在前一章中, 平均方程描述了缓慢演化的纵向坐标 (θ, η), 而在这一章里, 我们将把横向自由度包含进来, 并特别关注由非零的 $(\boldsymbol{x}, \boldsymbol{p})$ 所引起的相位 θ 的变化. 我们将横向坐标写成扭摆运动和 β 振荡的和:

$$x(z) = x_w(z) + x_\beta(z), \tag{5.14}$$

$$y(z) = y_\beta(z). \tag{5.15}$$

在 (5.14)~(5.15) 式中, $\boldsymbol{x}_\beta(z)$ 是 $\boldsymbol{x}$ 的缓慢演化部分, 代表横向束流包络. 例如, 如果磁场 (5.12) 描述的是一个真实的波荡器, 则 $\boldsymbol{x}_\beta(z) = \boldsymbol{x}(0) + \boldsymbol{x}'(0)z$, 此时横向上

将是简单的直线运动.[①] 然而, 实际的波荡器磁场会在横向上聚焦电子, 这将导致一个周期远远大于波荡器波长 λ_u 的缓慢振荡. 快速 (扭摆) 运动和缓慢 (β 振荡) 运动形成的复合运动如图 5.3 所示.

一般来说, β 振荡的振幅大于波荡器中扭摆运动的振幅. 为了更精确地确定 β 振荡, 我们必须研究 z 轴之外的磁场.

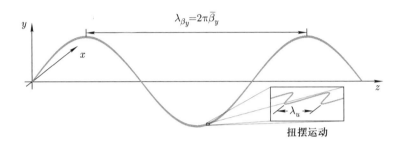

图 5.3 平面波荡器中扭摆运动和 β 振荡形成的复合运动. 扭摆运动沿 $\widehat{x}$, β 振荡则沿 $\widehat{y}$ 且周期比扭摆运动长得多.

5.2.1 波荡器中的自然聚焦

波荡器的场方程 (5.12) 只有在离 $y = 0$ 平面很近时才有效, 因为它不满足三维真空 Maxwell 方程组 [即 (5.12) 式的旋度不为零]. 描述平磁极平面波荡器的 Maxwell 方程组的精确解为

$$\boldsymbol{B}(\boldsymbol{x}; z) = -B_0 \cosh(k_u y) \sin(k_u z)\widehat{y} - B_0 \sinh(k_u y) \cos(k_u z)\widehat{z}. \tag{5.16}$$

上式在 $y = 0$ 时简化为 (5.12) 式, 而 $\boldsymbol{B}$ 的 $\widehat{z}$ 分量则是图 5.4(a) 所示的边缘场的来源. 三维波荡器场中作用在电子上的 Lorentz 力由下式给出:

$$-e[\boldsymbol{v} \times \boldsymbol{B}] = -e \begin{bmatrix} B_z \dfrac{\mathrm{d}y}{\mathrm{d}t} - B_y \dfrac{\mathrm{d}z}{\mathrm{d}t} \\[2mm] -B_z \dfrac{\mathrm{d}x}{\mathrm{d}t} \\[2mm] B_y \dfrac{\mathrm{d}x}{\mathrm{d}t} \end{bmatrix} = \frac{\mathrm{d}}{\mathrm{d}t} \begin{bmatrix} \gamma m \dfrac{\mathrm{d}x}{\mathrm{d}t} \\[2mm] \gamma m \dfrac{\mathrm{d}y}{\mathrm{d}t} \\[2mm] \gamma m \dfrac{\mathrm{d}z}{\mathrm{d}t} \end{bmatrix}. \tag{5.17}$$

由 (5.16) 式可得到

$$-e\left(B_z \frac{\mathrm{d}y}{\mathrm{d}t} - B_y \frac{\mathrm{d}z}{\mathrm{d}t}\right) = \frac{eB_0}{k_u} \frac{\mathrm{d}}{\mathrm{d}t}[\cosh(k_u y)\cos(k_u z)]. \tag{5.18}$$

[①]这是我们在 §2.4 中用来研究波荡器辐射的横向运动. 如果波荡器长度 L_u 远远短于自然波荡器聚焦焦距 $\sim \gamma\lambda_u/K$, 则这是一个合适的近似.

代入 (5.17) 式的 $\hat{x}$ 分量, 直接积分并利用近似式 $\mathrm{d}z/\mathrm{d}t \approx c$, 可得

$$x' \equiv \frac{\mathrm{d}x}{\mathrm{d}z} = \frac{\mathrm{d}x/\mathrm{d}t}{\mathrm{d}z/\mathrm{d}t} \approx \frac{K}{\gamma}\cosh(k_u y)\cos(k_u z) + x'(0). \tag{5.19}$$

这个结果可由附录 A 的 Hamilton 理论得到, 对它而言, (5.19) 式是 $\hat{x}$ 方向正则动量守恒的结果. 此外, 我们发现由 (5.19) 式可得到与一维结果 (5.13) 类似的扭摆运动, 只不过现在的振荡幅度随 y 坐标缓慢地变化. 将速度 (5.19) 代入 (5.17) 式中 Lorentz 力的 $\hat{y}$ 分量, 同时忽略 γ 对时间的缓慢而微弱的依赖关系, 并保留到 $k_u y$ 的一阶, 可以看到垂直平面内的运动由下式决定:

$$y'' \approx -\frac{K^2 k_u}{\gamma_r^2}\cos^2(k_u z)\sinh(k_u y)\cosh(k_u y)$$
$$\approx -\left(\frac{Kk_u}{\gamma_r}\right)^2 \cos^2(k_u z)y. \tag{5.20}$$

在一个波荡器周期上进行平均之后, 可得到谐振子方程

$$y'' = -k_{n0}^2 y, \quad \text{其中 } k_{n0} = \frac{Kk_u}{\sqrt{2}\gamma} \equiv \frac{1}{\beta_n}. \tag{5.21}$$

我们可以看到存在一个 y 方向上的回复力, 这样, 在垂直平面内束流的自然 β 函数 β_n 可由振荡频率 k_{n0} 的倒数给出. y (而不是 x) 方向上的自然聚焦行为是可以预期的, 只要我们注意到快速振荡会导致一个将粒子推向低场强区域的平均作用力 (有质动力).

如果让波荡器磁场在其轴线上最小, 则可同时实现两个平面内的自然聚焦. 例如, 可使波荡器极面具有图 5.4(b) 所示的抛物线形状[4], 在这种情形下, 磁场为

$$\boldsymbol{B} = -\frac{B_0}{k_y}[k_x \sinh(k_x x)\sinh(k_y y)\sin(k_u z)\hat{x}$$
$$+ k_y \cosh(k_x x)\cosh(k_y y)\sin(k_u z)\hat{y}$$
$$+ k_u \cosh(k_x x)\sinh(k_y y)\cos(k_u z)\hat{z}], \tag{5.22}$$

其中 $k_x^2 + k_y^2 = k_u^2$, 以满足真空中的 Maxwell 方程组. (5.22) 式中的磁场可导致双方向的自然聚焦, 并且可以证明 x 和 y 平面内的自然聚焦强度满足 $k_{nx}^2 + k_{ny}^2 = k_{n0}^2$.

综上所述, 平面波荡器中的横向运动由下式给出:

$$x = x_w + x_\beta, \quad y = y_\beta, \tag{5.23}$$

其中, 扭摆运动 x_w 由对速度方程 (5.19) 的积分给出, β 振荡 $\boldsymbol{x}_\beta$ 则由下式给出:

$$x_\beta = x_0 \cos(k_{nx} z) + \frac{x_0'}{k_{nx}}\sin(k_{nx} z), \tag{5.24a}$$

$$y_\beta = y_0 \cos(k_{ny} z) + \frac{y_0'}{k_{ny}}\sin(k_{ny} z). \tag{5.24b}$$

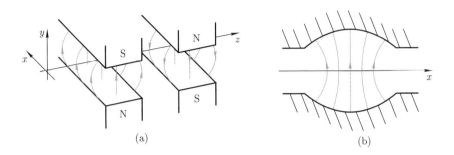

图 5.4 (a) 引起自然聚焦的平磁极平面波荡器的边缘磁场. (b) 在 $\hat{x}$ 与 $\hat{y}$ 两个方向同时聚焦的抛物线磁极波荡器示意图.

在这里, 波荡器自然聚焦强度 k_n 由极面形状决定, 且有 $k_{nx}^2 + k_{ny}^2 = k_{n0}^2$. 当电子在相空间 $(y, p_y) = (y, y')$ 中沿椭圆运动时, 横向方向上的简谐运动能量 $H_y = (p_y^2 + k_{ny}^2 y^2)/2$ 守恒. 如果采用非平磁极, 则可以类似的方式构造守恒的 H_x. 在上述任一情形中, 能量 H_x 均守恒, 当 $k_{nx} \to 0$ 时, $H_x \to p_x^2/2$.

虽然横向自由度的演化在很大程度上独立于纵向自由度, 但有质动力相位的运动方程却依赖于 $\boldsymbol{p}$. 这种耦合之所以产生, 是因为能量相同但横向动量不同的粒子具有不同的纵向速度, 由于共振条件的变化, 这会导致 θ 的发散. 为清楚起见, 我们考虑对 c 归一化的平均纵向速度

$$\frac{\bar{v}_z}{c} = \sqrt{1 - \overline{\boldsymbol{x}'^2} - \frac{1}{\gamma^2}} \approx 1 - \frac{1}{2}\left(\overline{x'^2 + y'^2} + \frac{1}{\gamma^2}\right). \tag{5.25}$$

对于具有平磁极的平面波荡器, (5.19) 式表示 $\hat{x}$ 方向上的扭摆运动和缓慢漂移, 而 (5.21) 式则描述 $\hat{y}$ 方向上的简谐运动. 在一个波荡器周期上取平均, 有

$$\overline{x'^2 + y'^2} = \frac{K^2}{2\gamma^2}\cosh^2(k_u y) + x'(0)^2 + y'(z)^2$$
$$\approx \frac{K^2}{2\gamma^2}(1 + k_u^2 y^2) + x'(0)^2 + y'(z)^2 = \frac{K^2}{2\gamma^2} + 2H_\perp, \tag{5.26}$$

式中角散度写成了能量 $H_\perp = H_x + H_y$ 的形式. 这样, (5.26) 式就适用于任意磁极形状. 因此, 在自然波荡器聚焦的作用下, 每个电子的平均纵向速度将保持不变. 为了解其原因, 我们考虑图 5.3 所示的 y 方向上的 β 振荡: y' 在轴上最大, 在 y 最大处则为零. 拐点处 (即 y 最大处) 的磁场比轴上大, 使得 x 方向上的扭摆振荡具有更大的振幅. 如 (5.26) 式所示, 这两种效应相互抵消, 从而使得 $\overline{x'^2 + y'^2}$ 为常数, 由此 $\bar{v}_z$ 也为常数. 因此, 有

$$\frac{\bar{v}_z}{c} = 1 - \frac{1 + K^2/2}{2\gamma^2} - \frac{\boldsymbol{p}^2 + k_\beta^2 \boldsymbol{x}^2}{2} = 1 - \frac{1 + K^2/2}{2\gamma^2} - H_\perp. \tag{5.27}$$

H_x 与 H_y 的值依赖于初始坐标 $(\boldsymbol{x}(0), \boldsymbol{p}(0))$, 而每个电子的初始坐标又各不相同. 然而, 沿着任意特定的粒子轨迹, H_x 与 H_y 均守恒. 如果我们在初始化横向电子分布函数时, 使其在具有固定 H_x 和 H_y 的曲线上为常数, 则由此得到的匹配束流包络在波荡器中保持不变, 如图 5.5 所示. 对于发射度为 ε_x 的束流, 匹配的 RMS 束流尺寸为

$$\sigma_x \sim \sqrt{\frac{\varepsilon_x \gamma_r \lambda_u}{2\pi K}} = \sqrt{\frac{\varepsilon_{x,n} \lambda_u}{2\pi K}}. \tag{5.28}$$

上式中的匹配束流尺寸通常远远大于最优束流尺寸 $\sigma_{\text{opt}} \sim \sqrt{\lambda_1 L_G/4\pi}$, 特别是在 X 射线波段. 例如, 当 $\varepsilon_x = \lambda_1/4\pi$ 时, $\sigma_x/\sigma_{\text{opt}} \approx \sqrt{\gamma\rho/K} \gg 1$. 因此, 高增益 X 射线 FEL 需要外部磁铁来提供额外的聚焦.

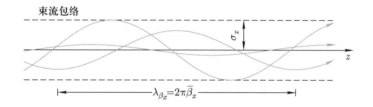

图 5.5 波荡器束线中的匹配束流.

5.2.2 外聚焦结构中的 β 振荡

正如我们在前一节中看到的, 自然聚焦强度 $k_{n0} \propto \gamma^{-1}$ 通常较弱, 无法产生足够小的匹配束流尺寸, 特别是对于采用高能电子束的短波长 FEL. 为了进一步减小横截面积, X 射线 FEL 通常采用 FODO 结构等提供的交变梯度聚焦. 我们在 1.1.4 节中讨论了 FODO 结构中的稳定束流传输, 其中重点关注了一个旨在维持束流尺寸及散角近似不变的聚焦结构. 虽然可以很容易地将完整的 FODO 动力学纳入数值模拟中, 但我们仍将采取进一步的近似, 以便从解析上更深入地理解有限束流尺寸、散角及发射度对 FEL 性能的影响.

对于单粒子横向动力学的讨论还需要几个加速器物理方面的概念. 我们知道, 线性动力学由二阶微分方程确定, 这表明线性粒子光学可对应于一个广义的简谐振子, 其自然坐标由两个横向方向上的粒子振幅和相位给出. 用加速器的术语, 横向自由度可利用 Courant-Snyder (Twiss) 参数 β_x 和 α_x 写成 (参见文献 [5] 等)

$$x_\beta(z) = \sqrt{2\mathcal{J}_x \beta_x(z)} \cos \Phi_x(z), \tag{5.29}$$

$$p_x(z) \equiv x'_\beta(z) = -\sqrt{\frac{2\mathcal{J}_x}{\beta_x(z)}} [\sin \Phi_x(z) + \alpha_x(z) \cos \Phi_x(z)], \tag{5.30}$$

其中 β 振荡相移 $\Phi_x(z) \equiv \int \mathrm{d}z'/\beta_x(z')$ 反映相空间中的广义旋转, $\beta_x(z)$ 决定振荡的振幅, 而作用量 $\mathcal{J}_x$ 对于每个粒子是不变量, 由初始条件决定 (类似表达式在 y 上也成立). (5.30) 式是由 (5.29) 式求导并利用定义 $\mathrm{d}\Phi_x/\mathrm{d}z = 1/\beta_x$ 及 $\mathrm{d}\beta_x/\mathrm{d}z = 2\langle x'x \rangle = -2\alpha_x$ 得到. 由 (5.30) 式, 我们可以将电子横向速度的平方写成

$$p_x^2 = \frac{2\mathcal{J}_x}{\beta_x(z)}\{\alpha_x^2(z) + [1 - \alpha_x^2(z)]\sin^2\Phi_x(z) + \alpha_x(z)\sin[2\Phi_x(z)]\}$$
$$\approx \frac{2\mathcal{J}_x}{\beta_x(z)}\{1 \pm \sin[2\Phi_x(z)]\}, \tag{5.31}$$

其中, 最后的近似是因为 FEL 采用的特殊 FODO 结构中 $\alpha_x(z) \approx \pm 1$, 如图 5.6 所示. 束流在聚焦四极磁铁后的漂浮空间中具有正的 α_x (负相关性 $\langle xx' \rangle$), 而在散焦四极磁铁后 $\alpha_x \approx -1$. 此外, 由于平均 β 函数远远大于漂浮长度 $(\bar{\beta} \gg \ell)$, 相位 $\Phi_x(z)$ 在漂浮空间中只改变了一个小量. 这样, 如果增益长度远远大于漂浮长度的话, 则最后一项的平均值为零[6]. 因此, 我们可将横向自由度上的角度平方近似为

$$p_x^2(z) \approx \frac{2\mathcal{J}_x}{\bar{\beta}_x} = \text{常数}, \quad p_y^2(z) \approx \frac{2\mathcal{J}_y}{\bar{\beta}_y} = \text{常数}. \tag{5.32}$$

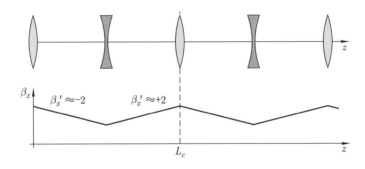

图 5.6 在两个 FODO 单元上 (每单元的相移较小), 水平 β 函数随距离的变化. 导数 $\beta_x' \equiv \mathrm{d}\beta_x/\mathrm{d}z$ 的值接近 ± 2, 但 β_x 相对于平均值 $\hat{\beta}$ 的偏离较小. 此处假设 FODO 单元长度 2ℓ 远小于平均 β 函数 $\hat{\beta}$.

尽管 $\mathcal{J}_{x,y}$ 对于每个电子都是运动常量, 但不同的电子通常却具有不同的横向作用量. 事实上, $\mathcal{J}$ 在全部电子上的整体平均值就是束流的 RMS 横向发射度, 亦即

$$\langle \mathcal{J}_x \rangle = \varepsilon_x, \quad \langle \mathcal{J}_y \rangle = \varepsilon_y. \tag{5.33}$$

(5.29)~(5.30) 式完整地描述了横向运动, 对于 FEL 中的大部分应用来说, (5.32) 式也是 p^2 的一个相当准确的近似, 然而, 接下来的讨论需要更适合于解析分析的横向物理描述. 运动的解析近似应能反映 RMS 束流尺寸在 FODO 结构中几乎不

变的这一情况, 更重要的是, 应如实地反映横向和纵向自由度的耦合. 虽然我们已看到横向物理与纵向物理无关, 但 p 和 x 都会通过改变粒子的平均速度来影响粒子相位的演化. 利用近似式 (5.32), 可得

$$\frac{\overline{v}_z}{c} \approx 1 - \frac{1 + K^2/2}{2\gamma^2} - \frac{\mathcal{J}_x + \mathcal{J}_y}{\overline{\beta}}. \tag{5.34}$$

因此, 近似运动应至少符合 FODO 结构中真实动力学的以下特性:

1. 束流稳定, RMS 尺寸近似不变 ($\sqrt{\varepsilon_x \overline{\beta}_x}$);
2. 在 z 上是周期性的, 周期由 $2\pi\overline{\beta}_x = 2\pi/k_\beta$ 给出;
3. 具有一个不变量, 其整体平均值 (对束流中的所有粒子取平均) 正比于 ε_x, 且可与 $\overline{v}_z$ 的减小联系起来, 类似于 (5.34) 式.

将粒子轨迹近似为前一节中研究过的平滑聚焦下的简谐运动, 则上述三个条件都能得到满足. 由于这个原因, 也为了便于解析处理, 在下面我们将把 FODO 结构的作用效果近似为聚焦强度 (振荡频率)$k_\beta = 1/\overline{\beta}_x$ 的平滑聚焦场. 在这种情形下, 横向能量和作用量通过 $H_x = \mathcal{J}_x/\overline{\beta}_x = k_\beta \mathcal{J}_x$ 和 $H_y = \mathcal{J}_y/\overline{\beta}_x = k_\beta \mathcal{J}_y$ 相互关联.

为了解这些近似在实际中的应用情况, 我们在图 5.7 中比较了 FODO 结构和平滑聚焦系统中的单粒子运动. 在图 5.7(a) 中, 实线表示聚焦 (上半图) 和散焦 (下半图) 四极磁铁之后漂浮空间中心的相空间椭圆, 上、下半图中的点则代表经过 0 (0.5), 4 (4.5), 8 (8.5), 12 (12.5) 个聚焦周期后的单粒子位置. 这里的 FODO 参数是基于 LCLS 的磁聚焦结构, 其中 $\overline{\beta}_x \approx 18$ m, $\ell \approx 4$ m. 为了进行比较, 我们还用虚线画出了 $k_\beta = 1/\overline{\beta}_x$ 的平滑聚焦系统/简谐振子 (SHO) 的相空间椭圆, 并给出了相同 z 位置处的单粒子相空间坐标点. 在几个聚焦周期上进行平均后, 二者呈现出良好的一致性.

另外, 我们在图 5.7(b) 中给出了 FODO 结构的 $\overline{\beta}_x p_x^2/2$, 并将它与平滑聚焦系统/SHO 的不变作用量 $\mathcal{J}_x$ 进行了对比. 请注意, FODO 结构的 p_x^2 只有在漂浮段中才是真正不变的, 且在平均值 $\mathcal{J}_x = \overline{\beta}_x H_x$ 附近振荡. 因此, 只有在对许多个聚焦单元取平均时, 平滑聚焦系统所导致的单粒子横向运动与 θ 的耦合才跟 FODO 结构的情形相符. 此外, p_x^2 与平均值的差值每半周期改变一次符号, 这使得 $p_x^2/2$ 在任一整周期上的平均值近似地等于能量 H_x.

如图 5.7 所示, 平滑聚焦系统中的粒子轨迹只是大体上模拟了 FODO 结构的情形. 尽管如此, 在下面的几节中, 我们将基于这一近似运动进行讨论, 由此可以给出相当准确的 FEL 增益和模式分布的半解析解. 这是因为上述辐射特性并不直接依赖于单粒子轨道, 而是取决于粒子束分布的某些平均性质. FODO 结构中束流的低阶矩可以由在平滑聚焦系统中运动的电子的整体效果准确地代表, 因此基于近似运动可以得出对于 FEL 性能的非常准确的预测. 匹配束流尺寸 (如图 5.5 所示) 与

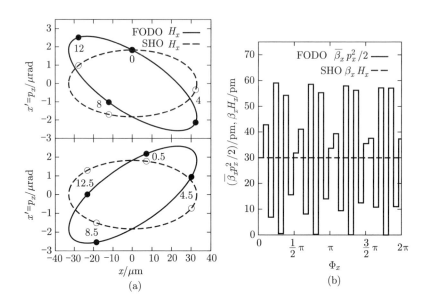

图 5.7 FODO 结构和恒定梯度聚焦系统 (简谐振子/SHO) 中粒子运动的比较. (a) 中的实线椭圆为各漂浮空间中点处的等能量线, 其中上半图是在聚焦透镜后, 下半图则在散焦透镜后. 虚线为恒定梯度聚焦系统 (简谐振子/SHO) 的等能量线. 实心点和空心点代表单粒子每隔四个 FODO 周期的位置. (b) 将 FODO 结构中粒子的 $\overline{\beta}_x p_x^2/2$ 画成了实线, 其平均值 (虚线) 等于恒定梯度聚焦系统/SHO 的相空间面积 $\beta_x H_x = (\beta_x p_x^2 + x^2/\beta_x)/2$.

散角可用发射度 ε_x 表示为

$$\sigma_x = \sqrt{\frac{\varepsilon_x}{k_{\beta,x}}}, \quad \sigma_{x'} = \sqrt{\varepsilon_x k_{\beta,x}}. \tag{5.35}$$

FODO 结构中匹配束流及横向运动与 θ 耦合的方程和前一节中推导的描述自然聚焦的方程在形式上相同. 因此, 三维 FEL 运动方程的平滑聚焦近似在这两种情况下均可使用 —— 只要我们让聚焦强度 $k_\beta = 1/\overline{\beta}_x$ 具有适当的形式. 下面, 我们转到三维 FEL 方程的推导上来.

§5.3 FEL 的三维方程

这一节将推导 FEL 的三维方程, 旨在得到辐射和电子束的耦合 Maxwell-Klimontovich 方程. 辐射场将由 FEL 电流驱动的傍轴波动方程决定, Klimontovich 方程的特征曲线则由三维单粒子方程给出. 这些单粒子方程包含了横向效应, 是一维 FEL 摆方程的推广.

5.3.1 Maxwell 方程

傍轴波动方程的推导是第 3 章中一维情形的直接三维推广. 对于 N_e 个电子, 我们重写 (2.10) 式, 此时电场 $\hat{x}$ 分量的傍轴方程为

$$\left[\frac{\partial}{\partial z} + \frac{\mathrm{i}k}{2}\phi^2\right]\widetilde{E}_\omega(\boldsymbol{\phi}; z) = \sum_{j=1}^{N_e} \frac{e(\beta_{x,j} - \phi_x)}{4\pi\epsilon_0 c\lambda^2} \mathrm{e}^{\mathrm{i}k[ct_j(z) - z - \boldsymbol{\phi}\cdot\boldsymbol{x}_j(z)]}. \tag{5.36}$$

(5.36) 式中的源项来自两个方面的贡献: 一个是电流对时间的导数 $(\sim \beta_x)$, 另一个是电荷量的横向导数 $(\sim \phi_x)$. 注意到 FEL 的如下特性, 我们可以估算这两个源项的相对大小:

$$\beta_x \sim \frac{K}{\gamma}, \quad \phi_x \sim \sqrt{\frac{\lambda_1}{\lambda_u}} \begin{cases} \sqrt{1/N_u} & \text{(低增益区内)}, \\ \sqrt{\rho} & \text{(高增益区内)}. \end{cases} \tag{5.37}$$

在 $K \gtrsim 1$ 时, 电荷源与电流源的比值较小:

$$\frac{|\phi_x|}{|\beta_x|} \sim \frac{2}{K\sqrt{2+K^2}} \begin{cases} \sqrt{1/N_u} & \text{(低增益区内)}, \\ \sqrt{\rho} & \text{(高增益区内)}. \end{cases} \tag{5.38}$$

此外, 电荷密度项并不会共振驱动最低阶的场. 实际上可以证明, 场与电荷密度的共振耦合是其与电流密度 J_x 共振耦合的 $O(\rho)$ [或 $O(1/N_u)$] 倍. 因此, 我们可以舍弃 Maxwell 方程中的电荷密度项.

FEL 的三维波动方程 (5.36) 的化简过程与我们在 3.4.1 节中的做法完全相同. 在粒子时间 t_j 中减去快速的 "8" 字运动, 从而将其替换为缓变相位 θ_j:

$$\theta_j(z) \equiv (k_u + k_1)z - ck_1\left[t_j(z) - \frac{K^2}{ck_1(4+2K^2)}\sin(2k_u z)\right], \tag{5.39}$$

之后在波荡器周期上进行平均, 并采用类似于相移电场 (3.67) 式的定义来化简所得到的方程. 在最后一步中, 我们仍将从电场的角度表象变换到空间表象, 因此定义①

$$E_\nu(\boldsymbol{x}; z) \equiv ck_1\mathrm{e}^{-\mathrm{i}\Delta\nu k_u z} \int \mathrm{d}\boldsymbol{\phi}\widetilde{E}_\omega(\boldsymbol{\phi}; z)\mathrm{e}^{\mathrm{i}k\boldsymbol{x}\cdot\boldsymbol{\phi}}. \tag{5.40}$$

在波动方程 (5.36) 中利用定义式 (5.40), 可得到缓变振幅 $E_\nu(\boldsymbol{x}; z)$ 的傍轴波动方程

$$\left[\frac{\partial}{\partial z} + \mathrm{i}\Delta\nu k_u - \frac{\mathrm{i}}{2hk_1}\boldsymbol{\nabla}_\perp^2\right]E_\nu(\boldsymbol{x}; z) = -\kappa_h\frac{k_1}{2\pi}\sum_{j=1}^{N_e}\mathrm{e}^{-\mathrm{i}\nu\theta_j(z)}\delta[\boldsymbol{x} - \boldsymbol{x}_j(z)], \tag{5.41}$$

---

①虽然我们在低增益理论中采用角度表象, 但在高增益分析中还是采用空间表象, 这是因为空间表象在高增益 FEL 的文献中比较通用.

这里我们再次用到了归一化频差 $\Delta\nu \equiv \nu - 1$ 及耦合参数 $\kappa_h \equiv eK[\text{JJ}]_h/4\epsilon_0\gamma_r$. 请注意, 在此处我们将横向导数系数中的 $1/k$ 近似为 $1/hk_1$, 这是因为可以假定二者的差异很小. 此外, 如果我们假设 E_ν 独立于横向坐标并取 $\delta[\boldsymbol{x} - \boldsymbol{x}_j(z)] \to \mathscr{A}_{\text{tr}}^{-1}$, 则很容易验证三维 Maxwell 方程 (5.41) 可简化为相应的一维方程 (3.68).

5.3.2　电子运动的三维摆方程

推导单粒子运动方程所需的大部分繁重工作已经完成, 其中部分工作在 §3.2 的一维分析中, 还有部分工作在本章对横向自由度的讨论中. 在这里, 我们回顾一些要点并整理最终的三维方程.

辐射对电子做功的功率可由 $\boldsymbol{F} \cdot \boldsymbol{v}$ 给出. 对于 FEL, 这一功率等于电子在波荡器中沿 $\hat{x}$ 的扭摆速度与横向电场的乘积. 将独立变量从 t 变成 z, 有

$$
\begin{aligned}
mc^2\frac{\mathrm{d}\gamma}{\mathrm{d}z} &= -e\frac{\mathrm{d}x}{\mathrm{d}z}E_x \\
&= \frac{eK}{\gamma}\cos(k_u z)\left[\int \mathrm{d}\nu E_\nu(\boldsymbol{x};z)\mathrm{e}^{\mathrm{i}\nu(k_1 z - \omega_1 t)}\mathrm{e}^{\mathrm{i}\Delta\nu k_u z} + c.c.\right].
\end{aligned} \tag{5.42}
$$

将 Lorentz 因子替换为归一化能量偏差 $\eta \equiv (\gamma - \gamma_r)/\gamma_r$, 并利用 (5.39) 式将粒子时间替换为 θ, 之后对波荡器中的快速振荡取平均, 可得

$$
\frac{\mathrm{d}\eta}{\mathrm{d}z} = \sum_{h\text{为奇数}} \chi_h \int \mathrm{d}\nu E_\nu(\boldsymbol{x};z)\mathrm{e}^{\mathrm{i}\nu\theta} + c.c., \tag{5.43}
$$

其中再一次用到了 $\nu \approx h$ 及 $\chi_h \equiv eK[\text{JJ}]_h/(2\gamma_r^2 mc^2)$.

为了确定有质动力相位的变化率, 我们进行如下计算:

$$
\frac{\mathrm{d}}{\mathrm{d}z}\theta = \frac{\mathrm{d}}{\mathrm{d}z}[(k_u + k_1)z - ck_i\bar{t}(z)] = (k_u + k_1) - k_1\frac{c}{v_z}, \tag{5.44}
$$

其中 $\bar{v}_z$ 是一个波荡器周期内的平均粒子速度. 由于横向运动[现在包含了波荡器场中快速扭摆运动的平均和由 (5.24) 式给出的缓慢 β 振荡] 粒子的纵向速度从最大值 $\sqrt{1 - 1/\gamma^2}$ 上减慢下来:

$$
\frac{c}{\bar{v}_z} \approx 1 + \frac{1}{2\gamma^2} + \frac{\overline{x'^2 + y'^2}}{2} \approx 1 + \frac{1 + K^2/2}{2\gamma_r^2}(1 - 2\eta) + \frac{1}{2}(\boldsymbol{p}^2 + k_\beta^2\boldsymbol{x}^2), \tag{5.45}
$$

在这里, 聚焦强度 k_β 取决于自然波荡器聚焦或外部 FODO结构 (如果 FODO 结构的聚焦更强一些). (5.45) 式中的前两个常数项和相位方程 (5.44) 中的 $(k_u + k_1)$ 项因共振条件而相互抵消, 因此相位演化中仅剩下了相对于理想共振沿轴轨迹的偏离:

$$
\frac{\mathrm{d}\theta}{\mathrm{d}z} = 2k_u\eta - \frac{k_1}{2}(\boldsymbol{p}^2 + k_\beta^2\boldsymbol{x}^2) \tag{5.46}
$$

$$
= 2k_u\eta - k_1 H_\perp. \tag{5.47}
$$

此处聚焦强度 k_β 是平均 β 函数 $\overline{\beta}_{x,y}$ 的倒数, 且采用了平滑聚焦近似来描述横向 β 振荡, 在此情形下, $(\boldsymbol{p}^2 + k_\beta^2\boldsymbol{x}^2)/2 = k_\beta\mathcal{J} = H_\perp$ 是运动常数. 因此, 横向自由度满足:

$$\frac{\mathrm{d}\boldsymbol{x}}{\mathrm{d}z} = \boldsymbol{p}, \quad \frac{\mathrm{d}\boldsymbol{p}}{\mathrm{d}z} = -k_\beta^2\boldsymbol{x}. \tag{5.48}$$

为了方便, 我们将三维粒子方程整理如下:

$$\frac{\mathrm{d}\theta}{\mathrm{d}z} = 2k_u\eta - \frac{k_1}{2}(\boldsymbol{p}^2 + k_\beta^2\boldsymbol{x}^2), \tag{5.49}$$

$$\frac{\mathrm{d}\eta}{\mathrm{d}z} = \chi_h \int \mathrm{d}\nu \mathrm{e}^{i\nu\theta} E_\nu(\boldsymbol{x};z) + c.c., \tag{5.50}$$

$$\frac{\mathrm{d}\boldsymbol{x}}{\mathrm{d}z} = \boldsymbol{p}, \quad \frac{\mathrm{d}\boldsymbol{p}}{\mathrm{d}z} = -k_\beta^2\boldsymbol{x}, \tag{5.51}$$

其中 $\chi_h = eK[JJ]_h/(2\gamma_r^2 mc^2)$, 且已假设辐射作用力由单一谐波主导.

5.3.3 耦合 Maxwell–Klimontovich 方程

这里采用相空间中的微观分布描述电子的运动. 类似于一维分析, 我们定义电子的 Klimontovich 分布函数

$$F(\theta,\eta,\boldsymbol{x},\boldsymbol{p};z) = \frac{k_1}{I/ec}\sum_{j=1}^{N_e}\delta[\theta - \theta_j(z)]\delta[\eta - \eta_j(z)]$$
$$\times\delta[\boldsymbol{x} - \boldsymbol{x}_j(z)]\delta[\boldsymbol{p} - \boldsymbol{p}_j(z)], \tag{5.52}$$

其中 I/ec 是峰值线密度. 请注意, 将 (5.52) 式对 $\boldsymbol{p}$ 积分, 并取 $\delta(\boldsymbol{x} - \boldsymbol{x}_j) \to \mathscr{A}_{\mathrm{tr}}^{-1}$, 即可得 (4.1) 式中定义的一维分布函数 F. Klimontovich 分布函数的演化由连续性方程

$$\frac{\partial F}{\partial z} + \frac{\mathrm{d}\theta}{\mathrm{d}z}\frac{\partial F}{\partial \theta} + \frac{\mathrm{d}\eta}{\mathrm{d}z}\frac{\partial F}{\partial \eta} + \frac{\mathrm{d}\boldsymbol{x}}{\mathrm{d}z}\cdot\frac{\partial F}{\partial \boldsymbol{x}} + \frac{\mathrm{d}\boldsymbol{p}}{\mathrm{d}z}\cdot\frac{\partial F}{\partial \boldsymbol{p}} = 0 \tag{5.53}$$

和运动方程 (5.49), (5.50) 及 (5.51) 决定.

本章的剩余部分将专门讨论小信号区的三维 FEL 方程, 该方程对饱和前的线性 FEL 增益适用. 为此, 我们再次将分布函数 F 分解成不依赖于 θ 的平滑背景 $\overline{F}$ 和随 θ 变化的起伏部分 δF (即 $F = \overline{F} + \delta F$), 后者包含粒子的散粒噪声和 FEL 产生的微群聚. 当电子束流强、能散度、发射度等在一个相干长度上近似不变时, $\overline{F}$ 在 θ 上是均匀的 (直流束近似) 这一假设成立. 和 §4.1 中的一维情形一样, 我们将 F 对 θ 积分得到平滑背景 $\overline{F}$, 并通过 (5.53) 式的 Fourier 变换 (其中 $\delta F \to F_\nu$) 来分离出谐波 h 附近的快速微群聚. 随后, 我们忽略高阶项 $\sim E_\nu F_\nu$, 得到以下线性

方程组:

$$\left\{ \frac{\partial}{\partial z} + \boldsymbol{p} \cdot \frac{\partial}{\partial \boldsymbol{x}} - k_\beta^2 \boldsymbol{x} \cdot \frac{\partial}{\partial \boldsymbol{p}} \right\} \overline{F} = 0, \tag{5.54}$$

$$\left\{ \frac{\partial}{\partial z} + \boldsymbol{p} \cdot \frac{\partial}{\partial \boldsymbol{x}} - k_\beta^2 \boldsymbol{x} \cdot \frac{\partial}{\partial \boldsymbol{p}} \right.$$
$$\left. + \mathrm{i}\nu \left[2\eta k_u - \frac{k_1}{2}(\boldsymbol{p}^2 + k_\beta^2 \boldsymbol{x}^2) \right] \right\} F_\nu = -\chi_h E_\nu \frac{\partial \overline{F}}{\partial \eta}. \tag{5.55}$$

此处假设了场 E_ν 分布在某一奇次谐波的共振频率附近 $(\nu \approx h)$, 微群聚 F_ν 因而也分布在该频率附近. 线性方程组 (5.54)~(5.55) 在饱和前适用, 此时光功率 $P \ll \rho P_{\mathrm{beam}}$.

三维方程 (5.54) 和与之对应的一维形式的显著区别在于, 由于考虑了横向自由度, 背景分布 $\overline{F}$ 现在具有对 z 的非平凡依赖关系. 为了求解 $\overline{F}(\boldsymbol{x}, \boldsymbol{p}; z)$, 我们沿横向粒子轨迹, 即 (5.54) 式的特征曲线积分. 这个解的物理图像在 1.1.5 节中讨论过: $\overline{F}$ 的值沿着单粒子轨迹传递, 因此, 对于任意 s 均有[7]

$$\overline{F}(\boldsymbol{x}, \boldsymbol{p}; z) = \overline{F}[\boldsymbol{x}_0(\boldsymbol{x}, \boldsymbol{p}, z; s), \boldsymbol{p}_0(\boldsymbol{x}, \boldsymbol{p}, z; s); s]. \tag{5.56}$$

这里初始坐标 $(\boldsymbol{x}_0, \boldsymbol{p}_0)$ 是当前坐标 $(\boldsymbol{x}, \boldsymbol{p})$ 和 z 的函数, 该函数在 $z = s$ 处满足初始条件 $(\boldsymbol{x}_0, \boldsymbol{p}_0) = (\boldsymbol{x}, \boldsymbol{p})$ 下的横向运动方程. 平滑聚焦系统中的粒子轨迹方程为

$$\begin{bmatrix} \boldsymbol{x}_0(\boldsymbol{x}, \boldsymbol{p}, z; s) \\ \boldsymbol{p}_0(\boldsymbol{x}, \boldsymbol{p}, z; s) \end{bmatrix} = \begin{bmatrix} \cos[k_\beta(z-s)] & -\sin[k_\beta(z-s)]/k_\beta \\ k_\beta \sin[k_\beta(z-s)] & \cos[k_\beta(z-s)] \end{bmatrix} \begin{bmatrix} \boldsymbol{x} \\ \boldsymbol{p} \end{bmatrix} \tag{5.57}$$

$$\equiv \mathsf{T}_{z \to s} \begin{bmatrix} \boldsymbol{x} \\ \boldsymbol{p} \end{bmatrix}. \tag{5.58}$$

前文在最低阶次下求解了 $\overline{F}$, 作为本节的结尾, 我们整理一下场 E_ν 和密度扰动 F_ν 的线性方程. 我们先将电子分布函数的定义式代入傍轴波动方程 (5.41), 再把 Liouville 方程(5.55) 包含进来, 最后将这两个方程扩展到谐波相互作用, 从而得到三维 FEL 的 Maxwell–Klimontovich 方程:

$$\left[\frac{\partial}{\partial z} + \mathrm{i}\Delta\nu k_u - \frac{\mathrm{i}}{2hk}\nabla_\perp^2 \right] E_\nu = -\kappa_h n_e \int \mathrm{d}\boldsymbol{p}\mathrm{d}\eta F_\nu, \tag{5.59}$$

$$\left\{ \frac{\partial}{\partial z} + \boldsymbol{p} \cdot \frac{\partial}{\partial \boldsymbol{x}} - k_\beta^2 \boldsymbol{x} \cdot \frac{\partial}{\partial \boldsymbol{p}} \right.$$
$$\left. + \mathrm{i} \left[2\nu\eta k_u - \frac{k}{2}(\boldsymbol{p}^2 + k_\beta^2 \boldsymbol{x}^2) \right] \right\} F_\nu = -\chi_h E_\nu \frac{\partial \overline{F}}{\partial \eta}. \tag{5.60}$$

下面将采用两种不同的数学方法在低增益区和高增益区分别求解线性 FEL 方程 (5.59)~(5.60), 其中 $\overline{F}$ 由 (5.56) 式给出. 低增益解将通过沿 δF 和 E_ν 的非扰动

轨迹积分 (亦即忽略分布函数与电磁场之间的耦合) 得到. 只要 E_ν 在与波荡器的相互作用中没有显著的变化, 该解就是有效的, 这意味着该解是 §3.3 和 §4.2 中一维低增益解的推广.

对高增益区的分析将更接近于 §3.4, 并将偏重于理解具有最大增长率的三维 FEL 解. 尽管这种方法原则上也可将低增益的结果作为一个特例包含进来, 但我们将简化讨论, 只把注意力放在增长模式上.

§5.4 低增益区的解

在本节中, 我们将推导包含束流发射度与能散度效应的线性增益公式, 推导中假设外聚焦可由恒定聚焦强度参数 k_β 近似. 这一推导主要沿袭文献 [7]. 在这里我们沿粒子轨迹 (特征曲线) 对低增益 FEL 方程进行积分, 并把横向相空间坐标缩写为 $\boldsymbol{Z} \equiv (\boldsymbol{x}, \boldsymbol{p})$. 在这种情况下, Klimontovich 方程 (5.60) 左侧的导数可看作沿着粒子轨迹的全导数:

$$\left(\frac{\partial}{\partial z} + \boldsymbol{p} \cdot \frac{\partial}{\partial \boldsymbol{x}} - k_\beta^2 \boldsymbol{x} \cdot \frac{\partial}{\partial \boldsymbol{p}}\right) F_\nu = \left(\frac{\partial}{\partial z} + \frac{\mathrm{d}\boldsymbol{Z}}{\mathrm{d}z} \cdot \frac{\partial}{\partial \boldsymbol{Z}}\right) F_\nu = \frac{\mathrm{d}}{\mathrm{d}z}\bigg|_{\boldsymbol{Z}} F_\nu. \tag{5.61}$$

采用守恒的横向能量 $H_\perp = k_\beta \mathcal{J} = (\boldsymbol{p}^2 + k_\beta^2 \boldsymbol{x}^2)/2$ 和全导数 $\mathrm{d}/\mathrm{d}z|_{\boldsymbol{Z}}$, 可将 F_ν 的 Klimontovich 方程写成

$$\mathrm{e}^{-\mathrm{i}(2\nu k_u \eta - kH_\perp)z} \frac{\mathrm{d}}{\mathrm{d}z}\bigg|_{\boldsymbol{Z}} \mathrm{e}^{\mathrm{i}(2\nu k_u \eta - kH_\perp)z} F_\nu = -\chi_h E_\nu \frac{\partial}{\partial \eta}\overline{F}. \tag{5.62}$$

将全导数分离出来, 对 z 积分并化简, 有

$$F_\nu = \mathrm{e}^{-\mathrm{i}(2\nu k_u \eta - kH_\perp)z} F_\nu^0 - \chi_h \int_0^z \mathrm{d}s\, \mathrm{e}^{-\mathrm{i}(2\nu k_u \eta - kH_\perp)(z-s)}$$

$$\times E_\nu[\boldsymbol{x}_0(\boldsymbol{Z}, z; s); s] \frac{\partial}{\partial \eta}\overline{F}[\eta, \boldsymbol{Z}_0(\boldsymbol{Z}, z; s); s]. \tag{5.63}$$

此处坐标 $\boldsymbol{Z}_0(\boldsymbol{Z}, z; s)$ 表示在 $\boldsymbol{Z}_0(\boldsymbol{Z}, z; z) = \boldsymbol{Z}$ 的条件下横向方程 (5.48) 的解. 我们将会看到, 采用波荡器中点处的 F_ν^0 作为初值更为方便, 对于低增益情形, 电子和辐射束都在此处成腰. 由于 $F_\nu[\eta, \boldsymbol{Z}_0(\boldsymbol{Z}, z; L_u/2); L_u/2] = F_\nu[\eta, \boldsymbol{Z}_0(\boldsymbol{Z}, z; 0); 0]$, 我们取 $F_\nu^0 = F_\nu[\eta, \boldsymbol{Z}_0(\boldsymbol{Z}, z; L_u/2); L_u/2]$. 背景分布函数 $\overline{F}$ 由 (5.56) 式给出, 其中坐标 $(\boldsymbol{x}_0, \boldsymbol{p}_0)$ 由 (5.58) 式给出. 为了确定辐射的演化过程, 我们考虑傍轴方程 (5.59) 的横向 Fourier 变换. 利用场的角度表象

$$\mathcal{E}_{\nu,\boldsymbol{\phi}}(z) \equiv \frac{1}{\lambda^2} \int \mathrm{d}\boldsymbol{x} E_\nu(\boldsymbol{x}; z) \mathrm{e}^{-\mathrm{i}k\boldsymbol{x}\cdot\boldsymbol{\phi}}, \tag{5.64}$$

傍轴波动方程为

$$\left\{ \frac{\partial}{\partial z} + \mathrm{i}\Delta\nu k_u + \frac{\mathrm{i}k}{2}\phi^2 \right\} \mathcal{E}_{\nu,\phi}(z)$$
$$= -\kappa_h n_e \int \mathrm{d}\eta \mathrm{d}\boldsymbol{p} \frac{1}{\lambda^2} \int \mathrm{d}\boldsymbol{x} F_\nu(\eta, \boldsymbol{x}, \boldsymbol{p}; z) \mathrm{e}^{-\mathrm{i}k\boldsymbol{x}\cdot\boldsymbol{\phi}}. \tag{5.65}$$

在倒易 (频率–角度) 空间, 傍轴波动方程具有齐次解

$$\mathcal{G}_\phi(z) = \mathrm{e}^{-\mathrm{i}(\Delta\nu k_u + k\phi^2/2)z}. \tag{5.66}$$

因此, (5.65) 式的解为

$$\mathcal{E}_{\nu,\phi}(z) = \mathcal{G}_\phi\left(z - \frac{L_u}{2}\right) \mathcal{E}_{\nu,\phi}^0\left(\frac{L_u}{2}\right)$$
$$- \frac{\kappa_h n_e}{\lambda^2} \int\limits_0^z \mathrm{d}s \mathcal{G}_\phi(z-s) \int \mathrm{d}\eta \mathrm{d}\boldsymbol{p} \mathrm{d}\boldsymbol{x} F_\nu(\eta, \boldsymbol{x}, \boldsymbol{p}; s) \mathrm{e}^{-\mathrm{i}k\boldsymbol{x}\cdot\boldsymbol{\phi}}, \tag{5.67}$$

此处场的初始值 $\mathcal{E}^0$ 由波荡器中点处的值表示. 将分布函数 F_ν 的解代入 (5.67) 式, 得到 $\mathcal{E}_\nu$ 的积分方程:

$$\mathcal{E}_{\nu,\phi}(L_u) = \mathcal{G}_\phi\left(\frac{L_u}{2}\right) \mathcal{E}_{\nu,\phi}^0\left(\frac{L_u}{2}\right)$$
$$- \frac{\kappa_h n_e}{\lambda^2} \int\limits_0^{L_u} \mathrm{d}z \mathcal{G}_\phi(L_u - z) \int \mathrm{d}\eta \mathrm{d}\boldsymbol{Z} \mathrm{e}^{-\mathrm{i}k\boldsymbol{\phi}\cdot\boldsymbol{x}} \mathrm{e}^{-\mathrm{i}(2\nu k_u \eta - kH_\perp)z} F_\nu^0$$
$$+ \frac{n_e \kappa_h \chi_h}{\lambda^2} \int\limits_0^{L_u} \mathrm{d}z \mathcal{G}_\phi(L_u - z) \int \mathrm{d}\eta \mathrm{d}\boldsymbol{Z} \mathrm{e}^{-\mathrm{i}k\boldsymbol{\phi}\cdot\boldsymbol{x}}$$
$$\times \int\limits_0^z \mathrm{d}s \mathrm{e}^{-\mathrm{i}(2\nu k_u \eta - kH_\perp)(z-s)} \int \mathrm{d}\boldsymbol{\phi}_1 \mathrm{e}^{\mathrm{i}k\boldsymbol{\phi}_1 \cdot \boldsymbol{x}_0(\boldsymbol{Z},z;s)}$$
$$\times \mathcal{E}_{\nu,\phi_1}(s) \frac{\partial}{\partial\eta} \overline{F}[\eta, \boldsymbol{Z}_0(\boldsymbol{Z}, z; s); s]. \tag{5.68}$$

(5.68) 式中的第一项代表初始入射辐射在自由空间中的传播, 第二项给出了在非扰动粒子轨迹上运动的电子产生的波荡器自发辐射, 第三项正比于辐射和平滑分布函数的乘积, 导致 FEL 增益. 为了进一步理解这几项, 我们将进行一些简化处理. 首先, 考虑自发辐射, 并利用 (5.58) 式的逆变换

$$\boldsymbol{Z}(\boldsymbol{Z}_0, s; z) = \mathsf{T}_{z\to s}^{-1} \boldsymbol{Z}_0 = \mathsf{T}_{s\to z} \boldsymbol{Z}_0 \tag{5.69}$$

将积分变量从 $(\boldsymbol{x}, \boldsymbol{p})$ 变成 $(\boldsymbol{x}_0, \boldsymbol{p}_0)$. 由于该变换只是一个旋转, 因此其行列式为 1 且 $\mathrm{d}\boldsymbol{p}\mathrm{d}\boldsymbol{x} = \mathrm{d}\boldsymbol{p}_0\mathrm{d}\boldsymbol{x}_0$, $F_\nu^0 = F_\nu(\eta, \boldsymbol{Z}_0; L_u/2)$.

其次, 我们考虑 (5.68) 式中增益项的平滑分布函数 $\overline{F}$. 正如在 1.1.5 节中讨论及在图 1.1.5 中示意的那样, 在线性增益区, $\overline{F}$ 沿着非扰动轨迹传递. 因此, 在任一位置 σ 处, 有

$$\overline{F}[\eta, \boldsymbol{Z}_0(\boldsymbol{Z}, z; s); s] = \overline{F}[\eta, \boldsymbol{Z}_\sigma(\boldsymbol{Z}, z; \sigma); \sigma] \tag{5.70}$$

$$= \overline{F}[\eta, \boldsymbol{Z}_1(\boldsymbol{Z}, z; L_u/2); L_u/2]. \tag{5.71}$$

(5.70) 式在物理上表明, 沿着初始坐标 σ 和最终坐标 z 之间的轨迹, 可将 σ 位置处 $\overline{F}$ 的值传递到 z 位置处, 从而得到 z 位置处的 $\overline{F}$ 值. 在 (5.71) 式中, 坐标 $\boldsymbol{Z}_1$ 的初始条件选取在波荡器中间. 之后, 我们利用类似于 (5.69) 式的坐标关系 $\boldsymbol{Z}(\boldsymbol{Z}_1, L_u/2; z) = \mathsf{T}_{L_u/2 \to z}\boldsymbol{Z}_1$ 和 $\boldsymbol{Z}_0(\boldsymbol{Z}_1, L_u/2; s) = \mathsf{T}_{L_u/2 \to s}\boldsymbol{Z}_1$, 将增益项中的积分变量从 $\boldsymbol{Z}$ 变成 $\boldsymbol{Z}_1$.

之后, 引入场

$$U_\nu(\eta, \boldsymbol{Z}_1, \boldsymbol{\phi}; z) = \mathrm{e}^{-\mathrm{i}(\Delta\nu k_u + k\boldsymbol{\phi}^2/2)(L_u/2 - z)}\mathrm{e}^{-\mathrm{i}(2\nu k_u\eta - kH_\perp)z}$$
$$\times \mathrm{e}^{-\mathrm{i}k\boldsymbol{\phi}\cdot\{\boldsymbol{x}_1\cos[k_\beta(L_u/2 - z)] - \boldsymbol{p}_1\sin[k_\beta(L_u/2 - z)]/k_\beta\}}. \tag{5.72}$$

它和 2.4.2 节中计算的自发波荡器辐射公式 (2.93) 相关, 在波荡器长度上的积分正比于波荡器自发辐射场.

最后, 应用低增益假设来进行如下替换 (保留至最低阶次):

$$\mathcal{E}_{\nu,\boldsymbol{\phi}_1}(s) = \mathcal{G}_{\boldsymbol{\phi}_1}(s)\mathcal{E}_{\nu,\boldsymbol{\phi}_1}^0(0) + \cdots$$
$$= \mathcal{G}_{\boldsymbol{\phi}_1}(s)\mathcal{G}_{\boldsymbol{\phi}_1}(-L_u/2)\mathcal{E}_{\nu,\boldsymbol{\phi}_1}^0(L_u/2) + \cdots. \tag{5.73}$$

利用 (5.71)、(5.72) 及 (5.73) 式, 并代入 F_ν^0 的定义, (5.68) 式可简化为

$$\mathcal{E}_{\nu,\boldsymbol{\phi}}(L_u) = \mathcal{G}_{\boldsymbol{\phi}}\left(\frac{L_u}{2}\right)\mathcal{E}_{\nu,\boldsymbol{\phi}}^0\left(\frac{L_u}{2}\right)$$

$$- \mathcal{G}_{\boldsymbol{\phi}}\left(\frac{L_u}{2}\right)\frac{\kappa_h k_1}{2\pi\lambda^2}\sum_{j=1}^{N_e}\int_0^{L_u}\mathrm{d}z\,\mathrm{e}^{-\mathrm{i}\nu\theta_j}U_\nu(\eta_j, \boldsymbol{x}_j, \boldsymbol{p}_j, \boldsymbol{\phi}; z)$$

$$+ \mathcal{G}_{\boldsymbol{\phi}}\left(\frac{L_u}{2}\right)\frac{n_e\kappa_h\chi_h}{\lambda^2}\int\mathrm{d}\boldsymbol{\phi}_1\mathrm{d}\eta\mathrm{d}\boldsymbol{Z}_1\mathcal{E}_{\nu,\boldsymbol{\phi}_1}^0\left(\frac{L_u}{2}\right)\frac{\partial\overline{F}}{\partial\eta}$$

$$\times \int_0^{L_u}\mathrm{d}z\int_0^z\mathrm{d}sU_\nu(\eta, \boldsymbol{Z}_1, \boldsymbol{\phi}; z)U_\nu^*(\eta, \boldsymbol{Z}_1, \boldsymbol{\phi}_1; s). \tag{5.74}$$

与此前相同, 以上三项可分别理解为入射辐射、自发 (或波荡器) 辐射及一阶场放大. 因此, (5.74) 式是一维解 (4.15) 的三维推广. 由于推导过程和结果表达式 (5.74) 都相当复杂, 在这里我们最好验证一下 (5.74) 式能否回归到一维公式. 在一维限定条件下, 电场与电子在横向上均匀分布, 这意味着电场/电子完全沿前向传播/运动. 因此, 一维电场 $\mathcal{E}_\nu$ 及电子分布函数 $\overline{F}$ 由下式给出:

$$\mathcal{E}_\nu(\boldsymbol{\phi}; z) \to \mathcal{E}_\nu(z)\delta(\boldsymbol{\phi}), \quad \overline{F}(\eta, \boldsymbol{x}, \boldsymbol{p}) \to V(\eta)\delta(\boldsymbol{p}). \tag{5.75}$$

此外, 在一维中 $k_\beta \to 0$, 因此波荡器辐射场

$$U_\nu(\eta, \boldsymbol{x}, \boldsymbol{p}, \boldsymbol{\phi}; z) \to e^{-i(2\nu\eta - \Delta\nu)z}. \tag{5.76}$$

在三维增益公式 (5.74) 中进行 (5.75) 和 (5.76) 式的替换, 可以很简单地重现 §4.2 中的一维公式.

值得注意的是, $\mathcal{E}$ 的增益项为复数, 这意味着增益项既放大了场也改变了场的相位. 前者对于增益很重要, 也是 FEL 脉冲的群速度的重要决定因素, 后者 (相移) 则对相速度 (纵向上) 和折射导引 (横向上) 有贡献. 我们也可以认为这些效应是由与 FEL 相互作用相关的复折射率所引起的 (参见文献 [8, 9, 2, 10] 等).

为了确定增益, 我们考虑由

$$P_{\text{out}} \propto \int \mathrm{d}\boldsymbol{\phi} \, |\mathcal{E}_{\nu,\boldsymbol{\phi}}(L_u)|^2 \tag{5.77}$$

给出的输出功率. $\mathcal{E}_{\nu,\boldsymbol{\phi}}^0\left(\dfrac{L_u}{2}\right)$ 的绝对值的平方正比于输入功率 P_{in}, 而 (5.74) 式中第二项的绝对值的平方则将给出自发波荡器辐射. 在零聚焦极限 ($k_\beta \to 0$) 下, 可以证明自发辐射与 (2.93) 式相同, 我们在剩下的计算中会将其舍弃. 和自发辐射相关的交叉项会导致对粒子相位的求和, 其平均值为零. 因此, 最低阶增益来自入射场 [(5.74) 式中的第一项] 与振幅增益 [(5.74) 式中的第三项] 的乘积. 考虑到 $\mathcal{G}(L_u/2)$ 为纯相位的情况, 并对 $\boldsymbol{\phi}$ 和 $\boldsymbol{\phi}_1$ 积分, 可以写出 (利用缩写符号)

$$\mathcal{E}_{\boldsymbol{\phi}}\mathcal{E}_{\boldsymbol{\phi}_1}^* \int_0^{L_u} \mathrm{d}z \int_0^z \mathrm{d}s U_{\boldsymbol{\phi}}^*(z)U_{\boldsymbol{\phi}_1}(s) + \mathcal{E}_{\boldsymbol{\phi}}^*\mathcal{E}_{\boldsymbol{\phi}_1} \int_0^{L_u} \mathrm{d}z \int_0^z \mathrm{d}s U_{\boldsymbol{\phi}}(z)U_{\boldsymbol{\phi}_1}^*(s)$$

$$= \mathcal{E}_{\boldsymbol{\phi}}\mathcal{E}_{\boldsymbol{\phi}_1}^* \int_0^{L_u} \mathrm{d}z \int_0^z \mathrm{d}s U_{\boldsymbol{\phi}}^*(z)U_{\boldsymbol{\phi}_1}(s) + \mathcal{E}_{\boldsymbol{\phi}}\mathcal{E}_{\boldsymbol{\phi}_1}^* \int_0^{L_u} \mathrm{d}s \int_0^s \mathrm{d}z U_{\boldsymbol{\phi}_1}(s)U_{\boldsymbol{\phi}}^*(z) \tag{5.78}$$

$$= \mathcal{E}_{\boldsymbol{\phi}}\mathcal{E}_{\boldsymbol{\phi}_1}^* \int_0^{L_u} \mathrm{d}z \int_0^{L_u} \mathrm{d}s U_{\boldsymbol{\phi}}^*(z)U_{\boldsymbol{\phi}_1}(s), \tag{5.79}$$

其中, 第一行的第二项交换了 $\phi \leftrightarrow \phi_1$ 及积分变量 $z \leftrightarrow s$, 最后一行可利用图解来证明 (如图 5.8 所示). 至此, 输出功率可写成

$$P_{\text{out}} = P_{\text{in}} + \frac{n_e \kappa_h \chi_h}{\lambda^2} \int \mathrm{d}\phi \mathrm{d}\phi_1 \mathcal{E}^0_{\nu,\phi} \left(\frac{L_u}{2} \right) \mathcal{E}^{0*}_{\nu,\phi_1} \left(\frac{L_u}{2} \right) \int \mathrm{d}\eta \mathrm{d}\boldsymbol{p} \mathrm{d}\boldsymbol{x}$$

$$\times \int_0^{L_u} \mathrm{d}z \mathrm{d}s U_\nu(\eta, \boldsymbol{Z}, \phi; z) U_\nu^*(\eta, \boldsymbol{Z}, \phi_1; s) \frac{\partial}{\partial \eta} \overline{F}(\eta, \boldsymbol{Z}; L_u/2). \tag{5.80}$$

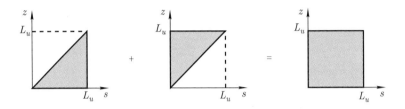

图 5.8 (5.78) 式中的积分之和等于在整个区域上的积分 (图解证明).

增益公式 (5.80) 是 Madey 定理的推广[11], 其中包含了能散度、束流发射度与衍射的横向效应以及平滑横向聚焦. 对 η 分部积分, 可以看到增益中包含

$$-\frac{\partial}{\partial \eta} U_\nu(\eta, \boldsymbol{Z}, \phi; z) U_\nu^*(\eta, \boldsymbol{Z}, \phi_1; s) = 2 \frac{\partial}{\partial \nu} U_\nu(\eta, \boldsymbol{Z}, \phi; z) U_\nu^*(\eta, \boldsymbol{Z}, \phi_1; s),$$

此处的等式是由定义式 (5.72) 而来. 因此, FEL 增益正比于自发辐射频谱对频率的导数, 这正是 Madey 定理的核心内容.

5.4.1 无横向聚焦的低增益表达式

当我们忽略横向聚焦 (即 $k_\beta = 0$) 时, 增益的表达式可进一步得到简化. 这个限定对于低增益 FEL 装置特别适合, 因为在此情形下增益导引无效, 最大能量转移发生在束流横向尺寸与真空辐射模式尺寸相匹配时, 此时电子束 (未聚焦) 的发散与辐射一致. 要忽略自然波荡器聚焦, 应有 $k_n L_u \lesssim 1$, 即

$$\frac{2\pi K N_u}{\sqrt{2}\gamma} \lesssim 1. \tag{5.81}$$

在 $k_\beta \to 0$ 时, 有

$$U_\nu(\eta, \boldsymbol{x}, \boldsymbol{p}, \phi; z) = \mathrm{e}^{-\mathrm{i}k\phi \cdot x} \mathrm{e}^{-\mathrm{i}k_u(2\nu\eta - \Delta\nu)z} \mathrm{e}^{-\mathrm{i}k(\phi - \boldsymbol{p})^2(L_u/2 - z)/2}$$

$$\times \mathrm{e}^{-\mathrm{i}\Delta\nu\pi N_u + \mathrm{i}k\boldsymbol{p}^2 L_u/4} \tag{5.82}$$

$$= \mathrm{e}^{-\mathrm{i}k\phi \cdot \boldsymbol{x}} U_\nu(\eta, \boldsymbol{0}, \boldsymbol{0}, \phi - \boldsymbol{p}; z), \tag{5.83}$$

因此, 可定义简化的波荡器辐射场:

$$\mathscr{U}_\nu(\eta, \boldsymbol{\phi} - \boldsymbol{p}) = \int_0^{L_u} \mathrm{d}z U_\nu(\eta, \mathbf{0}, \mathbf{0}, \boldsymbol{\phi} - \boldsymbol{p}; z). \tag{5.84}$$

利用定义式 (5.84), 无外聚焦的小信号增益由下式给出:

$$G \equiv \frac{P_{\mathrm{out}} - P_{\mathrm{in}}}{P_{\mathrm{in}}} = \frac{n_e \kappa_h \chi_h}{2\pi \lambda^2 P_{\mathrm{in}}} \int \mathrm{d}\boldsymbol{\phi} \mathrm{d}\boldsymbol{\phi}_1 \mathcal{E}^0_{\nu,\boldsymbol{\phi}} \mathcal{E}^{0*}_{\nu,\boldsymbol{\phi}_1} \int \mathrm{d}\boldsymbol{x} \mathrm{e}^{\mathrm{i}k(\boldsymbol{\phi}-\boldsymbol{\phi}_1)\cdot\boldsymbol{x}}$$

$$\times \int \mathrm{d}\eta \mathrm{d}\boldsymbol{p} \mathscr{U}_\nu(\eta, \boldsymbol{\phi} - \boldsymbol{p}) \mathscr{U}_\nu(\eta, \boldsymbol{\phi}_1 - \boldsymbol{p})^* \frac{\partial}{\partial \eta} \overline{F}^0. \tag{5.85}$$

增益公式 (5.85) 可写成波荡器、辐射场及电子束的亮度函数的卷积. 电子束的 "亮度" 由分布函数 $\overline{F}$ 给出, 任意辐射场 R 的亮度则由其 Wigner 函数

$$\mathcal{B}_R(\boldsymbol{x}, \boldsymbol{\phi}) = \int \mathrm{d}\boldsymbol{\xi} R^*\left(\boldsymbol{\phi} + \frac{1}{2}\boldsymbol{\xi}\right) R\left(\boldsymbol{\phi} - \frac{1}{2}\boldsymbol{\xi}\right) \mathrm{e}^{-\mathrm{i}k\boldsymbol{x}\cdot\boldsymbol{\xi}} \tag{5.86}$$

决定, 因此有

$$R^*\left(\boldsymbol{\phi} + \frac{1}{2}\boldsymbol{\xi}\right) R\left(\boldsymbol{\phi} - \frac{1}{2}\boldsymbol{\xi}\right) = \frac{1}{\lambda^2} \int \mathrm{d}\boldsymbol{x} \mathcal{B}_R(\boldsymbol{x}, \boldsymbol{\phi}) \mathrm{e}^{\mathrm{i}k\boldsymbol{x}\cdot\boldsymbol{\xi}}. \tag{5.87}$$

适当改变积分变量, 增益 (5.85) 式可写成

$$G = \frac{n_e \kappa_h \chi_h}{\lambda^2} \frac{\displaystyle\int \mathrm{d}\eta \mathrm{d}\boldsymbol{p} \mathrm{d}\boldsymbol{\phi} \mathrm{d}\boldsymbol{x} \mathrm{d}\boldsymbol{y} \mathcal{B}_E(\boldsymbol{y}, \boldsymbol{\phi}) \mathcal{B}_U(\eta, \boldsymbol{x} - \boldsymbol{y}, \boldsymbol{\phi} - \boldsymbol{p}) \frac{\partial}{\partial \eta} \overline{F}(\eta, \boldsymbol{x}, \boldsymbol{p})}{\displaystyle\int \mathrm{d}\boldsymbol{\phi} \mathrm{d}\boldsymbol{y} \mathcal{B}_E(\boldsymbol{y}, \boldsymbol{\phi})}, \tag{5.88}$$

其中 $\mathcal{B}_E$, $\mathcal{B}_U$ 和 $\overline{F}$ 分别为辐射、波荡器及电子束的亮度函数. 因此, 增益 (5.88) 式本质上是相空间中三个分布函数的卷积.

如果假设输入电子束和辐射束均为 Gauss 分布, 则公式 (5.88) 可转换成一个更有用的形式. 为此, 我们取

$$\overline{F}(\eta, \boldsymbol{x}, \boldsymbol{p}; L_u/2) = \frac{\mathrm{e}^{-(\eta-\eta_0)^2/2\sigma_\eta^2}}{\sqrt{2\pi}\sigma_\eta} \frac{\mathrm{e}^{-\boldsymbol{p}^2/2\sigma_p^2} \mathrm{e}^{-\boldsymbol{x}^2/2\sigma_x^2}}{(2\pi)^2 \sigma_p^2 \sigma_x^2}, \tag{5.89}$$

$$\mathcal{B}_E(\boldsymbol{y}, \boldsymbol{\phi}) = \frac{P_{\mathrm{in}}}{(2\pi)^2 \sigma_r^2 \sigma_\phi^2} \mathrm{e}^{-\boldsymbol{\phi}^2/2\sigma_\phi^2} \mathrm{e}^{-\boldsymbol{y}^2/2\sigma_r^2}. \tag{5.90}$$

计算增益是一个冗长的 Gauss 积分过程, 这里我们仅引用其结果. 定义失谐量 $x_0 = (\eta_0 - \Delta\nu/2)k_u L_u$ [与 §4.2 中的定义 ($h = 1$ 时) 相同], 并通过

$$\Sigma_x^2 \equiv \sigma_x^2 + \sigma_r^2, \quad \Sigma_\phi^2 \equiv \sigma_p^2 + \sigma_\phi^2 \tag{5.91}$$

定义 (卷积) 空间宽度和角宽度, 则 h 次谐波的增益可由下式给出:

$$G = \frac{j_{C,h}}{2} \frac{\sigma_x^2}{\Sigma_x^2} \int\limits_{-1/2}^{1/2} \mathrm{d}s \int\limits_{-1/2}^{1/2} \mathrm{d}z e^{-2[2\pi h N_u(z-s)\sigma_\eta]^2}$$

$$\times \frac{(z-s)\{\sin[2x_0(z-s)] - \mathrm{i}\cos[2x_0(z-s)]\}}{1 + zs\dfrac{L_u^2\Sigma_\phi^2}{\Sigma_x^2} - \mathrm{i}(z-s)\left[kL_u\Sigma_\phi^2 + \dfrac{L_u}{4k\Sigma_x^2}\right]}. \tag{5.92}$$

这个增益公式是文献 [12] 中所得公式的推广, 后者是在所有电子都平行于光轴运动 (意味着发射度为零) 的极限条件下推导的. 在一维限定条件下 ($\Sigma_\phi^2 \to 0$ 且 $L_u/k\Sigma_x^2 \ll 1$), (5.92) 式中的 G 简化为包含能散度的一维增益公式 (4.29), 因此这里的被积函数是一维增益函数 $\bar{g}(x_0)/2$ 的三维推广. 如果我们还有 $\sigma_\eta \to 0$, 则 (5.92) 式变成 §4.2 中理想的线性增益公式 (4.28) [或 §3.3 中的 (3.38) 式].

在图 5.9 中, 我们基于公式 (5.92) 给出了一些典型的增益结果, 其中, 电子束聚焦参数 Z_β 仍被定义为束腰处的 β 函数, 即 $Z_\beta \equiv \sigma_x^2/\varepsilon_x$, 而辐射的 Rayleigh 长度 $Z_R \equiv 4\pi\sigma_r^2/\lambda_1$. 图 (a) 给出了随归一化频率失谐量 $x_0 = 2\pi N_u(\eta_0 - \Delta\nu/2)$ 变化的三条不同增益曲线. 增益随着电子束亮度的降低而变小, 但增益曲线形状都和一维结果十分相似 [$\propto \mathrm{d}(\sin x/x)^2/\mathrm{d}x$]. 当束流的发射度增长至大于辐射的发射度 (即 $\varepsilon_x \gtrsim \lambda_1/4\pi$) 和/或能散度增加至超过自然低增益带宽 (即 $\sigma_\eta \gtrsim 1/6N_u$) 时, 增益退化变得相当明显.

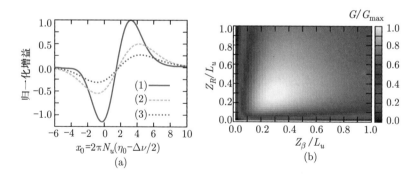

图 5.9 (a) 随归一化频率失谐量 x_0 变化的增益曲线. (1) $\varepsilon_x = \lambda_1/4\pi$, $\sigma_\eta = 1/6N_u$; (2) $\varepsilon_x = \lambda_1/4\pi$, $\sigma_\eta = 1/3N_u$; (3) $\varepsilon_x = \lambda_1/2\pi$, $\sigma_\eta = 1/3N_u$. 辐射的 Rayleigh 长度 Z_R 和束流聚焦参数 Z_β 选取了最优值, 以使 G [相对 (1) 的最大增益进行了归一化] 达到最大. (b) 归一化增益 ($\Delta\nu$ 选取了最优值以使增益达到最大) 与 Z_β/L_u 及 Z_R/L_u 的函数关系, 其中 $\varepsilon_x = \lambda_1/4\pi$, $\sigma_\eta = 1/2N_u$.

图 5.9(b) 给出了最大归一化增益与电子及辐射聚焦参数 Z_β 和 Z_R 的函数关系. 对于给定的电子束聚焦参数, 当辐射模式形状与电子束形状匹配 (亦即 $Z_R = Z_\beta$)

时增益达到最大. 此外, 增益的全局最大值大致出现在电子束聚焦与波荡器辐射聚焦相匹配 (即 $Z_\beta = Z_R \approx L_u/2\pi \approx 0.16L_u$) 时.

§5.5 高增益区的解

在足够长的波荡器中, 高品质束流可产生随波荡器长度指数增长的 FEL 辐射. 在这样的高增益区, 与基频相关的增长模式往往会主导 FEL 动力学过程. 因此, 以下将重点讨论波长中心位于 λ_1 的增长解.

在分析高增益 FEL 时, 一个方便的做法是对场变量进行如下归一化:

$$a_\nu = \frac{\chi_1}{2k_u\rho^2}E_\nu = \frac{eK[\mathrm{JJ}]}{4\gamma_r^2 mc^2 k_u\rho^2}E_\nu, \quad f_\nu = \frac{2k_u\rho^2}{k_1}F_\nu. \tag{5.93}$$

电磁场的归一化与第 3 章相同, 因此, 可以预期 FEL 在

$$\frac{P_{\mathrm{rad}}}{\rho P_{\mathrm{beam}}} = \frac{\lambda_1}{cT}\left\langle \int \mathrm{d}\nu\mathrm{d}\boldsymbol{x}\,|a_\nu(\widehat{z})|^2 \right\rangle \sim 1 \tag{5.94}$$

时达到饱和, 这里 $P_{\mathrm{beam}} = (I/e)\gamma_r mc^2$ 是峰值电流为 I 的电子束功率. 如果我们再引入无量纲坐标

$$\begin{aligned}
\widehat{z} &= 2\rho k_u z, \quad \widehat{\eta} = \frac{\eta}{\rho}, \\
\widehat{\boldsymbol{x}} &= \boldsymbol{x}\sqrt{2k_1 k_u\rho}, \quad \widehat{\boldsymbol{p}} = \boldsymbol{p}\sqrt{\frac{k_1}{2k_u\rho}},
\end{aligned} \tag{5.95}$$

则 (5.93) 式中分布函数的归一化可使 $\int \mathrm{d}\widehat{p}f_\nu$ 保持不变. 此处的归一化传播距离和能量与一维分析中引入的相同, 横向归一化的选取则是为了使归一化 RMS 辐射尺寸和散角均在 1 左右 ($\sigma_r\sigma_{r'} \sim 1/k_1$). 采用这些无量纲变量, FEL 的主要方程 (5.59)~(5.60) 可写成

$$\left(\frac{\partial}{\partial\widehat{z}} + \mathrm{i}\frac{\Delta\nu}{2\rho} + \frac{\widehat{\nabla}_\perp^2}{2i}\right)a_\nu(\widehat{\boldsymbol{x}};\widehat{z}) = -\int \mathrm{d}\widehat{\eta}\mathrm{d}\widehat{\boldsymbol{p}}f_\nu(\widehat{\eta},\widehat{\boldsymbol{x}},\widehat{\boldsymbol{p}};\widehat{z}), \tag{5.96}$$

$$\left(\frac{\partial}{\partial\widehat{z}} + \mathrm{i}\nu\dot{\theta} + \widehat{\boldsymbol{p}}\cdot\frac{\partial}{\partial\widehat{\boldsymbol{x}}} - \widehat{k}_\beta^2\widehat{\boldsymbol{x}}\cdot\frac{\partial}{\partial\widehat{\boldsymbol{p}}}\right)f_\nu = -a_\nu\frac{\partial\overline{f}_0}{\partial\widehat{\eta}}, \tag{5.97}$$

其中, 相位导数

$$\dot{\theta} = \frac{\mathrm{d}\theta}{\mathrm{d}\widehat{z}} = \widehat{\eta} - \frac{\widehat{p}^2 + \widehat{k}_\beta^2\widehat{\boldsymbol{x}}^2}{2} \tag{5.98}$$

描述了能散度与发射度的非均匀效应, $\widehat{k}_\beta = k_\beta/(2k_u\rho)$ 为归一化聚焦强度.

5.5.1 Van Kampen 正交模式展开

在之前的高增益 FEL 分析中, 可以看到一维问题通常有三个独立的线性解, 其中一个是主导长程动力学过程的指数增长模式. 对于三维 FEL, 我们希望找到一组类似的线性模式, 尽管需要用到更为复杂的数学处理. 首先, 三维情形下可以存在许多 (有可能无限多) 增长模式, 这使问题变得更为复杂. 其次, 线性方程组 (5.96)~(5.97) 并不是自伴的, 因而我们找到的模式不一定正交. 解决此问题的一个方法是像文献 [13] 那样引入双正交模式, 而文献 [14, 15] 则采用 "多层" Laplace 变换方法来求解零发射度束流的初值问题. 在这里, 我们将采用 Van Kampen 正交模式展开[16] 来系统地处理这些数学问题, 同时建立足够的数学基础, 以确定线性区的三维 FEL 模式分布和增长率.

我们先引入状态矢量

$$\Psi = \begin{bmatrix} a_\nu(\widehat{\boldsymbol{x}}; \widehat{z}) \\ f_\nu(\widehat{\eta}, \widehat{\boldsymbol{x}}, \widehat{\boldsymbol{p}}, \widehat{z}) \end{bmatrix}, \tag{5.99}$$

并通过

$$(\Psi_1, \Psi_2) \equiv \int \mathrm{d}\widehat{\boldsymbol{x}} a_{1\nu} a_{2\nu} + \int \mathrm{d}\widehat{\boldsymbol{x}} \mathrm{d}\widehat{\boldsymbol{p}} \mathrm{d}\eta f_{1\nu} f_{2\nu} \tag{5.100}$$

定义两个状态矢量的内积. (5.96) 和 (5.97) 式由此可写成

$$\left(\frac{\partial}{\partial \widehat{z}} - \mathrm{i}\mathsf{M} \right) \Psi = 0, \tag{5.101}$$

其中, 矩阵算子 M 对 Ψ 的作用为

$$\mathsf{M}\Psi(\widehat{z}) = \begin{bmatrix} \left(-\dfrac{\Delta\nu}{2\rho} + \dfrac{1}{2}\widehat{\nabla}_\perp^2 \right) a_\nu + \mathrm{i} \displaystyle\int \mathrm{d}\widehat{\boldsymbol{p}} \mathrm{d}\widehat{\eta} f_\nu \\ \mathrm{i} a_\nu \dfrac{\partial \overline{f}_0}{\partial \widehat{\eta}} + \left\{ -\nu\dot{\theta} + \mathrm{i} \left(\widehat{\boldsymbol{p}} \cdot \dfrac{\partial}{\partial \widehat{\boldsymbol{x}}} - \widehat{k}_\beta^2 \widehat{\boldsymbol{x}} \cdot \dfrac{\partial}{\partial \widehat{\boldsymbol{p}}} \right) \right\} f_\nu \end{bmatrix}. \tag{5.102}$$

线性方程组 (5.101) 是一维 FEL 方程 (4.11) 和 (4.12) 的推广, 其解可写成具有 $\mathrm{e}^{-\mathrm{i}\mu_\ell z}$ 形式的多个模式的线性叠加, 其中 μ_ℓ 是算子 M 的本征值. 由于 M 不是 Hermite 矩阵, μ_ℓ 可能是复数且相应的本征矢量并不正交. 后一问题将在稍后讨论, 现在我们先把依赖于 z 的因子分离出来, 并假设解的形式为

$$\Psi_\ell(\widehat{z}) = \mathrm{e}^{-\mathrm{i}\mu_\ell \widehat{z}} \begin{bmatrix} \mathcal{A}_\ell(\widehat{\boldsymbol{x}}) \\ \mathcal{F}_\ell(\widehat{\boldsymbol{x}}, \widehat{\boldsymbol{p}}, \widehat{\eta}) \end{bmatrix}. \tag{5.103}$$

考虑编号为 ℓ, 由本征值方程 $(\mu_\ell + \mathsf{M})\Psi_\ell = 0$ 定义的一个本征值和本征矢量. 根据 (5.102) 式, 本征值方程可重写为

$$
\begin{bmatrix}
\mu_\ell \mathcal{A}_\ell + \left(-\dfrac{\Delta\nu}{2\rho} + \dfrac{1}{2}\widehat{\nabla}_\perp^2 \right) \mathcal{A}_\ell + \mathrm{i} \int \mathrm{d}\widehat{\boldsymbol{p}}\mathrm{d}\widehat{\eta}\mathcal{F}_\ell \\[2mm]
\mu_\ell \mathcal{F}_\ell + \mathrm{i}\mathcal{A}_\ell \dfrac{\partial \overline{f}_0}{\partial \widehat{\eta}} + \left\{ -\nu\dot{\theta} + \mathrm{i}\left(\widehat{\boldsymbol{p}}\cdot\dfrac{\partial}{\partial \widehat{\boldsymbol{x}}} - \widehat{k}_\beta^2\widehat{\boldsymbol{x}}\cdot\dfrac{\partial}{\partial \widehat{\boldsymbol{p}}} \right) \right\}\mathcal{F}_\ell
\end{bmatrix} = 0. \qquad (5.104)
$$

为了得到只含有辐射模式 $\mathcal{A}_\ell$ 的方程, 必须先消去电子分布 $\mathcal{F}_\ell$. 为此, 我们由 (5.104) 式的第二行按如下方式求解 $\mathcal{F}_\ell$. 首先, 引入参数 s, 以使

$$
\frac{\mathrm{d}\mathcal{F}_\ell}{\mathrm{d}s} = \frac{\mathrm{d}\widehat{\boldsymbol{x}}}{\mathrm{d}s}\cdot\frac{\partial\mathcal{F}_\ell}{\partial\widehat{\boldsymbol{x}}} + \frac{\mathrm{d}\widehat{\boldsymbol{p}}}{\mathrm{d}s}\cdot\frac{\partial\mathcal{F}_\ell}{\partial\widehat{\boldsymbol{p}}} = \widehat{\boldsymbol{p}}\cdot\frac{\partial\mathcal{F}_\ell}{\partial\widehat{\boldsymbol{x}}} - \widehat{k}_\beta^2\widehat{\boldsymbol{x}}\cdot\frac{\partial\mathcal{F}_\ell}{\partial\widehat{\boldsymbol{p}}}. \qquad (5.105)
$$

因此, s 可被看作横向运动参数, 且以下求解过程与此前的低增益分析密切相关 (在低增益分析中, 我们沿着与聚焦系统中的运动相关的横向特征曲线进行积分). 接下来, 我们将 (5.104) 式的第二行重写为

$$
\mathrm{e}^{-\mathrm{i}(\nu\dot{\theta}-\mu_\ell)s}\frac{\mathrm{d}}{\mathrm{d}s}\left[\mathrm{e}^{\mathrm{i}(\nu\dot{\theta}-\mu_\ell)s}\mathcal{F}_\ell \right] = -\mathcal{A}_\ell\frac{\partial \overline{f}_0}{\partial\widehat{\eta}}. \qquad (5.106)
$$

将全导数分离出来后积分, 易得

$$
\mathcal{F}_\ell = -\mathrm{e}^{-\mathrm{i}(\nu\dot{\theta}-\mu_\ell)s}\int^s \mathrm{d}s'\mathrm{e}^{\mathrm{i}(\nu\dot{\theta}-\mu_\ell)s'}\mathcal{A}_\ell[\widehat{\boldsymbol{x}}_0(s-s')]\frac{\partial}{\partial\widehat{\eta}}\overline{f}_0[\widehat{\boldsymbol{p}}_0^2 + \widehat{k}_\beta^2\widehat{\boldsymbol{x}}_0^2, \eta]. \qquad (5.107)
$$

这里的横向运动由 (5.58) 式给出, 例如, 位置 $\widehat{\boldsymbol{x}}_0(s-s') = \widehat{\boldsymbol{x}}\cos[k_\beta(s-s')] - (\widehat{\boldsymbol{p}}/\widehat{k}_\beta)\sin[k_\beta(s-s')]$. 为简化 (5.107) 式, 我们再次利用 $\widehat{\boldsymbol{p}}^2 + \widehat{k}_\beta^2\widehat{\boldsymbol{x}}^2$ 守恒, 这意味着匹配的 $\overline{f}_0$ 不依赖于 s', 且 $\dot{\theta} = \widehat{\eta} - (\widehat{\boldsymbol{p}}^2 + \widehat{k}_\beta^2\widehat{\boldsymbol{x}}^2)/2$ 是非扰动运动的常量. 同时, 为了方便, 我们将积分变量替换为 $\tau \equiv s' - s$ 并定义坐标 $\widehat{\boldsymbol{x}}_+(\tau) \equiv \widehat{\boldsymbol{x}}\cos(\widehat{k}_\beta\tau) + (\widehat{\boldsymbol{p}}/\widehat{k}_\beta)\sin(\widehat{k}_\beta\tau)$. 对于增长解, 可忽略初始条件, 并将对 τ 的积分扩展到 $-\infty$, 在此情形下, (5.107) 式简化为

$$
\mathcal{F}_\ell = -\frac{\partial \overline{f}_0}{\partial\widehat{\eta}}\int_{-\infty}^0 \mathrm{d}\tau\mathcal{A}_\ell(\widehat{\boldsymbol{x}}_+)\mathrm{e}^{\mathrm{i}(\nu\dot{\theta}-\mu_\ell)\tau}. \qquad (5.108)
$$

将此式代入 (5.104) 式的第一行, 可得到辐射分布及增长率的方程:

$$
\left(\mu_\ell - \frac{\Delta\nu}{2\rho} + \frac{1}{2}\widehat{\nabla}_\perp^2 \right)\mathcal{A}_\ell(\widehat{\boldsymbol{x}})
$$

$$
-\mathrm{i}\int \mathrm{d}\widehat{\boldsymbol{p}}\mathrm{d}\widehat{\eta}\int_{-\infty}^0 \mathrm{d}\tau\mathrm{e}^{\mathrm{i}(\nu\dot{\theta}-\mu_\ell)\tau}\frac{\mathrm{d}\overline{f}_0}{\mathrm{d}\widehat{\eta}}\mathcal{A}_\ell(\widehat{\boldsymbol{x}}_+) = 0. \qquad (5.109)
$$

表达式 (5.109) 通常被称为色散关系[17,3]. (5.109) 式的解将给出辐射场的横向本征模式及相应的本征值随偏离共振频差 $\Delta\nu$ 的变化关系. 因此, 色散关系从模式分布与增长率两方面描述了辐射的基本性质. 下一节将更加详细地讨论 (5.109) 式的物理意义和一些近似解. 在此之前, 我们先介绍一下在本征矢量与本征值已知时如何求解三维 FEL 初值问题.

假设本征矢量集是完备的, 则初值问题的解可通过将初态 $\Psi(0)$ 展开为 Ψ_ℓ 的和得到:

$$\Psi(0) = \sum_\ell \mathcal{C}_\ell \Psi_\ell. \tag{5.110}$$

如果可找到另一基组 $\{\Phi_k\}$ 使得内积 $(\Phi_k, \Psi_\ell) = \delta_{k,\ell}$, 则每个展开系数 $\mathcal{C}_\ell$ 可通过将态 $\Psi(0)$ 投影到 Φ_ℓ 得到. Van Kampen 方法利用伴随本征值方程

$$(\mu_\ell^\dagger + \mathsf{M}^\dagger)\Psi_\ell^\dagger = 0 \tag{5.111}$$

构造一个这样的正交基组 $\{\Phi_k\} = \{\Psi_k^\dagger\}$ [16,18]. 这里, $\mu_\ell^\dagger$ 与 $\Psi_\ell^\dagger = (\mathcal{A}_\ell^\dagger, \mathcal{F}_\ell^\dagger)$ 是伴随算子 $\mathsf{M}^\dagger$ 的本征值与本征矢量, 由内积关系

$$(\mathsf{M}^\dagger\Psi_\ell^\dagger, \Psi) = (\Psi_\ell^\dagger, \mathsf{M}\Psi) \tag{5.112}$$

定义. 这意味着 $\mathsf{M}^\dagger$ 对 $\Psi_\ell^\dagger$ 的作用为

$$\mathsf{M}^\dagger\Psi_\ell^\dagger = \begin{bmatrix} \left(-\dfrac{\Delta\nu}{2\rho} + \dfrac{1}{2}\widehat{\nabla}_\perp^2\right)\mathcal{A}_\ell^\dagger + \mathrm{i}\displaystyle\int \mathrm{d}\widehat{p}\,\mathrm{d}\widehat{x}\,\mathrm{d}\widehat{\eta}\dfrac{\partial\overline{f}_0}{\partial\widehat{\eta}}\mathcal{F}_\ell^\dagger \\[2mm] \mathrm{i}\mathcal{A}_\ell^\dagger + \left\{-\nu\dot\theta - \mathrm{i}\left(\widehat{\boldsymbol{p}}\cdot\dfrac{\partial}{\partial\widehat{\boldsymbol{x}}} - \widehat{k}_\beta^2\widehat{\boldsymbol{x}}\cdot\dfrac{\partial}{\partial\widehat{\boldsymbol{p}}}\right)\right\}\mathcal{F}_\ell^\dagger \end{bmatrix}. \tag{5.113}$$

将此式代入 (5.111) 式, 并采用与 $\mathcal{F}_\ell$ 类似的方式来求解 $\mathcal{F}_\ell^\dagger$, 可得

$$\mathcal{F}_\ell^\dagger = -\frac{\partial\overline{f}_0}{\partial\eta}\int_{-\infty}^{0}\mathrm{d}\tau\,\mathcal{A}_\ell^\dagger(\widehat{\boldsymbol{x}}_-)\mathrm{e}^{\mathrm{i}(\nu\dot\theta - \mu_\ell^\dagger)\tau}, \tag{5.114}$$

其中 $\widehat{\boldsymbol{x}}_- = \widehat{\boldsymbol{x}}\cos(\widehat{k}_\beta\tau) - (\widehat{\boldsymbol{p}}/\widehat{k}_\beta)\sin(\widehat{k}_\beta\tau)$. 利用 (5.114) 来求解伴随辐射模式, 可以发现除了将 $\widehat{\boldsymbol{x}}_+$ 替换成 $\widehat{\boldsymbol{x}}_-$, $\mathcal{A}_\ell^\dagger$ 满足和 (5.109) 式相同的色散关系. 由于匹配束流的分布 $\overline{f}_0$ 在 $\widehat{\boldsymbol{p}}$ 上对称, 通过改变积分变量 $\widehat{\boldsymbol{p}} \to -\widehat{\boldsymbol{p}}$, 可以发现这两个色散关系实际上是相同的. 因此我们设 $\mathcal{A}_\ell^\dagger = \mathcal{A}_\ell$ 及 $\mu_\ell^\dagger = \mu_\ell$.

根据伴随的定义式 (5.112), 可立即导出

$$(\mu_\ell - \mu_k)(\Psi_k^\dagger, \Psi_\ell) = (\Psi_k^\dagger, \mathsf{M}\Psi_\ell) - (\mathsf{M}^\dagger\Psi_k^\dagger, \Psi_\ell) = 0. \tag{5.115}$$

如果正交模式不简并, 亦即对于任意 $k \neq \ell$, $\mu_k \neq \mu_\ell$, 则伴随本征矢量集与本征矢量 Ψ_ℓ 正交. 特别地, 对于一个离散的本征矢量集, Van Kampen正交条件为

$$(\Psi_k^\dagger, \Psi_l) = \delta_{k,\ell}(\Psi_l^\dagger, \Psi_\ell). \tag{5.116}$$

采用类似的方式, 并以 Dirac δ 函数代替 Kronecker 函数 $\delta_{k,\ell}$, 我们可以写出连续本征矢量集的正交条件. 假设矢量集 Ψ_ℓ 是完备的, 通过把任一态矢量 Ψ 投影到伴随基组上, 并利用 (5.116) 式, 我们可将其表示成本征矢量之和. 利用初态 $\Psi(0)$ 的展开式 (5.110), $\Psi(\hat{z})$ 可写成

$$\Psi(\hat{z}) = \sum_\ell \mathcal{C}_\ell \Psi_\ell e^{-i\mu_\ell \hat{z}} = \sum_\ell \frac{(\Psi_\ell^\dagger, \Psi(0))}{(\Psi_\ell^\dagger, \Psi_\ell)} \Psi_\ell e^{-i\mu_\ell \hat{z}}. \tag{5.117}$$

对于 FEL, 初态矢量 $\Psi(0)$ 由外部信号 $a_\nu(0)$ 和群聚的第 ν 个 Fourier 分量 $f_\nu(0)$ 构成, 描述散粒噪声和外部施加的信号. 因此, 我们有

$$(\Psi_\ell^\dagger, \Psi(0)) = \int d\hat{\boldsymbol{x}} a_\nu(\hat{\boldsymbol{x}}; 0) \mathcal{A}_\ell(\hat{\boldsymbol{x}})$$

$$- \int d\hat{\boldsymbol{x}} d\hat{\boldsymbol{p}} d\hat{\eta} f_\nu(\hat{\eta}, \hat{\boldsymbol{x}}, \hat{\boldsymbol{p}}; 0) \int_{-\infty}^0 d\tau \mathcal{A}_\ell(\hat{\boldsymbol{x}}_-) e^{i(\nu\dot\theta - \mu_\ell)\tau}, \tag{5.118}$$

$$(\Psi_\ell^\dagger, \Psi_\ell) = \int d\hat{\boldsymbol{x}} \mathcal{A}_\ell(\hat{\boldsymbol{x}}) \mathcal{A}_\ell(\hat{\boldsymbol{x}})$$

$$+ \int d\hat{\boldsymbol{x}} d\hat{\boldsymbol{p}} d\hat{\eta} \frac{\partial \overline{f}_0}{\partial \hat{\eta}} \int_{-\infty}^0 d\tau d\tau' \mathcal{A}_\ell(\hat{\boldsymbol{x}}_+) \mathcal{A}_\ell(\hat{\boldsymbol{x}}'_-) e^{i(\nu\dot\theta - \mu_\ell)(\tau + \tau')}. \tag{5.119}$$

5.5.2 色散关系与四个归一化参数

接下来, 我们假设平滑背景在 θ 上为均匀分布 (直流束), 在能量、横向位置及横向角度上则为 Gauss 分布:

$$\overline{f}_0(\hat{\boldsymbol{p}}^2 + \hat{k}_\beta^2 \hat{\boldsymbol{x}}^2) = \frac{1}{2\pi \hat{k}_\beta^2 \hat{\sigma}_x^2} \exp\left(-\frac{\hat{\boldsymbol{p}}^2 + \hat{k}_\beta^2 \hat{\boldsymbol{x}}^2}{2\hat{k}_\beta^2 \hat{\sigma}_x^2}\right) \frac{1}{\sqrt{2\pi}\hat{\sigma}_\eta} \exp\left(-\frac{\hat{\eta}^2}{2\hat{\sigma}_\eta^2}\right), \tag{5.120}$$

式中

$$\hat{\sigma}_x = \sigma_x \sqrt{2k_1 k_u \rho}, \quad \hat{\sigma}_\eta = \sigma_\eta / \rho \tag{5.121}$$

分别为束流的归一化 RMS 横向尺寸和归一化 RMS 能散度. 电子束发射度由下式给出:

$$\varepsilon_x = \hat{\sigma}_x^2 \hat{k}_\beta / k_1. \tag{5.122}$$

通过对 $\widehat{\eta}$ 进行积分 (借助分部积分), 我们重写色散关系 (5.109) 式. 对于具有 Gauss 能量分布的束流, 色散关系为

$$\left(\mu - \frac{\Delta\nu}{2\rho} + \frac{1}{2}\widehat{\nabla}_\perp^2\right)\mathcal{A}(\widehat{\boldsymbol{x}}) - \frac{1}{2\pi\widehat{k}_\beta^2\widehat{\sigma}_x^2}\int_{-\infty}^{0}\mathrm{d}\tau\tau\mathrm{e}^{-\widehat{\sigma}_\eta^2\tau^2/2-\mathrm{i}\mu\tau}$$

$$\times\int\mathrm{d}\widehat{\boldsymbol{p}}\mathcal{A}[\widehat{\boldsymbol{x}}_+(\widehat{\boldsymbol{x}},\widehat{\boldsymbol{p}},\tau)]\exp\left[-\frac{1+\mathrm{i}\tau\widehat{k}_\beta^2\widehat{\sigma}_x^2}{2\widehat{k}_\beta^2\widehat{\sigma}_x^2}\left(\widehat{\boldsymbol{p}}^2+\widehat{k}_\beta^2\widehat{\boldsymbol{x}}^2\right)\right]=0, \quad (5.123)$$

其中, 为清晰起见, 我们略去了下标 ℓ.

复增长率 μ 和模式分布 $\mathcal{A}(\widehat{\boldsymbol{x}})$ 可完全由四个归一化参数确定[3], 这里已将其定义为 $\widehat{\sigma}_x$、$\widehat{k}_\beta$、$\widehat{\sigma}_\eta$ 及 $\Delta\nu/2\rho$. 让我们首先讨论这四个归一化参数的物理意义.

1. $\widehat{\sigma}_x$ 代表衍射效应. 为了解这一点, 我们考虑

$$\widehat{\sigma}_x^2 = \sigma_x^2 2k_1 k_u\rho = \frac{2\pi\sigma_x^2}{\lambda_1}\frac{4\pi\rho}{\lambda_u} = \frac{2}{\sqrt{3}}\frac{Z_R}{L_{G0}}, \quad (5.124)$$

其中 $Z_R = \pi\sigma_x^2/\lambda_1$ 为辐射 (横向尺寸由电子束尺寸决定) 的 Rayleigh长度. 为了减弱衍射效应, 应有

$$Z_R \gtrsim L_{G0} \quad \text{或} \quad \widehat{\sigma}_x \gtrsim 1. \quad (5.125)$$

2. $\widehat{\sigma}_x^2\widehat{k}_\beta^2$ 代表发射度或角散度效应. 由共振条件 (5.6) 式知, 束流角散度 $\sigma_{x'} = k_\beta\sigma_x$ 会不可避免地引起共振波长的发散, 后者由下式给出:

$$(\widehat{\sigma}_x\widehat{k}_\beta)^2 = \left(\sigma_{x'}^2\frac{k_1}{2k_u}\right)\frac{1}{\rho} \rightarrow 4\pi\sqrt{3}\frac{\Delta\lambda_1}{\lambda_1}\frac{L_{G0}}{\lambda_u} = \frac{1}{\rho}\frac{\Delta\lambda}{\lambda_1}. \quad (5.126)$$

如果束流角散度导致的波长发散 $\Delta\lambda/\lambda_1 < \rho$, 即

$$(\widehat{\sigma}_x\widehat{k}_\beta)^2 \approx \frac{4\pi L_{G0}}{\lambda_1\overline{\beta}}\varepsilon_x < 1, \quad (5.127)$$

则共振条件可以维持, 这一要求和 (5.8) 式相同. 此外, 为了让辐射横向相干, 电子束的发射度不应明显大于辐射的发射度. 将 (5.122) 式重写为 $\widehat{\sigma}_x^2\widehat{k}_\beta = \varepsilon_x/2\varepsilon_r$ (其中 $\varepsilon_x/2\varepsilon_r \lesssim 1$), 可以看到, 在归一化聚焦强度 $\widehat{k}_\beta \lesssim 1$ 时, 这些要求均能得到满足.

3. $\widehat{\sigma}_\eta$ 代表能散度效应. 由束流能散度导致的共振波长变化必须小于自然 FEL 带宽, 即

$$\widehat{\sigma}_\eta = \frac{\Delta\gamma}{\gamma\rho} \rightarrow \frac{\Delta\lambda_1}{2\lambda_1}\frac{1}{\rho} = 2\pi\sqrt{3}\frac{\Delta\lambda_1}{\lambda_1}\frac{L_{G0}}{\lambda_u} \lesssim 1. \quad (5.128)$$

如果这个条件得到满足, 则在一个增益长度内由失谐电子能量引起的有质动力相位的改变远小于 1.

4. $\Delta\nu/2\rho$ 代表失谐效应, 是对波长偏离一维共振条件的量化. 具有显著增益的频带宽度为

$$\sigma_\nu \sim \frac{\Delta\lambda_1}{\lambda_1} \sim \rho. \tag{5.129}$$

上述参数中, $\widehat{\sigma}_x$ 是对增益导引效果的量化, 后三个参数则分别代表了由发射度、能散度、频率失谐所导致的相对于共振状态的偏离. 当总的归一化频差 $\gtrsim \rho$ 时, 增益会受到不利的影响.

5.5.3 增益导引与横向相干性

解析求解色散关系 (5.123) 式一般是不可能的. 下一节将讨论在实际电子分布情形下确定 FEL 本征值和本征模式的数值方法. 不过, 这里还是给出一个可以精确求解的理想电子束模型, 这将有助于我们了解 (5.123) 式解的基本形式以及在定性上准确的三维本征模式的分布和增长率.

我们的简单模型将侧重于增益导引的横向效应, 而忽略与发射度及能散度相关的增益退化效应. 因此, 我们假设电子束具有零发散角 ($\sigma_p = k_\beta = 0$)、零能散及有限的横向包络 $U(\widehat{\boldsymbol{x}})$. 在这一模型中, 平滑背景分布函数可由下式给出:

$$\overline{f}_0(\widehat{\eta}, \widehat{\boldsymbol{x}}, \widehat{\boldsymbol{p}}) = \delta(\widehat{\eta})\delta(\widehat{\boldsymbol{p}})U(\widehat{\boldsymbol{x}}). \tag{5.130}$$

将 (5.130) 式代入色散关系式 (5.109), 并改用极坐标 $\widehat{r} \equiv |\widehat{\boldsymbol{x}}|$ 及 $\phi \equiv \tan^{-1}(\widehat{y}/\widehat{x})$, 可得

$$\frac{1}{2}\left[\frac{1}{\widehat{r}}\frac{\partial}{\partial\widehat{r}}\left(\widehat{r}\frac{\partial}{\partial\widehat{r}}\right) + \frac{1}{\widehat{r}^2}\frac{\partial^2}{\partial\phi^2}\right]\mathcal{A}_\ell(\widehat{\boldsymbol{x}}) + \left[\mu_\ell - \frac{\Delta\nu}{2\rho} - \frac{U(\widehat{\boldsymbol{x}})}{\mu_\ell^2}\right]\mathcal{A}_\ell(\widehat{\boldsymbol{x}}) = 0. \tag{5.131}$$

(5.131) 式实质上是复系数的二维 Schrödinger 方程, 对于某些横向束流包络 $U(\widehat{\boldsymbol{x}})$, 该方程存在精确解. 文献 [1, 13] 中给出了一个在有限区域 (正方形) 内均匀分布的例子. 对于 Gauss 分布的抛物线近似, 即

$$U(\widehat{\boldsymbol{x}}) = 1 - \frac{\widehat{r}^2}{2\widehat{\sigma}_x^2} = 1 - \frac{|\boldsymbol{x}|^2}{2\sigma_x^2}, \tag{5.132}$$

也存在一个特别简洁的解[19]. 如文献 [14] 中所做的那样, (5.132) 式的抛物线束流分布应限定在 $|\boldsymbol{x}|^2 < 2\sigma_x^2$ 内 (当 $|\boldsymbol{x}| \geqslant \sqrt{2}\sigma_x$ 时, 取 $U = 0$, 从而避免负值电流), 然而这会使得本征模式方程复杂很多. 我们将看到, 当 $\widehat{\sigma}_x \gg 1$ 时, 采用 (5.132) 式所得到的本征模式与采用更接近实际的电流分布的结果几乎相同. 由于这两种情形下的解很相似且前一情形对于有限的 $\widehat{\sigma}_x$ 更为简单, 我们假设上述二次分布处处有效.

对于 (5.132) 式的情形, 我们在柱坐标系中分离变量, 即 $\mathcal{A}_\ell(\widehat{\boldsymbol{x}}) = \mathcal{A}_{\ell,m}(\widehat{r})\mathrm{e}^{im\phi}$. 引入坐标 $y = \mathrm{i}\widehat{r}^2/\mu_\ell\widehat{\sigma}_x$, 在 (5.131) 式有效时 [即对于 $\Im(\mu) > 0$ 的增长模式] $\Re(y) \geqslant$

0. 将抛物线束流分布 [(5.132) 式] 的色散关系用 y 来表示, 有

$$\left[\frac{\partial}{\partial y}\left(y\frac{\partial}{\partial y}\right) - \frac{m^2}{4y} + \frac{\mu_\ell\widehat{\sigma}_x}{2i}\left(\mu_\ell - \frac{\Delta\nu}{2\rho} - \frac{1}{\mu_\ell^2}\right) - \frac{y}{4}\right]\mathcal{A}_{\ell,m}(y) = 0. \tag{5.133}$$

由于势是二次式, 因此上述方程是二维简谐振子 Schrödinger 方程的复数形式 (虽然变量不同), 下面我们仅简单地给出它的解. 在 $|y|$ 较大处, 模式的特性可由 (5.133) 式简单地确定, 此时, 模式由 $\mathcal{A}'' = \mathcal{A}/4$ 给出, 因而在 $|y| \to \infty$ 时 $\mathcal{A} \sim \mathrm{e}^{-y/2}$. 为将本征模式方程 (5.133) 写成标准形式, 我们通过

$$\mathcal{A}_{\ell,m}(y) = y^{m/2}\mathrm{e}^{-y/2}\alpha_{\ell,m}(y) \tag{5.134}$$

定义 $\alpha_{\ell,m}(y)$, 由此分离出指数依赖关系并消去 $\sim m^2/4y$ 项. 将这个定义代入 (5.133) 式, 得到场 $\alpha_{\ell,m}(y)$ 的 Laguerre 微分方程:

$$y\alpha''_{\ell,m}(y) + (1 + m - y)\alpha'_{\ell,m}(y)$$
$$- \frac{1}{2}\left[m + 1 + \mathrm{i}\mu_\ell\widehat{\sigma}_x\left(\mu_\ell - \frac{\Delta\nu}{2\rho} - \frac{1}{\mu_\ell^2}\right)\right]\alpha_{\ell,m}(y) = 0. \tag{5.135}$$

对于整数 m, 该方程唯一的非奇异解为广义 Laguerre 函数, 即 $\alpha_{\ell,m}(y) = \mathrm{L}_\ell^m(y)$, 其中, -2ℓ 等于 (5.135) 式方括号中的项. 可以证明, 如果 ℓ 不是正整数, 则 $\mathrm{L}_\ell^m(y) \sim \mathrm{e}^y/y^{\ell+m+1}$, 在此情形下场 $\mathcal{A}$ 将在无穷远处指数地发散 ($\sim \mathrm{e}^{y/2}$). 因此, 要求有界的解即意味着 ℓ 为非负整数, 这也意味着本征值 μ_ℓ 必须满足

$$\mu_\ell^2\left(\mu_\ell - \frac{\Delta\nu}{2\rho}\right) - 1 = \frac{\mathrm{i}\mu_\ell}{\widehat{\sigma}_x}(2\ell + m + 1) \quad (\ell \geqslant 0, \ell \in \mathbb{Z}, \text{且 } m \in \mathbb{Z}). \tag{5.136}$$

图 5.10(a) 给出了几个模式的增长率随 $1/\widehat{\sigma}_x$ 的变化关系. 请注意, 当 $\widehat{\sigma}_x \to \infty$ 时, 所有模式的增长率趋近相同值, 且每个模式都满足一维色散关系. 本征模式自身由 Gauss-Laguerre 函数给出:

$$\mathcal{A}_{\ell,m}(\widehat{r}) = \left(\frac{\mathrm{i}\widehat{r}^2}{\mu_\ell\widehat{\sigma}_x}\right)^{m/2}\mathrm{L}_\ell^m\left(\frac{\mathrm{i}\widehat{r}^2}{\mu_\ell\widehat{\sigma}_x}\right)\exp\left(-\frac{\mathrm{i}\widehat{r}^2}{2\mu_\ell\widehat{\sigma}_x}\right). \tag{5.137}$$

图 5.10(b) 所示为几个最低阶的模式. 基模 $\mathcal{A}_{0,0}$ 的 RMS 宽度可利用 $|\mathcal{A}_{0,0}|^2 \propto \mathrm{e}^{-r^2/2\sigma_r^2}$ 简单地确定:

$$\sigma_r^2 = \frac{|\mu_\ell|^2 \sigma_x}{2\Im(\mu_\ell)\sqrt{2\rho k_1 k_u}}, \tag{5.138}$$

辐射模式的尺寸正比于 FEL 模式尺寸 [$\sim (\rho k_1 k_u)^{-1/2}$] 与电子束尺寸 σ_x 的几何平均值. 因此, 对于满足 $\widehat{\sigma}_x \gg 1$ 的大尺寸电子束, 辐射模式的尺寸 $\sigma_r \ll \sigma_x$. 在此极限条件下, 即便电流为负值 (当 $|\widehat{x}|^2 > 2\sigma_x^2$ 时), (5.132) 式中的抛物线近似方程依然有效, 同时我们还可以发现低阶 Gauss-Laguerre 本征模式 (5.137) 及增长率 (5.136) 与电流密度完全非负时几乎相同.

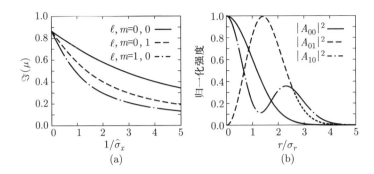

图 5.10　抛物线束流分布情形的横向模式. (a) 增长率随归一化束流尺寸倒数的变化, $\Delta\nu$ 取最优值以使增长率达到最大. 当 $\widehat{\sigma}_x \to \infty$ 时, 所有模式的增长率均趋近一维增长率 $\sqrt{3}/2 \approx 0.866$, 随着束流尺寸的减小, 增长率降低. 最低阶 Gauss 模式 G_{00} 的增益降低最慢, 因此在有限束流尺寸下, 该模式往往会在横向模式中占据主导. (b) 三个最低阶模式的强度分布, 各个模式均相对于其峰值 (位于 $\widehat{\sigma}_x \gg 1$ 处) 进行了归一化. 模式形状看起来和图 5.11 中 LCLS 的数值计算结果很相似.

5.5.4　色散关系的数值求解

　　当把发射度和能散度都考虑进来时, 计算增长的 FEL 模式需要采用更一般化的方法. 在下一节中, 我们将利用变分法给出半解析的近似解, 本节则给出求解色散关系 (5.123) 式的数值方法. 为了便于分析, 我们首先简化 (5.123), 然后讨论如何对简化后的方程进行数值求解.

　　为了求解色散关系方程 (5.123), 我们首先进行变量替换:

$$\widehat{\boldsymbol{x}}' = \widehat{\boldsymbol{x}}\cos(\widehat{k}_\beta\tau) + \frac{\widehat{\boldsymbol{p}}}{\widehat{k}_\beta}\sin(\widehat{k}_\beta\tau), \tag{5.139}$$

这一替换伴随着下列变换:

$$\mathrm{d}\widehat{\boldsymbol{p}} = \mathrm{d}\widehat{\boldsymbol{x}}'\frac{\widehat{k}_\beta^2}{\sin^2(\widehat{k}_\beta\tau)},$$

$$\widehat{\boldsymbol{p}}^2 + \widehat{k}_\beta^2\widehat{\boldsymbol{x}}^2 = \frac{\widehat{k}_\beta^2}{\sin^2(\widehat{k}_\beta\tau)}\left[\widehat{\boldsymbol{x}}^2 + \widehat{\boldsymbol{x}}'^2 - 2\widehat{\boldsymbol{x}}\cdot\widehat{\boldsymbol{x}}'\cos(\widehat{k}_\beta\tau)\right].$$

因此, (5.123) 式变为

$$\left(\mu - \frac{\Delta\nu}{2\rho} + \frac{1}{2}\widehat{\nabla}_\perp^2\right)\mathcal{A}(\widehat{\boldsymbol{x}}) - \int_{-\infty}^{0}\mathrm{d}\tau\,\frac{\tau\mathrm{e}^{-\widehat{\sigma}_\eta^2\tau^2/2 - \mathrm{i}\mu\tau}}{2\pi\widehat{\sigma}_x^2\sin^2(\widehat{k}_\beta\tau)}\int\mathrm{d}\widehat{\boldsymbol{x}}'\mathcal{A}(\widehat{\boldsymbol{x}}')$$

$$\times\exp\left[-\frac{1 + \mathrm{i}\widehat{k}_\beta^2\widehat{\sigma}_x^2\tau}{2\widehat{\sigma}_x^2}\frac{\widehat{\boldsymbol{x}}^2 + \widehat{\boldsymbol{x}}'^2 - 2\widehat{\boldsymbol{x}}\cdot\widehat{\boldsymbol{x}}'\cos(\widehat{k}_\beta\tau)}{\sin^2(\widehat{k}_\beta\tau)}\right] = 0.$$

由于典型的电子束近似是轴对称的, 因此采用极坐标 (R, φ) 更为方便, 其中,

$$R = \frac{|\boldsymbol{x}|}{\sigma_x} = \frac{|\widehat{\boldsymbol{x}}|}{\widehat{\sigma}_x}, \tag{5.140}$$

φ 为方位角. 将方位角模式标号记为 m, 有

$$\mathcal{A}(\widehat{\boldsymbol{x}}) = \mathcal{A}_m(R)\mathrm{e}^{\mathrm{i}m\varphi}, \tag{5.141}$$

在这种情形下, 横向微分与导数由

$$\int \mathrm{d}\widehat{\boldsymbol{x}}' = \widehat{\sigma}_x^2 \int\limits_0^\infty R'\mathrm{d}R' \int\limits_0^{2\pi} \mathrm{d}\varphi, \quad \widehat{\nabla}_\perp^2 = \frac{1}{\widehat{\sigma}_x^2}\left[\frac{1}{R}\frac{\mathrm{d}}{\mathrm{d}R}\left(R\frac{\mathrm{d}}{\mathrm{d}R}\right) - \frac{m^2}{R^2}\right]$$

给出. 最后, 利用 m 阶修正 Bessel 函数的定义

$$I_m(\xi) = \frac{1}{2\pi} \int\limits_0^{2\pi} \mathrm{d}\varphi\mathrm{e}^{\mathrm{i}m\varphi + \xi\cos\varphi}, \tag{5.142}$$

色散关系可以写成

$$\left\{\mu - \frac{\Delta\nu}{2\rho} + \frac{1}{2\widehat{\sigma}_x^2}\left[\frac{1}{R}\frac{\mathrm{d}}{\mathrm{d}R}\left(R\frac{\mathrm{d}}{\mathrm{d}R}\right) - \frac{m^2}{R^2}\right]\right\}\mathcal{A}_m(R)$$
$$= \int\limits_0^\infty R'\mathrm{d}R' G_m(R, R')\mathcal{A}_m(R'), \tag{5.143}$$

其中

$$G_m(R, R') = \int\limits_{-\infty}^0 \mathrm{d}\tau \frac{\tau}{\sin^2(\widehat{k}_\beta\tau)} I_m\left[\frac{RR'(1 + \mathrm{i}\widehat{k}_\beta^2\widehat{\sigma}_x^2\tau)\cos(\widehat{k}_\beta\tau)}{\sin^2(\widehat{k}_\beta\tau)}\right]$$
$$\times \exp\left[-\frac{\widehat{\sigma}_\eta^2\tau^2}{2} - \mathrm{i}\mu\tau - \frac{(R^2 + R'^2)(1 + \mathrm{i}\widehat{k}_\beta^2\widehat{\sigma}_x^2\tau)}{2\sin^2(\widehat{k}_\beta\tau)}\right]. \tag{5.144}$$

可采用变分法[3,20] 和矩阵法[20] 来求解本征值方程 (5.143), 以得到模式分布及相应的增长率. 以下将简要说明求解 (5.143) 式的矩阵法, 变分法则将留到下一节中. 为了获得更为方便的矩阵解公式, 我们参照文献 [20], 引入径向模式 $\mathcal{A}_m(R)$ 的 Hankel 变换:

$$A_m(Q) = \int\limits_0^\infty R\mathrm{d}R J_0(QR)\mathcal{A}_m(R), \quad \mathcal{A}_m(R) = \int\limits_0^\infty Q\mathrm{d}Q J_0(QR)A_m(Q).$$

利用公式

$$\int\limits_0^\infty x\mathrm{d}x\mathrm{e}^{-\alpha x^2} I_\nu(\beta x) J_\nu(\gamma x) = \frac{1}{2\alpha} \mathrm{e}^{\dfrac{\beta^2 - \gamma^2}{4\alpha}} J_\nu(\beta\gamma/2\alpha),$$

$$\int\limits_0^\infty x\mathrm{d}x\mathrm{e}^{-\alpha x^2} J_\nu(\beta x) J_\nu(\gamma x) = \frac{1}{2\alpha} \mathrm{e}^{-\dfrac{\beta^2 - \gamma^2}{4\alpha}} I_\nu(\beta\gamma/2\alpha),$$

(5.143) 式可转化为 Q 空间中的积分方程[20]

$$A_m(Q) = \int\limits_0^\infty Q'\mathrm{d}Q' T_m(Q,Q') A_m(Q'), \tag{5.145}$$

其中, 积分核

$$T_m(Q,Q') = \frac{1}{\mu - \Delta\nu/2\rho - Q^2/2\widehat{\sigma}_x^2} \int\limits_{-\infty}^0 \frac{\tau\mathrm{d}\tau}{(1+\mathrm{i}\widehat{k}_\beta^2\widehat{\sigma}_x^2\tau)^2} I_m \left[\frac{QQ'\cos(\widehat{k}_\beta\tau)}{1+\mathrm{i}\widehat{k}_\beta^2\widehat{\sigma}_x^2\tau} \right]$$

$$\times \exp\left[-\frac{\widehat{\sigma}_\eta^2\tau^2}{2} - \mathrm{i}\mu\tau - \frac{Q^2+Q'^2}{2(1+\mathrm{i}\widehat{k}_\beta^2\widehat{\sigma}_x^2\tau)} \right].$$

用矩阵以如下方式逼近积分算子, 可得到 (5.145) 式的数值解. 我们分别在 Q 和 Q' 上适当地选取有限个点 $Q_1, Q_2, \cdots, Q_N$, 并在这些点上计算积分核 $T_m(Q,Q')$ 的值, 此时 (5.145) 式可近似为矩阵方程

$$[\mathsf{I} - \mathsf{T}_m(\mu)]\boldsymbol{A}_m = 0. \tag{5.146}$$

上式中, I 为单位矩阵, 被积函数 $Q\mathrm{d}Q T_m(Q,Q')$ 的矩阵元近似则为

$$\mathsf{T}_m^{nn'} = Q_{n'}(Q_{n'} - Q_{n'-1}) T_m(Q_n, Q_{n'}) \quad (n, n' = 1, 2, \cdots, N, \ \text{且} \ Q_0 = 0).$$

矢量 $\boldsymbol{A}_m$ 表示在离散点 $Q = Q_1, Q_2, \cdots, Q_N$ 上的本征模式 $A_m(Q)$. 对于某一给定的失谐量 $\Delta\nu$, 可以通过数值迭代来确定矩阵 $(\mathsf{I} - \mathsf{T}_m)$ 的本征值 $\mu_{\ell m}$, 其中 ℓ 是表示径向上节点数目的径向模式标号. 本征值的确定将依赖于对 μ 和横向模式的初始猜测 (迭代初值). 例如, 对于最大增长模式, 一般可将一维理论给出的 μ 作为初值来求解其本征值. 每个本征值 $\mu_{\ell m}$ 将对应一个本征模式 $A_{\ell m}(Q)$, 通过 Hankel 变换可得到横向分布 $\mathcal{A}_{\ell m}(R)$.

作为一个具体的例子, 我们采用 LCLS概念设计报告[21] 中的设计参数 (与表 8.1 中 LCLS 的实际参数不同) 计算了三个最低阶模式, 如图 5.11 所示. 在这个例

子中, $\widehat{\sigma}_x = 2.8$, $\widehat{\sigma}_\eta = 0.45$, $\widehat{k}_\beta = 0.29$. 基频导模 (A_{00} 模式) 在最佳失谐 $\Delta\nu = -2.0\rho$ 时的复增长率为 $\mu_{00} = -1.2 + 0.42i$. 紧随其后的两个最低阶模式 A_{01} 与 A_{10} 的复增长率[20] 分别为　$\mu_{01} = -1.3 + 0.26i$ 与 $\mu_{10} = -1.3 + 0.10i$. 最低阶模式接近于 Gauss 分布, 而高阶模式的分布则与 5.5.3 节中解析模型的结果 (如图 5.10 所示) 大致相同.

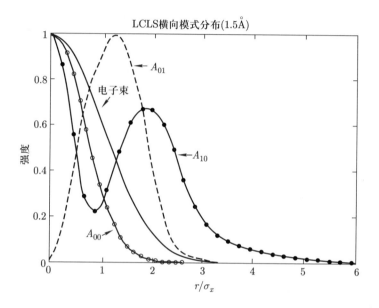

图 5.11　采用 LCLS 设计参数计算的增益最大的三个横向模式. 本图为谢明所作.

在所有横向模式中, 增长率虚部最大的模式称为基模. 我们将其本征值记为 μ_{00}. 基模通常接近 Gauss 分布, 其宽度与电子束相当. 这种形状通常具有最高的增益, 因为它在使辐射与电子达到最大空间重叠的同时还降低了衍射效应. 高阶模式则面临更强的衍射和/或更弱的 FEL 耦合, 这意味着其增益长度更长. 在高增益限定条件下, 我们可以只保留 (5.117) 式中的基模, 从而得到[22,23]

$$a_\nu(R, \widehat{z}) = \frac{A_{00}(R)\mathrm{e}^{-\mathrm{i}\mu_{00}\widehat{z}}}{(\Psi_{00}^\dagger, \Psi_{00})}\left[\int \mathrm{d}\widehat{x}A_{00}(\widehat{x})a_\nu(\widehat{x}; 0)\right.$$

$$\left. + \int \mathrm{d}\widehat{x}\mathrm{d}\widehat{p}\mathrm{d}\widehat{\eta}f_\nu(\widehat{\eta}, \widehat{x}, \widehat{p}; 0)\int_{-\infty}^0 \mathrm{d}\tau A_{00}(\widehat{x}_-)\mathrm{e}^{\mathrm{i}(\dot{\theta} - \mu_{00})\tau}\right], \quad (5.147)$$

其中 a_ν 的归一化是由 (5.119) 式得到的. 方括号中的第一项描述输入信号 $a_\nu(\widehat{x}; 0)$ 的相干放大过程, 第二项描述从白噪声 (和电子束的离散粒子性质相关) 开始的自

放大自发辐射 (SASE) 过程. 对于平行电子束 (发射度为零), (5.147) 式可简化为文献 [17, 13] 中的情形.

由于 SASE 是由单一横向模式主导, 因此它是横向相干的 (衍射极限的). 和离散的独立辐射体所发出的自发波荡器辐射不同, FEL 过程在几个增益长度后会自然地形成相干群聚. 当基模的增长超过其他模式时, 群聚和辐射均由其主导, 由此产生横向相干的辐射. 需要特别指出的是, 高增益区的 SASE 角散度是由 SASE 横向尺寸所确定的衍射角给出, 而自发波荡器辐射的角散度则是由辐射散角与电子束散角的卷积决定.

SASE 的精确三维特性由 (5.147) 式的第二项决定. 虽然 $f_\nu(\widehat{\eta}, \widehat{\boldsymbol{x}}, \widehat{\boldsymbol{p}}; 0)$ 的整体平均为零, 但平均辐射强度可利用以下关系来计算:

$$
\begin{aligned}
&\langle f_\nu(\widehat{\eta}, \widehat{\boldsymbol{x}}, \widehat{\boldsymbol{p}}; 0) f_\nu^*(\widehat{\eta}', \widehat{\boldsymbol{x}}', \widehat{\boldsymbol{p}}'; 0) \rangle \\
&= \frac{2\rho^3 k_1^3 k_u cT}{\pi^2 n_0} \delta(\widehat{\eta} - \widehat{\eta}') \delta(\widehat{\boldsymbol{x}} - \widehat{\boldsymbol{x}}') \delta(\widehat{\boldsymbol{p}} - \widehat{\boldsymbol{p}}') \overline{f}_0(\widehat{\eta}, \widehat{\boldsymbol{x}}, \widehat{\boldsymbol{p}}; 0).
\end{aligned}
\tag{5.148}
$$

对横向维度积分, 可得到基模的功率谱. 和一维情形一样, 我们将谱的形状近似为 Gauss 函数, 则在高增益区有

$$
\frac{\mathrm{d}P}{\mathrm{d}\omega} = g_A \left(\left. \frac{\mathrm{d}P}{\mathrm{d}\omega} \right|_0 + g_S \frac{\rho \gamma mc^2}{2\pi} \right) \exp\left[\frac{z}{L_G} - \frac{(\omega - \omega_m)^2}{2\sigma_\omega^2} \right],
\tag{5.149}
$$

其中 $\mathrm{d}P/\mathrm{d}\omega|_0$ 为输入功率谱, $\rho\gamma mc^2/2\pi$ 是与电子束散粒噪声相关的一维 SASE 噪声功率谱. 耦合因子 g_A 表示基模与输入相干辐射的耦合, 乘积 $g_A g_S$ 则给出了 SASE 的有效起振噪声 (以 $\rho\gamma mc^2/2\pi$ 为单位). FEL 增益长度与 RMS 带宽分别由 L_G 与 σ_ω 给出. 这些都是 4.3.2 节中所介绍的一维量的扩展. 在一维限定条件下, $g_A = 1/9$, $g_S = 1$, FEL 增益长度和 RMS 带宽则为

$$
L_G = L_{G0} = \frac{\lambda_u}{4\pi\sqrt{3}\rho}, \quad \sigma_\omega = \sqrt{\frac{3\sqrt{3}\rho}{k_u z}} \omega_1.
\tag{5.150}
$$

对于更一般的束流分布, L_G 与 σ_ω 由三维 FEL 色散关系决定, 而耦合因子 g_A 与 g_S 则可利用初值问题的 Van Kampen 模式解来计算. 应注意, 有效起始噪声 g_S 会随着能散度和发射度的变大而增长, 这主要是由于 FEL 增益长度的相应增长.

为了得到 FEL 功率, 我们将 (5.149) 式对频率积分. 假设与 $\mathrm{d}P/\mathrm{d}\omega|_0$ 相关的外部种子的带宽远远小于 SASE 的带宽, 则有

$$
P = g_A \left(P_0 + g_S \sigma_\omega \frac{\rho\gamma mc^2}{\sqrt{2\pi}} \right) \mathrm{e}^{z/L_G}.
\tag{5.151}
$$

此处括号中的第二项是 SASE 的有效噪声功率.

图 5.12 是一个数值求解的实例, 给出了由一维和三维 FEL 理论计算得到的 LEUTL FEL[24] 的总辐射能量 ($\lambda_1 = 130$ nm), 并将其与 GINGER 和 GENESIS 这两个常用含时 FEL 模拟程序的结果进行了比较. 当计算的输入耦合和有效噪声功率 (即 g_A 和 g_S) 合适时, 模拟与 (5.151) 式在高增益区内表现出很好的一致性, 因此, 指数增长阶段由单一增长模式 (基模) 主导, 其整体平均初始辐射能量可通过求解三维初值问题得到. 另一方面, 由一维理论计算的输入信号功率约为模拟结果的 $1/5$. $z \lesssim 11$ m 时 GENESIS 与 GINGER 的巨大差异可归因于辐射场的处理方式: 在 GENESIS 中辐射场是全三维的, 而在 GINGER 中辐射场被假定为轴对称的. 因此, 在起振区域 GENESIS 可以分辨的高阶横向模式比 GINGER 多很多, 这就导致了高得多的辐射功率. 这种差异随着基模占比的增加而减小, 当 $z \gtrsim 15$ m 时, 两个程序给出的功率非常相似.

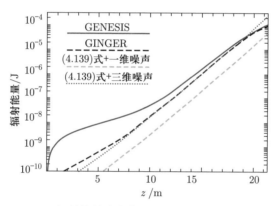

图 5.12 LEUTL FEL (130 nm) 辐射能量随波荡器距离 z 的变化, 长虚线为 GINGER 模拟结果, 实线为 GENESIS 模拟结果, 短虚线和点线分别为一维噪声和三维噪声下 (5.151) 式的计算结果. 改编自文献 [25].

5.5.5 变分解与拟合公式

前一节的矩阵法可用于精确 (直至离散误差) 求解色散关系 (5.143) 式的任一本征模式. 然而, 在求解矩阵方程时, 数值计算的工作量相当大. 变分法是确定低阶 FEL 模式的一个简单近似方法. 下面, 我们将举例说明变分法在近似求解基模方面的实用性.

我们的求解过程是 Rayleigh-Ritz-Galerkin 方法的一个特例, 可认为是由色散关系

$$\left\{ \mu - \frac{\Delta\nu}{2\rho} + \frac{1}{2\hat{\sigma}_x^2} \left[\frac{1}{R} \frac{\mathrm{d}}{\mathrm{d}R} \left(R \frac{\mathrm{d}}{\mathrm{d}R} \right) - \frac{m^2}{R^2} \right] \right\} \mathcal{A}_m(R)$$

$$= \int_0^\infty R' \mathrm{d}R' G_m(R, R') \mathcal{A}_m(R') \tag{5.152}$$

乘以 $R\mathcal{A}_m(R)$, 并对 R 从 0 到无穷积分所得到, 因此有

$$0 = \mathcal{I}[\mathcal{A}] = \int_0^\infty R\mathrm{d}R \left\{ \frac{1}{2\widehat{\sigma}_x^2} \left[\frac{\mathrm{d}\mathcal{A}_m(R)}{\mathrm{d}R} \right]^2 - \left[\mu - \frac{\Delta\nu}{2\rho} - \frac{m^2}{R^2} \right] \mathcal{A}_m^2(R) \right\}$$
$$+ \int_0^\infty R\mathrm{d}R \int_0^\infty R'\mathrm{d}R' G_m(R, R') \mathcal{A}_m(R)\mathcal{A}_m(R'). \tag{5.153}$$

通过要求函数 $\mathcal{I}[\mathcal{A}]$ 在模式分布 $\mathcal{A}(R)$ 的任意变化下保持不变, 可以导出色散关系[3,20]. 换句话说, 如果我们采用 (5.153) 式中的函数并设其变化为 $\delta\mathcal{I} = 0$ (或者, 等效地, 函数导数 $\delta\mathcal{I}/\delta\mathcal{A} = 0$), 则可发现 $\mathcal{A}_m$ 与 μ 也必须满足色散关系 (5.152). 现在, 我们可对模式分布 $\mathcal{A}_m(R)$ 以任意合适的方式进行参数化, 而变分原理仍将适用. 因此, 如果将本征模式近似为依赖于有限个参数的解析函数, 我们就可以把无限维度的问题简化为更易于处理 (虽然是近似) 的问题. 变分法的一个重要优点是, 模式分布 $\mathcal{A}_m(R)$ 的一阶近似可以给出准确至二阶的本征值 μ_m 的稳态解.

我们用最简单但也可能是最有用的例子来说明变分法的基本过程: 将基模 $\mathcal{A}_0(R)$ 近似为 Gauss 分布. 为了逼近基模, 将 Gauss 试探函数 $\mathcal{A}_0(R) = \exp(-wR^2)$ 代入 (5.153) 式. 将基模增长率记为 μ_{00}, 对 R 及 R' 积分后, 得到

$$\mathcal{I}(w) = \frac{\mu_{00} - \Delta\nu/2\rho}{4w} - \frac{1}{4\widehat{\sigma}_x^2}$$
$$- \int_{-\infty}^0 \mathrm{d}\tau \frac{\tau e^{-\widehat{\sigma}_\eta^2 \tau^2/2 - \mathrm{i}\mu_{00}\tau}}{[(1 + \mathrm{i}\widehat{k}_\beta^2\widehat{\sigma}_x^2\tau) + 2w]^2 - 4w^2 \cos^2(\widehat{k}_\beta\tau)}. \tag{5.154}$$

(5.153) 式意味着 $\mathcal{I}$ 自身为零, 因此, 通过将 (5.154) 式设为零就可以得到 μ_{00} 与 w 的复方程. 第二个关系式则来自 $\mathcal{I}$ 对 w 的变分, 这意味着 $\partial\mathcal{I}/\partial w = 0$, 或

$$\frac{\mu_{00} - \Delta\nu/2\rho}{4w^2} = \int_{-\infty}^0 \mathrm{d}\tau \frac{[4(1 + \mathrm{i}\widehat{k}_\beta^2\widehat{\sigma}_x^2\tau) + 8w\sin^2(\widehat{k}_\beta\tau)]\tau e^{-\widehat{\sigma}_\eta^2\tau^2/2 - \mathrm{i}\mu_{00}\tau}}{\{[(1 + \mathrm{i}\widehat{k}_\beta^2\widehat{\sigma}_x^2\tau) + 2w]^2 - 4w^2\cos^2(\widehat{k}_\beta\tau)\}^2}. \tag{5.155}$$

求解这两个方程可以得到 μ_{00}, 从而确定功率增益长度. 将该解用于之前 LCLS 的例子, 我们计算了本征值 μ_{00} 的虚部 (增长率) 与归一化失谐量 $\Delta\nu/2\rho$ 的函数关系 (如图 5.13 所示). 可以看到增长率在 $\Delta\nu \approx -2\rho$ 时达到最大, 且最大值约为一维理论计算的理想增长率的一半, 与 5.5.4 节中矩阵法所给出的 $\Im(\mu_{00}) = 0.42$ 几乎相

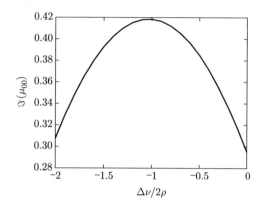

图 5.13 LCLS 基模增长率 $\Im(\mu_{00})$ 与失谐量 $\Delta\nu/2\rho$ 的关系.

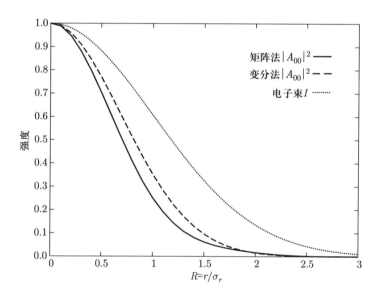

图 5.14 由矩阵法 (实线) 和变分法 (虚线) 得到的 LCLS 基模分布. 为了进行比较, 电子密度分布也以点线示于图中.

同. 此外, 在最佳失谐处, 基频导模的变分 Gauss 近似与采用更精确的矩阵法所得到的结果非常相似 (如图 5.14 所示).

在设计高增益 FEL 时, 功率增益长度是最重要的指标之一, 因为它决定了达到饱和所需要的波荡器长度. 增益长度相对于理想一维情形的偏离也可以反映出束流发射度和能散度等效应在动力学中的作用程度. 因此, 一个更为方便的做法是采

用

$$L_G = L_{G0} \frac{\sqrt{3}/2}{\Im(\mu_{00})} = L_{G0}(1 + \Lambda) \tag{5.156}$$

来表示 FEL 的三维增益长度, 其中 $L_{G0} = \lambda_u/(4\sqrt{3}\pi\rho)$ 是一维功率增益长度, Λ 则包含了能散、发射度及衍射的影响. 基于变分解 (5.154)~(5.155) 的数值分析, 同时采用四个归一化参数, 谢明[26] 得出了一个非常有用的拟合公式:

$$\Lambda = a_1 \eta_d^{a_2} + a_3 \eta_\varepsilon^{a_4} + a_5 \eta_\gamma^{a_6} + a_7 \eta_\varepsilon^{a_8} \eta_\gamma^{a_9}$$
$$+ a_{10} \eta_d^{a_{11}} \eta_\gamma^{a_{12}} + a_{13} \eta_d^{a_{14}} \eta_\varepsilon^{a_{15}} + a_{16} \eta_d^{a_{17}} \eta_\varepsilon^{a_{18}} \eta_\gamma^{a_{19}}. \tag{5.157}$$

归一化参数的定义方式与 5.5.2 节中略有不同, 由下式给出:

$$\eta_d = \frac{L_{G0}}{2k_1\sigma_x^2} = \frac{1}{2\sqrt{3}\hat{\sigma}_x^2}, \quad \text{衍射参数}, \tag{5.158}$$

$$\eta_\varepsilon = 2\frac{L_{G0}}{\bar{\beta}}k_1\varepsilon_x = \frac{2}{\sqrt{3}}\hat{k}_\beta^2\hat{\sigma}_x^2, \quad \text{角散度参数}, \tag{5.159}$$

$$\eta_\gamma = 4\pi\frac{L_{G0}}{\lambda_u}\sigma_\eta = \frac{\hat{\sigma}_\eta}{\sqrt{3}}, \quad \text{能散度参数}. \tag{5.160}$$

第四个参数, 即频率失谐量, 已取最优值以使增益长度最短. 拟合参数为

$$\begin{aligned}
&a_1 = 0.45, \quad a_2 = 0.57, \quad a_3 = 0.55, \quad a_4 = 1.6, \quad a_5 = 3, \\
&a_6 = 2, \quad a_7 = 0.35, \quad a_8 = 2.9, \quad a_9 = 2.4, \quad a_{10} = 51, \\
&a_{11} = 0.95, \quad a_{12} = 3, \quad a_{13} = 5.4, \quad a_{14} = 0.7, \quad a_{15} = 1.9, \\
&a_{16} = 1140, \quad a_{17} = 2.2, \quad a_{18} = 2.9, \quad a_{19} = 3.2.
\end{aligned}$$

谢明拟合公式 (5.157) 与 FEL 本征模式方程数值解的差异通常小于 10%. 拟合参数为正值定量地表明, (5.157) 式中的三个归一化束流参数均应保持较小值以避免大的增益下降, 这和 5.5.2 节中对于电子束要求的定性讨论是一致的. 此外, 在横向参数 $\eta_d, \eta_\varepsilon \to 0$ 时, (5.157) 式也符合 (4.62) 式中增益长度与 σ_η/ρ 的平方依赖关系.

通过数值模拟得到的另一个有用的公式[26] 则表明饱和功率可由下式给出:

$$P_{\mathrm{sat}} \approx 1.6 \left(\frac{L_{G0}}{L_G}\right)^2 \rho P_{\mathrm{beam}} = \frac{1.6}{(1+\Lambda)^2} \rho P_{\mathrm{beam}}, \tag{5.161}$$

其中 $P_{\mathrm{beam}} = (\gamma_r mc^2/e)I_{\mathrm{beam}}$ 是能量为 $\gamma_r mc^2$, 峰值流强为 I_{beam} 的束流总功率. 采用实用单位,

$$P_{\mathrm{beam}}[\mathrm{TW}] = \gamma_r mc^2[\mathrm{GeV}]I[\mathrm{kA}]. \tag{5.162}$$

Saldin 与合作者发展了增益长度的一个替代拟合公式[27]. 他们发现在 X 射线波段, 当电子束能散度很小 ($\sigma_\eta \ll \rho$) 时, 最佳 β 函数条件下的功率增益长度可由下式估算:

$$L_G \approx 1.2 \left(\frac{I_A}{I}\right)^{1/2} \left(\frac{\varepsilon_n^5 \lambda_u^5}{\lambda_1^4}\right)^{1/6} \frac{(1+K^2/2)^{1/3}}{K[\mathrm{JJ}]} \propto \frac{1}{\mathcal{B}_\perp^{1/2}} \frac{1}{\varepsilon_n^{1/6}}. \tag{5.163}$$

这个公式不仅本身有用, 而且还显示了增益长度与不变量五维电子束亮度 $\mathcal{B}_\perp$ 之间的比例关系. 我们将五维亮度定义为单位时间、单位相空间面积 (由归一化发射度 ε_n 给出的不变量) 内的电子数目, 即

$$\mathcal{B}_\perp \equiv \frac{I/ec}{4\pi^2 \varepsilon_n^2}. \tag{5.164}$$

参考文献

[1] G. T. Moore, "The high-gain regime of the free electron laser," *Nucl. Instrum. Methods Phys. Res., Sect. A*, vol. 239, p. 19, 1985.

[2] E. T. Scharlemann, A. M. Sessler, and J. S. Wurtele, "Optical guiding in a free-electron laser," *Phys. Rev. Lett.*, vol. 54, p. 1925, 1985.

[3] L.-H. Yu, S. Krinsky, and R. L. Gluckstern, "Calculation of a universal scaling function for free-electron laser gain," *Phys. Rev. Lett.*, vol. 64, p. 3011, 1990.

[4] E. T. Scharlemann, "Wiggle plane focusing in linear wigglers," *J. Appl. Phys.*, vol. 58, p. 2154, 1985.

[5] H. Wiedemann, *Particle Accelerator Physics I and II*, 2nd ed. Berlin: Springer-Verlag, 1999.

[6] S. Reiche, "Compensation of FEL gain reduction by emittance effects in a strong focusing lattice," *Nucl. Instrum. Methods Phys. Res., Sect. A*, vol. 445, p. 90, 2000.

[7] K.-J. Kim, "FEL gain taking into account diffraction and electron beam emittance; generalized Madey's theorem," *Nucl. Instrum. Methods Phys. Res., Sect. A*, vol. 318, p. 489, 1992.

[8] N. M. Kroll, P. L. Morton, and M. N. Rosenbluth, "Free-electron lasers with variable parameter wigglers," *IEEE J. Quantum Electron.*, vol. 17, p. 1436, 1981.

[9] P. Sprangle and C. M. Tang, "Three-dimensional nonlinear theory of the free electron laser," *Appl. Phys. Lett.*, vol. 39, p. 677, 1981.

[10] P. Sprangle, A. Ting, and C. M. Tang, "Radiation focusing and guiding with application to the free-electron laser," *Phys. Rev. Lett.*, vol. 59, p. 202, 1987.

[11] J. M. J. Madey, "Relationship between mean radiated energy, mean squared radiated energy, and spontaneous power spectrum in a power series expansion of the equations of motion in a free-electron laser," *Nuovo Cim. B*, vol. 50, p. 64, 1979.

[12] G. T. Moore, "Modes for gain maximization of the free-electron laser in the low-gain, small-signal regime," *Nucl. Instrum. Methods Phys. Res., Sect. A*, vol. 250, p. 418, 1986.

[13] S. Krinsky and L.-H. Yu, "Output power in guided modes for amplified spontaneous emission in a single-pass free-electron laser," *Phys. Rev. A*, vol. 35, p. 3406, 1987.

[14] E. L. Saldin, E. A. Schneidmiller, and M. V. Yurkov, "On a linear theory of an FEL amplifier with an axisymmetric electron beam," *Optics Comm.*, vol. 97, p. 272, 1993.

[15] E. L. Saldin, E. A. Schneidmiller, and M. V. Yurkov, *Physics of Free-Electron Lasers*. Berlin: Springer, 2000.

[16] N. Van Kampen, "On the theory of stationary waves in plasmas," *Physica*, vol. 21, p. 949, 1955.

[17] K.-J. Kim, "Three-dimensional analysis of coherent amplification and self-amplified spontaneous emission in free electron lasers," *Phys. Rev. Lett.*, vol. 57, p. 1871, 1986.

[18] K. M. Case, "Plasma oscillations," *Annals of Physics*, vol. 7, p. 349, 1959.

[19] M. Xie, "Theory of optical guiding in free-electron lasers," Ph.D. dissertation, Stanford University, 1988.

[20] M. Xie, "Exact and variational solutions of 3D eigenmodes in high gain FELs," *Nucl. Instrum. Methods Phys. Res., Sect. A*, vol. 445, p. 59, 2000.

[21] J. Galayda *et al.*, "Linac Coherent Light Source (LCLS) Conceptual Design Report," SLAC, Report SLAC-R-593, 2002.

[22] M. Xie, "Grand initial value problem of high gain free electron lasers," *Nucl. Instrum. Methods Phys. Res., Sect. A*, vol. 475, p. 51, 2001.

[23] Z. Huang and K.-J. Kim, "Solution to the initial value problem for a high-gain FEL via Van Kampen's method," *Nucl. Instrum. Methods Phys. Res., Sect. A*, vol. 475, p. 59, 2001.

[24] S. Milton *et al.*, "Exponential gain and saturation of a self-amplified spontaneous emission free-electron laser," *Science*, vol. 292, p. 2037, 2001.

[25] Z. Huang and K.-J. Kim, "Review of x-ray free-electron laser theory," *Phys. Rev. ST Accel. Beams*, vol. 10, p. 034801, 2007.

[26] M. Xie, "Design optimization for an x-ray free-electron laser driven by SLAC linac," in *Proceedings of the 1995 Particle Accelerator Conference*. Piscataway, NJ: IEEE, p. 183, 1995.

[27]   E. L. Saldin, E. A. Schneidmiller, and M. V. Yurkov, "Design formulas for short-wavelength FELs," *Optics Comm.*, vol. 235, p. 415, 2004.

第 6 章　高增益 FEL 中的谐波产生

高增益 FEL 的一个重要特征是能够在基频的高次谐波上产生辐射 —— 尤其是产生尽可能高的光子能量以及产生外种子激光谐波频率上的相干光. 本章将考虑两类谐波产生方法. 我们首先分析平面波荡器中临近 FEL 饱和时自然产生的大量非线性谐波辐射, 以此说明高增益 FEL 如何被用作波长远小于基波的高亮度辐射源. 由于通常用 SASE FEL 来产生谐波辐射, 因此输出辐射场在时间上是非相干的. 接下来, 我们讨论相干谐波辐射产生方法, 即利用外部强激光对电子束进行非线性操控, 从而在激光频率的高次谐波上产生密度调制. 这些高次谐波密度调制可用作短波长 FEL 的相干 "种子", 从而获得优于 SASE 的时间相干性. 因此, 这类方法本质上是利用电子束将激光的频率转换至软 X 射线 —— 现实中输出光子的能量似乎被限定在 $\lesssim 1$ keV. 在这里我们将具体介绍两种相干谐波辐射产生方法: 高增益谐波放大 (high-gain harmonic generation, 简称 HGHG) 和回声型谐波放大 (echo-enabled harmonic generation, 简称 EEHG).

§6.1　非线性谐波产生

第 3 章已经在一定程度上阐明了束流与奇次谐波的耦合是如何产生的. 在这里我们将给出更为详细的推导, 并讨论 FEL 的动力学过程, 同时说明谐波辐射可在多大程度上提供有用的短波长辐射源. 平面波荡器中奇次谐波辐射源自电子在运动坐标系中的 "8" 字运动, 前文已表明, 这种运动之所以出现, 是因为轴向速度 v_z 的振荡周期为波荡器周期的两倍. 这一 "8" 字运动意味着电子轨迹的 Fourier 分解具有额外的谐波成分, 而这又会导致谐波辐射.

3.4.1 节中的数学分析已经给出了 "8" 字运动的结果. 我们发现, 源电流可共振驱动基波的奇次谐波辐射. 显然, 只有在 ν 接近奇数 (即 $\nu \approx h = 2n-1 = 1, 3, 5, \cdots$) 时, 由这一波荡器平均过程导致的源电流才比较显著. 因此, h 次谐波附近的场振幅 $E_h(\Delta\nu_h, \boldsymbol{x}, z)$ 满足以下方程:

$$\left(\frac{\partial}{\partial z} + \frac{1}{2ihk_1}\boldsymbol{\nabla}_\perp^2\right) E_h(\Delta\nu_h, \boldsymbol{x}, z)$$

$$= \frac{ek_1 K[JJ]_h}{4\pi\epsilon_0\gamma_r} e^{i\Delta\nu_h k_u z} \int d\theta e^{-i\nu\theta} \sum_{j=1}^{N_e} \delta(\boldsymbol{x}-\boldsymbol{x}_j)\delta(\theta-\theta_j), \tag{6.1}$$

其中, 谐波的 Bessel 函数因子在前文中已被定义为

$$[\text{JJ}]_h \equiv (-1)^{(h-1)/2} \left[J_{(h-1)/2}(h\xi) - J_{(h+1)/2}(h\xi) \right]. \tag{6.2}$$

因此, z 方向上 (前向) 的电场是由一系列位于奇次共波频率 hck_1 附近的近单色波组成[1], 其频率失谐量 $\Delta\nu_h \equiv \nu - h \ll 1$.

在强磁场 $(K > 1)$ 平面波荡器中, 基波共振频率及其高次谐波上的自发辐射会引起相应波长尺度上的电子群聚, 而这又会导致这些频率上的辐射放大[1]. 然而, 高次谐波的线性放大总是远远小于基波, 这是因为其耦合强度 $(\propto K[\text{JJ}]_h)$ 很弱, 而且由发射度和能散度引起的增益退化效应在短波长上变得更为明显. 在高增益 FEL 中, 基频辐射的增益长度远远短于谐波, 因而深受青睐.

尽管如此, 当电子束在基波辐射的作用下强烈地群聚时, 相干谐波辐射就会产生, 这是因为群聚产生的密度调制中包含显著的高次谐波成分. 图 6.1 中显示了由 FEL 引起的强烈群聚. 为了研究非线性谐波的产生, 我们将首先采用一个简单的一维模型[2], 这是对 3.4.4 节中用到的集体 FEL 方程的扩展. 随后我们再讨论一些三维物理问题. 基于耦合 Maxwell–Vlasov 方程的全面三维分析见文献 [3], 文献 [4] 则将其进一步推广到包含偶次谐波的情形.

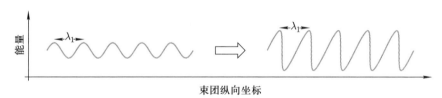

图 6.1 能量调制到纵向群聚的转变. 群聚中包含丰富的谐波成分.

在分析相干谐波辐射时, 我们首先考虑含有两个辐射波长的 FEL 系统, 此时电子同时与基波和三次谐波辐射相互作用, 各谐波则由适当的粒子群聚驱动. 利用 §3.4 中的归一化变量, 我们写出如下方程组:

$$\frac{\mathrm{d}\theta_j}{\mathrm{d}\hat{z}} = \hat{\eta}_j, \qquad \frac{\mathrm{d}\hat{\eta}_j}{\mathrm{d}\hat{z}} = a_1 \mathrm{e}^{\mathrm{i}\theta} + a_3 \mathrm{e}^{3\mathrm{i}\theta} + c.c., \tag{6.3}$$

$$\frac{\mathrm{d}a_1}{\mathrm{d}\hat{z}} = -\langle \mathrm{e}^{-\mathrm{i}\theta_j} \rangle, \qquad \frac{\mathrm{d}a_3}{\mathrm{d}\hat{z}} = -\frac{[\text{JJ}]_3^2}{[\text{JJ}]_1^2} \langle \mathrm{e}^{-3\mathrm{i}\theta_j} \rangle, \tag{4.4}$$

其中 $a_h(\hat{z}) = -eK[\text{JJ}]_h E_h(\hat{z})/(4\gamma^2 mc^2 k_u \rho^2)$. 为了简便, 我们忽略了滑移 (假设失谐量 $\Delta\nu_h$ 为零) 和横向 x 依赖的影响. 引入谐波群聚因子

$$b_h = \langle \mathrm{e}^{-\mathrm{i}h\theta_j} \rangle. \tag{6.5}$$

该因子将被看作小量, 即 $|b_h| \sim O(\epsilon^h)$, 其中 $\epsilon \ll 1$. 为了一致, 必须同时假设 a_h 是一个 $O(\epsilon^h)$ 的量, 因此, 谐波的集体方程变为

$$\frac{\mathrm{d}^3 a_1}{\mathrm{d}\widehat{z}^3} = -\frac{\mathrm{d}^2 b_1}{\mathrm{d}\widehat{z}^2} = \frac{\mathrm{d}}{\mathrm{d}\widehat{z}}\mathrm{i}\left\langle \mathrm{e}^{-\mathrm{i}\theta_j}\widehat{\eta}_j \right\rangle \approx \mathrm{i}\left\langle \mathrm{e}^{-\mathrm{i}\theta_j}\frac{\mathrm{d}\widehat{\eta}_j}{\mathrm{d}\widehat{z}} \right\rangle \approx \mathrm{i}a_1, \tag{6.6}$$

$$\frac{\mathrm{d}^2 b_2}{\mathrm{d}\widehat{z}^2} \approx -2\mathrm{i}\left\langle \mathrm{e}^{-2\mathrm{i}\theta_j}\frac{\mathrm{d}\widehat{\eta}_j}{\mathrm{d}\widehat{z}} \right\rangle \approx -2\mathrm{i}a_1 b_1 \approx \mathrm{i}\frac{\mathrm{d}}{\mathrm{d}\widehat{z}}a_1^2, \tag{6.7}$$

$$\frac{\mathrm{d}^3 a_3}{\mathrm{d}\widehat{z}^3} = -\frac{[JJ]_3^2}{[JJ]_1^2}\frac{\mathrm{d}^2 b_3}{\mathrm{d}\widehat{z}^2} = \frac{3\mathrm{i}[JJ]_3^2}{[JJ]_1^2}\frac{\mathrm{d}}{\mathrm{d}\widehat{z}}\langle \mathrm{e}^{-3\mathrm{i}\theta_j}\widehat{\eta}_j \rangle$$

$$\approx \frac{3\mathrm{i}[JJ]_3^2}{[JJ]_1^2}\left\langle \mathrm{e}^{-3\mathrm{i}\theta_j}\frac{\mathrm{d}\widehat{\eta}_j}{\mathrm{d}\widehat{z}} \right\rangle \approx \frac{3\mathrm{i}[JJ]_3^2}{[JJ]_1^2}(a_3 + a_1 b_2). \tag{6.8}$$

在 (6.6)、(6.7) 和 (6.8) 式中, 我们分别舍弃了 $\sim \epsilon^2$、$\sim \epsilon^3$ 和 $\sim \epsilon^4$ 的高阶项, 而且三个方程都假设电子束能散度很小, 即 $\sigma_\eta \ll \rho$. 由 (6.6) 式可得到常见的基波场三次方程, 该方程有一个占主导的指数增长解, 由下式给出:

$$a_1(\widehat{z}) = A\mathrm{e}^{-\mathrm{i}\mu_{00}\widehat{z}}, \quad \mu_{00} = \frac{-1 + \sqrt{3}\mathrm{i}}{2}, \tag{6.9}$$

其中, 我们将增长率写成了 μ_{00} 以避免与三次谐波的指数增长率发生混淆 (在第 4 章的一维 FEL 理论中, 增长根被记为 μ_3). 二次谐波群聚的演化如下:

$$\frac{\mathrm{d}b_2}{\mathrm{d}\widehat{z}} \approx \mathrm{i}a_1^2 \quad \Rightarrow \quad b_2 = -\frac{1}{2\mu_{00}}A^2 \mathrm{e}^{-2\mathrm{i}\mu_{00}\widehat{z}}. \tag{6.10}$$

假设基波场在所有谐波的场中占主导, 则 b_2 是 a_1 的简单函数. 为了简化三次谐波辐射的方程, 我们将 (6.9) 和 (6.10) 式中的解代入 (6.8) 式, 有

$$\frac{\mathrm{d}^3 a_3}{\mathrm{d}\widehat{z}^3} - \frac{3\mathrm{i}[JJ]_3^2}{[JJ]_1^2}a_3 = -\frac{3\mathrm{i}[JJ]_3^2}{2\mu_{00}[JJ]_1^2}A^3 \mathrm{e}^{-3\mathrm{i}\mu_{00}\widehat{z}}. \tag{6.11}$$

在线性增长的初期, $\widehat{z} \sim 1$, 且由于 $|a_1(0)| \ll 1$, 上式的右边近似为 0. 求解剩下的齐次方程可得到三次谐波增长率的三次方程. 由于 $3[JJ]_3^2/[JJ]_1^2 < 1$, 方程的增长根对应的增长率 (增长根的虚部) 小于基波的增长率. 此外, 将发射度和能散度的影响考虑进来会使线性谐波增长率更低, 这意味着在基波饱和所需的长度上, 谐波场的指数增长相对较小. 另一方面, 在临近 FEL 饱和时 (此时 $\widehat{z} \gg 1$ 且基波场 $|a_1(0)\mathrm{e}^{-\mathrm{i}\mu_{00}\widehat{z}}| \sim 1$), (6.11) 式右边的源项将在 a_3 的弱线性增益和自发辐射中占据主导地位. 在这种情形下, 我们看到非线性三次谐波的增长率是基波增长率的三倍:

$$a_3 \approx -\frac{1}{18\mu_{00}}\frac{[JJ]_3^2}{[JJ]_1^2}A^3 \mathrm{e}^{-3\mathrm{i}\mu_{00}\widehat{z}}. \tag{6.12}$$

利用基波功率关系式 $P_1 = |a_1|^2 \rho P_{\text{beam}}$ 及谐波功率关系式 $P_3 = [\text{JJ}]_1^2/[\text{JJ}]_3^2 |a_3|^2 \rho P_{\text{beam}}$, 有

$$\frac{P_3}{\rho P_{\text{beam}}} \approx 0.003 \frac{[\text{JJ}]_3^2}{[\text{JJ}]_1^2} \left(\frac{P_1}{\rho P_{\text{beam}}}\right)^3 \propto \exp(3z/L_G), \tag{6.13}$$

其中, L_G 是基波辐射的功率增益长度.

通过扩展之前的讨论, 我们可以证明, 当 z 足够大时, h 次非线性谐波的功率满足以下比例关系:

$$P_h \propto P_1^h \propto \mathrm{e}^{hz/L_G}. \tag{6.14}$$

因此, 在临近 FEL 饱和时, P_h 的增益长度反比于 h. 功率的比例关系式 (6.14) 已为包含谐波辐射的 FEL 模拟所证实[5]. 然而, 需要注意的是, P_h 的最大值是谐波数的递减函数. (6.12) 式表明, 饱和时 $P_3/P_1 \sim 0.1\%\sim1\%$.

三维分析[3] 表明, 非线性三次谐波的电磁场是横向相干的, 这是因为其横向分布是由基波 ($h = 1$) 辐射场的增益导引基模所主导. 基于 LCLS 的参数, 我们在图 6.2 中给出了三次谐波辐射、基波辐射及电子束的横向分布. 电磁场的横向相空间面积等于 $\lambda/4\pi$. 在临近饱和时, 三次谐波功率通常约为基波功率的 1% . 尽管 SASE 产生的谐波辐射可以横向相干, 但与基波相比, 谐波辐射的纵向相干性更差, 且其强度分布中有更多的尖峰. 因此, 非线性谐波不同脉冲之间的统计功率起伏明显大于基波辐射.

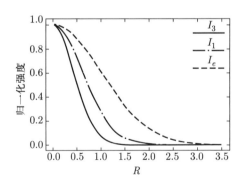

图 6.2　基于 LCLS 参数 ($\lambda_1 = 1.5$ Å) 的三次谐波辐射、基波辐射及电子束的横向分布 (分别标记为 I_3, I_1 及 I_e). 图中横轴为半径, 以电子束尺寸为单位.

最后, 如果基波辐射功率可被抑制, 则谐波辐射可以指数增长至饱和功率的水平, 这被称为谐波受激辐射[6,7]. 与非线性谐波产生不同, 谐波受激辐射可提供更强、更稳定、带宽更窄的 FEL 脉冲, 以扩展 X 射线 FEL 装置的波长覆盖范围. 为了说明如何抑制基波从而产生谐波 (以三次谐波为例) 受激辐射, 我们假设一个 FEL 装置由许多波荡器段组成, 其间由很短的漂浮空间隔开. 如果我们选取合适的漂浮空

间长度, 从而使得辐射场在每经过一个漂浮空间后向电子前方滑移 $n\lambda_1 + \lambda_1/3$ 的距离 (n 为整数), 则基波场将会发生显著的相消干涉, 而三次谐波场相比之下不受影响. 要在一定波长范围内做到这一点, 需要一个可变延迟或 "移相器", 但本书不再深入讨论, 此类概念的进一步扩展和应用参见文献 [6, 7].

§6.2　高增益谐波放大

虽然 SASE FEL 的横向模式近似单一, 但其时间相干性通常较差, 这是因为 SASE 依赖于自发辐射的放大, 而自发辐射则源于电子束的随机散粒噪声. 当电子束团长度远远大于相干长度 $c\sigma_\tau = c/2\sigma_\omega$ 时 (通常情况也是如此), 辐射由许多纵向模式组成. 另一方面, 对于非常短的电子束团, 电子束可以只放大一个 FEL 纵向模式, 但不同脉冲之间的电磁能量变化接近 100%. 理论上我们可采用目标输出波长上的相干信号作为 FEL 的种子来提高纵向相干性和稳定性, 但在短波长 (X 射线波段), 相干激光并不存在. 克服这一限制从而提高短波长 FEL 纵向相干性的一个对策是利用激光将一个相干信号加载在电子束上, 然后操控电子束的相空间分布以产生包含激光谐波频率的相干密度调制. 这一密度调制可被用于 FEL 相互作用, 从而产生种子激光高次谐波上的高强度辐射.

高增益谐波放大 (HGHG) FEL[8] 采用一个额外的波荡器和色散段来操控电子束的相空间, 从而将频率 ω_1 上的能量调制转换成更高频率 $h\omega_1$ 上的电子密度调制 (如图 6.3 所示). 由于上述波荡器的目的是对束流进行能量调制, 因此通常被称为调制器.① 在调制器中, 种子激光与电子束一起传输, 因此可在电子束上加载以激光波长为周期的能量调制. 电子束随后通过色散段, 能量调制被转换成相干的纵向 (时间) 密度调制. 如图 6.3 所示, 色散段起到聚束的作用, 其方式类似于我们在前面章节中所研究的FEL 群聚. 由于上述密度调制具有激光谐波频率上的 Fourier 成

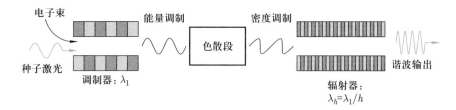

图 6.3　HGHG FEL 示意图. 在图示的调制波荡器 (调制器) 中, 激光与电子束作用, 使其产生周期为 λ_1 的能量调制. 这一能量调制在色散段中被转化成具有谐波分量的非线性密度调制. 群聚的电子束随后进入辐射波荡器 (辐射器), 产生波长为 λ_1/h 的 FEL 辐射.

---

① 习惯上也称为 "调制段" (译者注).

分, 因此, 当 FEL 在激光的高次谐波上共振时, 经过密度调制的电子束可以产生纵向相干的 FEL 辐射, 相应的波荡器被称为辐射器.[①] 在辐射器中, FEL 起始于波长 λ_1/h 上的相干微群聚. 如果由微群聚产生的谐波辐射可以压制自发辐射, 则输出辐射纵向相干: 它具有由种子激光决定的单一相位, 且频谱宽度可接近 Fourier 变换极限.

HGHG FEL 的完整处理 (从调制器到辐射器) 见文献 [8, 9], 这里仅简单介绍一下调制器的作用. 我们将重点放在色散段 (曲柄磁结构) 中密度调制的产生上, 这是因为密度调制涉及与谐波产生相关的新物理. 辐射器中密度调制的放大将被完全忽略, 因为这可以利用前两章中的方法进行分析.

我们将电子的初始纵向相空间坐标表示为 (θ_0, η_0), 并假设束流最初在 θ_0 上均匀分布, 相应的初始分布函数为 $f_0(\eta_0)$. 正如我们在 §3.3 中利用低增益微扰理论所证明的那样, 在最低阶上, 短波荡器可基本保持相位 θ_0 不变, 而将能量映射为 $\eta = \eta_0 + \Delta\eta \sin\theta_0$, 其中 $\Delta\eta$ 是能量调制幅度. 对于 Gauss 激光束, 利用 (3.33) 式可得

$$\Delta\eta = \frac{eE_0 K[\text{JJ}]}{2\gamma_r^2 mc^2} L_u = \frac{K[\text{JJ}]}{\gamma_r^2}\sqrt{\frac{L_u^2}{\sigma_r^2}\frac{e^2}{4\pi\epsilon_0 mc^2}\frac{P}{mc^3}} = \frac{K[\text{JJ}]}{\gamma_r^2}\frac{L_u}{\sigma_r}\sqrt{\frac{P}{P_{\text{rel}}}} \quad (6.15)$$

$$\rightarrow \frac{2\pi K[\text{JJ}]}{\gamma_r^2}\sqrt{\frac{L_u}{\lambda_1}\frac{P}{P_{\text{rel}}}}, \quad (6.16)$$

这里 $P_{\text{rel}} = mc^3/r_e \approx 8.7$ GW. (6.16) 式利用了 $\sigma_r^2 = \lambda_1 Z_R/4\pi$, 其中 Rayleigh 长度 $Z_R \rightarrow L_u/\pi$. 调制器后的分布函数为

$$f(\eta, \theta_0) = f_0(\eta_0(\eta, \theta_0)) = f_0(\eta - \Delta\eta \sin\theta_0). \quad (6.17)$$

经过调制器后, 束流进入色散段 (通常采用曲柄磁结构). 曲柄结构一般由四块二极磁铁组成, 可使粒子的最终纵向位置与其初始能量关联起来. 由于在磁场中高能量粒子的偏转小于低能量粒子, 因此能量越高的电子所走的路径就越短. 这样, 粒子相位的增加量为

$$\theta - \theta_0 = k_1 R_{56}\eta, \quad (6.18)$$

其中 θ 是最终相位, θ_0 是初始相位, η 是相对能量偏离, R_{56} 则为由曲柄结构决定的常数. 在曲柄结构的出口, h 次谐波上的最终群聚由下式给出:

$$b_h = \langle e^{-ih\theta}\rangle = \int d\eta d\theta e^{-ih\theta} f(\eta, \theta). \quad (6.19)$$

为了计算谐波群聚, 最简单的做法是将积分坐标由 (θ, η) 变换为 (θ_0, η_0). 前面已提到, 分布函数沿粒子的轨迹守恒, 因此我们有 $f(\theta, \eta) = f_0(\eta_0)$. 此外, 上述坐标

[①]习惯上也称为 "辐射段" (译者注).

变换为辛变换, 其雅可比行列式等于 1. 将 (6.17) 和 (6.18) 式所给出的坐标变换代入谐波群聚因子 b_h 的公式中, 可得

$$
\begin{aligned}
b_h &= \int \mathrm{d}\eta_0 \mathrm{d}\theta_0 \mathrm{e}^{-ih[\theta_0 + k_1 R_{56}(\eta_0 + \Delta\eta\sin\theta_0)]} f_0(\eta_0) \\
&= \int \mathrm{d}\theta_0 \mathrm{e}^{-ih\theta_0} \sum_\ell \mathrm{e}^{-i\ell\theta_0} J_\ell(hk_1 R_{56}\Delta\eta) \int \mathrm{d}\eta_0 f_0(\eta_0) \mathrm{e}^{-ihk_1 R_{56}\eta_0} \\
&= (-1)^h J_h(hk_1 R_{56}\Delta\eta) \int \mathrm{d}\eta_0 f_0(\eta_0) \mathrm{e}^{-ihk_1 R_{56}\eta_0}.
\end{aligned}
\tag{6.20}
$$

如果进一步假设 $f_0(\eta_0) = \exp[-\eta^2/(2\sigma_\eta^2)]/\sqrt{2\pi}\sigma_\eta$, 则有

$$
b_h = J_h(hk_1 R_{56}\Delta\eta) \exp\left(-\frac{1}{2}h^2 k_1^2 R_{56}^2 \sigma_\eta^2\right),
\tag{6.21}
$$

电流调制幅度的大小由 $2|b_h|$ 给出. Bessel 函数 $J_h(x)$ 在 $x \approx 1.2h$ 时达到最大值, 由此可得最优曲柄结构的强度为[9]

$$
k_1 R_{56}\Big|_{\text{最优}} \approx \frac{1.2}{\Delta\eta}.
\tag{6.22}
$$

当谐波群聚达到最强时, (6.21) 式中的第二个因子变为

$$
b_h \propto \exp\left[-0.72\left(\frac{h\sigma_\eta}{\Delta\eta}\right)^2\right].
\tag{6.23}
$$

因此, 当 $\Delta\eta < h\sigma_\eta$ 时, $|b_h|$ 将显著降低. 尽管从群聚的角度来看我们希望有很大的能量调制, 但不能引入任意大的能量调制, 因为这会降低辐射器中的 FEL 增益. 具体来说, 能量的偏离会在辐射器中导致一个有效能散度, 后者可近似为

$$
(\sigma_\eta)_{\text{rad}} \approx \sqrt{\sigma_\eta^2 + \Delta\eta^2/2}.
\tag{6.24}
$$

为了维持放大器中的FEL 增益, 有效能散度应小于辐射器的 FEL Pierce 参数 ρ. 因此, 单级 HGHG 的最佳能量调制为

$$
\Delta\eta \sim h\sigma_\eta \sim \rho.
\tag{6.25}
$$

换句话说, HGHG 装置的有效群聚对应的最大谐波次数约为 ρ/σ_η. 因此, 为了利用 HGHG 产生短波长的辐射, 较小的初始非相关能散是至关重要的. 在一般系统中, 单级 HGHG 的谐波转换看来应被限制在 $h < 10$. 为了获得更短的波长, 可以将辐射器的谐波 FEL 输出作为下一级 HGHG 的种子. 这种多级的 "HGHG 级联" 有可能达到短得多的波长, 但其整体设计会很复杂[10,11,12].

另外, 我们还可以考虑能够在更高次谐波上产生群聚的其他束流操控方案. 下一节将分析所谓的回声型谐波放大, 这一方案采用两组调制器和曲柄结构来直接产生高次谐波群聚.

§6.3   回声型谐波放大

在回声型谐波放大 (EEHG) FEL[13,14] 中, 第二个调制器和紧随其后的第二个曲柄结构被插入到辐射器之前. 如图 6.4 所示, 电子束先后在两个调制器中与两个不同的激光脉冲相互作用. 通过选取两个适当的色散段, 电子束的纵向相空间变得高度非线性化, 从而可以在适度的能量调制下获得极高谐波次数上的密度调制.

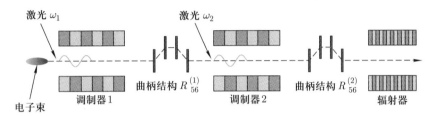

图 6.4 EEHG FEL 示意图, 其中包含两组调制器–曲柄结构对. 第一组先产生相空间分布高度非线性的许多"子束", 第二组则将其转化为图 6.5 所示的谐波群聚.

图 6.5 给出了电子束纵向相空间分布在群聚系统中的演化, 相关参数见文献 [13]. 这些图像揭示了回声效应背后的简单物理机制. 第一个调制器后的较大色散 $R_{56}^{(1)}$ 导致了束流相空间的 "分割", 并产生了多个纵向上的 "子束". 这些子束来自初始调制束流的极度切变, 在图 6.5(b) 中表现为多个近似水平的条纹. 每一个子束都具有几乎均匀的纵向密度分布, 且其能散度远远小于初始束流. 第二组调制器–曲柄结构对的作用是将子束旋转至垂直方向以产生所期望的谐波群聚. 这一过程的实现类似于 HGHG: 第二个调制器给每个子束施加一个能量调制, 这一能量调制随后在 $R_{56}^{(2)}$ 值相对适中的曲柄结构作用下转换为密度调制.

为了研究回声产生的微群聚, 我们沿袭文献 [14] 中的推导. 假设电子束的初始电流为平顶分布, 能散度为 Gauss 分布, 则其初始分布函数可写成

$$f_0(\theta, p) = \frac{1}{\sqrt{2\pi}\theta_b} \exp(-p^2/2), \tag{6.26}$$

其中 $p = \eta/\sigma_\eta$ 是能量偏离与初始 RMS 能散度的比值, θ 是纵向坐标 (以 $\lambda_1/2\pi$ 为单位), 归一化束团长度 $\theta_b = ck_1T$, 分布函数 f_0 满足以下归一化条件:

$$\int\limits_{-\infty}^{\infty} \mathrm{d}p \int\limits_{-\theta_b/2}^{\theta_b/2} \mathrm{d}\theta f_0(\theta, p) = 1. \tag{6.27}$$

经过第一个调制器后, 能量变量变为

$$p' = p + A_1 \sin\theta, \tag{6.28}$$

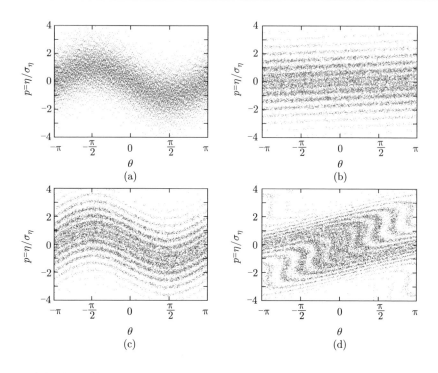

图 6.5　回声微群聚机制的纵向相空间演化示意图: (a) 第一个调制器之后, (b) 第一个曲柄结构之后, (c) 第二个调制器之后, (d) 第二个曲柄结构之后. 改编自文献 [13].

其中, $A_1 = (\Delta\eta)_1/\sigma_\eta$ 是调制幅度与初始 RMS 能散度的比值. 调制后的束流接着被传输到第一个曲柄结构中, 该曲柄结构使束流的相空间分布产生强烈的切变. 引入归一化曲柄结构强度 $B_1 = k_1 R_{56}^{(1)} \sigma_\eta$, 则第一个曲柄结构将粒子的纵向坐标变为

$$\theta' = \theta + B_1 p'. \tag{6.29}$$

类似地, 经过第二组调制器–曲柄结构对会导致如下的坐标映射:

$$p'' = p' + A_2 \sin(\kappa\theta' + \psi), \quad \theta'' = \theta' + B_2 p'', \tag{6.30}$$

其中, θ'' 和 p'' 是第二个曲柄结构出口处的相空间变量, $\kappa = k_2/k_1$ 是两个调制器中激光波数的比值, ψ 是两束调制激光的相对相位.

EEHG 产生的 h 次谐波群聚因子可由下式给出:

$$b_h = \int \mathrm{d}p'' \mathrm{d}\theta'' f(p'', \theta'') \mathrm{e}^{-\mathrm{i}h\theta''} = \int\limits_{-\infty}^{\infty} \mathrm{d}p \int\limits_{-\theta_b/2}^{\theta_b/2} \mathrm{d}\theta f_0(p) \exp[-\mathrm{i}h\theta''(\theta, p)], \tag{6.31}$$

这里将积分写成了初始坐标 (θ, p) 和初始分布函数的形式. 最终相位 θ'' 的表达式可由 (6.28), (6.29) 及 (6.30) 式得到:

$$
\begin{aligned}
\theta'' = \theta &+ (B_1 + B_2)p + A_1(B_1 + B_2)\sin\theta \\
&+ A_2 B_2 \sin(\kappa\theta + \kappa B_1 p + \kappa A_1 B_1 \sin\theta + \psi).
\end{aligned}
\tag{6.32}
$$

将其代入 (6.31) 式后, 我们可利用

$$
\mathrm{e}^{-\mathrm{i}h A_1(B_1+B_2)\sin\theta} = \sum_{q=-\infty}^{\infty} \mathrm{e}^{\mathrm{i}q\theta} J_q[-h A_1(B_1 + B_2)]
\tag{6.33}
$$

和

$$
\begin{aligned}
&\exp[-\mathrm{i}h A_2 B_2 \sin(\kappa\theta + \kappa B_1 p + \kappa A_1 B_1 \sin\theta + \psi)] \\
&= \sum_{m=-\infty}^{\infty} \mathrm{e}^{\mathrm{i}m(\kappa\theta + \kappa B_1 p + \kappa A_1 B_1 \sin\theta + \psi)} J_m(-h A_2 B_2) \\
&= \sum_{m=-\infty}^{\infty} J_m(-h A_2 B_2) \sum_{\ell=-\infty}^{\infty} \mathrm{e}^{\mathrm{i}m(\kappa\theta + \kappa B_1 p + \psi) + \mathrm{i}\ell\theta} J_\ell(m\kappa A_1 B_1)
\end{aligned}
\tag{6.34}
$$

来展开指数项. 合并 (6.31) 式中所有 θ 的指数项, 并对粒子相位进行积分 $(\theta_b^{-1}\int \mathrm{d}\theta)$ 可知, 只有当

$$
h = m\kappa + n \quad (n = q + \ell)
\tag{6.35}
$$

时, 谐波才不为零. 因此, 群聚因子 (6.31) 变为

$$
\begin{aligned}
b_h = \int_{-\infty}^{\infty} \mathrm{d}p'' f_0(p) &\mathrm{e}^{-\mathrm{i}h p(B_1+B_2) + \mathrm{i}m\kappa p B_1} \sum_{m=-\infty}^{\infty} \mathrm{e}^{\mathrm{i}m\psi} J_m(-h A_2 B_2) \\
&\times \sum_{\ell=-\infty}^{\infty} J_\ell(m\kappa A_1 B_1) \sum_{q=-\infty}^{\infty} J_q[-h A_1(B_1 + B_2)].
\end{aligned}
\tag{6.36}
$$

为了简化表达式, 我们将求和变量从 ℓ 变为 $n = q + \ell$, 并利用恒等式

$$
\sum_{q=-\infty}^{\infty} J_q(x) J_{n-q}(y) = J_n(x + y),
\tag{6.37}
$$

得

$$b_h = \int\limits_{-\infty}^{\infty} \mathrm{d}p'' f_0(p) \mathrm{e}^{-\mathrm{i}hp(B_1+B_2)+\mathrm{i}m\kappa pB_1} \sum_{m=-\infty}^{\infty} \mathrm{e}^{\mathrm{i}m\psi} J_m(-hA_2B_2)$$

$$\times \sum_{n=-\infty}^{\infty} J_n[m\kappa A_1B_1 - hA_1(B_1+B_2)]$$

$$= \exp\left\{-\frac{1}{2}[h(B_1+B_2)-m\kappa B_1]^2\right\} \sum_{m=-\infty}^{\infty} \mathrm{e}^{\mathrm{i}m\psi} J_m(-hA_2B_2)$$

$$\times \sum_{n=-\infty}^{\infty} J_n[m\kappa A_1B_1 - hA_1(B_1+B_2)]. \tag{6.38}$$

将 (6.35) 式代入最后一个表达式, 可得 $h = m\kappa + n$ 次谐波的群聚因子:

$$b_{n,m} = \mathrm{e}^{\mathrm{i}m\psi} \mathrm{e}^{-[(m\kappa+n)B_2+nB_1]^2/2}$$

$$\times J_m\left[-(m\kappa+n)A_2B_2\right] J_n\left\{-A_1\left[nB_1+(m\kappa+n)B_2\right]\right\}. \tag{6.39}$$

上式中, Gauss 函数因子将严重抑制群聚, 除非其参数很小. 如果两个色散部分采用同类装置 (如两个曲柄结构), 则 B_1 与 B_2 的符号相同. 此时, 群聚将会很不明显, 除非 n 与 m 反号. 进一步的分析表明, 群聚因子在 $n = \pm 1$ 时达到最大, 且随着 $|n|$ 的增大而迅速减小. 因此, 对于某一特定的谐波次数 h, 在 (6.35) 式中我们取 $n = -1$ 和 $m > 0$, 即 $h = m\kappa - 1$. 请注意, 由于只有一个相位项 $\mathrm{e}^{\mathrm{i}m\psi}$ 对 h 次谐波群聚有贡献, 因此两束调制激光之间的任何相位差异都不会影响到群聚的大小. 也就是说, 优化后的 EEHG 装置的谐波群聚对两束激光之间的相对相位并不敏感. $h = m\kappa - 1$ 次谐波上最大群聚因子的表达式为

$$|b_{-1,m}| = |J_m\left[(m\kappa-1)A_2B_2\right] J_1(A_1\overline{\omega})| \, \mathrm{e}^{-\overline{\omega}^2/2}, \tag{6.40}$$

其中 $\overline{\omega} = B_1 - (m\kappa-1)B_2$.

当 $m > 4$ 时, Bessel 函数 J_m 的最大值约为 $0.67/m^{1/3}$, 它出现在

$$(m\kappa-1)A_2B_2 = m + 0.81m^{1/3} \tag{6.41}$$

时. 为了得到 $J_1(A_1\overline{\omega})e^{-\overline{\omega}^2/2}$ 的最大值, 我们将其对 $\overline{\omega}$ 求导, 有

$$A_1[J_0(A_1\overline{\omega}) - J_2(A_1\overline{\omega})] - 2\overline{\omega}J_1(A_1\overline{\omega}) = 0. \tag{6.42}$$

在 (6.42) 式的无穷多个根中, 绝对值最小的两个根会使 $J_1(A_1\overline{\omega})e^{-\overline{\omega}^2/2}$ 达到最大. 当调制幅度 $A_1 \lesssim 3$ 时, 这些最大值随 A_1 线性增长, 而当 A_1 较大时, 最大值的增

长则相对缓慢一些. 当 $A_1 = 3$ 时, 有

$$A_1 = 3 : \max_{\varpi} [J_1(A_1\varpi)e^{-\varpi^2/2}] \approx 0.5, \tag{6.43}$$

此时群聚因子为

$$|b_{\kappa m-1}| \approx \frac{0.3}{m^{1/3}}. \tag{6.44}$$

因此, 如果 $\kappa = 1$(即 $k_1 = k_2$), 则回声群聚因子随谐波次数 $h \approx m$ 缓慢下降, 这与 HGHG 中群聚因子随 h 指数下降形成了鲜明对比. 为了进一步说明 EEHG 过程, 我们可以选取文献 [14] 中的一个数值实例, 该文献也给出了相应的物理参数及进一步的讨论. 假设我们设计一个 EEHG 系统, 其中两束调制激光的频率相等 (即 $\kappa = 1$), 归一化振幅 $A_1 = 3$, $A_2 = 1$. 在这种情形下, 可由 (6.41) 和 (6.42) 式确定理想曲柄结构强度 B_1 及 B_2 与谐波次数的函数关系. 如果我们要在 24 次谐波上进行群聚, 则有 $m = 25$, $B_1 = 26.83$ 及 $B_2 = 1.14$, 由此可得群聚因子的大小为 $|b_{24}| = 0.11$. 图 6.6(a) 和 6.6(b) 分别给出了谐波群聚因子与曲柄结构强度 B_1 和 B_2 的函数关系. 图中群聚因子的两个极大值均大于 10%, 这证实了 (6.42) 式的两个绝对值最小的根会导致 $|b_h|$ 的最大极值.

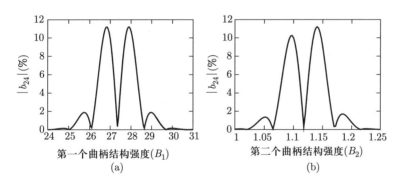

图 6.6 (a) 24 次谐波上的群聚因子随 B_1 的变化关系, $B_2 = 1.14$. (b) 24 次谐波上的群聚因子随 B_2 的变化关系, $B_1 = 26.83$.

§6.4 谐波产生的近期发展

谐波产生是一个非常活跃的研究主题, 既因为更短辐射波长的普遍吸引力, 更因为其作为高增益 FEL 外部相干种子的潜力. 在第 8 章中, 我们将更为详细地讨论 FERMI 装置,该装置利用 HGHG 原理产生了相干的 VUV 及软 X 射线辐射. 最

近, 文献 [15] 中提出了一种利用 K 参数横向变化的波荡器①大幅提高 HGHG 频率转换效率的新物理机制. 理论分析和数值模拟表明, 采用这一新机制时, 特定相位 (相对于种子激光) 上的局域能散度可被大大抑制, 因此可在几十次谐波上获得前所未有的频率转换效率. 这种谐波产生技术需要横向发射度较低的电子束和色散较大的束线.

EEHG 方案已在可见光和 UV 波段的原理验证实验中得到了证实[16,17], 其中文献 [16] 中的原理验证实验利用了相干波荡器辐射, 文献 [17] 则开展了高增益 FEL 实验. 另有一组实验表明, 利用 EEHG 方案可以产生调制激光的 75 次谐波的相干辐射[18].

最后要指出的是, 在谐波产生过程中发生的噪声退化有可能会相当显著[19], 因此在设计时必须给予充分的考虑. 为了理解噪声的作用, 我们可以考虑以下种子信号:

$$E_1 = (E_0 + \Delta E)\mathrm{e}^{\mathrm{i}\theta + \mathrm{i}\Delta\theta} \approx (E_0 + \Delta E)\mathrm{e}^{\mathrm{i}\theta}(1 + \mathrm{i}\Delta\theta), \tag{6.45}$$

此处 ΔE 和 $\Delta\theta$ 分别代表较小的振幅噪声和相位噪声, 这些噪声来自散粒噪声、激光噪声及任何其他随机噪声源. 在转换至 h 次谐波后, 输出谐波的电场为

$$\begin{aligned} E_h &= G_h(E_0 + \Delta E)\exp\left(\mathrm{i}h\theta + \mathrm{i}h\Delta\theta\right) \\ &\approx G_h(E_0 + \Delta E)\mathrm{e}^{\mathrm{i}h\theta}\left(1 + \mathrm{i}h\Delta\theta\right), \end{aligned} \tag{6.46}$$

其中, 我们已假设 $h\Delta\theta < 1$ (否则噪声会超过信号), G_h 则是某一特定谐波产生过程的场振幅函数 (例如, HGHG 的 Bessel 函数群聚因子). 现在, 如果我们比较谐波输出与输入种子的信噪比, 则可以看到谐波输出的信噪比发生了退化, 是输入种子的 $1/h^2$ 倍:

$$\left(\frac{P_{\mathrm{signal}}}{P_{\mathrm{noise}}}\right)_h = \frac{1}{h^2}\left(\frac{P_{\mathrm{signal}}}{P_{\mathrm{noise}}}\right)_1. \tag{6.47}$$

由于 h 可能会很大, 要想获得高信噪比的相干谐波输出, 就必须对初始种子的纯度提出严格的限制. 除了基本的电子束散粒噪声外[20], 种子激光本身的相位和振幅误差也可能会带来一些现实的限制[21,22]. 噪声对相干性的影响通常更不利于高次谐波, 其信噪比一般正比于 h^{-2}. 然而, 也会有一些特殊情形, 随着 h 的增加, 信噪比 $(P_{\mathrm{signal}}/P_{\mathrm{noise}})_h$ 的下降更为缓慢[23]. 谐波产生中噪声和误差的详细处理是一个正在发展的研究主题, 我们鼓励有兴趣的读者查阅相关参考文献以获得更多的信息.

---

①这种波荡器被称为横向梯度波荡器 (TGU). 我们将在附录 D 中讨论 TGU 中的 FEL 物理问题.

参考文献

[1]   W. Colson, "The nonlinear wave equation for higher harmonics in free-electron lasers," *IEEE J. Quantum Electron.*, vol. 17, p. 1417, 1981.

[2]   R. Bonifacio, L. D. Salvo, and P. Pierini, "Large harmonic bunching in a high-gain free-electron laser," *Nucl. Instrum. Methods Phys. Res., Sect. A*, vol. 293, p. 627, 1990.

[3]   Z. Huang and K.-J. Kim, "Three-dimensional analysis of harmonic generation in high-gain free-electron lasers," *Phys. Rev. E*, vol. 62, p. 7295, 2000.

[4]   Z. Huang and K.-J. Kim, "Nonlinear harmonic generation of coherent amplification and self-amplified spontaneous emission," *Nucl. Instrum. Methods Phys. Res., Sect. A*, vol. 475, p. 112, 2001.

[5]   H. P. Freund, S. G. Biedron, and S. V. Milton, "Nonlinear harmonic generation in free-electron lasers," *IEEE J. Quantum Electron.*, vol. 36, p. 275, 2000.

[6]   B. W. J. McNeil, G. R. M. Robb, M. W. Poole, and N. R. Thompson, "Harmonic lasing in a free-electron-laser amplifier," *Phys. Rev. Lett.*, vol. 96, p. 084801, Mar 2006.

[7]   E. A. Schneidmiller and M. V. Yurkov, "Harmonic lasing in x-ray free electron lasers," *Phys. Rev. ST Accel. Beams*, vol. 15, p. 080702, Aug 2012.

[8]   L.-H. Yu, "Generation of intense UV radiation by subharmonically seeded single-pass free-electron lasers," *Phys. Rev. A*, vol. 44, p. 5178, 1991.

[9]   L.-H. Yu and J. H. Wu, "Theory of high gain harmonic generation: an analytical estimate," *Nucl. Instrum. Methods Phys. Res., Sect. A*, vol. 483, p. 493, 2002.

[10] I. Ben-Zvi, K. M. Yang, and L. H. Yu, "The 'fresh-bunch' technique in FELs," *Nucl. Instrum. Methods Phys. Res., Sect. A*, vol. 318, p. 726, 1992.

[11] M. Farkhondeh, W. S. Graves, F. X. Kaertner, R. Milner, D. E. Moncton, C. Tschalaer, J. B. van der Laan, F. Wang, A. Zolfaghari, and T. Zwart, "The MIT bates x-ray laser project," *Nucl. Instrum. Methods Phys. Res., Sect. A*, vol. 528, p. 553, 2004.

[12] E. Allaria *et al.*, "Two-stage seeded soft-x-ray free-electron laser," *Nature Photonics*, vol. 7, p. 913, 2013.

[13] G. Stupakov, "Using the beam-echo effect for generation of short-wavelength radiation," *Phys. Rev. Lett.*, vol. 102, no. 7, p. 074801, 2009.

[14] D. Xiang and G. Stupakov, "Echo-enabled harmonic generation free electron laser," *Phys. Rev. ST Accel. Beams*, vol. 12, no. 3, p. 030702, Mar 2009.

[15] H. Deng and C. Feng, "Using off-resonance laser modulation for beam-energy-spread cooling in generation of short-wavelength radiation," *Phys. Rev. Lett.*, vol. 111, p. 084801, 2013.

[16] D. Xiang, E. Colby, M. Dunning, S. Gilevich, C. Hast, K. Jobe, D. McCormick, J. Nelson, T. O. Raubenheimer, K. Soong, G. Stupakov, Z. Szalata, D. Walz, S. Weathersby, M. Woodley, and P.-L. Pernet, "Demonstration of the echo-enabled harmonic generation technique for short-wavelength seeded free electron lasers," *Phys. Rev. Lett.*, vol. 105, p. 114801, 2010.

[17] Z. T. Zhao, D. Wang, J. H. Chen, Z. H. C. H. X. Deng, J. G. Ding, C. Feng, Q. Gu, M. M. Huang, T. H. Lan, Y. B. Leng, D. G. Li, G. Q. Lin, B. Liu, E. Prat, X. T. Wang, Z. S. Wang, K. R. Ye, L. Y. Yu, H. O. Zhang, J. Q. Zhang, M. Zhang, M. Zhang, T. Zhang, S. P. Zhong, and Q. G. Zhou, "First lasing of an echo-enabled harmonic generation free-electron laser," *Nature Photonics*, vol. 6, p. 360, 2012.

[18] E. Hemsing, M. Dunning, B. Garcia, C. Hast, T. Raubenheimer, G. Stupakov, and D. Xiang, "Echo-enabled harmonics up to the 75th order from precisely tailored electron beams," *Nature Photonics*, 2016.

[19] E. L. Saldin, E. A. Schneidmiller, and M. V. Yurkov, "Study of a noise degradation of amplification process in a multistage HGHG FEL," *Opt. Commun.*, vol. 202, p. 169, 2002.

[20] Z. Huang, "An analysis of shot noise propagation and amplification in harmonic cascade FELs," in *Proceedings of the 2006 FEL Conference*, p. 130, 2006.

[21] G. Stupakov, Z. Huang, and D. Ratner, "Noise amplification in echo-enabled harmonic generation (EEHG)," in *Proceedings of the 2010 FEL Conference*, p. 278, 2010.

[22] G. Geloni, V. Kocharyan, and E. Saldin, "Analytical studies of constraints on the performance for EEHG FEL seed lasers," 2011, arXiv:1111.1615v1.

[23] D. Ratner, A. Fry, G. Stupakov, and W. White, "Laser phase errors in seeded free electron lasers," *Phys. Rev. ST Accel. Beams*, vol. 15, p. 030702, 2012.

第 7 章 FEL 振荡器与相干硬 X 射线

FEL 振荡器是低增益装置, 采用光腔来增强和存储电子束连续通过波荡器时产生的辐射场功率. 因此, FEL 振荡器工作起来就像基于原子跃迁的传统激光器: 辐射在多次通过增益介质的过程中被放大 (此处增益介质由波荡器中的电子束提供). 在 FEL 概念被提出[1] 后不久, 首个 FEL 振荡器就在斯坦福大学得到了演示[2]. 从那时起, 许多振荡器装置在世界各地建成并运行, 产生了红外、可见光及紫外波段的高强度辐射. 在这些波段, 低损耗的正入射反射镜和能够产生所需品质电子束的加速器都是现成的 (参见文献 [3, 4] 等).

采用振荡器结构的硬 X 射线自由电子激光 —— X 射线 FEL 振荡器(X-ray FEL oscillator, 简称 XFELO) 将产生高度稳定且具有高平均亮度及超高谱纯度的 X 射线束, 可提供与高增益 X 射线放大器互补的独特科学研究手段. 采用晶体作为低损耗反射镜的 XFELO 概念是在 1983 年的一次研讨会上被提出的[5], 在同一研讨会上, X 射线 SASE 也首次在苏联之外被提出[6]. 在此后几十年中, SASE 方面的工作蓬勃发展, 而 XFELO 的概念却一直没有得到应有的关注. 直到最近, 一项深入的研究工作表明, 利用能量回收直线加速器可能产生的低强度、超低发射度电子束团, 有望实现振荡器结构的 X 射线 FEL[7].

本章首先简要介绍适用于各种 FEL 振荡器的基本工作原理和现象, 然后讨论 X 射线振荡器所特有的物理问题、要求及挑战.

§7.1 FEL 振荡器原理

FEL 振荡器的基本原理如图 7.1 所示. 来自加速器 (通常是射频加速器) 的电子束团通过位于低损耗光腔内的波荡器. 第一个电子束团在通过波荡器时产生自发波荡器辐射, 这一自发辐射随后被腔镜反射回波荡器中. 当第二个电子束团通过波荡器时, 自发辐射脉冲与其同时到达波荡器入口并重合. 辐射与电子束团在波荡器中相互作用, 输出的辐射场由电子束团的自发辐射和 FEL 增益所导致的放大信号组成. 这个过程不断地重复, 当 FEL 增益大于腔内的往返损耗时, 放大的辐射信号将最终在输出中占据主导地位.

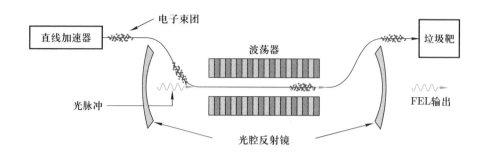

图 7.1　FEL 振荡器基本工作原理示意图.

7.1.1　功率演化与饱和

为了得到振荡器中功率演化的简单数学描述, 设 P_n 为辐射与电子束团第 n 次作用 (辐射第 n 次通过光腔, 以下简称 "第 n 次通过") 后波荡器出口处的辐射脉冲 (光脉冲) 功率, P_s 为自发辐射功率, 有

$$P_1 = P_s,$$
$$P_n = R(1+G)P_{n-1} + P_s \quad (n \geqslant 2), \tag{7.1}$$

其中 G 为 FEL 增益, R 为光传输线 (即光腔) 的反射率. 单次通过 (即辐射在光腔内往返一次) 的功率净放大为 $R(1+G)$. 显然, 如果单次通过的增益超过损耗, 即

$$R(1+G) > 1, \tag{7.2}$$

则功率增长. 这是 FEL 振荡器的 "受激辐射" 条件. 第 n 次通过之后的功率由 (7.1) 式决定, 该式可写成

$$P_n = \frac{[R(1+G)]^n - 1}{R(1+G) - 1} P_s. \tag{7.3}$$

假设 $R(1+G) > 1$, 可以看出, 在经过足够多次的放大之后, 辐射的功率随 n 指数增长.

腔内辐射功率的指数增长并不会无限期地持续下去. 当辐射功率变得足够大时, 电子将被俘获在有质动力势中并被旋转至吸收相位, 此时电子从场中提取能量 (正如 3.3.2 节中所讨论的那样). 这又使增益从小信号值开始下降, 当增益降低至由

$$R(1+G_{\text{sat}}) = 1 \tag{7.4}$$

所给出的 G_{sat} 值时, 系统达到稳态或者 "饱和". 饱和时单次通过产生的辐射功率 ΔP 等于总损耗, 因此, 如果腔内的功率为 P_{sat}, 则有 $\Delta P = (1 - R)P_{\text{sat}}$. 在 3.3.2 节

中, 我们证明了 $\Delta P \approx P_{\mathrm{beam}}/2N_u$, 这又意味着饱和时腔内的辐射功率为

$$P_{\mathrm{sat}} \approx \frac{1}{2N_u(1-R)}P_{\mathrm{beam}}. \tag{7.5}$$

为了使振荡器稳定地工作, 腔内的光学元件, 特别是反射镜, 必须能够承受功率 P_{sat}.

在 FEL 饱和时, 辐射功率在任一完整的往返周期中降低 ΔP. 这一能量损耗可归因于许多不同的机制, 包括反射镜材料中的辐射吸收、光学元件边缘的衍射以及通过透射引到腔外的辐射. 如果有一个无损耗的理想光腔, 则其透射率等于 $1-R$, 因此, 可从振荡器中耦合出的最大功率为 $(1-R)P_{\mathrm{sat}} \approx P_{\mathrm{beam}}/2N_u$.

要想从 FEL 振荡器中输出有用的辐射, 就必须要求 FEL 振荡器可在饱和状态下维持一定的时间. 因此, 只有在每个宏脉冲内的束团数目多于达到饱和所需的束团数目时, FEL 振荡器才能由脉冲加速器驱动. 当采用连续波加速器时, FEL 振荡器可以无限期地维持在稳定的状态. 这是期望的工作模式, 此时 FEL 可提供高平均通量的稳定光子输出.

7.1.2 纵向模式形成的定性描述

除了刚刚描述的功率演化之外, FEL 振荡器中还有更多的物理现象. 一个细微却重要的现象是延滞[8] —— 辐射脉冲的后端 (尾部) 比前端 (头部) 得到更多的放大. 这是由于初始未调制的电子束必须在波荡器中传输一定的距离后才能形成密度调制从而提供 FEL 增益, 在此期间电子束及相应的增益区域滑移到了场包络之后. 因此, 当腔长略短于精确同步条件 (精确同步要求腔长等于连续的两个束团之间的距离) 的要求时, FEL 增益可达到最大.

延滞效应通常使得脉冲包络与相位的往返时间不同, 这是由于相位的往返时间基本上由腔长决定. 换句话说, 波前经过约等于腔内往返一次的时间后回到波荡器, 而脉冲包络的峰值则在此后再经过约 $N_u\lambda_1/c$ (滑移时间) 才能到达. 更准确地说, 任何波前的延迟都是由复增益的虚部所给出, 在峰值增益处很小 (如图 4.1 所示). 这一情况对于 §7.4 中将要讨论的核共振稳频 XFELO 很重要.

FEL 振荡器中的时间相干性是通过 FEL 自身的增益谱线变窄及腔镜所提供的频谱滤波 (如果腔镜的反射率依赖于波长) 来实现的. FEL 引起的增益谱线变窄之所以会发生, 是由于 FEL 增益与辐射频率相关, 这也可以理解为辐射多次通过波荡器 (与电子束团在波荡器中多次相互作用) 所导致的相干长度 (最初为 $N_u\lambda_1$) 的缓慢增长. 因此, 当腔镜的反射率与波长无关时, 可以预期 FEL 频谱带宽 σ_ω 随着通过次数 n 的增加而减小:

$$\left(\frac{\sigma_\omega}{\omega_1}\right)_n \sim \frac{1}{N_u}\frac{1}{\sqrt{n}}. \tag{7.6}$$

对于较短的电子束团, 当 $(\sigma_\omega/\omega_1)_n$ 达到电子束团 RMS 长度 σ_z 所对应的 Fourier 变换极限带宽 $\lambda_1/(4\pi\sigma_z)$ 时, 增益谱线将不再变窄. 对于电流峰值位于中心处的更长的电子束团, 不均匀的增益将使得辐射脉冲分布在长度/持续时间上也变窄, 且有 $(\Delta z)_n^{\mathrm{rms}} \sim \sigma_z/\sqrt{n}$. 当脉冲达到 Fourier 变换极限时, 亦即通过次数 $n \sim N_{\mathrm{FT}}$ 时, 其频谱宽度与持续时间将不再变窄, N_{FT} 由

$$\left(\frac{\sigma_\omega}{\omega_1}\right)_{N_{FT}} (\Delta z)^{\mathrm{rms}}_{N_{FT}} \sim \frac{\lambda_1}{4\pi} \tag{7.7}$$

确定. 由此可得, 辐射脉冲与电子束团在波荡器中大约作用 N_{FT} 次后 ($N_{\mathrm{FT}} \sim 4\pi\sigma_z/\lambda_1 N_u$) 达到稳态, 且极限带宽为[9]

$$\frac{\sigma_\omega}{\omega_1} \sim \sqrt{\frac{\lambda_1}{4\pi N_u \sigma_z}}. \tag{7.8}$$

这个极限模式被称为主导超模式[10].

频谱变窄有可能由滑移和反射镜的有限带宽同时导致, 我们将进一步扩展上述物理图像以包含这种可能性. 为此, 下一节将说明纵向超模式是如何从放大、增益谱线变窄、FEL 延滞以及反射镜频谱滤波的相互作用中产生的.

7.1.3 FEL 振荡器中的纵向超模式

在本节中, 我们将采用 Elleaume 所提出的简单低增益模型[11] 来更充分地探讨超模式的纵向动力学. 这个模型将单次往返中的辐射演化分解成以下几个部分: 依赖于电流与波荡器中传输/滑移的增益、反射镜的反射以及光腔内的传播. 假设这些效应均对辐射产生微小的扰动 (这在低增益区是正确的), 则我们可以近似地认为它们是逐个作用于电场 $E(t)$ 的. 下面我们依次讨论这些纵向效应, 然后将其组合成描述低增益振荡器线性动力学的单一方程.

假设 FEL 增益引起的辐射场变化可以通过放大算子 $E \to E + \mathscr{G}[E]$ 来表示. 为了建立 $\mathscr{G}$ 的简单模型, 我们再次注意到 FEL 增益与电流成线性依赖关系, 且辐射场与电子束是在一个滑移长度 $(N_u\lambda_1)$ 内相互作用. 采用光锥坐标 $\tau \equiv z - ct$, 这意味着 $E(\tau)$ 的放大取决于 τ' 处 ($\tau \leqslant \tau' \leqslant \tau + N_u\lambda_1$) 电流与场幅度之间的相互作用 (参见文献 [12] 等). 对于这一过程, 我们将采用一个非常简单的描述, 其中增益运算 $\mathscr{G}[E]$ 被等效为一定量的场的增长 (增长量取决于半滑移长度 $N_u\lambda_1/2$ 之前的电子束流强和电场振幅). 因此, 当电子束团的 RMS 长度为 σ_z 时, 我们将振幅增益

的作用近似为

$$E(\tau) \to E(\tau) + \mathscr{G}[E] \approx E(\tau) + \frac{G}{2}\mathrm{e}^{-(\tau+N_u\lambda_1/2)^2/2\sigma_z^2}E\left(\tau + \frac{1}{2}N_u\lambda_1\right)$$

$$\approx \left[1 + \frac{G}{2}\left(1 - \frac{\tau^2}{2\sigma_z^2}\right)\right]E(\tau)$$

$$+ \frac{G}{4}N_u\lambda_1\frac{\partial E}{\partial \tau} + \frac{G}{16}(N_u\lambda_1)^2\frac{\partial^2 E}{\partial \tau^2}, \tag{7.9}$$

在这里, 为了简单起见, 我们已假设 $\sigma_z \gg N_u\lambda_1$ 且振幅增益 $G/2$ 为实数.[①]

在 FEL 相互作用之后, 反射镜会使辐射场振幅降低至入射场振幅的 $\sqrt{R} \equiv \sqrt{1-\alpha} \approx 1 - \alpha/2$ 倍, 其中 α 为功率损耗 (假设为实数). 此外, 反射率有可能依赖于辐射频率, 我们把这种可能的依赖关系等效为 ω 上的 Gauss 滤波器 (RMS 功率谱宽为 σ_{refl}), 从而将其包含进来. 由于我们把反射镜的滤波等效为对缓变场包络的作用, 因此其中心位于 $\omega = 0$ 附近, 且导致如下变换:

$$E(\tau) \to \int \mathrm{d}\omega \mathrm{e}^{-\mathrm{i}\omega\tau/c}R(\omega)E(\omega) \approx (1-\alpha/2)\int \mathrm{d}\omega \mathrm{e}^{-\mathrm{i}\omega\tau/c}\mathrm{e}^{-\omega^2/4\sigma_{\mathrm{refl}}^2}E(\omega)$$

$$\approx \left(1 - \frac{\alpha}{2}\right)\int \mathrm{d}\omega \mathrm{e}^{-\mathrm{i}\omega\tau/c}\left[1 - \frac{\omega^2}{4\sigma_{\mathrm{refl}}^2}\right]E(\omega)$$

$$= \left(1 - \frac{\alpha}{2}\right)E(\tau) + \frac{c^2}{4\sigma_{\mathrm{refl}}^2}\frac{\partial^2}{\partial \tau^2}E(\tau). \tag{7.10}$$

最后, 辐射在光腔内往返一次之后与下一个电子束团的到达时间可能会有 ℓ/c 的差异, 我们将这种可能性也包含进来. 这一时间上的差异在 FEL 领域被称为失谐, 可归因于腔长的调节或电子束团的时间抖动. 我们将其等效为

$$E(\tau) \to E(\tau + \ell) \approx E(\tau) + \ell\frac{\partial}{\partial \tau}E(\tau). \tag{7.11}$$

辐射场完整地通过振荡器一次所受到的作用可分解为 (7.9)~(7.11) 式中的变换. 上述每个变换都写成了初始场 $E(\tau)$ 与微扰之和. 如果这些扰动效应都很小, 则第 $(n+1)$ 次通过后的场可以写成场 E_n 与作用于其上的各微扰项之和:

$$E_{n+1}(\tau) \approx E_n(\tau) + \frac{G-\alpha}{2}E_n(\tau) - \frac{G\tau^2}{4\sigma_z^2}E_n(\tau)$$

$$+ \left(\ell + \frac{GN_u\lambda_1}{4}\right)\frac{\partial E_n}{\partial \tau} + \left[\frac{c^2}{4\sigma_{\mathrm{refl}}^2} + \frac{G(N_u\lambda_1)^2}{16}\right]\frac{\partial^2 E_n}{\partial \tau^2}. \tag{7.12}$$

将 E_n 移到左侧, 并设 $E_{n+1} - E_n \approx \partial E_n/\partial n$, 则可以得到场 E_n 的线性偏微分方程. 该方程可通过分离变量法求解, 这会导致对 n 的指数依赖关系, 而时间变化则

[①]可将 G 和 $\sqrt{R}$ 直接推广到复数情形, 但表达式会比较复杂. 例如, 如果 G 为复数, 则功率的变化为 $|1 + G/2|^2 \approx 1 + (G + G^*)/2$.

由 Hermite-Gauss 函数描述. 我们用 p 来代表这些线性模式的编号, 则通解可写成以下 "超模式" 之和:

$$E_n^p(\tau) = \exp\left[\left(\frac{G-\alpha}{2}\right)n - \left(\frac{2D^2\sigma_{\text{filter}}^2}{c^2} + \frac{c(1+2p)\sqrt{G}}{2\sigma_z\sigma_{\text{filter}}}\right)n\right]$$

$$\times \mathrm{e}^{-2\sigma_{\text{filter}}^2 D\tau/c^2} \exp\left[-\frac{\sqrt{G}\sigma_{\text{filter}}}{2c\sigma_z}\tau^2\right] H_p\left(G^{1/4}\sqrt{\frac{\sigma_{\text{filter}}}{c\sigma_z}}\tau\right). \quad (7.13)$$

上式中, 总失谐长度 $D \equiv \ell + GN_u\lambda_1/4$, 有效滤波带宽则由下式定义:

$$\frac{1}{\sigma_{\text{filter}}^2} \equiv \frac{1}{\sigma_{\text{refl}}^2} + \frac{GN_u^2\lambda_1^2}{16c^2}. \quad (7.14)$$

(7.13) 中的第一行表明, 如果总失谐长度 $D \neq 0$, 则指数功率增长小于其理想值 $G - \alpha$(增益减去损耗). 这一情况显示了延滞的一个效果, 因为最大增益是在腔长略小于理想同步长度时得到的 ($D = 0$ 意味着 $\ell < 0$). 显著的 FEL 增益要求总失谐量在有效振荡器带宽以内, 从而使得 $D\sigma_{\text{filter}}/c \ll 1$. 此外, 取 $D = 0$ 后可见, 只有在电子束团长度明显大于带宽的倒数 $1/\sigma_{\text{filter}}$ 时, 增益才会趋近无限长束团的极限情形. 对于更短的电子束团, 只有频谱成分位于有效通带 [由反射镜带宽 σ_{refl} 或滑移带宽 $4/(N_u\lambda_1\sqrt{G})$ 决定] 内的电流部分对增益有贡献.

第 p 个模式的 RMS 长度正比于电子束团长度与 $1/\sigma_{\text{filter}}$ 的几何平均值 ($\sim \sqrt{(1+2p)\sigma_z/c\sigma_{\text{filter}}}$). 当电子束团较长时, 会有许多增长率相当的纵向模式, 因此最初振荡器的输出是超模式的叠加, 总带宽 $\sim 1/N_u$, 持续时间 $\sim \sigma_z/c$. 在光腔中多次通过后, 这些模式不断地演化, 具有最大增益的最低阶 ($p = 0$) Gauss 模式最终将占据主导地位. 如果反射镜本来就与波长无关, 即 $\sigma_{\text{refl}} \gg 1/N_u\lambda_1$, 则本章开头部分的讨论适用, 输出带宽将趋近于 (7.8) 式的极限值 (尽管很缓慢).

另一方面, 我们将看到, 可用于 X 射线 FEL 振荡器的晶体反射镜的带宽 $\sigma_{\text{refl}} \ll c/N_u\lambda_1$(通常 $N_u \lesssim 3 \times 10^3$, 而 $\sigma_{\text{refl}}/\omega_1$ 约为 $10^{-5} \sim 10^{-7}$). 在此情形下, $\sigma_{\text{filter}} \to \sigma_{\text{refl}}$, 这将使之前的讨论得到简化. 例如, 最低阶 (Gauss) 超模式可简化为

$$E_n^0(\tau) = \exp\left[\frac{1}{2}\left(G - R - \frac{4\ell^2\sigma_{\text{refl}}^2}{c^2} - \frac{c\sqrt{G}}{\sigma_z\sigma_{\text{refl}}}\right)n\right]\mathrm{e}^{-2\sigma_{\text{refl}}^2\ell\tau/c^2}\mathrm{e}^{-\tau^2/2\sigma_0^2}, \quad (7.15)$$

其中均方时间宽度 $\sigma_0^2 \equiv \sigma_z/(\sqrt{G}c\sigma_{\text{refl}})$. 因此, 如果腔长偏移量 ℓ 或者电子束团长度 σ_z 小于 c/σ_{refl}, 则增益低于其理想值. 稳态时间宽度由 $\sigma_0 \propto \sqrt{\sigma_z/c\sigma_{\text{refl}}}$ 给出, 相应的最终带宽正比于 $\sqrt{c\sigma_{\text{refl}}/\sigma_z}$, 且此时辐射在光腔内往返通过 $N_{\text{FT}} \sim 2\sigma_{\text{refl}}\sigma_z/c \ll 4\pi\sigma_z/(\lambda_1 N_u)$ 次后达到稳态.

除了改变超模式的特性之外, 由反射镜提供的额外光谱滤波也会完全抑制边带/同步不稳定性, 从而消除在较短波长上观察到的既不稳定而且混乱的 "尖峰"

模式[13,14]. 这是因为边带不稳定性会放大 $\omega = \omega_1 \pm \omega_s$ 处的频谱成分, 在这里

$$\omega_s \sim \frac{\lambda_u}{\lambda_1} c k_s = \frac{\lambda_u}{\lambda_1} \frac{c}{L_u} \sqrt{\epsilon} = \frac{c}{N_u \lambda_1} \sqrt{\epsilon}, \tag{7.16}$$

ϵ 是 (3.26) 式定义的归一化场强. 在饱和时, $\epsilon \sim 1$, 边带/"尖峰" 模式的特征频率为

$$\omega_s \sim \frac{c}{N_u \lambda_1} \gg \sigma_{\text{refl}}, \tag{7.17}$$

因此, XFELO 晶体反射镜的窄带宽可有效地滤除边带不稳定性.

7.1.4 光腔的横向物理理论

当增益很小时, 横向模式通常可由光腔的共振模式很好地描述. 我们将简要地介绍 Gauss 光学限定条件下光腔的一些横向物理理论, 为此假设辐射偏离光轴的角度很小(傍轴), 而且光学元件的作用可等效为对场进行线性变换. 在 1.2.3 节, 我们看到了这种线性变换会沿着光线传递辐射亮度 (Wigner 函数), 这意味着可以采用矩阵方法 (与 1.1.2~1.1.4 节中粒子束的矩阵方法相同) 来分析腔内的模式. 在这些限定条件下, 矩阵变换作用于位置–角度相空间 (x, ϕ) 中光线的赝分布上, 而波动特性则只需参照光线的传播就可以描述. ①

在激光领域, 矩阵方法被称为 ABCD 矩阵法[15]. 矩阵的元素通常用于推导 Hermite-Gauss 光腔模式的 Rayleigh 长度和波前曲率. 最低阶模式类似于发射度为 $\lambda/4\pi$ 的 Gauss 粒子束, 其 Rayleigh 长度 $Z_R = \sigma_r^2/(\lambda/4\pi) = (\lambda/4\pi)\sigma_r^2$, 则相当于粒子光学中的 Courant-Snyder β 函数.

为了理解 X 射线的横向分布, 我们首先考虑图 7.2 所示的简单双反射镜振荡器, 其光腔中包含一个焦距为 f 的理想反射镜 (聚焦反射镜), 腔内的往返距离为 L_c. 我们将讨论限定于二维相空间 (x, ϕ), 同时采用 1.1.4 节中漂浮空间 (长度为 ℓ) 和聚焦反射镜的传输矩阵

$$\mathsf{L}(\ell) = \begin{bmatrix} 1 & \ell \\ 0 & 1 \end{bmatrix}, \quad \mathsf{F}(f) = \begin{bmatrix} 1 & 0 \\ -1/f & 1 \end{bmatrix}. \tag{7.18}$$

如果 RMS 尺寸、散角和相关性都是周期性的 (以光腔内的一次往返为周期), 则存在稳定的共振模式. 这些模式的尺寸可由起止于波荡器中点的矩阵映射确定. 对于双反射镜振荡器, $\mathsf{M}_{2\text{res}} = \mathsf{L}(L_c/2)\mathsf{F}(f)\mathsf{L}(L_c/2)$. 矩阵 $\mathsf{M}_{2\text{res}}$ 将光腔中心处的 (x, ϕ) 映射回原处, 从而有

$$\begin{bmatrix} x \\ \phi \end{bmatrix}_{\text{out}} = \mathsf{M}_{2\text{res}} \begin{bmatrix} x \\ \phi \end{bmatrix}_{\text{in}}, \tag{7.19}$$

---

①非理想元件、光阑及非线性变换会引入干涉效应, 可能无法通过这里给出的方法很好地描述.

而输出平面处的二阶矩矩阵 Σ_{out} 则通过下式与初始的 Σ_{in} 联系起来:

$$\Sigma_{\text{out}} \equiv \begin{bmatrix} \langle x^2 \rangle & \langle x\phi \rangle \\ \langle \phi x \rangle & \langle \phi^2 \rangle \end{bmatrix}_{\text{out}} = \mathsf{M}_{2\text{res}} \begin{bmatrix} \langle x^2 \rangle & \langle x\phi \rangle \\ \langle \phi x \rangle & \langle \phi^2 \rangle \end{bmatrix}_{\text{in}} \mathsf{M}_{2\text{res}}^T$$

$$= \mathsf{M}_{2\text{res}} \Sigma_{\text{in}} \mathsf{M}_{2\text{res}}^T. \tag{7.20}$$

Σ_{out} 与 Σ_{in} 相等意味着在光腔的中点处相关性为零 (即辐射成腰), 且光腔往返长度 L_c 和聚焦反射镜焦距 f 通过以下关系与束缚模式的 Rayleigh 长度联系起来:

$$f = \frac{L_c}{4} + \frac{1}{L_c} \frac{\langle x^2 \rangle_{\text{in}}}{\langle \phi^2 \rangle_{\text{in}}} = \frac{L_c}{4} + \frac{Z_R^2}{L_c}. \tag{7.21}$$

请注意, 稳定运行要求 $f > L_c/4$, 当采用聚焦反射镜的曲率半径 r 时, 该条件为 $2f = r > L_c/2$. 如果有足够的 FEL 放大, 则此不等式不必满足, 但对于低增益装置, 它为光腔的设计提供了一个良好的起点.

在下一节中, 我们将介绍适合于 X 射线 FEL 振荡器 (XFELO) 的光腔设计. 此外, 我们将扩展此处的光腔分析以包含更为一般的光腔结构和容差分析.

§7.2　X 射线光腔结构

FEL 振荡器由两个基本部分组成: 增益介质和光学元件闭合环路. 前者包含波荡器和电子束, 后者用来约束和聚焦待放大的辐射. 我们已经解释了 XFELO 的基本物理原理, 这里将介绍如何构造合适的 X 射线光腔. 尽管这样的光腔还不存在, 但 XFELO 所需的各种光学元件在过去的几十年中已被研发出来, 这在很大程度上归功于同步辐射光源的需求. 例如 XFELO 光腔所需的 X 射线聚焦可通过高品质的掠入射反射镜或者复合折射透镜(compound refractive lens, 简称 CRL) 做到. 然而, 这些元件都不能单独工作: 掠入射反射镜所依赖的全外反射仅在掠入射角很小时才比较明显, 而 CRL 则工作在透射模式. 因此, 需要另外采用一个光学元件来将接近正入射的 X 射线有效地反射回波荡器中 (即该元件对接近正入射的 X 射线具有很高的反射率). 晶体反射镜 —— 基于 (近乎) 理想准直晶面的 Bragg 反射可以起到这一作用.

基于 Bragg 反射的 X 射线光学系统是通过光的相干散射来工作的, 散射光的波长近似满足 Bragg 条件 $\lambda = 2a\sin\Theta$, 其中 Θ 为掠入射角, a 为晶面间的原子间距. 具有高反射率的频谱宽度 (也被称为 Darwin 宽度) 反比于对反射有贡献的晶面数目. 对于硬 X 射线, 有贡献的晶面可超过 10^5 个, 因此在 5 keV 时通常有 $\sigma_{\text{refl}}/\omega_1 \lesssim 10^{-5}$, 而在 20 keV 时则有 $\sigma_{\text{refl}}/\omega_1 \lesssim 10^{-7}$. 在 Darwin 宽度内, 反射率可接近 100%, 这意味着 Bragg 晶体可使高效过滤 FEL 输出的低损耗 X 射线光腔成为可能.

最简单的光腔结构如图 7.2 所示, 它采用两个 Bragg 晶体来约束 X 射线, 并使用一个掠入射反射镜来对横向模式进行成形和聚焦. 这种腔是前面介绍的双反射镜光腔的一个具体实现途径. 为了获得高反射率, 曲面反射镜的掠入射角必须小于全外反射的临界角 (通常为几个毫弧度). 相应地, 辐射必须近似垂直于 Bragg 晶体, 即掠入射角 Θ 与 $\pi/2$ 之差应在几个毫弧度以内. 利用 Bragg 定律 $\lambda = 2a\sin\Theta$ 将此角度范围转换为波长范围可知, 在严格限定的光谱/调谐范围内, 双晶体光腔可以实现 FEL 出光.

图 7.2 XFELO 光腔的双晶体基本方案 (不可调谐). 这里的聚焦由掠入射反射镜提供, 尽管其他选项也是可能的. 改编自文献 [16].

7.2.1 波长可调的四晶体 XFELO 光腔

可调谐 XFELO 的光腔需要采用两个以上的 Bragg 晶体. 图 7.3 中给出了一个四晶体结构的例子, 这种特殊设计是将 Cotterill 发明的四反射单色仪[17] 改造成了一个闭合的领结形光腔, 其工作波长可通过同步调节四块晶体的 Bragg 角来改变, 而往返路径长度则通过晶体的平移来保持恒定. 四晶体方案还允许 XFELO 在 5~20 keV 的整个光谱范围内只采用一种晶体材料 (利用不同的反射面). 这是一个重要的优势 —— 工作在任意波长上的 XFELO 因此可以采用热机械性能优异的金刚石晶体.

为了研究图 7.3(a) 中的四晶体光腔, 我们假设晶体的作用只是使光线偏转, 在这种情况下, 该结构等效于图 7.3(b) 所示的线性周期系统. 我们假设聚焦元件 F_1 与 F_2 的焦距为 f, 并将相关的光腔距离标示于图中. 请注意 W_1 是波荡器内的光腰位置, 而另一光腰则位于 W_2 处. 采用与 (7.18) 式相同的符号, 经光腔一周的矩阵可由下式给出:

$$\mathsf{M}_{4cr} = \mathsf{L}(\ell_1)\, \mathsf{F}(f)\, \mathsf{L}(2\ell_2)\, \mathsf{F}(f)\, \mathsf{L}(\ell_1). \tag{7.22}$$

稳定性要求 $|\mathrm{Tr}(\mathsf{M})| < 2$, 可以证明其等价于 $f > 0$ 和

$$0 < \left(\frac{\ell_1}{f} - 1\right)\left(\frac{\ell_2}{f} - 1\right) < 1. \tag{7.23}$$

因此, 对于稳定光腔, 有 $\ell_{1,2} > f$ 或 $\ell_{1,2} < f$. 如果我们将这种四晶体光腔简化为此前讨论的双反射镜光腔 ($\ell_2 \to \ell_1 = L_c/2$), 则可以证明 FEL 振荡器的漂浮半长度

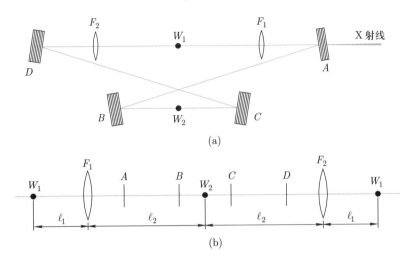

图 7.3 (a) 采用四块晶体的可调谐光腔结构示意图. 聚焦元件 F_1 与 F_2 代表掠入射反射镜或复合折射透镜 (CRL). (b) 四晶体光腔的等效展开光路. A, B, C 和 D 标明了晶体位置, W_1 (W_2) 则标示了波荡器内 (外) 的辐射腰位. 改编自文献 [16].

$\ell_{1,2}$ 大于焦距 f. 为此, 我们利用稳定条件 (7.21)[①] 得到 $f = (\ell_1/2)(1 + Z_R^2/\ell_1^2)$, 同时考虑到 FEL 增益在 $Z_R \sim L_u/2\pi$ 时达到最大, 因此有 $Z_R^2/\ell_1^2 < 1$ 及 $\ell_1 > f$.

正如我们刚提到的那样, 波荡器内 Rayleigh 长度 $Z_{R,1}$ 的取值应使 FEL 增益达到最大. 相比之下, $Z_{R,2}$ 的自由度则大得多, 它决定了在晶体反射镜处看到的辐射散角. Bragg 晶体的接收角与高反射率带宽由 Bragg 定律 $\lambda = 2a\sin\Theta$ 联系在一起, 因此通过增加 $Z_{R,2}$ 来减小晶体处的辐射散角是有利的. 利用二阶矩的矩阵变换关系式 $\Sigma_{\text{out}} = \mathsf{M}_{4\text{cr}}\Sigma_{\text{in}}\mathsf{M}_{4\text{cr}}^T$, 可以确定 Rayleigh 长度:

$$Z_{R,1} = \sqrt{\frac{\ell_1 - f}{\ell_2 - f}}[f(\ell_1 + \ell_2) - \ell_1\ell_2]^{1/2}, \quad Z_{R,2} = \frac{\ell_2 - f}{\ell_1 - f}Z_{R,1}. \tag{7.24}$$

因此, 我们可使 ℓ_2 大于 ℓ_1 以增加 Rayleigh 长度 $Z_{R,2}$, 从而减小晶体上的 X 射线散角.

晶体取向的容差可采用加速器物理中的标准方法来确定. 假设晶体 A 的取向与理想角度有 $\Delta\Theta$ 的偏离, 则沿轴光线偏转 $2\Delta\Theta$. 为了得到 W_1 处光轴的偏离, 我们要求偏置参考轨迹是周期性的 (以光学系统的周期为周期), 即

$$\begin{bmatrix} \Delta x \\ \Delta\phi \end{bmatrix} = \mathsf{M}_{4\text{cr}} \begin{bmatrix} \Delta x \\ \Delta\phi \end{bmatrix} + \mathsf{L}(\ell_1)\, \mathsf{F}(f)\mathsf{L}(2\ell_2 - d_A) \begin{bmatrix} 0 \\ 2\Delta\Theta \end{bmatrix}, \tag{7.25}$$

[①] 由 (7.21) 知 $f > L_c/4$, 满足稳定运行的要求 (译者注).

其中 d_A 是 F_1 到晶体 A 的距离. (7.25) 式的第一项是光腰位置 W_1 处 (波荡器中心) 往返一次的变换, 第二项则为晶体 A 处误差所导致的角度偏离.

求解 (7.25) 式可以给出偏置光线的位置 Δx 和角度 $\Delta \phi$ 与角度误差 $\Delta \Theta$ 的函数关系. 由误差导致的光线在位置和角度上的偏移应远远小于模式的尺寸和角散度, 即 $|\Delta x| \ll \sigma_r$, $|\Delta \phi| \ll \sigma_{r'}$, 据此可设定容差. 对于典型的 XFELO 参数, $\sigma_r \approx 10\ \mu m$, $\sigma_{r'} \approx 1\ \mu rad$, 由此得到的角度容差 $\Delta \Theta \lesssim 10$ nrad. 激光干涉引力波天文台 (Laser Interferometer Gravitational-wave Observatory, 简称 LIGO) 所采用的检零反馈技术似乎可以利用单探测器实现多光轴的高稳定性, 因此看起来是一种有希望的稳腔方法.

最后, 保持光腔中辐射的波前对光学元件的光洁度提出了额外的容差要求. 对于金刚石晶体, 表面误差高度 δh 应明显地小于 X 射线波长与折射率减 1 的乘积. 在硬 X 射线波段, 由于折射率与 1 的差在 10^{-6} 量级, 因此 δh 的容差约为 $1\ \mu m$, 这应该是可以实现的. 通过类似的考虑, 可以得出对 CRL 表面的类似约束. 另一方面, 对掠入射反射镜表面的要求可分为高度误差和形状误差, 前者导致漫散射和反射率的降低, 后者导致模式畸变. 一般要求高度误差在 1 nm 左右, 而形状误差则在 0.1 μrad 左右. 虽然这两个容差较为苛刻, 但却都是目前的技术水平所能达到的.

7.2.2 XFELO 的金刚石晶体

金刚石具有极好的物理特性, 包括机械硬度高、导热性好、抗辐射性强、热膨胀系数低以及化学性能稳定, 非常适合于 XFELO 的光腔. 在 X 射线 Bragg 衍射中, 可以预期金刚石具有异常高 ($\geqslant 99\%$) 的反射率, 超过任何其他晶体. 这是因为在金刚石中 X 射线发生反射的距离 (即所谓的 "消光长度") 远远小于特征吸收长度. 也就是说, 金刚石的消光长度–吸收长度之比异乎寻常地小, 从而导致了近乎理想的反射. 因此, 金刚石的损耗主要来自晶体结构中的缺陷与杂质. 合成金刚石晶体的最新研制进展表明, 尺寸适合于 XFELO 且几乎无缺陷的晶体已经可以被生产出来. 同时, 13.9 keV 和 23.7 keV X 射线光子的实验也已证实, 在接近垂直入射时, 预期的 99% 以上的反射率是可以实现的[18].

除了高反射率之外, 金刚石也可以很好地适应 XFELO 的热负荷. 具体来说, 由于 Bragg 晶体依赖于周期性的晶格间距, 因此我们必须确定辐射加热所产生的温度梯度是否会引起材料中的应力和晶格间距上的梯度. 幸运的是, 在 $T < 100$ K 时, 金刚石具有很高的热扩散系数和极低的热膨胀系数. 因此, 对于低温冷却的金刚石晶体, 由加热所导致的膨胀可被忽略.

§7.3 XFELO 参数与性能

表 7.1 中列出了来自文献 [16] 的一个 XFELO 实例的主要参数. 这里考虑的电

子束参数相对保守, 更高束流品质、更低束团电荷量和更低电子束能量的 XFELO 参数或许也是可行的[19]. 由于在低光子能量时晶体中的光子吸收增强, 采用 Bragg 反射镜的 XFELO 难以工作在 5 keV 以下, 同时由于在高光子能量时晶体的带宽变窄, XFELO 的最大光子能量被限制在 20 keV 左右. 尽管理论上可以在很宽的波长范围内调节四晶体结构, 但对于某一特定 Bragg 平面, 实际调节范围被限定在 2%~6%, 这是因为当 Bragg 角较小时晶体反射镜的接收角将会小于 X 射线束的散角. 我们注意到, 跟 $\sim 10^{-7}$ 的极窄带宽相比, 几个百分点实际上是一个巨大的调节范围.

表 7.1　XFELO 的主要参数

电子束	
能量	5~7 GeV
束团电荷量	25~50 pC
束团长度 (RMS)	0.1~1 ps
归一化 RMS 发射度	$\leqslant 0.2 \sim 0.3$ mm-mrad
能散度 (RMS)	$\lesssim 2 \times 10^{-4}$
束团重复频率	~ 1 MHz
波荡器	
周期长度	~ 2 cm
K 参数	1.0~1.5
长度	30~60 m
光腔	
结构组成	2~4 块钻石晶体 + 聚焦反射镜
往返反射率	$> 85\%$ (100 A 峰值流强时为 50%)
总长度	~ 100 m
XFELO 输出	
光子能量范围	5~25 keV (加上三次谐波)
谱纯度	1~10 meV (相对带宽为 $10^{-6} \sim 10^{-7}$)
相干性	全相干 (横向、纵向均相干)
X 射线脉冲宽度	0.1~1.0 ps
调谐范围	2%~6%
光子数/脉冲	$\sim 10^{9}$
脉冲重复频率	~ 1 MHz
峰值谱亮度	$10^{32} \sim 10^{34}$ 光子/[s·mm²·mrad²(0.1% BW)]
平均谱亮度	$10^{26} \sim 10^{28}$ 光子/[s·mm²·mrad²(0.1% BW)]

图 7.4 所示为 14.4 keV XFELO 的辐射输出分布[16]. 在图 (a) 中, 实线表示输出辐射功率随时间的变化关系, 虚线则为电子束的电流包络. 在图 (b) 中, 实线为相应的输出频谱, 可以看到频谱的半高全宽 (FWHM) 约为 1.8 meV, 对应于约 1.3×10^{-7} 的相对半高全宽. 请注意, 这一带宽要比 Bragg 晶体的反射率曲线 (虚线) 窄很多, 且约等于 c/σ_z. 这是因为饱和后的辐射包络由电子束的电流包络决定, 因此辐射频谱的分布大致由电流分布的 Fourier 变换给出. 图中的稳态脉冲是在光腔内往返约 1000 次后得到的.

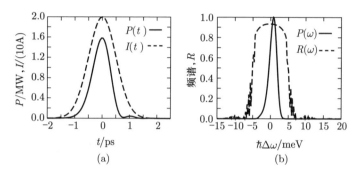

图 7.4 (a) 实线为 14.4 keV XFELO 输出的时域功率分布, 峰值功率 $\sim 1.5\mathrm{MW}$; 虚线为电子束的电流分布, 宽度为 $\sigma_t = 0.5$ ps. (b) 同一 XFELO 输出的频谱 (实线). 带宽 (半高全宽) ~ 2.4 meV, 比虚线所示的晶体反射率曲线窄. 改编自文献 [16].

§7.4 锁模 FEL 振荡器中的 X 射线频梳

FEL 振荡器的输出是一串辐射脉冲 (即脉冲序列), 其中每个脉冲实际上是在光腔内往复振荡的单个束缚脉冲的 "复制". 因此, 如果光腔和加速器足够稳定, 则辐射相干性可扩展到多个脉冲上, 在这种情况下, 输出频谱变成窄谱线的频梳. 这是与稳频锁模激光器相同的基本物理机制在起作用 (参见 [20] 等).

为了理解这些谱线是如何出现的, 我们考虑脉冲序列的电场

$$E(t) = \sum_n \mathrm{e}^{-\mathrm{i}\omega_{\mathrm{FEL}}(t-nT_c)} A(t - nT_e). \tag{7.26}$$

这里 $A(t)$ 是辐射包络, $\omega_{\mathrm{FEL}} \approx \omega_1$ 是 FEL 中心频率, T_c 是电磁场在光腔中的往返时间, T_e 是电子束团时间间隔. 上式与 7.1.2 节中的讨论一致, 即每个周期的相位前移为 T_c, 而每个周期的包络前移则为 T_e(这里忽略了 FEL 作用过程中的小折射率). 通过 Fourier 变换得到频谱, 有

$$|\widetilde{E}(\omega)|^2 = |\widetilde{A}(\omega - \omega_{\mathrm{FEL}})|^2 \frac{\sin^2\{N[(\omega - \omega_{\mathrm{FEL}})T_e + \omega_{\mathrm{FEL}}T_c]\}}{\sin^2[(\omega - \omega_{\mathrm{FEL}})T_e + \omega_{\mathrm{FEL}}T_c]}. \tag{7.27}$$

由上式可以看到总的频谱形状由单脉冲包络 $\widetilde{A}(\omega)$ 决定, 因此频谱宽度接近于电子束的带宽 ($\sim c/\sigma_z$). 在包络内是形成频梳的等间隔谱线 ("梳齿") 序列, 令 (7.27) 式的分母为零, 可得到梳齿的中心频率, 即

$$\omega_m = \omega_{\mathrm{FEL}} + \frac{\pi}{T_e}\left(m - \frac{\omega_{\mathrm{FEL}}T_c}{\pi}\right), \tag{7.28}$$

其中 m 为整数. 由此可见, 谱线间隔反比于电子束团的时间间隔, 且有 $\Delta\omega_{\mathrm{line}} = \pi/T_e$. 由于频梳分布在包络带宽 ($\sim c/\sigma_z$) 内, 因此梳齿的数目 $\sim cT_e/\sigma_z$. 此外, (7.27) 式的分子表明, 每个梳齿的宽度与脉冲序列中的脉冲数目成反比, 因此每个梳齿的带宽约为 $\Delta\omega_{\mathrm{line}}/N = \pi/NT_e$.

在上面的讨论中, 我们假定光腔是完全稳定的, 因此 FEL 脉冲间隔 (T_e) 和光腔内的往返时间 T_c 都是精确固定的. 然而, 如果这些时间存在波动或其他变化, 则梳齿会被加宽, 其宽度有可能超过谱线间隔 $\Delta\omega_{\mathrm{line}}$. 在这种情况下, 梳状结构将会消失, 不同脉冲间的干涉也将不复存在. 观察脉冲序列的公式 (7.26), 我们发现光腔的往返时间 T_c 出现在相位中, 而对于束团间隔 T_e 的依赖则在场振幅中. 由于梳状频谱取决于精细的相位相消, 因此我们要求 T_c 的变化必须被控制在波长的数分之一以内, 而与 T_e 相关的容差则可被显著地放宽.

为了了解 T_c 和 T_e 的变化是如何影响梳状结构的, 我们先将乘积 $\omega_{\mathrm{FEL}}T_c/\pi$ 分解成整数和小数两个部分, 因此光腔往返时间为

$$T_c = \frac{\pi M}{\omega_{\mathrm{FEL}}} + t_c, \tag{7.29}$$

其中整数 M 的取值应满足 $0 \leqslant \omega_{\mathrm{FEL}}t_c/\pi < 1$. 将上式代入 (7.28) 式, 并将 $m - M$ 改记为 m, 可得梳齿的中心频率

$$\omega_m = \omega_{\mathrm{FEL}} + \frac{\pi}{T_e}\left(m - \frac{\omega_{\mathrm{FEL}}t_c}{\pi}\right). \tag{7.30}$$

如果光腔往返时间的小数部分 t_c 和束团间隔 T_e 的波动仅使 ω_m 在谱线间距 $\Delta\omega_{\mathrm{line}} = \pi/T_e$ 内产生一个小幅移动, 则梳状结构将继续存在.

我们首先考虑电子束团间隔的变化 δT_e, 有

$$|\delta T_e| \ll \left|\frac{T_e}{m - \omega_{\mathrm{FEL}}t_c/\pi}\right| \lesssim \frac{\sigma_z}{c}, \tag{7.31}$$

此处利用了梳齿数目 $\sim cT_e/\sigma_z$ 这一结论. 因此, 束团间隔的变化必须远远小于束团长度. 在任何振荡器中, 为保持 FEL 增益, 这一要求必须得到满足. 请注意, 上述要求中没有见到辐射波长, 这是因为对束团间隔 T_e 的依赖出现在场的振幅中.

另一方面, 我们考虑光腔往返时间的变化 δT_c, 有

$$|c\delta T_c| \ll \frac{c\pi}{\omega_{\text{FEL}}} \approx \frac{\lambda_1}{2}, \tag{7.32}$$

因此, 光腔长度的变化必须被控制在 FEL 波长的数分之一以内. 这是 T_c 主宰辐射脉冲相位的结果, 将会导致对于腔长稳定性的极为严格的要求.

为了将腔长稳定到波长的数分之一, 我们需要能够测量和校正微小误差的高灵敏度反馈系统, 在 X 射线波段尤其如此 —— 此时波动必须小于原子直径. 虽然极为苛刻, 但 XFELO 稳频似乎可通过以 ^{57}Fe 核共振等为参考的反馈系统来实现[21], 这是由于共振宽度与频梳间距相当 (~ 10 neV). 反馈系统的原理如图 7.5 所示, 其工作方式如下: 当腔长改变一个 FEL 波长时, 梳齿移动一个频梳间距. 当某一梳齿与处在 FEL 带宽内的 ^{57}Fe 共振峰重合时, 对光腔长度进行扫描 (扫描距离为一个波长 ~ 0.8 Å), 并使其固定在荧光信号最大处. 请注意, 我们不需要识别哪个梳齿与核共振峰重叠, 仅需要一个梳齿重叠即可, 之后我们就让其一直处在那个位置.

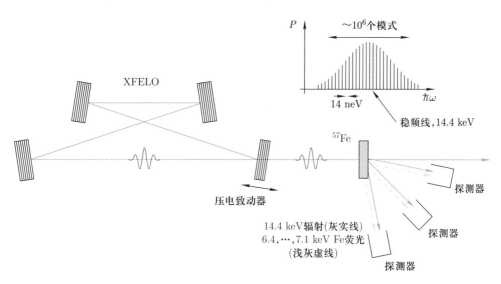

图 7.5 光腔稳频方案示意图. 核共振样品 (这里是 ^{57}Fe) 被放入 XFELO 的输出光路中, 探测器分别监测核共振和 K 壳层电子荧光随光腔调谐 (采用压电致动器) 的变化, 反馈回路则保持 XFELO 的某一纵向模式 (共有约 10^6 个纵向模式) 与样品共振. 改编自文献 [21].

基于目前的技术发展水平, 有希望实现上述核共振稳频的 XFELO (NRS-XFELO), 将这一稳频方案推进到比 ^{57}Fe 还窄一个量级的共振也是有可能的. 对于更窄的共振, NRS-XFELO 将极具挑战性但却很有价值, 因为它将在硬 X 射线波段提供前所未有的新技术.

§7.5　硬 X 射线主振荡功率放大器 (MOPA)

XFELO 的输出可作为高增益放大器的输入, 从而形成 X 射线主振荡功率放大器 (master-oscillator-power amplifier, 简称 MOPA) 结构. 这种装置将会把当今光学激光系统的灵活性很大程度地带给硬 X 射线. 和自放大自发辐射所产生的类似 X 射线脉冲相比, 由 X 射线 MOPA 产生的脉冲将具有更好的相干性, 且在强度和波长方面将更加稳定. 因此, 在线性增益饱和后可通过大幅度的波荡器磁场渐变来显著地增加 MOPA 的 X 射线脉冲能量, 这是因为波荡器磁场渐变对于相干 FEL 脉冲极为有效 (参见 §4.5). 此外, 如果采用 XFELO 输出作为谐波产生方案 (如 HGHG) 的调制 "激光", 则 X 射线 MOPA 将有可能达到几十甚至 100 keV 的光子能量. 如此高的光子能量有可能会在某些应用中发挥重要的作用[22].

图 7.6 所示为 X 射线 MOPA 装置的一个可能布局. 两列电子束团 (一列用于 XFELO, 另一列用于高增益放大) 分别由两个电子枪产生, 然后合并成一列相互交错的束团. XFELO 的电子束团特性可类似于表 7.1 中的参数, 而用于高增益放大的电子束团则应具有高峰值流强, 且其长度可根据应用要求灵活地调节. 在加速之后, 电子束团被重新分为两列, 一列用于驱动 XFELO, 另一列则前往放大器. 图示方案采用了与 XFELO 光腔相同的 Bragg 反射序列来延迟和传输 XFELO 输出的 X 射线. 这样, 在通过改变 Bragg 角度来调节波长时, X 射线的路径长度可维持不变. 在这一布局中, 高增益放大器中的电子路径可保持不变. 此外, 在 XFELO 辐射脉冲中, 只有与高流强电子束重叠的那一部分会在第二个波荡器中被放大. 结合 8.2.3 节中介绍的 SASE 中采用的技术可以产生高强度的超短 X 射线脉冲.

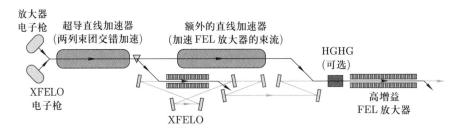

图 7.6　硬 X 射线 MOPA 示意图. XFELO 由一列低流强电子束团驱动, 其输出则被用作高增益 FEL 放大器的种子辐射源. 高增益 FEL 放大器由高流强电子束驱动.

在图 7.6 中, 高增益电子束还有一个额外的加速段. 采用这个加速段后, 高增益放大器的基频波长可以比 XFELO 短. 这就允许 XFELO 运行在基频的高次谐波上, 从而降低第一段加速器的能量, 并降低第二段超导加速结构的低温要求. 除此之外 (或作为替代), 还可以加入 HGHG 等谐波产生段以达到更短的波长 (如图

7.6 所示).

参考文献

[1] J. M. J. Madey, "Stimulated emission of bremsstrahlung in a periodic magnetic field," *J. Appl. Phys.*, vol. 42, p. 1906, 1971.

[2] D. A. G. Deacon, L. R. Elias, J. M. J. Madey, G. J. Ramian, H. A. Schwettman, and T. I. Smith, "First operation of a free-electron laser," *Phys. Rev. Lett.*, vol. 38, p. 892, 1977.

[3] C. Brau, *Free Electron Lasers.* Academic Press, 1990.

[4] G. R. Neil, "FEL oscillators," in *Proceedings of the 2003 Particle Accelerator Conference*, Portland, OR, p. 181, 2003.

[5] R. Colella and A. Luccio, "Proposal for a free electron laser in the x-ray region," *Opt. Commun.*, vol. 50, p. 41, 1984.

[6] R. Bonifacio, C. Pellegrini, and L. M. Narducci, "Collective instabilities and high-gain regime in a free electron laser," *Opt. Commun.*, vol. 50, p. 373, 1984.

[7] K.-J. Kim, Y. Shvyd'ko, and S. Reiche, "A proposal for an x-ray free-electron laser with an energy-recovery linac," *Phys. Rev. Lett.*, vol. 100, p. 244802, 2008.

[8] H. Al-Abawi, F. A. Hoff, G. T. Moore, and M. O. Scully, "Coherent transients in the free-electron laser: Laser lethargy and coherence brightening," *Opt. Comm.*, vol. 30, p. 235, 1979.

[9] K.-J. Kim, "Spectral bandwidth in free-electron laser oscillators," *Phys. Rev. Lett.*, vol. 66, p. 2746, 1991.

[10] G. Dattoli, G. Marino, A. Renieri, and F. Romanelli, "Progress in the hamiltonian picture of the free-electron laser," *IEEE J. Quantum Electron.*, vol. 17, p. 1371, 1981.

[11] P. Elleaume, "Microtemporal and spectral structure of storage ring free-electron lasers," *IEEE J. Quantum Electron.*, vol. 21, p. 1012, 1985.

[12] T. M. Antonsen and B. Levush, "Mode competition and suppression in free-electron laser oscillators," *Phys. Fluids B: Plasma Phys.*, vol. 1, p. 1097, 1989.

[13] R. W. Warren, J. E. Sollid, D. W. Feldman, W. E. Stein, W. J. Johnson, A. H. Lumpkin, and J. C. Goldstein, "Near-ideal lasing with a uniform wiggler," *Nucl. Instrum. Methods Phys. Res., Sect. A*, vol. 285, p. 1, 1989.

[14] R. Hajima, N. Nishimori, R. Nagai, and E. J. Minehara, "Analyses of superradiance and spiking-mode lasing observed at JAERI-FEL," *Nucl. Instrum. Methods Phys. Res., Sect. A*, vol. 475, p. 270, 2001.

[15] A. E. Siegman, *Lasers.* Sausalito, CA: University Science Book, 1986.

[16] R. R. Lindberg, K.-J. Kim, Y. Shvyd'ko, and W. M. Fawley, "Performance of the free-electron laser oscillator with crystal cavity," *Phys. Rev. ST Accel. Beams*, vol. 14, p. 010701, 2011.

[17] R. M. J. Cotterill, "A universal planar x-ray resonator," *Appl. Phys. Lett.*, vol. 12, p. 403, 1968.

[18] Y. Shvyd'ko, S. Stoupin, V. Blank, and S. Terentyev, "Near-100% Bragg reflectivity of x-rays," *Nature Photonics*, vol. 5, p. 539, 2011.

[19] R. Hajima and N. Nishimori, "Simulation of an x-ray FEL oscillator for the multi-GeV ERL in Japan," in *Proceedings of the 2009 Free Electron Laser Conference*, Liverpool, UK, 2009.

[20] S. T. Cundiff and J. Ye, "Femtosecond optical frequency combs," *Rev. Mod. Phys.*, vol. 75, p. 325, 2003.

[21] B. Adams and K.-J. Kim, "X-ray comb generation from nuclear-resonance-stabilized x-ray free-electron laser oscillator for fundamental physics and precision metrology," *Phys. Rev. ST Accel. Beams*, vol. 18, p. 030711, 2015.

[22] (2016) Matter-radiation interactions in extremes (MaRIE). [Online]. www.lanl.gov/science-innovation/science-facilities/marie/index.php

第 8 章   高增益 FEL 的实际考虑与实验结果

本书的主要目的是让读者了解同步辐射与自由电子激光的基本物理知识. 然而, 即使对这些材料已经有了深入的理解, 在设计实际装置时, 仍有许多其他技术和物理问题必须解决. 本章的前半部分将介绍 FEL 设计中的 "实际考虑", 包括粒子轨迹与波荡器误差的影响和容差、束流管道引起的尾场效应以及波荡器磁场强度和/或周期长度渐变的作用. 总的来说, FEL 装置的设计和建造涉及广泛的知识和要素, 包括电子束的产生、压缩、加速和到波荡器及通过波荡器的传输, 光学传输、聚焦和辐射的探测以及电子束和光束的诊断等. 此处只讨论上述内容中的一小部分, 这些内容可以利用前几章中的 FEL 理论进行分析.

本章的后半部分将简要介绍一些实验结果, 它们曾经促进了单通 X 射线 FEL 的发展. 我们的目的是让读者了解实验进展是如何对 FEL 理论进行完善的, 同时也让读者了解在实现和改善高强度 X 射线 FEL 装置方面的进展. 本章主要涉及单通的高增益 FEL, 这是因为在我们写作本章时 X 射线 FEL 振荡器仍处于概念发展阶段.

§8.1   波荡器容差和尾场

典型 X 射线 FEL 装置需要几十到几百米长的小间隙波荡器系统. 该系统由许多段波荡器组成, 相邻两段波荡器之间由一套束流聚焦、导向与诊断线站隔开. 每段波荡器的长度通常为几米, 这既是为了便于建造和安装, 也是为了给电子束光学元件留出合适的安装位置. 到目前为止, 我们一直假设电子束团的中心是在一个理想的波荡器场中精确地沿着光轴传输. 然而, 波荡器磁场和电子束轨道的误差都会降低 FEL 的性能. 此外, 强流束流在小间隙真空室中引起的尾场也会影响 FEL 的增益过程. 在本节中, 我们将介绍如何扩展 FEL 理论以研究这些效应.

8.1.1   波荡器误差与容差

波荡器中的磁场误差会使电子束偏离其理想 (直线) 轨迹, 而磁场强度的变化则会导致共振条件的变化, 进而导致增益的降低. 在这里, 我们假设已对每段波荡器进行了合适的垫补, 从而使其具有小得可以忽略的一次和二次磁场积分, 这意味着波荡器的净导向误差可以忽略不计. 在此情形下, 利用余理华等人[1] 的一维分析足以确定由波荡器磁场误差或横向准直误差所引起的 K 值变化对 FEL 性能的影响. 当波荡器的 K 值误差为 ΔK 时, 其磁场总强度由 $K = K_0 + \Delta K$ 给出. 考虑这一误差对粒子相位演化的影响, 有

$$\frac{\mathrm{d}\theta}{\mathrm{d}z} = k_u - k_1 \frac{1 + (K_0 + \Delta K)^2/2}{2\gamma^2} \approx 2k_u\eta - k_u \frac{K_0\Delta K(z)}{1 + K_0^2/2}. \tag{8.1}$$

式中第一项代表理想的运动, 第二项则表示由于 $K(z)$ 的微小偏差而导致的相位变化. 作为一个具体的解析模型, 我们假设 $\Delta K(z)$ 可分割成许多小段, 每小段的 ΔK 为常数, 其长度则由磁相关长度 $L_{\mathrm{mag}} = N_{\mathrm{mag}}\lambda_u$ 给出, 即

$$\Delta K(z) = \Delta K_n \quad [\text{当 } (n-1)L_{\mathrm{mag}} < z < nL_{\mathrm{mag}} \text{ 时, } \quad n = 1, 2, 3, \cdots]. \tag{8.2}$$

假设 ΔK_n 是一个整体平均为零 ($\langle \Delta K_n \rangle = 0$) 的随机量, 且磁相关长度远远小于 FEL 增益长度, 即 $L_{\mathrm{mag}} \ll L_G \approx \lambda/4\pi\rho$. 对于 (8.2) 式所给出的误差, 利用相位方程 (8.1) 可得每个增益长度的净相移为

$$\Delta\theta = 2\pi N_{\mathrm{mag}} \sum_{n=1}^{L_G/L_{\mathrm{mag}}} \frac{K_0\Delta K_n}{1 + K_0^2/2}. \tag{8.3}$$

在 $L_G/L_{\mathrm{mag}} \gg 1$ 的假设下, 振幅增益长度上的相移平均值为零 ($\overline{\Delta\theta} = 0$), 其方差则由下式给出:

$$\overline{(\Delta\theta)^2} = \frac{L_G}{L_{\mathrm{mag}}} \left(2\pi N_{\mathrm{mag}} \frac{K_0\sigma_K}{1 + K_0^2/2} \right)^2 \approx \frac{\pi N_{\mathrm{mag}} K_0^4}{(1 + K_0^2/2)^2} \frac{(\sigma_K/K_0)^2}{\rho}$$

$$\approx 4\pi\rho N_{\mathrm{mag}} \left(\frac{\sigma_K}{\rho K_0} \right)^2, \tag{8.4}$$

其中 σ_K 为 ΔK_n 的 RMS 值. 这个由波荡器误差所导致的 RMS 相位漂移有时也被称为 "相位抖动". 在物理上, 相位方差 (8.4) 会导致共振相位的弥漫型发散, 后者按 $\sim \overline{(\Delta\theta)^2}(z/L_G)$ 增长. 由此我们可以预期上述磁场误差将会导致增益长度的增长, 类似于 (4.62) 式中所给出的增益长度对能散度的平方依赖关系. 因此, 当存在波荡器误差时, 功率将按 $\sim \mathrm{e}^{z/L_G[1+q\overline{(\Delta\theta)^2}]}$ 增长, 其中 q 是一个量级为 1 的常数. 实际上, 更严格的微扰分析与上述讨论在最低阶次上是一致的, 由其得到的辐射功率 (直至饱和) 为[1]

$$P \approx P_0(z) \exp\left[-\frac{z}{L_G} \frac{\overline{(\Delta\theta)^2}}{9} \right], \tag{8.5}$$

其中 $P_0(z)$ 是没有任何误差时沿波荡器的功率 (亦即, 在线性区 $P_0 \propto \mathrm{e}^{z/L_G}$).

　　FEL 增益在 $z \approx 20L_G$ 处达到饱和时, 为了使饱和功率的退化可忽略不计, 我们要求每个增益长度上有质动力相位漂移的均方值 $\overline{\Delta\theta^2} \ll 1$. 当各波荡器周期的

峰值轴上磁场误差互不相关时, $N_{\mathrm{mag}} \sim 1$, 这一条件变为[1]

$$\frac{\sigma_K}{K} = \frac{\sigma_B}{B_0} \ll \sqrt{\frac{\rho}{4\pi}} \quad (\text{当 } N_{\mathrm{mag}} \sim 1 \text{ 时}). \tag{8.6}$$

因此, 相邻磁极间的磁场容差相当宽松 (正比于 $\sqrt{\rho}$ 而不是 ρ). 对于典型情形, $\sqrt{\rho} \gtrsim 10^{-2}$, 磁极之间的场强变化应在千分之几以内.

另一方面, 如果波荡器段的长度与 L_G 相当 (LCLS 即如此), 则 K 在整个分段上的平均误差的相关长度 $L_{\mathrm{mag}} \to L_G$, 这意味着 $N_{\mathrm{mag}} \to 1/(4\pi\rho)$. 在此情形下, 用于得到 (8.4) 式的模型和导致 (8.5) 式的微扰分析都不再严格有效. 尽管如此, (8.4) 式仍表明, 整个波荡器段 (长度与 L_G 相当) 上的磁场容差可由下式给出:

$$\frac{\sigma_K}{K} \ll \rho \quad [\text{当 } N_{\mathrm{mag}} \sim 1/(4\pi\rho) \text{ 时}]. \tag{8.7}$$

在磁相关长度很大时, (8.7) 式依然适用. 作为一个例子, 我们考虑 LCLS, 其 FEL Pierce 参数 $\rho \approx 4.5 \times 10^{-4}$, 使用了 33 段波荡器, 每段波荡器长 3.4 m (约等于 L_G)[3]. 在图 8.1 中, 我们给出了由 GENESIS 模拟得到的归一化输出功率 P/P_0 随波荡器误差 σ_K/K 的变化关系. 可以发现容差与 (8.7) 式的要求一致, Gauss 拟合曲线的 RMS 宽度为 4.2×10^{-4}, 约等于 ρ. 请注意, 如果我们直接应用 (8.5) 式并采用 $N_{\mathrm{mag}} = (4\pi\rho)^{-1}$ 及 $z = 18L_G$, 则得到的 RMS 宽度为 $\rho/2$.

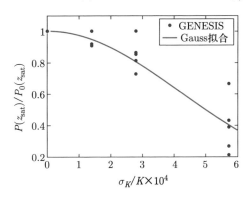

图 8.1 FEL 饱和时的功率退化因子 P/P_0 与 σ_K/K 的关系. 这里 σ_K 是波荡器 K 值误差分布 (均匀分布) 的 RMS 值. 对于每个给定的 σ_K, 采用了五组随机误差分布. Gauss 拟合的 RMS 宽度为 4.2×10^{-4}. 复制自文献 [2].

一定要注意, 上述磁场误差容限只是 FEL 设计中整个 "误差预算" 的来源之一. 为此, 我们通常要求 (8.7) 式能得到很好的满足, 从而为其他误差 (包括准直误差) 留出余地. 例如, 波荡器间隙的误差和波荡器大厅温度控制的精度也会对误差预算有贡献. 一台装置的设计必须想方设法控制各种误差/不确定度, 从而使总误差在 FEL 的许可之内[4].

8.1.2 束流轨迹误差

当电子束沿着波荡器束线传输时, 其轨迹误差也会导致 FEL 性能的降低. 非直线束流轨迹的影响可采用一个三维模型来说明, 其中我们假设微群聚的束流从误差二极场 (可能由四极磁铁的准直误差等引起) 得到一个踢角 (x' 的瞬时改变, x 维持不变)[5]. 该踢角使束流轨迹的方向发生 ψ 角度的偏转, 但辐射波前的方向仍平行于由微群聚所确定的平面. 这一差异会导致两种增益退化机制, 一种是相干辐射功率的降低, 另一种是微群聚被更多地抹除 (由踢角引起的角度偏离所致). 对于高增益 FEL, 这两种机制都可由临界角[5]

$$\psi_{\mathrm{crit}} = \sqrt{\frac{\lambda_1}{L_G}} \approx \sqrt{4\pi}\sigma_{r'} \tag{8.8}$$

来表征. 可以看到, 临界角在高增益限定条件下正比于特征辐射散角. 我们同样可以预期, 当由踢角引起的角度偏离 $\psi \gtrsim \psi_{\mathrm{crit}}$ 时, 轨迹误差将导致显著的增益退化, 而当 $\psi \ll \psi_{\mathrm{crit}}$ 时, FEL 的性能将得以维持. 实际上, 在产生 ψ 角度的踢角之后, 增益长度会近似增长到 $L_G/(1 - \psi^2/\psi_{\mathrm{crit}}^2)$[5]. LCLS 在 $\lambda_1 = 1.5$ Å 时的典型增益长度为 $L_G \approx 4$ m, 此时 $\psi_{\mathrm{crit}} \approx 6$ μrad.

以上情形适用于单一角度误差, 然而一条实际的波荡器束线将包含许多较小的随机误差, 必须通过位于各段波荡器之间的导向元件来进行周期性的校正. 为了确定这些误差的影响, 文献 [1] 发展了基于相位误差模型 (上一节介绍磁场容差时曾提及) 的统计分析. 在引用其结果之前, 我们再次试着采用简单的物理概念来估算相关的比例关系. 假设校正元件之间的距离为 L_s, 且 x_{rms} 表示电子束的 RMS 横向位置偏离, 则电子的角度偏离为 $\psi \sim x_{\mathrm{rms}}/L_s$. 如前文所述, 角度偏离 ψ 会导致相位按 (5.49) 式变化. 与 (8.1) 及 (8.4) 式类似, 我们可以看到以 ψ 为代表的角度误差将导致相位的发散, 其方差为

$$\overline{(\Delta\theta)^2} = \frac{L_G}{L_{\mathrm{traj}}}\left(\frac{2\pi L_{\mathrm{traj}}}{\lambda_1}\psi^2\right)^2 = 4\pi^2 \frac{L_G L_{\mathrm{traj}}}{\lambda_1^2}\frac{x_{\mathrm{rms}}^4}{L_s^4}. \tag{8.9}$$

这里 L_{traj} 可视作轨迹误差的 "相干长度". 如果校正元件之间的距离远远大于 FEL 增益长度 ($L_s \gg L_G$), 则增益导引将在 $L_{\mathrm{traj}} \sim L_G$ 的长度上有效地补偿轨迹误差. 反之则有 $L_{\mathrm{traj}} \to L_s$, 因为误差仅在校正元件之间的距离上累积.

因此, 我们可以预期 (8.9) 式中的相位发散也将导致输出功率的降低, 即 $P(z) \sim P_0(z)\mathrm{e}^{-\overline{(\Delta\theta)^2}(z/L_G)}$, 其中, $\overline{(\Delta\theta)^2}$ 由 (8.9) 式给出, L_{traj} 正比于 L_s 与 L_G 中的较小者. 文献 [1] 中的严格计算证实了上述比例关系, 并且表明, 当 RMS 轨迹偏离为

$x_{\rm rms}$ 时, 辐射功率可写为

$$P \approx P_0 \exp\left(-\frac{x_{\rm rms}^4}{x_{\rm tol}^4}\right), \quad x_{\rm tol} = \begin{cases} 0.145 \left(\dfrac{L_s^4 \lambda_1^2}{z L_G}\right)^{1/4} & (\text{当 } L_s \gg L_G \text{ 时}), \\ 0.266 \left(\dfrac{L_s^3 \lambda_1^2}{z}\right)^{1/4} & (\text{当 } L_s \ll L_G \text{ 时}). \end{cases} \tag{8.10}$$

以 LCLS 为例, 其诊断和导向元件的间距为 $L_s = 3.4$ m, 而增益长度则为 $L_G \approx 4$ m. 采用 (8.10) 式中 $x_{\rm tol}$ 的后一形式, 并注意到 $\lambda_1 = 1.5$ Å时的饱和长度 $z/L_G \approx 20$, 我们可以得到 $x_{\rm tol} \approx 3$ μm. 因此 RMS 轨迹偏离角度应控制在 1 μrad 以内, 从而确保较小的功率退化.

我们知道, 较大的轨迹畸变会破坏 FEL 相互作用, 基于这一情况, 可以测量 FEL 功率随 z 的变化, 即在特定波荡器位置处踢偏束流, 从而有效地 "关闭" FEL 增益并测量该位置处的功率. 如果无法在波荡器内安装辐射诊断设备, 且仅在波荡器束线的末端有 FEL 测量站, 则这种技术将特别有用.

上述测量可通过波荡器束线中聚焦四极磁铁的横向移动来简单地实现. 如果四极磁铁的焦距为 f, 则水平偏移 Q_x 会让束流产生 $\psi_x = Q_x/f$ 的偏角, 当 $\psi_x \gtrsim \psi_{\rm crit}$ 时, 这将中断 FEL 增益. 例如, LCLS 上典型四极磁铁的焦距为 $f = 10$ m, 与临界角度 $\psi_{\rm crit} = Q_x/f$ 对应的水平偏移为 $Q_x = 60$ μm, 亦即 $\psi_{\rm crit} \approx 6$ μrad. 由图 8.2 可见, 在 $z = 40$ m 处, 水平偏移 $Q_x \geqslant 60$ μm (即踢角 $\psi \geqslant \psi_{\rm crit}$) 的四极磁铁抑制了 FEL 基模的进一步增长. 之后, 沿轴的辐射强度大致保持不变, 且可通过波荡器束线后的远端 X 射线诊断站来探测. 在指数增益区的其他波荡器位置处也能得出类似的结论, 由此可以测量辐射能量 $U(z)$, 并在实验上确定 FEL 增益长度.

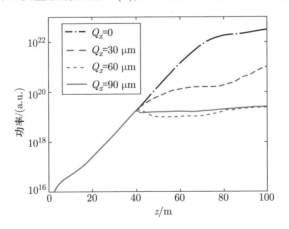

图 8.2 不同四极磁铁偏移 (Q_x) 时 LCLS远场功率的 GENESIS模拟结果. 四极磁铁位于 $z = 40$ m 处. 复制自文献 [2].

8.1.3 尾场、电子能量损失和波荡器磁场渐变

正如我们所看到的, 导致有质动力相位变化的任何效应都会破坏 FEL 增益, 并使饱和功率降低. 这里将讨论由 FEL 相互作用之外的物理机制所引起的电子能量损失对 FEL 性能的影响, 特别是真空管道中尾场效应的影响. 为了将尾场包含到一维近似中, 我们将电子的能量损失分解成两个部分, 一部分由 FEL 相互作用导致, 另一部分由其他因素导致. 正如在本书中一直所做的那样, 我们继续基于初始共振波长定义有质动力相位, 但将相位方程 (3.76) 重写为

$$\frac{\mathrm{d}\theta}{\mathrm{d}z} = 2k_u \frac{\gamma(z) - \gamma_r}{\gamma_r} = 2k_u \left[\frac{\gamma(z) - \gamma_c(z)}{\gamma_r} + \frac{\gamma_c(z) - \gamma_r}{\gamma_r} \right]$$
$$\equiv 2k_u[\eta(z) + \zeta(z)], \tag{8.11}$$

其中 $\eta(z)$ 现在是相对于切片中心能量 $\gamma_c mc^2$ 的归一化能量偏离. 相应地, 因为存在外部因素所引起的能量偏离 $\zeta(z)$ (通常由尾场所致), $\gamma_c(z)$ 将不同于共振的 Lorentz 因子 γ_r. 请注意 η 的演化仍由 FEL 相互作用决定, 因此其运动方程仍为 (3.77) 式. 此外, 通过比较 (8.11) 和 (8.1) 式, 可以看出 $\zeta(z)$ 在效果上与波荡器磁场强度的变化类似, 当

$$\zeta(z) = -\frac{K\Delta K(z)}{(2 + K^2)} \approx -\frac{\Delta K(z)}{K} \quad (\text{当 } K^2 \gg 2 \text{ 时}) \tag{8.12}$$

时二者等效. 请注意, 能量损失 ζ 和 (8.12) 式中的 ΔK 并非随机波动量, 这不同于波荡器误差的情形. 相反, $\zeta(z)$ 是 z 的一个特定函数, 精确形式取决于其来源. 例如, 如果 $\zeta(z)$ 代表自发辐射导致的能量损失, 则 ζ 是传输距离的线性递增函数, 且平均而言对所有的粒子产生相同的作用.[①] 因此, 自发辐射导致的电子能量损失可在相位方程中通过波荡器磁场强度的线性渐变来补偿, 该线性渐变应满足 (8.12) 式.

自发辐射不是能量损失的唯一外部机制. 除此之外, 强流电子束团沿波荡器真空管道传输时导致的短程尾场也会改变束流的特性. 对于像 LCLS 这样的典型 X 射线 FEL 装置, 占主导地位的 (纵向) 尾场是由真空管道的阻抗壁所引起[7], 这一尾场会改变平均束流能量, 且改变量既是波荡器距离的函数, 也是束团中的纵向位置的函数. 纵向尾场发生变化的距离和束团长度在一个量级, 这意味着当电子束团的长度 T 远远大于 X 射线相干时间 t_{coh} 时, t_{coh} 上的能量变化可以忽略. 因此, 对于长束团电子束, 起主导作用的阻抗壁效应将降低 FEL 切片的中心能量, 从而使其共振波长随波荡器距离变化. 在这里, 我们使用术语 "FEL 切片" 来表示电子束团中的一段, 其时间长度和 $t_{\mathrm{coh}} \sim \lambda/4\pi\rho$ 在一个量级. 由阻抗壁尾场导致的能量损失

---

①除了平均能量损失, 自发辐射的随机性也会导致能量的弥散. 在 $K \approx 1$ 时, 能量弥散导致的能散度增量按 $\sigma_\eta \sim (\lambda_e/\sqrt{4\lambda_1\lambda_u})\sqrt{z/\lambda_u}$ 增长, 其中 λ_e 为 Compton 波长. 这一增量通常远小于 ρ, 除非辐射波长和波荡器周期长度极短. 文献 [6] 中推导了任意 K 值时的弥散系数表达式.

也会随着 z 线性地增长, 因此, 对于任一特定的 FEL 切片, 我们可通过 (8.12) 式确定相应的波荡器磁场线性渐变, 以补偿切片能量的损失. 然而, 这一波荡器磁场渐变无法完全补偿束团中所有 FEL 切片的能量改变, 因为切片与切片之间的能量损失是不同的.

通常, 能量损失 $\zeta(z)$ 不会很小, 但其变化却很缓慢, 在电场振幅增益长度上, 能量的相对变化小于 ρ. 在此假设下, 我们可以在饱和前采用 WKB 理论来近似求解一维 FEL 方程[8]. 当能散可忽略时, SASE 功率为

$$P(z) \approx P_{\max}(z) \exp\left\{-\frac{1}{2}\left[\frac{\zeta(z)-\zeta_{\max}(z)}{\sqrt{3}\sigma_\omega(z)/\omega_1}\right]^2\right\}, \tag{8.13}$$

其中 $P_{\max}$ 是最佳能量变化 $\zeta_{\max}$ 时 ($\zeta_{\max} > 0$) 的功率. 由于高增益带宽 $\sigma_\omega(z_{\mathrm{sat}})/\omega_1$ 接近于 ρ, 因此 (8.13) 式表明饱和时的 SASE 功率在 ζ 上的半高全宽约为 4ρ. 此外, 如果仍将没有外部能量交换 [$\zeta(z) \equiv 0$] 时的辐射功率记为 P_0, 则可发现 $P_{\max} > P_0$, 因此我们可以通过小幅增加 FEL 相互作用过程中的电子能量来提高 SASE 输出功率. 为了理解其中的原因, 我们应注意到随着电子束在有质动力势中的调制和群聚, 最大增益对应的辐射频率会略微降低. 因此, 当电子束沿波荡器传输时, 会优先产生更长波长的辐射. 将电子束能量增加至恰好补偿这一频率降低量, 可使最大增益在 FEL 作用过程中始终处在同一频率上.

我们重申, 最大能量交换既可通过在 FEL 过程中略微加速电子束来实现, 也可通过等效地降低波荡器参数 K 来实现, 其中前者并不现实. 如果存在其他机制导致电子损失能量, 则当波荡器磁场渐变被调节至略大于抵消平均能量损失所要求的值时, 输出功率达到最大. 对于 LCLS, 模拟表明, 当饱和距离 ($z_{\mathrm{sat}} \approx 90$ m) 上等效的相对能量增加量为 2ρ 时, 相对于波荡器 K 值不变且无外部因素/尾场导致能量损失的情形, 饱和功率可提高约两倍.

对于实际的系统, 由尾场、自发辐射等导致的总能量损失是传输距离 z 和束团坐标 θ 的函数. 在计算出这一能量变化并确定波荡器磁场渐变之后, 我们可以利用 (8.13) 式来估算束团中每个切片上的 FEL 功率, 并得出平均 SASE 功率. 作为一个数值例子, 文献 [8] 研究了一种正弦能量振荡的情形, 这一情形类似于 LCLS 1 nC 束团核心部分内的阻抗壁尾场的变化[7]. 图 8.3 所示为输出功率随能量振荡幅度 ζ_A 的退化. 虚线为波荡器磁场渐变刚好补偿平均能量损失时的功率退化因子, 此时束团中心处 $\zeta(z) = 0$. 这可以与图中的实线进行比较: 在实线所示的情形中, 波荡器磁场渐变增强, 从而使得总的等效能量增益 $\zeta(z_{\mathrm{sat}}) = 2\rho$, 当能量损失与 θ 无关时 (即当 $\zeta_A = 0$ 时), 可输出两倍的功率. 假设波荡器束线采用 5 mm 直径的圆形真空管道, 则对于铜质管道情形, $z_{\mathrm{sat}} = 90$ m 处的尾场振幅为 $\zeta_A \approx 6\rho$, 而对于铝质管道, $\zeta_A \approx 3\rho$. 此时, 由 1 nC 束团产生的平均辐射功率约为最大功率 $P_{\max}$

的 25% (铜管道)/ 50% (铝管道), 而且平均功率对波荡器磁场渐变几乎不敏感. 这是因为尾场会使整个束团上的能量有较大差异, 而波荡器磁场渐变仅对某一部分束团电荷起到了作用.

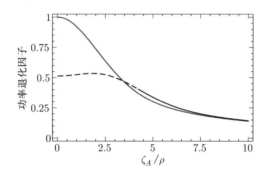

图 8.3　在 LCLS 饱和距离 $z = 90$ m 处, 束团核心部分 (大约长 30 μm) 上的平均功率退化因子随正弦尾场振荡幅度 ζ_A/ρ 的变化关系. 虚线假设波荡器磁场渐变刚好补偿束团的平均能量损失, 因此在束团中尾场导致的能量损失为 $\zeta = \zeta_A \sin{(t/\tau_{\text{wake}})}$. 实线增加了波荡器磁场渐变, 使其等效于束团中心处约为 2ρ 的平均能量增益. 复制自文献 [8].

为了同时降低波荡器与加速器中的尾场效应, 文献 [9] 提出将束团电荷量由 1 nC 降低至 200 pC. 在此情形下, 等效能量调制幅度 ζ_A 很小, 由图 8.3 可以预期, 高于补偿平均能量损失所需的波荡器磁场渐变可以提升 FEL 的性能. 事实上, LCLS 的从头至尾模拟[10] 表明, 采用等效于 2ρ 平均能量增益的波荡器磁场渐变, 可使饱和功率增加约两倍, 这就使得 200 pC 束团产生的光子总数与更强尾场效应作用下的 1 nC 束团相当.

§8.2　FEL 实验结果

人们曾希望将储存环中的电子束团导入专用的旁路束线, 从而驱动高增益 FEL 放大器 (SASE)[11,12]. 遗憾的是, 基于储存环的 FEL 放大器仅在 UV 范围及更长的波长上被证明是可行的. 波长受到的限制可归因于储存环的基本特性, 其中集体不稳定性限制峰值电流, 而电子束的能散度则由量子激发与辐射阻尼之间的平衡决定[13]. 直线加速器更适于驱动 X 射线 FEL, 因为其电子束特性 (只要处理得当) 可以从电子枪一直保持到加速器出口. 随着光阴极电子枪的发明[14] 及其后续的发展 (参见文献 [15, 16] 等), 合适的高亮度电子源成为了可能, 而 X 射线 FEL 也最终在技术上变得切实可行.

典型的高增益 FEL 装置如图 8.4 所示. 电子束首先由光阴极电子枪产生, 然后通过发射度校正器和激光加热器进行调节, 前者补偿空间电荷力导致的相关发射度的增长[16], 后者小幅地增加能散度, 从而抑制直线加速器和束团压缩器中的纵向不稳定性[17,18,19]. 束流随后被加速和压缩, 成为适合于高增益 SASE FEL 的高亮度电子束团. 这里给出的基本设计是多年发展的结果, 在很大程度上受到了 Claudio Pellegrini 1992 年提议 (即利用 SLAC 直线加速器驱动 X 射线 FEL)[20] 的启发. 该提议有赖于我们之前介绍的三维 FEL 理论, 为 X 射线 FEL 理论与实验的进一步发展提供了动力. 此外, 设计、建造及运行高能对撞直线加速器的多年经验, 加上在产生、保持及控制高亮度电子束方面的巨大进步, 为 X 射线 FEL 的最终实现铺平了道路.

总体布局如图 8.4 所示的短波长 FEL 正在引发超快 X 射线科学的革命. 当前, 汉堡自由电子激光 (Free-electron Laser in Hamburg, 简称 FLASH)[21] 产生了高强度的软 X 射线并已用于科学研究, 而 LCLS[22] 和 SPring-8 埃级紧凑自由电子激光 (SPring-8 Angstrom Compact Free-electron Laser, 简称 SACLA)[23] 则是两个运行中的硬 X 射线装置, 具有庞大的用户群体. 此外, 在世界各地还有多个其他装置处在发展和建设的不同阶段 (如欧洲XFEL、韩国 XFEL、瑞士 XFEL 等). 尽管这些装置采用不同的加速器与波荡器技术, 但它们都基于自放大自发辐射 (SASE) 产生高强度的 X 射线光子. 对 SASE 的一个重要改进是通过各种种子技术来提高时间相干性, 这也是正在进行中的研究. 在这一方面, FERMI FEL[24] 是 EUV 至软 X 射线波长范围内第一台采用种子技术的运行装置.

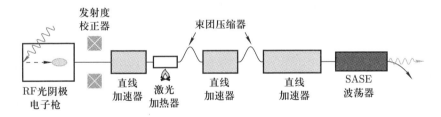

图 8.4 基于 SASE 的 X 射线 FEL 装置示意图. 该装置包含电子枪、直线加速器、束团压缩器、激光加热器及波荡器等.

本节首先回顾一些有助于验证 SASE 理论和引导 X 射线 FEL 发展的实验成果. 随后, 我们讨论在改善纵向相干性的种子型 FEL 方面取得的一些实验进展, 并以短脉冲 FEL 技术的几个例子作为结尾.

8.2.1 SASE FEL

尽管有在毫米波长上观察到 SASE FEL 增益的早期实验结果[25], 但与 X 射线 FEL 相关的最令人信服的测量结果是在红外、可见光及紫外光谱区域获得的. 我们在这里回顾一些较为重要的验证实验, 它们证实了我们对于 SASE 的理解, 并表明可将 SASE 扩展到 X 射线波段. 表 8.1 总结了这些实验的典型参数.

表 8.1   一些 FEL 实验和装置的代表性参数

参数	UCLA/LANL	VISA	LEUTL	TTF	FERMI	LCLS	SACLA
γmc^2 /GeV	0.018	0.071	0.22	0.233	1.2	13.6	6.14
σ_γ/γ [%]	0.25	0.18	0.2	0.15	0.015	0.01	0.01
I /kA	0.17	0.25	0.2	0.4	0.8	3	3
$\varepsilon_{x,n}$ /μm	4	2	7	6	0.8	0.4	0.85
$2\pi\overline{\beta}_x$ /m	1.2	1.8	9	6	50	140	185
λ_u /cm	2.05	1.8	3.3	2.7	3.5	3	1.5
K	1.2	1.04	3.1	1.2	≈ 1	3.5	1.36
L_u /m	2	4	20	27	20	110	100
λ_1 /nm	12000	800	385	100	4	0.15	0.1

在 UCLA/LANL 的实验中[26], 当电子束团电荷量变化 7 倍 (从 0.3 nC 至 2.2 nC) 时, 12 μm 波长上的辐射强度增长了 10^4 倍以上 (如图 8.5 所示). 利用在 2.2 nC 时测得的束流参数, 可以推断出 3×10^5 的功率增益 (相对于自发辐射). 此外, 通过多次测量脉冲能量并将结果拟合成 Γ 函数分布 [如图 8.5(b) 所示], SASE 的统计特性得到了确认. 拟合结果表明, 在这组参数条件下存在 $M \approx 8.8$ 个模式.

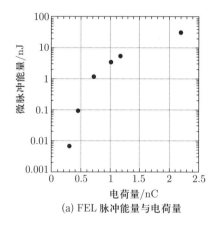

(a) FEL 脉冲能量与电荷量

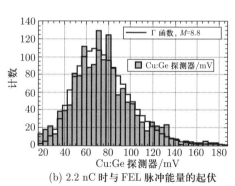

(b) 2.2 nC 时与 FEL 脉冲能量的起伏

图 8.5 UCLA/LANL 的实验结果. 实验中测量了不同电子束团电荷量时的平均 FEL 输出能量, FEL 单脉冲的能量起伏 (2.2 nC 时) 与预期的 Γ 分布函数进行了比较. 复制自文献 [26].

在可见光波段上测到 SASE 的最早大型实验之一是在阿贡先进光子源实验室 (Advanced Photon Source, 简称 APS) 的低能波荡器测试线(Low Energy Undulator

Test Line, 简称 LEUTL) 隧道里进行的. 实验中[27] 采用可以测量 SASE 随波荡器距离 z 演化的大量电子束和辐射诊断设备, 沿着九段波荡器观测到了波长为 530 nm 和 385 nm 的 FEL 输出. 实验得到的增益长度、近场和远场模式尺寸以及辐射频谱与基于所测束流参数的 SASE 理论结果一致. 当使用曲柄磁结构将电子束团压缩至高流强时, 测量到了超过 10^5 的强度放大. 此外, 两个波长上的辐射饱和均在约 22 m 长的波荡器内得以实现 (如图 8.6 所示).

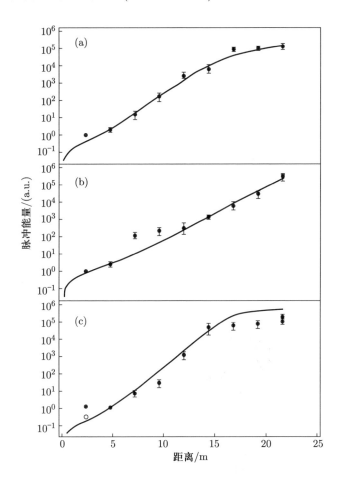

图 8.6 不同情形下测得的 LEUTL FEL 能量随波荡器距离的变化. (a) 530 nm 辐射波长, 饱和状态; (b) 530 nm 辐射波长, 非饱和状态; (c) 385 nm 辐射波长, 饱和状态. 复制自文献 [27].

大约在同一时间, DESY 的 TESLA 测试装置 (TESLA Test Facility, 简称 TTF) 采用射频超导直线加速器加速电子束, 随后在短至 100 nm 左右的波长上驱动高增益 FEL[28]. 在该波长上观测到的能量增益和饱和功率与模拟很好地符合 (图 8.7 中的实线与实心圆点). 此外, TTF 的实验中还测量了能量起伏随波荡器距离的变化 (图 8.7 中的虚线和空心圆点). 正如模拟所预期的那样, 在 FEL 线性放大阶段呈现出了相当大的能量起伏, 而在饱和后起伏会显著降低. TTF FEL 后来将电子能量升级到了 1 GeV 以上, 其辐射波长因此也被下推到约 4 nm 的所谓水窗波段. 随着性能的提升, 该装置在 2005 年更名为 FLASH, 并随后向 X 射线用户开放. 正如前面讨论的那样, SASE 辐射由于增益导引而具有优异的横向相干性, 而横向相干度可以采用杨氏双缝实验来测量. 图 8.8 所示为反映横向相干性的干涉条纹测量结果, 测量中双缝间距进行了调节, FEL 波长则固定在 13.7 nm.

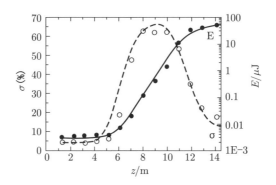

图 8.7 TTF 实验中辐射脉冲的平均能量 (实心圆点) 和 RMS 能量起伏 (空心圆点) 随有效波荡器长度的变化, 辐射波长为 98 nm. 圆点表示实验结果, 曲线则来自数值模拟. 复制自文献 [28].

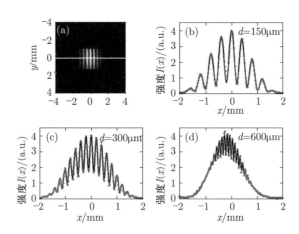

图 8.8 FLASH 双缝实验结果, 辐射波长为 13.7 nm. (a) 在探测器上测得的一组典型数据, 垂直狭缝的间距为 150 μm. (b)~(d) 比较了不同狭缝间距时的理论计算结果 (实线) 与实验数据 (点): (b) $d = 150$ μm, (c) $d = 300$ μm, (d) $d = 600$ μm. 复制自文献 [29].

VISA (Visible to Infrared SASE Amplifier, 可见至红外 SASE 放大器)合作团队
在 Brookhaven 国家实验室开展了另一个 SASE 实验. VISA 采用了分布式强聚焦
四极磁铁, 工作在 800 nm 的基频波长上. 除了正常的 SASE 饱和之外, 实验中还
同时观测到了基波辐射模式和非线性谐波辐射. 如图 8.9 所示, 三个最低阶的 FEL
谐波的增益长度和能量演化用光谱仪进行了实验表征. 测得的非线性谐波增益长
度和光谱中心波长随谐波数 h 的升高而下降, 这与非线性谐波理论一致[30].

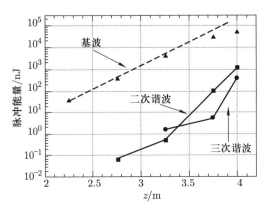

图 8.9 VISA 实验中基波、二次及三次谐波的 FEL 脉冲能量随波荡器距离的变化关系. 这些模
式的增益长度分别为 19 cm, 9.8 cm 和 6.0 cm. 复制自文献 [30].

上述验证实验在紫外和更长的波长上清晰地证实了 FEL 理论与模拟的准确
性, 为更短波长 FEL 的发展指明了方向. 尽管如此, 建造世界上首台硬 X 射线 FEL
装置 —— SLAC 的直线加速器相干光源(LCLS) 仍是信念上的飞跃, 特别是考虑到
LCLS 的设计方案要求电子束的能量和亮度在测试实验的基础上有大幅的提高 (如
表 8.1 所示). LCLS 建设所克服的许多技术挑战超出了本书的范围, 我们将仅提及
几项促成这些开创性实验的 FEL 成就和测量结果.

最初的 LCLS 实验证明了一个重要事实, 即描述 12 μm 波长 FEL 的理论在
短至 1.5 Å 的波长上仍然成立. 如图 8.10 所示, 实验测得的 LCLS 功率水平与
GENESIS 模拟结果极好地吻合[22], 且横向光束分布是 Gauss 型的, 具有很好的空
间相干性. 与之前介绍的 FEL 理论和模拟方法的预期相比, 其他辐射特性也表现
出极好的一致性 —— 假如电子束相空间已被足够好地表征. 实际上, 现代实验通
常结合 X 射线测量和 FEL 模拟来推断电子束的特性.

LCLS 上另一个有意思的 FEL 测量采用了所谓的激光加热器来控制切片能散
度[31]. 激光加热器首先采用高功率激光和扭摆器的有质动力对电子束进行能量调
制, 然后利用较大的色散及加速器中的相混合和/或 Landau 阻尼将能量调制转换
为非相关能散. 加热的程度是调制幅度 (由激光功率决定) 的单调函数. 没有激光加

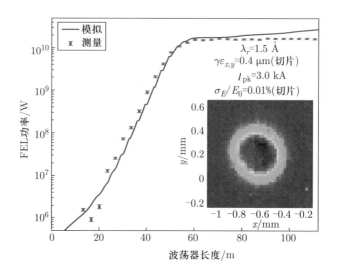

图 8.10 LCLS FEL 功率增益长度的测量结果, FEL 波长为 1.5 Å, 使用了 25 段 3.35 m 长的波荡器. 测量中依次在各波荡器后踢偏束流, 从而得到相应位置处的 FEL 功率, 测得的增益长度为 3.3 m. 实线为 GENESIS 模拟结果, 采用了图中所示的参数. 复制自文献 [22].

热器提供的受控加热, 加速器中的微群聚不稳定性会导致切片能散度的显著增长, 并降低 FEL 的性能[32]. 适量的激光加热会将切片能散度提高至 0.01%, 从而阻止微群聚不稳定性并使 FEL 增益最大化, 进一步加热束流则会使切片能散度增长至该值以上从而导致增益的降低. 图 8.11 所示为 1.5 Å 波长上测得的 FEL 增益长度与激光加热器导致的能散度之间的关系. 曲线为两种发射度情形下 (发射度值与其他测量的结果一致) 谢明拟合公式 (5.157) 的计算结果, 其中仅考虑了激光加热器导致的能散度. 可以看到拟合公式与实验很好地吻合, 除了在加热器被关掉时, 此时微群聚不稳定性导致了较大的附加能散度.

　　SACLA X 射线 FEL 于 2011 年开始运行[23]. 该装置在设计方面的一个显著不同是其结构相对紧凑: 与 LCLS 相比, 8.5 GeV 束流所需的直线加速器要短得多, 而且波荡器周期为 1.8 mm, 几乎减半. 为增大这种短周期设备的 K 参数, SACLA 采用了真空波荡器来减小磁间隙, 它也是首台利用变间隙波荡器来增强波长调节灵活性的 X 射线 FEL 装置. 图 8.12 所示为 SACLA 最初的一些 FEL 性能测试结果, 它给出了三个不同电子束能量下 FEL 脉冲能量与波长之间的关系 (从左到右束流能量依次增加). 对于每个固定的电子能量, 图中的实线显示 X 射线脉冲能量随波长的缩短 (通过增大磁间隙从而减小 K 值来实现) 而降低. 阴影区域的上下边界为模拟结果, 分别假设了 0.6 mm-mrad(上边界) 和 0.8 mm-mrad (下边界) 的归一化发射度.

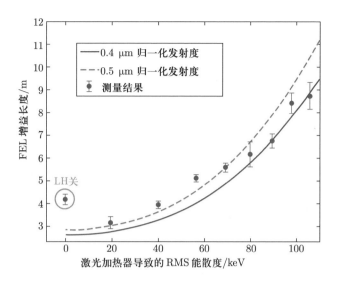

图 8.11 在 1.5 Å 上测得的 LCLS FEL 增益长度与激光加热器导致的能散度之间的关系. 复制自文献 [31].

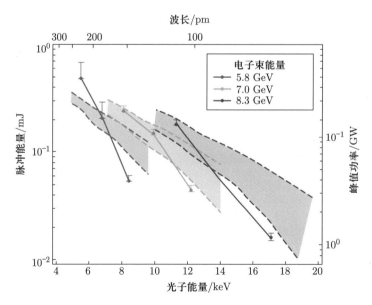

图 8.12 SACLA 装置中 FEL 脉冲能量与光子能量之间的关系. 实线给出了三个不同电子束能量下的实验结果 (从左到右能量依次增加). 阴影区域的上下边界则为模拟结果, 分别假设了 $\varepsilon_x = 0.6$ mm-mrad (上边界) 和 $\varepsilon_x = 0.8$ mm-mrad (下边界) 的发射度, 电子束峰值流强 $I = 3.5$ kA. 右侧坐标轴显示了模拟得到的峰值功率. 复制自文献 [23].

目前的 X 射线 FEL 装置 (FLASH, LCLS, SACLA) 几乎都是基于 SASE 原理, 包括欧洲 XFEL, PAL-XFEL 和瑞士 FEL 在内的许多即将建成的装置[①]也是如此. 然而, 高增益 FEL 还有一个活跃的研发领域, 即 FEL 种子放大, 它将改善 SASE 的时间相干性.

8.2.2　种子型 FEL

种子放大技术可被粗略地分为两类: 外种子放大和自种子放大. 外种子放大由激光脉冲开始, 其后是 FEL 辐射器, 前者用来产生激光波长及其高次谐波上的电子微群聚, 后者则被调谐至某一高次谐波上, 从而对其进行选择性的放大. 在第 6 章中我们已经讨论了两种外种子放大方法的基础理论. 自种子放大[33] 从相对较短的 SASE 波荡器开始, 由其产生目标波长上的高强度信号. 之后, SASE 脉冲通过单色仪使带宽变窄, 从而提高其时间相干性. 最后, 经过滤波的辐射作为种子进入辐射器, 后者将其放大至 FEL 饱和. 相对于 SASE, 种子型 FEL 的优势包括更稳定的中心波长、更窄的谱宽 (从而具有更强的谱亮度) 以及产生纵向相干 X 射线的潜力. 当前各种新颖的种子放大技术仍在活跃地发展, 这里仅回顾短波长 FEL 运行中已经成功实现的两个代表性技术.

最成熟的外种子放大技术是 HGHG (参见 §6.2). HGHG 从外种子激光开始, 由其在波荡器中对电子能量进行相干调制. 之后, 色散段将电子的能量调制转换为密度调制, 此时电子束的频谱中包含激光频率及其高次谐波分量. 最后, 电子束通过 FEL 辐射器 (其共振条件被调谐至种子激光的谐波上), 产生短波长的相干辐射. HGHG 的方案首先在 BNL 光源发展实验室 (Source Development Lab, 简称 SDL) 进行了演示. SDL 的实验采用 800 nm 钛蓝宝石激光, 在三次谐波 ($\lambda = 266$ nm) 上产生了时间相干的 FEL 辐射. 如图 8.13 所示, 实验中测量了 266 nm 单脉冲频谱, 并将其与 SASE 频谱进行了比较, 我们可以清楚地看到种子型 FEL 具有更窄的带

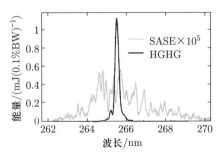

图 8.13　BNL SDL 实验中测得的单脉冲 HGHG 频谱, FWHM 带宽为 0.1%. 种子激光波长为 800 nm, 功率为 30 MW. 灰线是单脉冲 SASE 频谱, 此时 30 MW 的种子被去除, SASE 远未达到饱和, 这一频谱为 HGHG 输出的背景. 复制自文献 [35].

①欧洲 XFEL, PAL-XFEL 和瑞士 FEL 均于近年建成出光 (译者注).

宽. 最近, FERMI FEL 采用单极 HGHG 机制 ($h = 13$) 成功地将 266 nm 的激光信号转换成了波长短至 20 nm 的相干 FEL 辐射[24]. 图 8.14所示为 FERMI FEL-1 的 32.5 nm 辐射频谱, 该频谱高度稳定且极为干净. FERMI-2 则为级联谐波产生装置, 采用两级 HGHG 以达到低于 10 nm 的波长[34]. FERMI 项目的巨大成功有可能激励其他装置在不远的将来采用基于 HGHG 或 EEHG 的方案.

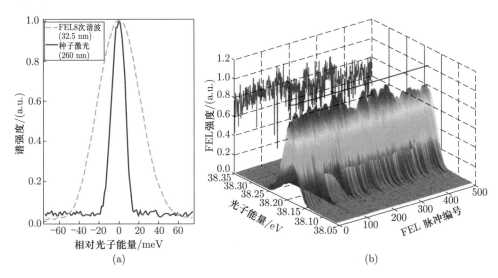

图 8.14 FERMI FEL 频谱测量结果, 中心波长为 32.5 nm. (a) 单脉冲 FEL 频谱 (虚线) 和种子激光频谱 (实线). (b) 500 幅连续采集的 FEL 频谱. 经授权复制自文献 [24].

自种子放大不依赖于任何外部激光信号, 因此特别适用于极短的 X 射线波长. LCLS 最近验证了一种新颖的硬 X 射线自种子放大方案, 并实现了用户运行[36]. 这种自种子放大方案是在文献 [37] 中提出的, 它采用单块金刚石晶体作为单色仪, 并在输出的 X 射线脉冲与电子束团之间引入相对较小的路径长度延迟. 因此, 相对紧凑的曲柄结构可用于延迟电子束团, 并抹去杂乱的 SASE 微群聚. 由于单色仪输出的辐射源自 SASE 过程, 因此其强度将会出现波动, 且满足前面章节中介绍过的 Γ 分布. 在波荡器的第二部分, 单色仪输出的辐射被延迟的电子束团放大, 直至达到功率饱和, 而强度的波动则随之降低. 图 8.15 比较了 1.5 Å 波长 (光子能量为 8.3 keV) 时 LCLS 种子放大模式和 SASE 模式的单脉冲及平均频谱. 我们注意到上一章中讨论的 XFELO 可被视为终极的自种子 X 射线 FEL.

8.2.3 短脉冲产生

高增益 X 射线 FEL 的一个最重要的特性是能够产生超快 X 射线科学所需的飞秒 X 射线脉冲. 尽管电子束团长度通常被压缩至亚皮秒量级以产生高峰值流强,

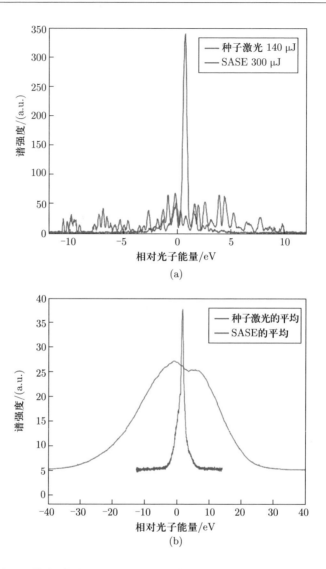

图 8.15 LCLS 自种子模式 (窄峰) 和 SASE 模式的单脉冲 (a) 及平均 (b) X 射线频谱的比较. FEL 中心波长为 1.5 Å (光子能量为 8.3 keV). 单脉冲自种子模式的 FWHM 带宽为 0.4 eV, SASE 模式的 FWHM 带宽则约为 20 eV. 复制自文献 [24].

但仍需更短的 X 射线脉冲来拍摄分子电影及实现 "破坏前衍射" 技术. 产生这种短脉冲有几种途径: 首先, 可采用更为激进的压缩方案来进一步缩短 (低电荷量的) 电子束团; 第二, 可将 (相对较长的) 电子束团的发光控制在较短的时间间隔上; 第三, 可操控电子束团, 使产生的 X 射线脉冲随后能够在时间上得到调整. 因应广泛的科学需求, 人们提出了许多新颖方案来产生飞秒和阿秒 X 射线脉冲. 在本节中,我们将回顾一些近期的实验进展.

低电荷量运行

　　为了达到极短的脉冲宽度, LCLS 发展了低电荷量 (20 pC) 运行模式. 电荷量的降低使电子枪具有更好的横向发射度, 也减弱了加速器中的集体效应, 从而允许极强的束团压缩[38]. 压缩后的 FWHM 电子束团长度可小于 5 fs. 目前, 这种短脉冲模式的稳定饱和运行可在 LCLS 的整个波长范围内常规性地实现, 估算的输出功率与标准电荷量 (150~250 pC) 运行模式相当. 然而, 短脉冲模式下的 X 射线脉冲能量和光子数 (正比于此时的束团长度/电荷量) 要比常规模式低将近一个量级. 此外, 在软 X 射线区, 低电荷量模式产生的 FEL 脉冲仅由一到两个相干的辐射尖峰组成, 因此具有更好的时间相干性 (参见图 8.16). 另一方面, 与标准电荷量模式相比, 总脉冲能量的波动将会增大.

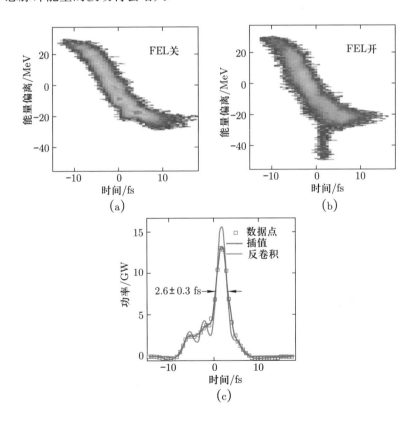

图 8.16　小于 5 fs 的 1 keV X 射线脉冲的 X 波段偏转腔 (XTCAV) 测量结果. 电子束能量为 4.7 GeV, 束团电荷量为 20 pC. (a) FEL 关闭时的单脉冲图像; (b)FEL 开启时的单脉冲图像; (c) 重建的 X 射线分布, 计算得到的 FWHM 脉冲长度为 2.6 fs. 改编自文献 [40].

为了测量如此短的电子及 X 射线脉冲, 必须发展新技术. 一个可靠而又成功的方法是采用偏转腔来测量 FEL 相互作用后电子束团的纵向相空间分布 (测量系统的接收屏位于色散位置处). 简言之, LCLS 的 X 波段偏转腔 (XTCAV) 提供束团中电子能量分布的时间分辨测量, 可用来比较有 FEL 作用和无 FEL 作用时的时间分辨能量 (即切片能量). 由此得到的束团能量损失分布可用于重建 X 射线的时间分布[39]. 这种测量在软 X 射线区 (∼ 1 keV) 和硬 X 射线区 (∼ 10 keV) 分别达到了小于 1 fs 和 ∼ 4 fs 的 RMS 分辨率[40]. 图 8.16 给出了 LCLS 低电荷量 (20 pC) 运行模式的一组测量实例. 其中, FEL 关闭和开启时的纵向相空间分布分别如图 (a) 和图 (b) 所示, 重建的 1 keV X 射线脉冲分布则如图 (c) 所示, FWHM 宽度为 2.6 fs.

开槽箔片

产生飞秒脉冲的另一个方法是采用开槽箔片来破坏发射度, 该方法于 2004 年首次提出, 并从 2010 年起应用在 LCLS 上[14]. 当束团压缩器中点处的色散电子束通过带有单槽或双槽的箔片时, 束流发射相图大部分被箔片材料中的 Coulomb 碰撞破坏. 只有穿过槽孔 (因而不受干扰) 的非常短的束流部分具有足够高的亮度来产生 X 射线 FEL. 采用开有一组不同槽孔的 3 μm 厚铝箔, LCLS 可产生不同宽度和间隔的 X 射线脉冲. 取决于束团电荷量和最后的电流, 宽度可变的单槽可将 X 射线脉冲宽度从 50 fs 调节至 6 fs, 而 V 形双槽则可为泵浦–探针实验提供间隔约为 10 fs 至 80 fs 的两个很短的软 X 射线脉冲[42] (参见图 8.17).

啁啾 SASE 和波荡器磁场渐变

正如本节开头所提到的, 我们也可通过操控 FEL 输出的辐射场来产生短脉冲. 例如, 如果辐射的平均频率在时间上线性变化 (即 "啁啾"), 则可进行 X 射线脉冲压缩[43] 或 X 射线切片[44]. 基于 FEL 共振条件, 频率啁啾的 SASE 可采用能量啁啾的电子束产生. 可以证明[45], 只要在时间 t_{coh} 上的频率变化远远小于 FEL 带宽, 即 $|u| \ll \sigma_\omega^2$, SASE 的相干时间就与频率啁啾 $u \equiv \Delta\omega/\Delta t$ 无关.

X 射线脉冲压缩的物理机制与光学激光相同 (和基于曲柄结构的电子束团压缩也相同): 在色散介质中, 辐射通过的路径长度与其频率相关, 这可用于消除频率啁啾及获得更短的脉冲宽度. 对于 X 射线, 光栅可用于提供色散并产生压缩. 如果所需频段上的高品质光栅无法获得, 则可用单色仪来选出 (或切出) 啁啾 X 射线脉冲的一个小片段. 输出脉冲宽度大致反比于啁啾 SASE 和单色仪的卷积谱宽. 具体地说, 如果 σ_m 为单色仪的 RMS 带宽, 则切出的 RMS X 射线脉冲宽度为[45]

$$\sigma_t = \sqrt{\frac{\sigma_\omega^2 + \sigma_m^2}{u^2} + \frac{1}{4\sigma_m^2}}. \tag{8.14}$$

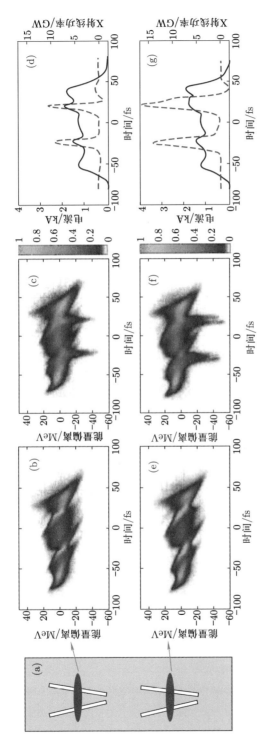

图 8.17 小于 5 fs 的 1 keV X 射线双脉冲的 X 波段偏转腔 (XTCAV) 测量结果. 电子束团电荷量为 20 pC, 能量 4.7 GeV. (a) 不同槽宽的两个 V 形双槽箔片; (b) FEL 关闭时的单脉冲图像 (窄槽); (c) FEL 开启时的单脉冲图像 (窄槽); (d) 重建的 X 射线分布 (窄槽), 计算得到的 FWHM 脉宽为 2.6 fs; (e) FEL 关闭时的单脉冲图像 (宽槽); (f) FEL 开启时的单脉冲图像 (宽槽); (g) 重建的 X 射线分布 (宽槽). 两套结果的脉冲间隔相同 (45 fs), 但脉冲宽度不同. 改编自文献 [42].

优化单色仪带宽, 最小脉冲宽度为 $(\sigma_t)_{\min} = (\sigma_\omega/|u|)\sqrt{1 + |u|/\sigma_\omega^2}$. 当 $|u| \sim \sigma_\omega^2$ 时, $\sigma_t \sim t_{\mathrm{coh}}$, 宽度为几百阿秒的单个时间模式 (纵向模式) 可被选出.

射频加速器在整个束团长度上产生的能量变化通常远不足以满足 SASE 尖峰选单的需要 —— 由射频场引入的典型啁啾所导致的 X 射线脉冲宽度 (切片后) 在 10 fs 量级[45]. 电子与高功率光学激光在波荡器中的共振相互作用则可在束团的一小段上产生足够大的能量啁啾. 尽管局部能量啁啾可以大到满足时间模式选单所需 ($|u| \sim \sigma_\omega^2$), 但相干时间内电子平均能量的大幅变化会破坏共振条件并降低 FEL 增益.

我们可以通过沿波荡器轴线方向改变其周期长度或磁场强度 (从而有效地抵消能量啁啾) 来克服这一限制[46]. 简单起见, 我们只考虑 $K(z)$ 的变化, 因为将其扩展至波荡器周期长度是很容易的. 为了理解基本物理图像, 我们考虑最初产生于束团中部且满足 $z = 0$ 处 FEL 共振条件 $\lambda_1 = \{[1 + K(0)^2/2]\lambda_u\}/2\gamma_r^2$ 的辐射. 在随后的演化中, 辐射向束团头部滑移, 并与能量为 γ_h 的电子相互作用. 为了维持共振条件, 应有 $\lambda_1 = \{[1 + K(z)^2/2]\lambda_u\}/2\gamma_h^2$. 这意味着当 $\gamma_h > \gamma_r$ ($\gamma_h < \gamma_r$) 时, 磁场强度 K 必须随着 z 的增加而增强 (减弱). 对于线性啁啾, $\gamma_h = \gamma_r + (\mathrm{d}\gamma/\mathrm{d}t)\mathrm{d}t$. 利用 $K(z) = K(0) + (\mathrm{d}K/\mathrm{d}z)\mathrm{d}z$ 及 $\mathrm{d}t/\mathrm{d}z = -\lambda_1/c\lambda_u$ (越往束团头部, 时间越小), 我们发现在以下条件下共振可得以维持:

$$\frac{\lambda_u K(0)}{1 + K(0)^2/2}\frac{\mathrm{d}K}{\mathrm{d}z} = -\frac{2\lambda_1}{c\gamma_r}\frac{\mathrm{d}\gamma}{\mathrm{d}t}. \tag{8.15}$$

因此, 渐变波荡器可自动 "选出" 能量调制束团中具有合适啁啾的一小段, 其脉冲宽度约为 200 as[6]. 在可见光波段, SPARC FEL 试验装置已经验证了波荡器磁场渐变对能量啁啾电子束的补偿作用[47].

最后, 我们注意到波荡器中高功率光学激光产生的能量调制可通过曲柄磁结构转换为密度调制, 从而导致很高的电流尖峰 (尖峰的宽度小于光学激光的周期) 和亚飞秒 (典型值) 的 X 射线脉冲[48]. 文献 [49] 对用于产生极短辐射脉冲的电子束的各种激光操控技术进行了综述.

参考文献

[1] L.-H. Yu, S. Krinsky, R. L. Gluckstern, and J. B. J. van Zeijts, "Effect of wiggler errors on free-electron laser gain," *Phys. Rev. A*, vol. 45, p. 1163, 1992.

[2] Z. Huang and K.-J. Kim, "Review of x-ray free-electron laser theory," *Phys. Rev. ST Accel. Beams*, vol. 10, p. 034801, 2007.

[3] J. Galayda *et al.*, "Linac Coherent Light Source (LCLS) Conceptual Design Report," SLAC, Report SLAC-R-593, 2002.

[4]   H.-D. Nuhn *et al.*, "LCLS undulator commissioning, alignment, and performance," in *Proceedings of the 2009 FEL Conference*, p. 714, 2009.

[5]   T. Tanaka, H. Kitamura, and T. Shintake, "Consideration on the BPM alignment tolerance in x-ray FELs," *Nucl. Instrum. Methods Phys. Res. A*, vol. 528, p. 172, 2004.

[6]   E. L. Saldin, E. A. Schneidmiller, and M. V. Yurkov, "Calculation of energy diffusion in an electron beam due to quantum fluctuations of undulator radiation," *Nucl. Instrum. Methods Phys. Res., Sect. A*, vol. 381, p. 545, 1996.

[7]   K. Bane and G. Stupakov, "Resistive wall wakefield in the LCLS undulator beam pipe," SLAC, Report SLAC-PUB-10707, 2004.

[8]   Z. Huang and G. Stupakov, "Free electron lasers with slowly varying beam and undulator parameters," *Phys. Rev. ST Accel. Beams*, vol. 8, p. 040702, 2005.

[9]   P. Emma, Z. Huang, C. Limborg, J. Wu, W. M. Fawley, M. Zolotorev, and S. Reiche, "An optimized low-charge configuration of the Linac Coherent Light Source," in *Proceedings of the 2005 Particle Accelerator Conference*. Piscataway, NJ: IEEE, 2005.

[10] W. Fawley, K. Bane, P. Emma, Z. Huang, H.-D. Nuhn, S. Reiche, and G. Stupakov, "LCLS x-ray FEL output performance in the presence of highly time-dependent undulator wakefields," in *Proceedings of the 2005 Free Electron Laser Conference*, Stanford, CA, USA, 2005.

[11] J. B. Murphy and C. Pellegrini, "Free electron lasers for the xuv spectral region," *Nucl. Instrum. Methods Phys. Res., Sect. A*, vol. 237, p. 159, 1985.

[12] K.-J. Kim, J. J. Bisognano, A. A. Garren, K. Halbach, and J. M. Peterson, "Issues in storage ring design for operation of high-gain FEL," *Nucl. Instrum. Methods Phys. Res., Sect. A*, vol. 239, p. 54, 1985.

[13] S. Krinsky, "Some comments on the design of electron storage rings for free electron lasers," in *Free Electron Generation of Extreme Ultraviolet Coherent Radiation*, J. M. J. Madey and C. Pellegrini, Eds., no. 118. SPIE, p. 44, 1984.

[14] J. S. Fraser, R. L. Sheffield, and E. R. Gray, "A new high brightness electron injector for free-electron lasers driven by RF linacs," *Nucl. Instrum. Methods Phys. Res., Sect. A*, vol. 250, p. 71, 1986.

[15] K.-J. Kim, "Rf and space-charge effects in laser-driven rf electron guns," *Nucl. Instrum. Methods Phys. Res., Sect. A*, vol. 275, p. 201, 1988.

[16] B. E. Carlsten, "New photoelectron injector design for the Los Alamos national laboratory XUV FEL accelerator," *Nucl. Instrum. Methods Phys. Res., Sect. A*, vol. 285, p. 313, 1989.

[17] M. Borland, "Coherent synchrotron radiation and microbunching in bunch compressors," in *Proceedings of LINAC 2002*, p. 11, 2002.

[18] E. Saldin, E. Schneidmiller, and M. Yurkov, "Longitudinal space charge-driven microbunching instability in the TESLA test facility linac," *Nucl. Instrum. Methods Phys. Res., Sect. A*, vol. 528, p. 355, 2004.

[19] Z. Huang, M. Borland, P. Emma, J. Wu, C. Limborg, G. Stupakov, and J. Welch, "Suppression of microbunching instability in the linac coherent light source," *Phys. Rev. ST Accel. Beams*, vol. 7, p. 074401, 2004.

[20] C. Pelligrini, "A 4 to 0.1 nm FEL based on the SLAC linac," in *Proceedings of the Workshop on Fourth Generation Light Sources*, M. Cornacchia and H. Winick, Eds., p. 364, 1992.

[21] W. Ackermann *et al.*, "Operation of a free-electron laser from the extreme ultraviolet to the water window," *Nature Photonics*, vol. 1, p. 336, 2007.

[22] P. Emma *et al.*, "First lasing and operation of an ångstrom-wavelength free-electron laser," *Nature Photonics*, vol. 4, p. 641, 2010.

[23] T. Ishikawa *et al.*, "A compact x-ray free-electron laser emitting in the sub-ångström region," *Nature Photonics*, vol. 6, p. 540, 2012.

[24] E. Allaria *et al.*, "Highly coherent and stable pulses from the FERMI seeded free-electron laser in the extreme ultraviolet," *Nature Photonics*, vol. 6, p. 699, 2012.

[25] T. J. Orzechowski, B. Anderson, W. M. Fawley, D. Prosnitz, E. T. Scharlemann, S. Yarema, D. Hopkins, A. C. Paul, A. M. Sessler, and J. Wurtele, "Microwave radiation from a high-gain free-electron laser amplifier," *Phys. Rev. Lett.*, vol. 54, p. 889, 1985.

[26] M. J. Hogan, C. Pellegrini, J. Rosenzweig, S. Anderson, P. Frigola, A. Tremaine, C. Fortgang, D. C. Nguyen, R. L. Sheffield, J. Kinross-Wright, A. Varfolomeev, A. A. Varfolomeev, S. Tolmachev, and R. Carr, "Measurements of gain larger than 10^5 at 12 μm in a self-amplified spontaneous-emission free-electron laser," *Phys. Rev. Lett.*, vol. 81, p. 4867, 1998.

[27] S. Milton *et al.*, "Exponential gain and saturation of a self-amplified spontaneous emission free-electron laser," *Science*, vol. 292, p. 2037, 2001.

[28] V. Ayvazyan *et al.*, "Generation of GW radiation pulses from a VUV free-electron laser operating in the femtosecond regime," *Phys. Rev. Lett.*, vol. 88, p. 104802, 2002.

[29] A. Singer, I. A. Vartanyants, M. Kuhlmann, S. Duesterer, R. Treusch, and J. Feldhaus, "Transverse-coherence properties of the free-electron laser FLASH at DESY," *Phys. Rev. Lett.*, vol. 101, p. 254801, 2008.

[30] A. Tremaine, X. J. Wang, M. Babzien, I. Ben-Zvi, M. Cornacchia, H.-D. Nuhn, R. Malone, A. Murokh, C. Pellegrini, S. Reiche, J. Rosenzweig, and V. Yakimenko, "Experimental characterization of nonlinear harmonic radiation from a visible self-

amplified spontaneous emission free-electron laser at saturation," *Phys. Rev. Lett.*, vol. 88, p. 204801, 2002.

[31] Z. Huang *et al.*, "Measurements of the linac coherent light source laser heater and its impact on the x-ray free-electron laser performance," *Phys. Rev. ST Accel. Beams*, vol. 13, p. 020703, 2010.

[32] M. Borland, Y.-C. Chae, P. Emma, J. W. Lewellen, V. Bharadwaj, W. M. Fawley, P. Krejcik, C. Limborg, S. V. Milton, H.-D. Nuhn, R. Soliday, and M. Woodley, "Start-to-end simulation of self-amplified spontaneous emission free electron lasers from the gun through the undulator," *Nucl. Instrum. Methods Phys. Res., Sect. A*, vol. 483, p. 268, 2002.

[33] J. Feldhaus, E. L. Saldin, J. R. Schneider, E. A. Schneidmiller, and M. V. Yurkov, "Possible application of x-ray optical elements for reducing the spectral bandwidth of an x-ray SASE FEL," *Optics Comm.*, vol. 140, p. 341, 1997.

[34] E. Allaria, D. Castronovo, P. Cinquegrana, P. Craievich, M. Dal Forno, M. B. Danailov, G. D'Auria, A. Demidovich, G. De Ninno, S. Di Mitri, B. Diviacco, W. M. Fawley, M. Ferianis, E. Ferrari, L. Froehlich, G. Gaio, D. Gauthier, L. Giannessi, R. Ivanov, B. Mahieu, N. Mahne, I. Nikolov, F. Parmigiani, G. Penco, L. Raimondi, C. Scafuri, C. Serpico, P. Sigalotti, S. Spampinati, C. Spezzani, M. Svandrlik, C. Svetina, M. Trovo, M. Veronese, D. Zangrando, and M. Zangrando, "Two-stage seeded soft-x-ray free-electron laser," *Nature Photonics*, vol. 7, p. 913, 2013.

[35] L. H. Yu *et al.*, "First ultraviolet high-gain harmonic-generation free-electron laser," *Phys. Rev. Lett.*, vol. 91, p. 074801, 2003.

[36] J. Amann *et al.*, "Demonstration of self-seeding in a hard x-ray free-electron laser," *Nature Photonics*, vol. 6, p. 693, 2012.

[37] G. Geloni, V. Kocharyan, and E. Saldin, "A novel self-seeding scheme for hard x-ray FELs," *J. Modern Optics*, vol. 58, p. 1391, 2011.

[38] Y. Ding, A. Brachmann, F.-J. Decker, D. Dowell, P. Emma, J. Frisch, S. Gilevich, G. Hays, P. Hering, Z. Huang, R. Iverson, H. Loos, A. Miahnahri, H.-D. Nuhn, D. Ratner, J. Turner, J. Welch, W. White, and J. Wu, "Measurements and simulations of ultralow emittance and ultrashort electron beams in the linac coherent light source," *Phys. Rev. Lett.*, vol. 102, p. 254801, Jun 2009.

[39] W. E. Stein and R. L. Sheffield, "Electron micropulse diagnostics and results for the Los Alamos free-electron laser," *Nucl. Instrum. Methods Phys. Res., Sect. A*, vol. 250, p. 12, 1986.

[40] C. Behrens *et al.*, "Few-femtosecond time-resolved measurements of x-ray free-electron lasers," *Nature Commun.*, vol. 5, 2014.

[41] P. Emma, K. Bane, M. Cornacchia, Z. Huang, H. Schlarb, G. Stupakov, and D. Walz, "Femtosecond and subfemtosecond x-ray pulses from a self-amplified spontaneous-emission-based free-electron laser," *Phys. Rev. Lett.*, vol. 92, p. 074801, 2004.

[42] Y. Ding *et al.*, "Generating femtosecond x-ray pulses using an emittance-spoiling foil in free-electron lasers," *Appl. Phys. Lett.*, vol. 107, no. 19, p. 191104, 2015.

[43] C. Pellegrini, "High power femtosecond pulses from an x-ray SASE-FEL," *Nucl. Instrum. Methods Phys. Res., Sect. A*, vol. 445, no. 1-3, p. 124, 2000.

[44] C. Schroeder, C. Pellegrini, S. Reiche, J. Arthur, and P. Emma, "Chirped-beam two-stage SASE-FEL for high power femtosecond X-ray pulse generation," *Nucl. Instrum. Methods Phys. Res., Sect. A*, vol. 483, no. 1-2, p. 89, 2002, proceedings of the 23rd International Free Electron Laser Conference and 8th {FEL} Users Workshop.

[45] S. Krinsky and Z. Huang, "Frequency chirped self-amplified spontaneous-emission free-electron lasers," *Phys. Rev. ST Accel. Beams*, vol. 6, p. 050702, May 2003.

[46] E. L. Saldin, E. A. Schneidmiller, and M. V. Yurkov, "Self-amplified spontaneous emission FEL with energy-chirped electron beam and its application for generation of attosecond x-ray pulses," *Phys. Rev. ST Accel. Beams*, vol. 9, p. 050702, May 2006.

[47] L. Giannessi *et al.*, "Self-amplified spontaneous emission free-electron laser with an energy-chirped electron beam and undulator tapering," *Phys. Rev. Lett.*, vol. 106, p. 144801, Apr 2011.

[48] A. A. Zholents, "Method of an enhanced self-amplified spontaneous emission for x-ray free electron lasers," *Phys. Rev. ST Accel. Beams*, vol. 8, p. 040701, Apr 2005.

[49] E. Hemsing, G. Stupakov, D. Xiang, and A. Zholents, "Beam by design: Laser manipulation of electrons in modern accelerators," *Rev. Mod. Phys.*, vol. 86, pp. 897–941, Jul 2014.

附录 A   相空间中电子运动的 Hamilton 方程

传统 Hamilton 力学在由粒子位置 $\boldsymbol{q}$ 和正则动量 $\boldsymbol{p}$ 定义的六维相空间中讨论电子的运动, 粒子轨迹由 $(\boldsymbol{q}, \boldsymbol{p})$ 空间中的曲线 (以时间 t 为参数) 给出. 然而, 正如前文讨论过的那样, 我们发现采用 z (沿波荡器的位置) 作为独立演化参数并以 t 作为粒子坐标会很方便. 将独立变量由 t 变为 z 可通过不同的方式进行, 这里将选取数学形式尽可能简单的途径. 我们从单粒子的 Hamilton 量开始, 它由动能 $\gamma m c^2$ 与势能 $-e\Phi$ 之和 (用正则坐标表示) 给出:

$$\mathscr{H} = \sqrt{m^2 c^4 + c^2 (\boldsymbol{P} + e\boldsymbol{A})^2 + c^2 (P_z + eA_z)^2} - e\Phi. \tag{A.1}$$

$\boldsymbol{x}$ 和 z 方向上的正则动量分别由 $\boldsymbol{P}$ 和 P_z 给出, 二者与动力学动量及矢势 $(\boldsymbol{A}, A_z)$ 的关系式通常可写成 $\boldsymbol{P} = \gamma m \boldsymbol{v} - e\boldsymbol{A}$ 及 $P_z = \gamma m v_z - eA_z$. 将横向动量和矢势分别对 mc 和 (mc/e) 归一化, 从而引入无量纲坐标:

$$\boldsymbol{p} \equiv \frac{\boldsymbol{P}}{mc} \equiv \frac{\gamma}{c} \frac{\mathrm{d}\boldsymbol{x}}{\mathrm{d}t} - \frac{e}{mc} \boldsymbol{A} \equiv \frac{\gamma}{c} \frac{\mathrm{d}\boldsymbol{x}}{\mathrm{d}t} - \boldsymbol{a}, \tag{A.2}$$

$$p_z \equiv \frac{P_z}{mc} \equiv \frac{\gamma}{c} \frac{\mathrm{d}z}{\mathrm{d}t} - \frac{e}{mc} A_z \equiv \frac{\gamma}{c} \frac{\mathrm{d}z}{\mathrm{d}t} - a_z. \tag{A.3}$$

如果我们再定义归一化静电势 $\phi \equiv (e/mc^2)\Phi$, 则 Hamilton 量 (A.1) 的无量纲形式为

$$\mathscr{H} = \sqrt{1 + [\boldsymbol{p} + \boldsymbol{a}(\boldsymbol{x}, z; t)]^2 + [p_z + a_z(\boldsymbol{x}, z; t)]^2} - \phi(\boldsymbol{x}, z; t), \tag{A.4}$$

其中, 正则坐标为 $(\boldsymbol{x}, z)$, 其共轭动量为 $(\boldsymbol{p}, p_z)$. 将独立变量由 t 变成 z 需要知道 $\mathrm{d}t/\mathrm{d}z$, 利用 z 的 Hamilton 方程可得

$$\frac{\mathrm{d}t}{\mathrm{d}z} = \left(\frac{\partial \mathscr{H}}{\partial p_z} \right)^{-1} = \frac{H + \phi}{c(p_z + a_z)} = \frac{H + \phi}{c\sqrt{(H + \phi)^2 - 1 - (\boldsymbol{p} + \boldsymbol{a})^2}}. \tag{A.5}$$

为了得到 (A.5) 式, 我们利用 (A.4) 式消去了 p_z, 并定义了归一化粒子能量 $H = \gamma - \phi$, 在实际轨道上, H 等于 Hamilton 函数 $\mathscr{H}$ 的值. 利用 Hamilton 运动方程及

链式法则, 沿 z 的粒子运动方程为

$$x' = \frac{\mathrm{d}\boldsymbol{x}}{\mathrm{d}z} = \frac{\partial \mathscr{H}}{\partial \boldsymbol{p}} \frac{\mathrm{d}t}{\mathrm{d}z} = \frac{\boldsymbol{p} + \boldsymbol{a}}{\sqrt{(H+\phi)^2 - 1 - (\boldsymbol{p}+\boldsymbol{a})^2}}, \tag{A.6}$$

$$p' = \frac{\mathrm{d}\boldsymbol{p}}{\mathrm{d}z} = -\frac{\partial \mathscr{H}}{\partial \boldsymbol{x}} \frac{\mathrm{d}t}{\mathrm{d}z} = -\frac{\nabla \left[(\boldsymbol{p}+\boldsymbol{a})^2 - (H+\phi)^2 \right]}{2\sqrt{(H+\phi)^2 - 1 - (\boldsymbol{p}+\boldsymbol{a})^2}} - \nabla a_z, \tag{A.7}$$

$$H' = \frac{\mathrm{d}H}{\mathrm{d}z} = \frac{\partial \mathscr{H}}{\partial t} \frac{\mathrm{d}t}{\mathrm{d}z} = \frac{\frac{\partial}{\partial t}\left[(\boldsymbol{p}+\boldsymbol{a})^2 - (H+\phi)^2 \right]}{2c\sqrt{(H+\phi)^2 - 1 - (\boldsymbol{p}+\boldsymbol{a})^2}} + \frac{1}{c}\frac{\partial a_z}{\partial t}. \tag{A.8}$$

仔细观察横向方程 (A.6)~(A.7) 就能发现, 它们可以由新 Hamilton 量 $\mathscr{H} = -\sqrt{(H+\phi)^2 - 1 - (\boldsymbol{p}+\boldsymbol{a})^2} + a_z$ 导出, 其中 $(\boldsymbol{x}, \boldsymbol{p})$ 为正则坐标. 时间–能量方程 (A.5) 和 (A.8) 几乎可从同一 Hamilton 量得到, 只有符号和 c 因子上的差异. 如果我们引入位置变量 $\tau \equiv -ct$, 则坐标 (τ, H) 形成正则对, 其方程也可由 $\mathscr{H}$ 导出. 因此, 单粒子的运动由以下 Hamilton 量决定:

$$\mathscr{H} = -\sqrt{\left[H + \phi(\boldsymbol{x}, \tau; z) \right]^2 - 1 - \left[\boldsymbol{p} + \boldsymbol{a}(\boldsymbol{x}, \tau; z) \right]^2} + a_z(\boldsymbol{x}, \tau; z). \tag{A.9}$$

我们注意到, 在 $p_z > 0$ 的假设下, 新 Hamilton 量 $\mathscr{H} = -p_z$. 因此, $\mathscr{H}$ 正比于 z 平移的生成元, 且由正则形式可得到独立参数为 z 的演化方程. 这与 Hamilton 量 (A.1) 形成了对比, 后者等于能量 (时间平移的生成元), 且产生独立参数为 t 的动力学方程.

对与 X 射线产生相关的傍轴束流, 我们可对 Hamilton 量 (A.9) 再做两个简化. 首先, 与 $\boldsymbol{a}$ 所导致的作用力相比, 由 ϕ 导致的静电作用力通常可以忽略. 为此, 我们略去 (A.9) 式中的 $\phi(\boldsymbol{x}, \tau; z)$, 在此情形下, 正则能量 $H = \gamma$. 其次, 在傍轴近似下, $|\boldsymbol{p} + \boldsymbol{a}| / \gamma \sim |\boldsymbol{x}'| \ll 1$, 因此可将 (A.9) 式中的平方根展开. 保留至 $O(1/\gamma^2)$ 的傍轴 Hamilton 量为

$$\mathscr{H}(\boldsymbol{x}, \tau, \boldsymbol{p}, \gamma; z) = \frac{1}{2\gamma}\left[\boldsymbol{p} + \boldsymbol{a}(\boldsymbol{x}, \tau; z) \right]^2 - \left(\gamma - \frac{1}{2\gamma} \right) + a_z(\boldsymbol{x}, \tau; z). \tag{A.10}$$

运动的方程由以下正则公式给出:

$$\boldsymbol{q}' = \frac{\partial \mathcal{H}}{\partial \boldsymbol{p}}, \quad \boldsymbol{p}' = -\frac{\partial \mathcal{H}}{\partial \boldsymbol{q}}, \tag{A.11}$$

坐标和共轭动量分别为 $\boldsymbol{q} = (x, y, \tau)$ 和 $\boldsymbol{p} = (p_x, p_y, \gamma)$.

除了给出运动方程之外, Hamilton 形式也意味着由此产生的动力学是辛形式的, 因此具有很多重要的推论, 包括 Liouville 定理 (相空间体积守恒) 和 Poincaré 不变量守恒 (它将 Liouville 定理推广至相空间中的某些投影面积上). 因此, Hamilton/辛结构对动力学的可能范围有很强的限定, 例如, 它排除了吸引不动点. 采用

Hamilton 微扰/近似方法可以确保从 $\mathcal{H}$ 推导出来的任一近似描述均继承 Hamilton 结构. 下一节将简要介绍在 FEL 中这是如何实现的. 在本附录的最后, 我们将给出高增益 FEL 中一个试探电子的简单 Hamilton 描述.

A.1 由变换理论得到的 FEL 粒子方程

在这里我们由 Hamilton 量推导 "扭摆平均" 的 FEL 运动方程 (考虑波荡器参数 λ_u 和 K 的缓慢变化), 其结果将类似于文献 [1] 中的早期工作, 但将是全三维的. 我们从和波荡器及辐射相关的无量纲 FEL 矢势

$$
\begin{aligned}
\boldsymbol{a} &= \widehat{x} \left\{ K(z)\cosh[k_u(z)y] \cos\left[\int \mathrm{d}z' k_u(z')\right] + a(\boldsymbol{x}, \tau; z) \right\} \\
&= \widehat{x}\left[K\cosh(k_u y)\cos\varphi_u + a(\boldsymbol{x}, \tau; z)\right]
\end{aligned} \tag{A.12}
$$

开始, 其中 a 代表辐射. 为了表述简单, 我们定义了波荡器相位 $\varphi_u \equiv \int^z \mathrm{d}z' k_u(z')$, 并略去了波荡器参数 K 与 k_u 对 z 的显性依赖. 将 (A.12) 式代入 Hamilton 量 (A.10), 并利用 $\cos^2\varphi_u = [1 + \cos(2\varphi_u)]/2$, 可得

$$
\begin{aligned}
\mathcal{H} &\approx \frac{1}{2\gamma} + \frac{K^2}{4\gamma}\cosh^2(k_u y) - \gamma + \frac{p_x^2 + p_y^2}{2\gamma} + \frac{Ka}{\gamma}\cosh(k_u y)\cos\varphi_u \\
&\quad + \frac{K^2}{4\gamma}\cosh^2(k_u y)\cos(2\varphi_u) + \frac{Kp_x}{\gamma}\cosh(k_u y)\cos\varphi_u,
\end{aligned} \tag{A.13}
$$

其中舍弃了高阶项 $\sim p_x a/\gamma$ 和 $\sim a^2/\gamma$.

波荡器磁场中的快速振荡导致了 $\sim \cos\varphi_u$ 和 $\sim \sin(2\varphi_u)$ 的项. 在前面的推导中, 我们认为这些项的影响可以从动力学上平均掉. 从 Hamilton 量的角度, 则可通过正则坐标变换来实现这一 "扭摆平均", 其基本思想是: 如果能找到一个近似消除 $\mathcal{H}$ 中振荡项的坐标变换, 则由剩下的缓变 Hamilton 量可以得出这些新平均坐标或 "振荡中心" 坐标的平均运动.

一些系统的方法可用来逐级地消除 Hamilton 量中的振荡项, 例如李变换方法 (参见文献 [2] 等) 就提供了一种优雅的方式来渐近地消除 $\mathcal{H}$ 中的快速变化. 然而, 这里将采用更为简化的方法, 这既是因为我们仅对最低阶的方程感兴趣, 也是因为采用复杂的方法将需要发展不少额外的数学工具.

这里将采用熟悉的混合变量生成函数来进行正则变换. 我们用 "–" 表示新/平均坐标及 Hamilton 量, 因此依赖于旧坐标和新动量的第二类生成函数 (参见文献 [3, 4] 等) 为 $F_2(\boldsymbol{q}, \overline{\boldsymbol{p}}; z)$. F_2 通过下式将新旧坐标、动量及 Hamilton 量联系起来:

$$
\overline{q} = \frac{\partial F_2}{\partial \overline{p}}, \quad p = \frac{\partial F_2}{\partial q}, \quad \overline{\mathcal{H}} = \mathcal{H} + \frac{\partial F_2}{\partial z}. \tag{A.14}
$$

首先我们希望通过变换来去掉与波荡器中运动相关的快速振荡. $\mathcal{H}$ 的变换式 (A.14) 表明, 只要选择 $\partial F_2/\partial z$ 来抵消 (A.13) 式中的最后一行, 这一点即可实现, 因此

$$F_2(\boldsymbol{q}, \overline{\boldsymbol{p}}; z) = \overline{p}_x x + \overline{p}_y y + \overline{\gamma}\tau$$
$$-\frac{K^2}{8k_u\overline{\gamma}}\cosh^2(k_u y)\sin(2\varphi_u) - \frac{Kp_x}{k_u\overline{\gamma}}\cosh(k_u y)\sin\varphi_u. \quad (A.15)$$

第一行是恒等变换, F_2 的其余部分则从新 $\overline{\mathcal{H}}$ 中消除 (A.13) 式的第二行 (振荡项), 并导致以下非平凡的坐标变换:

$$x = \overline{x} + \frac{K}{k_u\overline{\gamma}}\cosh(k_u y)\sin\varphi_u, \quad (A.16)$$

$$\tau = \overline{\tau} - \frac{K^2}{8k_u\overline{\gamma}^2}\cosh^2(k_u y)\sin(2\varphi_u) - \frac{Kp_x}{k_u\overline{\gamma}^2}\cosh(k_u y)\sin\varphi_u, \quad (A.17)$$

$$p_y = \overline{p}_y - \frac{K^2}{8\overline{\gamma}}\sinh(2k_u y)\sin(2\varphi_u) - \frac{K\overline{p}_x}{\overline{\gamma}}\sinh(k_u y)\sin\varphi_u. \quad (A.18)$$

由于 $y = \overline{y}$, $p_x = \overline{p}_x$ 及 $\gamma = \overline{\gamma}$, (A.16)~(A.18) 式的右侧可完全用新坐标写出. 前两个平均坐标在之前的推导中已很熟悉: 它们通过减去波荡器中的 "8" 字运动 来定义了振荡中心 $\overline{x}$ 和 $\overline{\tau}$. $\overline{p}_y$ 是新引入的, 源于偏轴运动. 振荡中心/扭摆平均的 Hamilton 量现为

$$\overline{\mathcal{H}} \approx \frac{1}{2\overline{\gamma}} + \frac{K^2}{4\overline{\gamma}}\cosh^2(k_u\overline{y}) - \overline{\gamma} + \frac{\overline{p}_x^2 + \overline{p}_y^2}{2\overline{\gamma}} + O\left[\frac{K'}{k_u\overline{\gamma}}, \frac{k_u'}{k_u^2\overline{\gamma}}\right]$$
$$+ \frac{K}{\overline{\gamma}}a[\boldsymbol{q}(\overline{\boldsymbol{q}}, \overline{\boldsymbol{p}}); z]\cosh(k_u\overline{y})\cos\varphi_u + O\left[\frac{\overline{p}_y k_u\overline{y}}{\overline{\gamma}^2}, \frac{\overline{p}_y\overline{p}_x}{\overline{\gamma}^2}, \frac{(k_u\overline{y})^2}{\overline{\gamma}^3}\right]. \quad (A.19)$$

第二行中忽略的都是很小的修正项, 而第一行中忽略的项则包含缓变近似: 只有当 波荡器参数在一个周期内缓慢变化时 (这意味着 $k_u' \ll k_u^2$ 及 $K' \ll k_u K$), 它们才 可被忽略. 在缓变近似下, 波荡器中的运动可由 (A.19) 式的第一行得到.

假设辐射可通过缓变包络和相位来描述, 从而有

$$a[\boldsymbol{q}(\overline{\boldsymbol{q}}, \overline{\boldsymbol{p}}); z] = \widetilde{a}[\boldsymbol{q}(\overline{\boldsymbol{q}}, \overline{\boldsymbol{p}}); z]\mathrm{e}^{\mathrm{i}k_1[z + \tau(\overline{\tau}, \overline{y}, \overline{p}_x, \overline{\gamma}; z)]} + c.c.$$
$$= \left[\widetilde{a}(\overline{\boldsymbol{q}}; z) + O\left(\frac{K}{k_u\overline{\gamma}}\frac{\partial a}{\partial\overline{x}}, \frac{K^2}{k_u\overline{\gamma}^2}\frac{\partial a}{\partial\overline{\tau}}\right)\right]\mathrm{e}^{\mathrm{i}k_1(z + \overline{\tau})}$$
$$\times \sum_{m,\ell} J_m\left[\frac{k_1 K^2\cosh^2(k_u y)}{8k_u\overline{\gamma}^2}\right]J_\ell\left[\frac{k_1 K\overline{p}_x\cosh(k_u y)}{k_u\overline{\gamma}^2}\right]\mathrm{e}^{-\mathrm{i}(2m+\ell)\varphi_u} + c.c.$$
$$\approx \widetilde{a}(\overline{\boldsymbol{q}}; z)\mathrm{e}^{\mathrm{i}k_1(z + \overline{\tau})}\sum_m J_m\left(\frac{k_1 K^2}{8k_u\overline{\gamma}^2}\right)\mathrm{e}^{-2\mathrm{i}m\varphi_u} + c.c.. \quad (A.20)$$

由此可以给出完整的 FEL 方程. 在上式第二行到第三行的近似中, 我们和之前一样假设了束流坐标为小量, 并假设了辐射场在一个波长上变化缓慢, 即 $(1/k_u\overline{\gamma}^2)$ $|\partial a/\partial\overline{\tau}| \sim (1/k_1) |\partial a/\partial\overline{\tau}| \sim |\partial a/\partial\theta| \ll |a|$.

当把 a 的表达式 (A.20) 代入 $\overline{\mathcal{H}}$ 时, 我们发现 FEL 耦合可通过下式来化简:

$$\frac{K}{\overline{\gamma}} a[\boldsymbol{q}(\overline{\boldsymbol{q}}, \overline{\boldsymbol{p}}); z] \cosh(k_u\overline{y}) \cos\varphi_u$$

$$\approx \frac{K}{2\overline{\gamma}} \left[\widetilde{a}(\overline{\boldsymbol{q}}; z) \mathrm{e}^{\mathrm{i}k_1(z+\overline{\tau})} + c.c.\right] (\mathrm{e}^{\mathrm{i}\varphi_u} + \mathrm{e}^{-\mathrm{i}\varphi_u}) \sum_m J_m\left(\frac{K^2}{4+K^2}\right) \mathrm{e}^{-2\mathrm{i}m\varphi_u}$$

$$= \frac{K[\mathrm{JJ}]}{2\overline{\gamma}} \left[\widetilde{a}\mathrm{e}^{\mathrm{i}(k_1 z + \varphi_u + k_1\overline{\tau})} + c.c.\right]$$

$$+ \left[K\widetilde{a}\mathrm{e}^{\mathrm{i}k_1(z+\overline{\tau})} \frac{\mathrm{e}^{\mathrm{i}\varphi_u}}{2\overline{\gamma}} \sum_{m\neq 0} J_m\left(\frac{K^2}{4+K^2}\right) \mathrm{e}^{-2\mathrm{i}m\varphi_u}\right.$$

$$\left. + K\widetilde{a}\mathrm{e}^{\mathrm{i}k_1(z+\overline{\tau})} \frac{\mathrm{e}^{-\mathrm{i}\varphi_u}}{2\overline{\gamma}} \sum_{m\neq -1} J_m\left(\frac{K^2}{4+K^2}\right) \mathrm{e}^{-2\mathrm{i}m\varphi_u} + c.c.\right]. \tag{A.21}$$

此处假设了有质动力相位 $\theta \equiv k_1(z+\overline{\tau}) + \varphi_u$ 变化缓慢, 因此我们已将 (A.21) 式中的耦合分解成快变和缓变部分. 利用合适生成函数导出的另一坐标变换可消去快变化, 例如, 当

$$F_2 \sim \sum_{m\neq 0} [\mathrm{e}^{\mathrm{i}(1-2m)\varphi_u}/(1-2m)]$$

时, $\partial F_2/\partial z$ 可近似消除第二行至最后一行. 变换的其余部分是类似的, 较冗长且并不具有启发性. 我们跳过其显式形式, 略去新坐标中的 "–", 并将双曲函数展开, 从而将 FEL 的 Hamilton 量写为

$$\mathcal{H}_{\mathrm{FEL}}(\boldsymbol{q}, \boldsymbol{p}; z) \approx \frac{1+K^2/2}{2\gamma} - \gamma + \frac{p_x^2 + p_y^2}{2\gamma} + \frac{K^2 k_u^2}{4\gamma} y^2$$

$$+ \frac{K[\mathrm{JJ}]}{2\gamma} \left[\widetilde{a}(x, y, \tau; z) \mathrm{e}^{\mathrm{i}(k_1 z + \varphi_u + k_1\overline{\tau})} + c.c.\right]. \tag{A.22}$$

可以简单地证明, 由 $\mathcal{H}_{\mathrm{FEL}}$ 得到的运动方程和此前推导的三维 FEL 方程基本相同, 仅增加了一些很小的附加项 ($\sim \partial\widetilde{a}/\partial x$).

A.2　高增益 FEL 中试探电子的运动

本节介绍高增益 FEL 中试探电子的运动, 旨在加深对于动力学过程的认识. 我们从单色场中的一维粒子方程

$$\frac{\mathrm{d}\theta}{\mathrm{d}\widehat{z}} = \widehat{\eta}, \quad \frac{\mathrm{d}\widehat{\eta}}{\mathrm{d}\widehat{z}} = a(\widehat{z})\mathrm{e}^{\mathrm{i}\theta} + a(\widehat{z})^* \mathrm{e}^{-\mathrm{i}\theta} \tag{A.23}$$

出发. 假设场 $a(\widehat{z})$ 由一维 FEL 理论的指数增长解给出:

$$a(\widehat{z}) = -\frac{a_0}{2i}e^{-i\mu_3\widehat{z}} = -\frac{a_0}{2i}e^{(\sqrt{3}+i)\widehat{z}/2}, \tag{A.24}$$

由此可得

$$\frac{d\theta}{d\widehat{z}} = \widehat{\eta}, \quad \frac{d\widehat{\eta}}{d\widehat{z}} = -a_0 e^{\sqrt{3}\widehat{z}/2}\sin(\theta + \widehat{z}/2). \tag{A.25}$$

运动方程 (A.25) 可由 Hamilton 量

$$\mathcal{H}(\theta, \widehat{\eta}) = \frac{1}{2}\widehat{\eta}^2 - a_0 e^{\sqrt{3}\widehat{z}/2}\left[\cos(\theta + \widehat{z}/2) - 1\right] \tag{A.26}$$

导出, 后者描述了粒子在增长的摆型势 (归一化相速度等于 $-1/2$) 中的运动. 我们利用生成函数 $F_2(p, \theta) = p(\theta + \widehat{z}/2)$ 将 $(\theta, \widehat{\eta})$ 变换为随波动运动的 (Ψ, p) 坐标. 由 (A.14) 式可知新旧坐标之间的关系为 $\Psi = \partial F_2/\partial p = \theta + \widehat{z}/2$ 和 $p = \partial F_2/\partial \theta = \widehat{\eta}$, 而新 Hamilton 量则为

$$\mathcal{K}(\Psi, p) = \mathcal{H}(\Psi, p) + \frac{\partial F_2}{\partial z} = \frac{1}{2}\left(p + \frac{1}{2}\right)^2 - a_0 e^{\sqrt{3}\widehat{z}/2}(\cos\Psi - 1). \tag{A.27}$$

这是一个振幅指数增长的摆的 Hamilton 量, 其平衡点位于 $(\Psi, p) = (0, -1/2)$. 随着场的增长, 初始能量偏离 $\widehat{\eta} = p = 0$ 的粒子最终将被俘获, 并围绕平衡点振荡. 这些粒子以波动的相速度运动, 此时已平均损失 $\Delta\gamma = \rho\gamma_r\widehat{\eta} = \rho\gamma_r/2$ 的能量.

参考文献

[1]   N. M. Kroll, P. L. Morton, and M. N. Rosenbluth, "Free-electron lasers with variable parameter wigglers," *IEEE J. Quantum Electron.*, vol. 17, p. 1436, 1981.

[2]   A. J. Lichtenberg and M. A. Lieberman, *Regular and Stochastic Motion*. New York: Springer-Verlag, 1983.

[3]   J. C. Goldstein, "Theory of the sideband instability in free electron lasers," *Nucl. Instrum. Methods Phys. Res., Sect. A*, vol. 237, p. 27, 1985.

[4]   I. Percival and D. Richards, *Introduction to dynamics*. Cambridge, UK: Cambridge University Press, 1982.

附录 B   FEL 模拟方法

数值模拟已成为 FEL 研究中不可或缺的工具, 本附录的讨论将涉及 FEL 模拟的某些方面. 在本附录中, 我们仅简要提及积分算法本身, 作为重点, 我们将尝试介绍提高计算速度和效率的一些常用数值方法和近似.

在计算机上求解的三维 FEL 方程与我们迄今写出的那些方程不尽相同, 它们摈弃了为便于解析处理而做出的几个简化. 第一, 我们可直接求解波荡器自然聚焦下的三维粒子方程, 并根据需要另行引入横向 FODO 聚焦. 因此, 5.5.2 节中讨论的平滑聚焦近似不是必需的. 第二, 几乎所有的程序都是在时域中编写的, 因为在时域中求解与饱和相关的非线性问题要方便得多. 时域中的傍轴电流由粒子相位上的 FEL 切片平均构成, 而不像频率表象中需要对整个束流求和. 如果选取的 FEL 切片是远远小于相干长度 l_{coh} 的整数倍波长, 且电子束参数在此长度上近乎不变, 则该平均电流是准确的. 第三, 通常没有令人信服的理由来假设能量偏离很小, 因此可以摈弃本书中一直采用的 $\eta \ll 1$ 条件下的展开. 第四, 可以允许波荡器参数 K 和 λ_u 在 FEL 的长度上缓慢变化. 对于一个 FEL 切片中的 N_Δ 个粒子, 无量纲场方程 (5.96) 的时域表象此时为

$$
\left(\frac{\partial}{\partial \widehat{z}} + \frac{k_u}{2\rho k_{u,0}} \frac{\partial}{\partial \theta} - \frac{\mathrm{i}}{2} \frac{\partial^2}{\partial \widehat{\boldsymbol{x}}^2} \right) a(\theta, \widehat{\boldsymbol{x}}; z) = -\frac{1}{N_\Delta} \sum_{j \in \Delta} \frac{K[\mathrm{JJ}]}{K_0[\mathrm{JJ}]_0} \frac{\mathrm{e}^{-\mathrm{i}\theta_j}}{1 + \rho\widehat{\eta}_j}
$$
$$
\times 2\pi\widehat{\sigma}_x^2 \delta(\widehat{\boldsymbol{x}} - \widehat{\boldsymbol{x}}_j), \tag{B.1}
$$

而程序中通常采用的 FEL 粒子方程则可写成

$$
\frac{\mathrm{d}}{\mathrm{d}\widehat{z}}\theta_j = \frac{1}{2\rho}\left[\frac{k_u(z)}{k_{u,0}} - \frac{1 + K^2/2}{1 + K_0^2/2}\frac{1}{(1 + \rho\widehat{\eta}_j)^2} \right] - \frac{\widehat{\boldsymbol{p}}_j^2 + \widehat{k}_\beta^2 \widehat{\boldsymbol{x}}_j^2}{2(1 + \rho\widehat{\eta}_j)^2}
$$
$$
- \frac{\mathrm{i}\rho}{(1 + \rho\widehat{\eta}_j)^2}\frac{K[\mathrm{JJ}]}{K_0[\mathrm{JJ}]_0}\left[a(\theta, \widehat{\boldsymbol{x}}; \widehat{z})\mathrm{e}^{\mathrm{i}\theta_j} - a(\theta, \widehat{\boldsymbol{x}}; \widehat{z})^* \mathrm{e}^{-\mathrm{i}\theta_j} \right], \tag{B.2}
$$

$$
\frac{\mathrm{d}}{\mathrm{d}\widehat{z}}\widehat{\eta}_j = \frac{1}{1 + \rho\widehat{\eta}_j}\frac{K[\mathrm{JJ}]}{K_0[\mathrm{JJ}]_0}\left[a(\theta, \widehat{\boldsymbol{x}}; \widehat{z})\mathrm{e}^{\mathrm{i}\theta_j} + a(\theta, \widehat{\boldsymbol{x}}; \widehat{z})^* \mathrm{e}^{-\mathrm{i}\theta_j} \right], \tag{B.3}
$$

$$
\frac{\mathrm{d}}{\mathrm{d}\widehat{z}}\widehat{\boldsymbol{x}}_j = \frac{\widehat{\boldsymbol{p}}_j}{(1 + \rho\widehat{\eta}_j)}, \tag{B.4}
$$

$$
\frac{\mathrm{d}}{\mathrm{d}\widehat{z}}\widehat{\boldsymbol{p}}_j = -\frac{\widehat{k}_\beta^2 \widehat{\boldsymbol{x}}_j}{(1 + \rho\widehat{\eta}_j)}, \tag{B.5}
$$

其中, 归一化自然聚焦 $\widehat{k}_\beta \equiv \sqrt{2}K/(4\gamma_r\rho)$, $k_{u,0}$、K_0 和 $[\mathrm{JJ}]_0$ 代表参考值, 用于将方

程表示为无量纲形式, 没有下标的量则可以是 z 的函数. 当波荡器参数不依赖于 z 时, 这些方程与 (5.97) 及 (5.98) 式隐含的方程 (到 $|\rho\widehat{\eta}_j| \ll 1$ 的最低阶) 一致.

实际上, 为得到 (B.1)~(B.5) 式我们仍做了许多近似. 第一, 我们假设了电子束是傍轴的. 对于相对论电子束, 这是一个好的近似, 对于我们经常考虑的 GeV 能量的束流, 这更是一个极好的近似. 第二, 波动方程忽略了任何后向辐射 (这通常是一个很好的近似), 并假设前向辐射可由共振频率附近的快速振荡和缓变的包络很好地表征, 从而使得二阶纵向导数可被忽略. 第三, 电子与辐射之间的耦合是由扭摆平均 (振荡中心) 粒子方程得出的, 该方程假设电磁场包络缓慢地变化. 第四, 我们忽略了空间电荷力对电子运动的作用, 这等于假设 FEL 增益发生在远小于空间电荷等离子体振荡所要求的距离上. 利用相对论等离子体频率 $\Omega_p \equiv \sqrt{e^2 n_e / \epsilon_0 m c^2 \gamma^3}$, 我们可将这一条件表示为 $\Omega_p / 2k_u\rho \ll 1$, 即

$$\frac{\Omega_p}{2k_u\rho} = \frac{\sqrt{\rho}}{2k_u}\frac{\Omega_p}{\rho^{3/2}} = \frac{2\sqrt{2\rho}}{K[\mathrm{JJ}]} \ll 1. \tag{B.6}$$

(B.6) 式在许多 FEL 装置中都可以得到满足, 一个例外是当电子束密度很大 (这使得 ρ 增大) 且波荡器磁场很弱时. 当静电作用力很小时, $\Omega_p < 2k_u\rho$, 空间电荷的主要影响是使最大增益对应的辐射频率偏移一个正比于 $\Omega_p / 2k_u\rho$ 的量, 而对 FEL 增长率的修正则正比于 $(\Omega_p / 2k_u\rho)^2$.

尽管我们对 (B.1)~(B.5) 式的适用做了许多附加说明, 然而已有充分的实践经验表明这些方程可准确地反映 FEL 的物理过程. 此外, 数值模拟和实验在各种不同参数条件下均已显示出极好的一致性.

B.1　FEL 模拟程序的设计

FEL 领域已发展了一套普遍采用的方法来非常有效且足够准确地对 FEL 方程进行数值积分, 其中许多方法的基础均源于我们可对纵向和横向进行不同的处理. FEL 程序通常对电子束和辐射场都进行纵向 "切片". 在相位 θ 处的切片包含坐标为 $|\theta_j - \theta| \leq \Delta\theta/2$ (即任一给定切片平均内) 的所有电子. 由于电流变化缓慢, 通常在切片内采用周期性边界条件, 在此情形下, 相邻电子束切片仅通过辐射滑移相互关联.

在各电子束切片内对粒子运动进行积分相对简单, 因为每个电子的位置由一组常微分方程 (ODE) 决定, 这些方程适于采用最标准的 ODE 求解程序. 通用求解程序是四阶 Runge-Kutta (RK4) 积分, 但为了便于理解, 我们采用更简单的二阶 Runge-Kutta (RK2) 积分来说明这一方法. 将粒子坐标表示为 $\mathcal{Z}$, 并将其演化方程写成 $\mathrm{d}\mathcal{Z}/\mathrm{d}z = \mathcal{F}(\mathcal{Z}; z)$, 经过步长 Δz 后, 有

$$\mathcal{Z}_1 = \mathcal{F}(\mathcal{Z}; z),$$
$$\mathcal{Z}_2 = \mathcal{F}[\mathcal{Z} + (\Delta z/2)\mathcal{Z}_1; z + \Delta z/2],$$
$$\mathcal{Z}(z + \Delta z) = \mathcal{Z}(z) + (\Delta z)\mathcal{Z}_2.$$

在每一步上, 上述 RK2 算法可准确至 $O[(\Delta z)^3]$. 得到宏观距离 $O(1)$ 上的 $\mathcal{Z}$ 值需要 $\sim 1/\Delta z$ 步, 此时我们期望 RK2 算法按 $\sim (\Delta z)^2$ 收敛至真解.[①]

除了电子束切片, FEL 程序也采用辐射切片. 在任一给定波荡器位置 z 处, 辐射切片通常只跟一个电子束切片作用. 图 B.1 所示为粒子及电场切片的一维简图, 在三维情形下, 粒子还将有四个额外的相空间坐标, 电磁场也将依赖于 (x, y). 在每个纵向切片内, 场通过有限个值来进行数值近似. 最常用的方法是在 (x, y) 平面内的离散横向网格上定义场, 而辐射与粒子的耦合则通过固定网格与横向粒子位置之间的插值得到. 为了获得完整的场的演化, 还需考虑电磁衍射, 它可以通过任何一种标准算法来计算. 例如, 交替方向隐式方法就是其中一种稳定而又快速的算法.

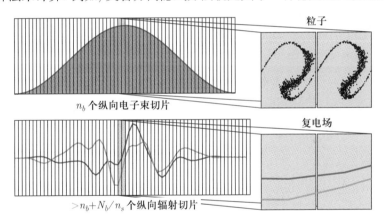

图 B.1　一维程序的 FEL 切片示意图.

辐射切片的合成可给出离散的电磁场分布 (电磁场随束流坐标 θ 的变化). 如 (B.1) 式所暗含的, 辐射切片以光速运动, 且彼此仅通过与速度较慢的粒子的相互作用间接地发生联系. 为此, 任一给定的辐射切片仅与其前方 $N_u \lambda_1/c$ 时间 (由波荡器决定的总滑移时间) 以内的那些粒子相互作用. 也就是说, 辐射切片仅 (间接地) 影响初始相位落在其后 $2\pi N_u$ 以内的那些辐射切片.

将辐射和电子束分割成仅在一个方向上的有限距离内相互作用的切片为大量节省计算时间提供了可能. 例如, 我们可以从电子束团尾部的切片开始计算 FEL 产

---

①前面提到的更为复杂的 RK4 算法在每一步上要求两倍的计算, 但按 $\sim (\Delta z)^4$ 收敛, 因此对于给定的精度通常反而会更快一些.

生的辐射, 这样每次就只需加载一个电子束切片到内存中. 图 B.2 对此进行了说明, 其中代表电子束尾部的粒子切片画在了顶部 (深灰色). 图中也包括了 (最初给定的) 辐射切片, 电子束切片将与其在波荡器长度上相互作用, 因此这些辐射切片在 θ 上占据 $2\pi N_u$ 的总相位. 模拟从尾部切片在波荡器中的演化和由其产生的辐射的计算开始. 在 FEL 的终点, 所有需要的状态信息都被输出或保存下来, 随后宏粒子可被丢弃以释放内存, 而场则被保留下来. 如图所示, 最后与粒子相互作用的辐射切片 (图 B.2 中的灰色部分) 代表了放大输出的场, 而滑移至粒子之前的切片 (浅灰色) 则对与下一个电子束切片相互作用的辐射场阵列 (切片) 进行初始化. 现在, 当在波荡器上对 FEL 方程进行积分时, 由尾部切片产生的辐射场会在一个滑移长度之后与下一个粒子切片相互作用. 同样, 在通过波荡器的演化后, 辐射的最后一个切片被添加到 (灰色) 输出阵列, 而其他切片则被存储下来, 经过滑移后与下一个粒子切片相互作用. 这一过程持续进行, 电子束切片从尾部到头部逐一被选出和丢弃, 直到整个场被计算完为止. 另外, FEL 的切片方法使模拟可在并行计算机上简单、高效地实现: 每个节点都可以分配少量的电子束切片, 而节点间的相对较慢的通信则仅用于传递滑移的复场包络.

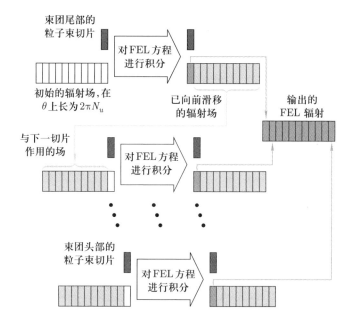

图 B.2   FEL 方程的数值积分方法示意图. 这一方法利用了 FEL 相互作用发生在辐射场的总滑移长度上 (在 θ 上为 $2\pi N_u$) 这一特点. 在对尾部电子束切片进行积分以及得到输出的 FEL 辐射之后, 最后的场 (灰色部分) 被存储下来, 而其他辐射切片 (浅灰色部分) 则用来初始化与下一粒子切片相互作用的场. 这起到了与前方的那些电子束切片 (在相位上位于 $2\pi N_u$ 之内) 交换信息的作用.

常用的离散滑移模型使电子束切片之间辐射 "平流" 的数值实现变得特别简单. 在这一算法中, 经过 $\hat{z}$ 上适当的离散积分步数后, 整个辐射场在切片之间传递. 因此, 在 $\hat{z}$ 上 $\Delta\hat{z}/(2\rho\Delta\theta)$ 步后才会进行滑移操作, 此后场被传递给下一个粒子切片. 作为一个例子, 假设我们加载 n_b 个电子束切片 (相稳定区), 且相稳定区的中心在纵向上间隔 $n_s\lambda_1$ (即 $\Delta\theta = 2\pi n_s$). 为了模拟整个波荡器长度上的总辐射滑移, 要求 $n_b n_s > N_u$, 而切片间隔应远远小于相干长度, 以分辨 SASE 的尖峰结构:

$$n_s \ll \frac{c\sigma_\tau}{\lambda_1} \approx \frac{1}{4\pi\rho}. \tag{B.7}$$

离散滑移模型在辐射向前滑移至下一个粒子切片所需的波荡器距离上 ($\hat{z}$ 增长 $4\pi\rho n_s$) 采用稳态 FEL 方程 [即 (B.1)~(B.5) 式, 忽略平流项 ∂_θ]. 在每个这样的积分距离 $4\pi\rho n_s$ 之后, 辐射场被向前推进从而与下一个电子束切片相互作用, 这一过程会在整个波荡器长度上持续下去.

离散滑移模型有几个物理和数值上的理想特性: 它保持了因果关系, 使能量守恒, 且在数值上稳定而快速. 该模型的主要问题是数值精度依赖于滑移之间的步数. 这一问题原则上可以通过更先进的通量守恒算法来缓解, 但迄今为止还没有要这样做的明显需求. 然而, 需要注意的是, 采用更为熟知的方法 (如有限差分) 来数值求解滑移的尝试几乎都会导致一些非物理效应, 包括数值耗散/增长、反因果行为以及场的人为平滑. 另外一种稳定, 具有因果关系且准确的滑移处理方法是将 Green 函数解的离散形式用于受迫傍轴方程.

最后, 如果要将束流中的每个电子都纳入模拟, 其数量往往会多得惊人. FEL 程序通常采用宏粒子来对粒子相空间进行子采样, 这意味每个切片 (或相稳定区) 中的 N_{real} 个电子由 N_{sim} 个粒子 ($N_{\text{sim}} = N_\Delta \ll N_{\text{real}}$) 来仿真. 这一近似常常被说成是假设每个仿真宏粒子代表 $N_{\text{real}}/N_{\text{sim}} \gg 1$ 个 "真实" 电子, 但对于 FEL, 将宏粒子理解为对电子束分布函数尽可能具有代表性的抽样会更为有用也更为准确. 宏粒子的采用并不改变 FEL 方程的形式, 但必须注意, 采用较少量的仿真粒子不应改变粒子电流的统计特性, 因为正是散粒噪声的统计特性决定了 SASE FEL 的种子. 做到这一点的一个常用的方式是先在相空间内 $[0, 2\pi)$ 的区间上均匀加载粒子, 然后给每个粒子的位置加上一个适当选取的小幅随机偏差, 从而使粒子群聚的低阶统计特性与实际束流相匹配. 根据这一方法, N_{sim} 个电子的初始相位由下式赋值:

$$\theta_j = \frac{2\pi j}{N_{\text{sim}}} + (2\delta)r_j, \tag{B.8}$$

其中 r_j 是为每个粒子独立选取的 $0 \sim 1$ 之间的随机数, δ 则控制初始位移的大小.

为了使平均初始群聚与真实散粒噪声相同, 即

$$\left\langle \left| \frac{1}{N_\Delta} \sum_{j \in \Delta} \mathrm{e}^{-\mathrm{i}\theta_j} \right|^2 \right\rangle = \left\langle \left| \frac{1}{N_{\mathrm{sim}}} \sum_{j=1}^{N_{\mathrm{sim}}} \mathrm{e}^{-\mathrm{i}\theta_j} \right|^2 \right\rangle = \frac{1}{N_{\mathrm{real}}}, \tag{B.9}$$

Penman 和 McNeil 在文献 [1] 中证明了 δ 的合适选择由下式给出:

$$\mathrm{sinc}^2\delta = 1 - \frac{N_{\mathrm{sim}}}{N_{\mathrm{real}}}, \quad \text{或} \quad \delta \approx \sqrt{\frac{3N_{\mathrm{sim}}}{N_{\mathrm{real}}}} \quad (\text{当 } N_{\mathrm{sim}}/N_{\mathrm{real}} \ll 1 \text{ 时}). \tag{B.10}$$

请注意, 如果 $N_{\mathrm{sim}} = N_{\mathrm{real}}$, 则 $\delta = \pi$, 粒子随机加载在整个相位区间上. 另一方面, 当仿真宏粒子数远小于实际束流中的电子数时, 随机偏离很小 ($\delta \ll 1$). 在文献 [2] 中, 这一算法被进一步扩展, 以得到非线性谐波上的适当群聚统计特性. 尽管该扩展对于基频放大的模拟并不必要, 但在评估第 6 章中讨论的那类谐波产生方案时却是至关重要的.

由 (B.8) 和 (B.10) 式中粒子加载方案初始化的相位, 其宏粒子群聚的初始统计特性与真实束流散粒噪声一致. 然而, 当考虑具有有限能散度和/或多个维度的电子束时, 这一方案本身并不足以准确地预测作为有效 SASE 种子的噪声, 其根本原因可通过考虑能散的影响来理解. 我们首先假设粒子相位如上文描述的那样初始化, 而起始能量则根据 Gauss 分布的 (赝) 随机数来给定. 在 SASE 初始化的前几个增益长度上, 电子相位 θ 基本不受辐射场的影响, 其改变量因此正比于 $z = 0$ 处的能量偏离. 由于 $\widehat{\eta}_j(\widehat{z} = 0)$ 是随机加载, 只要相位的改变达到初始偏离 δ 的量级或更大, 初始群聚将会大幅变化. 因此, 在 $\sigma_{\widehat{\eta}} \gtrsim \delta$ 时, $\widehat{\eta}_j$ 的随机 Gauss 加载会给群聚引入非物理的大幅涨落, 这又会导致有效 SASE 种子水平上的误差.

解决这一问题的一个简单办法是在最初将任一切片中的仿真粒子分成若干个 "子束", 每个子束具有同样数目 (N_b) 的粒子, 且给定子束中的每个粒子都具有相同的能量[2]. 这 N_{sim}/N_b 个子束的初始能量是对能量分布的抽样, 粒子相位的定义方式则类似于 Penman-McNeil 方案, 只是现在每个子束中的粒子都遍布整个 2π 的相位. 对于整数 n 和 $\ell(1 \leqslant n \leqslant N_b$ 标示子束中的粒子, $1 \leqslant \ell \leqslant N_{\mathrm{sim}}/N_b$ 标示子束), 初始相位可写为

$$\theta_{n,\ell} = \frac{2\pi}{N_b}\left(n + \frac{N_b^2}{N_{\mathrm{sim}}}\ell\right) + (2\delta)r_{n,\ell}, \tag{B.11}$$

其中 $r_{n,\ell}$ 是 0 至 1 之间的随机数, δ 由 (B.10) 式给出. 每个子束内的粒子 (即 ℓ 固定) 具有相同的能量, 这意味着在不存在电场的情况下, 单粒子运动将维持由 (B.11) 式初始化的单切片群聚. 然而, 对于 "实际的" 动力学过程, 这并不完全正确, 原因是实际群聚的水平会有较小起伏 (由粒子运动引起). 尽管如此, 初始群聚水平却被更忠实地体现出来, SASE 的仿真也更为准确. 事实上, 当初始能散度 $\sigma_\eta \lesssim 0.5$ 时,

初始 SASE 种子可准确至实际值的两倍以内, 同时, 我们发现两个最低阶的相关函数 [相干函数 (4.63) 和强度相关函数] 在数倍于相干时间的数值精度内是相同的, 这对大多数应用已经足够了.

选取单个子束的能量有几种方法. 例如, 可以按 Gauss 随机数来对能量进行赋值. 在另一个极端, 可以对能量分布进行均匀的采样, 对于 Gauss 分布, 这意味着能量上的间隔由误差函数 $\operatorname{erf}(x)$ 给出. 更确切地说, 我们采用子束编号 ℓ ($1 \leqslant \ell \leqslant N_{\text{sim}}/N_b$), 并按

$$\frac{1}{2}\left[\operatorname{erf}(\eta_\ell) - \operatorname{erf}(\eta_{\ell-1})\right] = \frac{1}{N_{\text{sim}}/N_b + 1} \tag{B.12}$$

给其能量赋值, 其中第一个能量值 η_1 由 $\eta_0 \equiv -\infty$ 得到. 这二者之间一个折中的加载方案是以准随机数 (如 Hammersley 序列或 Halton 序列) 为基础. 与均匀分布的随机数集相比, 这些准随机序列更均匀地填充在空间中, 因此是数值模拟的常用工具. 在这种情景下它们通常被称为 "无声启动", 尽管无声启动也可用来指代我们讨论过的降低宏粒子噪声的任何技术. 横向相空间的坐标也必须作类似的考虑, 因为这些自由度也会被耦合到相位的演化中. 因此, 一个完全的 "无声启动" 加载方案首先确定每个子束的初始五维坐标 [即 $(\eta_\ell, \boldsymbol{x}_\ell, \boldsymbol{p}_\ell)$, $1 \leqslant \ell \leqslant N_{\text{sim}}/N_b$], 然后在每个子束里按照 (B.11) 式加载 N_b 个相位. 对于典型的模拟, 可能有 $2 \leqslant N_b \leqslant 16$ 及 $32 \leqslant N_{\text{sim}} \lesssim 16384$(或更高), 这取决于维数、发射度和能散度的大小以及是否需要模拟谐波等. 请注意, 上述数值仍比典型 FEL 切片中的粒子数目小很多, 后者通常为 $\sim 10^5$ 至 10^6 或更多.

B.2　现有的 FEL 程序

FEL 模拟的历史可追溯到 30 多年前, 许多不再广泛使用或发展的程序对当前可用的这套程序起到了推动作用. 虽然这里将试着厘清一些程序系谱, 但我们的主要关注点是几个更为常用的 FEL 模拟程序.

最广泛使用的两个多维 FEL 程序是 GINGER[3] 和 GENESIS[4]. 这两个程序都在三维中跟踪粒子运动, 且既能运行在单切片 (也称为 "不含时""稳态" 或 "种子放大") 模式, 也能运行在多切片 (也称为 "含时" 或 "多色", 也可不太准确地称为 "SASE") 模式. GINGER 假定辐射场是轴对称的, 并在不均匀的网格上求解辐射场与半径的函数关系. GENESIS 的前身 TDA[5] 也求解轴对称的辐射场, 但这一假设在 GENESIS 中已被放宽, 其粒子运动和场的求解程序都是全三维的. 图 4.5 和图 5.2 分别给出了 GINGER 和 GENESIS 含时模拟的实例.

在求解衍射时, GINGER 和 GENESIS 均采用了稳定的差分方法 (交替方向隐式法就是一个这样的方法) 来计算导数. RON[6] 和 FAST[7] 则采用了一个基于

离散积分解的替代方法, 这一方法可以减少计算时间并有助于设计的优化. 程序 MEDUSA[8] 采用完全不同的算法 (即含源展开法) 来求解辐射场. 含源展开法将辐射场投影到一组正交模式上, 而正交模式的参数则根据运动方程进行调整. 在 MEDUSA[8] 的模拟中, 辐射用 Gauss-Hermite 模式的和来表示. Gauss-Hermite 模式的复宽度 (可由此定义模式的 RMS 尺寸和有效 Rayleigh 长度) 是 z 的缓变函数, 由电流源确定.

最后, 由于人们通常也想理解、预测和控制谐波上的 FEL 辐射, 因此上面列出的所有程序也能计算高次谐波辐射. 谐波计算的一个简单近似方式是只计算电子束群聚 (由 FEL 导致) 的非线性分量的辐射, 而不考虑高次谐波场对粒子的反作用. 这一方法几乎不需要额外的计算, 而且对于那些谐波功率为基波的 1%(典型值) 或更低的应用是一个合理的近似. 尽管如此, 所有的 FEL 程序也都能计算谐波场与粒子之间的自洽相互作用, 这对于计算任意谐波增益是必要的.

参考文献

[1] C. Penman and B. W. J. McNeil, "Simulation of input electron noise in the free-electron laser," *Opt. Commun.*, vol. 90, p. 82, 1992.

[2] W. M. Fawley, "Algorithm for loading shot noise microbunching in multidimensional, free-electron laser simulations," *Phys. Rev. ST Accel. Beams*, vol. 5, p. 070701, 2002.

[3] W. M. Fawley, "A user manual for GINGER and its post-processor XPLOTGIN," LBL, Report Report LBNL-49625, 2002.

[4] S. Reiche, "GENESIS 1.3: a fully 3D time-dependent FEL simulation code," *Nucl. Instrum. Methods Phys. Res., Sect. A*, vol. 429, p. 243, 1999.

[5] T.-M. Tran and J. Wurtele, "Free-electron laser simulation techniques," *Phys. Report*, vol. 195, p. 1, 1990.

[6] R. J. Dejus, O. A. Shevchenko, and N. V. Vinokurov, "An integral equation based computer code for high-gain free-electron lasers," *Nucl. Instrum. Methods Phys. Res., Sect. A*, vol. 429, p. 225, 1999.

[7] E. L. Saldin, E. A. Schneidmiller, and M. V. Yurkov, "FAST: a three-dimensional time-dependent FEL simulation code," *Nucl. Instrum. Methods Phys. Res., Sect. A*, vol. 429, p. 233, 1999.

[8] H. P. Freund, S. G. Biedron, and S. V. Milton, "Nonlinear harmonic generation in free-electron lasers," *IEEE J. Quantum Electron.*, vol. 36, p. 275, 2000.

附录 C   FEL 的量子考虑

尽管 Madey 对于 FEL 增益机制的最初计算实际上是基于量子力学的[1]，但目前已建成的以及计划建造的 FEL 装置本质上都基于经典理论. 本附录介绍量子分析的内容，这将有助于厘清量子效应在什么时候会变得重要. 这里的讨论需要一些量子力学基础知识，但我们将尽可能自成体系地介绍所有相关的符号和结果. 我们采用 Heisenberg 表象，即量子算子随时间演化而态则保持不变，并尝试通过适当的字体来区分经典数值与量子算子. 对于 FEL，量子效应通常可以忽略，这里将说明 FEL 放大器中的量子噪声会在何时发挥作用. 最后，在本附录的结尾，我们将在某种意义上回到 FEL 理论的起点，并采用量子方法重新推导 Madey 定理.

C.1   量子形式

研究量子效应的最简单方式是量子化频域中的 FEL 方程 (假设场在时间 T 上是周期性的). 这一方法适用于较长的电子束，并可作为 §4.3 中推导的一维极限情形的量子推广. 我们首先将对频率的积分替换成频率间隔为 $\mathrm{d}\omega = \omega_1 \mathrm{d}\nu \to 2\pi/T$ 的 Fourier 求和，这样，归一化粒子能量的经典方程将变为如下形式：

$$\frac{\mathrm{d}\widehat{\eta}_j}{\mathrm{d}\widehat{z}} = \frac{\lambda_1}{cT} \sum_\nu \left(a_\nu \mathrm{e}^{\mathrm{i}\nu\theta_j} + c.c. \right). \tag{C.1}$$

相位方程仍为 $\mathrm{d}\theta_j/\mathrm{d}\widehat{z} = \widehat{\eta}_j$，而频率空间中经典 Maxwell 方程的无量纲形式则可写成

$$\left(\frac{\partial}{\partial \widehat{z}} + \frac{\mathrm{i}\Delta\nu}{2\rho} \right) a_\nu = -\frac{1}{N_\lambda} \sum_j \mathrm{e}^{-\mathrm{i}\nu\theta_j} = -\frac{cT}{\lambda_1} \frac{1}{N_e} \sum_j \mathrm{e}^{-\mathrm{i}\nu\theta_j}. \tag{C.2}$$

可以看到，将量子场算子 $\mathsf{a}_\nu (\mathsf{a}_\nu^\dagger \mathsf{a}_\nu$ 是归一化频率为 ν 的光子数算子，$\mathsf{a}_\nu^\dagger$ 为 a_ν 的 Hermite 共轭) 与 a_ν 联系起来最为方便. 因此，$\mathsf{a}_\nu^\dagger$ 和 a_ν 分别是频率为 $\nu\omega_1$ 的单光子的生成及湮灭算子，$\hbar\omega\mathsf{a}_\nu^\dagger\mathsf{a}_\nu$ 是模式 ν 的电磁能量算子. 为了将经典场 a_ν 与量子算子 a_ν 联系起来，我们采用 $\mathrm{d}P/\mathrm{d}\omega$ 的表达式 (4.38) 和无量纲 a_ν 的定义式 (3.84) 来写出场能量的经典表达式：

$$U = \int \mathrm{d}\omega T \frac{\mathrm{d}P}{\mathrm{d}\omega} \to \frac{2\pi\lambda_1}{T} \sum_\nu \frac{\epsilon_0}{\pi c} (2\pi\sigma_x^2) \langle |E_\nu(z)|^2 \rangle \tag{C.3}$$

$$= \rho\gamma_r mc^2 N_e \left(\frac{\lambda_1}{cT} \right)^2 \sum_\nu \langle |a_\nu(z)|^2 \rangle. \tag{C.4}$$

因此, 通过适当的定义可建立以下量子关联:

$$a_\nu \rightarrow \frac{cT}{\lambda_1}\sqrt{\frac{\hbar\omega}{N_e\rho\gamma_r mc^2}}\mathfrak{a}_\nu \equiv \frac{cT}{\lambda_1}\sqrt{\frac{\nu q}{N_e}}\mathfrak{a}_\nu. \tag{C.5}$$

在这里, 我们定义了量子 FEL 参数 $q \equiv \hbar\omega_1/\rho\gamma_r mc^2$, 该参数是特征光子能量与 FEL 能带宽度的比值[2]. 当 $q \ll 1$ 时, 一个电子在落到 FEL 带宽外之前会辐射出 $\sim 1/q \gg 1$ 个光子, 此时 FEL 装置可由经典理论描述. 当 $q \gtrsim 1$ 时, 量子效应将变得重要, 单个共振光子的发射会将电子 "撞出" 放大带宽.

定义式 (C.5) 意味着场算子的等 "时"(即 $\widehat{z}$) 对易关系为

$$\left[\mathfrak{a}_\nu(\widehat{z}), \mathfrak{a}_{\nu'}^\dagger(\widehat{z})\right] \equiv \mathfrak{a}_\nu(\widehat{z})\mathfrak{a}_{\nu'}^\dagger(\widehat{z}) - \mathfrak{a}_{\nu'}^\dagger(\widehat{z})\mathfrak{a}_\nu(\widehat{z}) = \delta_{\nu,\nu'}. \tag{C.6}$$

Maxwell 方程 (C.2) 的量子形式为

$$\left(\frac{\partial}{\partial\widehat{z}} + \frac{\mathrm{i}\Delta\nu}{2\rho}\right)\mathfrak{a}_\nu = -\frac{1}{\sqrt{\nu q N_e}}\sum_j \mathrm{e}^{-\mathrm{i}\nu\Theta_j}, \tag{C.7}$$

其中 Θ_j 是与粒子相位 θ_j 关联的量子算子. 为了确定 Θ 的量子共轭, 我们可以回顾一下附录 A 中对于 Hamilton 量的讨论, 在那里我们已看到 $\tau = -ct$ 与 $mc\gamma$ 为正则位置–动量对, 其 Poisson 括号 $\{\tau_j, mc\gamma_\ell\} = \delta_{j,\ell}$. 利用 $\theta_j = k_1\tau_j - (k_1 + k_u)z$ 和 $\widehat{\eta}_j \equiv (\gamma_j - \gamma_r)/\rho\gamma_r$, 在固定的 z 处, 有 $\{\theta, \widehat{\eta}\} = \omega_1/\rho\gamma_r mc^2$. 将 Poisson 括号与量子对易子用 $\{A, B\} = C \rightarrow [A, B] = (\mathrm{i}/\hbar)C$ 联系起来表明, 我们应通过以下关联定义量子正则动量:

$$\widehat{\eta} \rightarrow \frac{\hbar\omega_1}{\rho\gamma mc^2}\mathfrak{p} \equiv q\mathfrak{p}, \quad \text{因而} \quad [\Theta_j, \mathfrak{p}_\ell] = \mathrm{i}\delta_{j,\ell}. \tag{C.8}$$

现在, 我们可以从电子的经典运动方程推断其对应的量子运动方程. 然而我们会看到, 较为方便的做法是首先写出 FEL 的一维量子 Hamilton 量

$$\mathscr{H} = \sum_{j=1}^{N_e}\left[\frac{q}{2}\mathfrak{p}_j^2 + \frac{1}{\sqrt{\nu q N_e}}\sum_\nu\left(\mathrm{i}\mathfrak{a}_\nu \mathrm{e}^{\mathrm{i}\nu\Theta_j} + h.c.\right)\right] + \sum_\nu\frac{\Delta\nu}{2\rho}\mathfrak{a}_\nu^\dagger\mathfrak{a}_\nu, \tag{C.9}$$

在这里, $h.c.$ 表示 Hermite 共轭, 且我们已隐含地假设了场算子与粒子算子对易. Heisenberg 运动方程可通过以下几个方程从 Hamilton 量得到:

$$\frac{\mathrm{d}}{\mathrm{d}\widehat{z}}\mathfrak{a}_\nu = \mathrm{i}[\mathscr{H}, \mathfrak{a}_\nu] = -\mathrm{i}\frac{\Delta\nu}{2\rho}\mathfrak{a}_\nu - \frac{1}{\sqrt{\nu q N_e}}\sum_{j=1}^{N_e}\mathrm{e}^{-\mathrm{i}\nu\Theta_j}, \tag{C.10}$$

$$\frac{\mathrm{d}}{\mathrm{d}\widehat{z}}\Theta_j = \mathrm{i}[\mathscr{H}, \Theta_j] = q\mathfrak{p}_j, \tag{C.11}$$

$$\frac{\mathrm{d}}{\mathrm{d}\widehat{z}}\mathfrak{p}_j = \mathrm{i}[\mathscr{H}, \mathfrak{p}_j] = \sqrt{\frac{\nu}{q N_e}}\sum_\nu\left[a_\nu \mathrm{e}^{\mathrm{i}\nu\theta_j} + a_\nu^\dagger \mathrm{e}^{-\mathrm{i}\nu\theta_j}\right]. \tag{C.12}$$

请注意, 这与前面得到的经典–量子对应所隐含的结论相同. 利用类似于 3.4.4 节的集体变量可化简 (C.10)~(C.12) 式并使其线性化. 集体变量最早是在文献 [3, 2] 中引入的, 在那里 Θ_j 与 $\mathfrak{p}_j$ 的非对易性被忽略, 这一忽略在文献 [4] 中被修正, 而量子 FEL 方程的正确线性化形式则在更近一些的 [5, 6] 等文献中给出. 引入群聚因子算子

$$\mathscr{B}_\nu \equiv \frac{1}{\sqrt{\nu q N_e}} \sum_{j=1}^{N_e} \mathrm{e}^{-\mathrm{i}\nu\Theta_j}, \tag{C.13}$$

从而 Maxwell 方程变为

$$\left(\frac{\mathrm{d}}{\mathrm{d}\hat{z}} + \mathrm{i}\frac{\Delta\nu}{2\rho}\right)\mathfrak{a}_\nu = -\mathscr{B}_\nu. \tag{C.14}$$

利用 Hamilton 量 (C.9) 式, 并适当注意非对易算子, 群聚的演化即可被确定. 我们发现

$$\frac{\mathrm{d}}{\mathrm{d}\hat{z}}\mathscr{B}_\nu = \mathrm{i}[\mathscr{H}, \mathscr{B}_\nu] = -\mathrm{i}\nu\mathscr{P}_\nu, \tag{C.15}$$

其中, 集体动量

$$\mathscr{P}_\nu \equiv \frac{1}{2}\sqrt{\frac{q}{\nu N_e}} \sum_{j=1}^{N_e} \left(\mathfrak{p}_j \mathrm{e}^{-\mathrm{i}\nu\Theta_j} + \mathrm{e}^{-\mathrm{i}\nu\Theta_j}\mathfrak{p}_j\right). \tag{C.16}$$

$\mathscr{P}_\nu$ 的这一对称形式对于确定统一的线性化方程组是很关键的[6]. 要了解这一点, 我们可以推导 $\mathscr{P}$ 的运动方程. 忽略非共振项 $\sim \mathrm{e}^{-2\mathrm{i}\nu\Theta_j}$, 有

$$\begin{aligned}
\frac{\mathrm{d}}{\mathrm{d}\hat{z}}\mathscr{P}_\nu &= \mathrm{i}[\mathscr{H}, \mathscr{P}_\nu] \\
&= \mathfrak{a}_\nu - \mathrm{i}\frac{\nu q}{4}\frac{1}{\sqrt{\nu q N_e}} \sum_{j=1}^{N_e} \left(\mathfrak{p}_j^2 \mathrm{e}^{-\mathrm{i}\nu\Theta_j} + \mathrm{e}^{-\mathrm{i}\nu\Theta_j}\mathfrak{p}_j^2 + 2\mathfrak{p}_j\mathrm{e}^{-\mathrm{i}\nu\Theta_j}\mathfrak{p}_j\right) \\
&= \mathfrak{a}_\nu - \mathrm{i}\frac{\nu q}{4}\frac{1}{\sqrt{\nu q N_e}} \sum_{j=1}^{N_e} \left(\nu^2 \mathrm{e}^{-\mathrm{i}\nu\Theta_j} + 4\mathfrak{p}_j\mathrm{e}^{-\mathrm{i}\nu\Theta_j}\mathfrak{p}_j\right).
\end{aligned} \tag{C.17}$$

最后一项中场变量的阶次更高①, 将其忽略, 有

$$\frac{\mathrm{d}}{\mathrm{d}\hat{z}}\mathscr{P}_\nu = \mathfrak{a}_\nu - \mathrm{i}\frac{\nu^3 q^2}{4}\mathscr{B}_\nu. \tag{C.18}$$

(C.14)、(C.15)、(C.18) 式组成了集体变量形式的量子 FEL 线性方程组. 就像之前在第 3 章中讨论的那样, 上述方程组的通解可写成指数模式 $\mathrm{e}^{-\mathrm{i}\mu\hat{z}}$ 的线性叠加. 将 $\mathfrak{a}_\nu$ 写成 $\sim \mathrm{e}^{-\mathrm{i}\mu\hat{z}}$ 的形式, 可以发现 μ 必须满足三次方程[5]

$$\left(\mu - \frac{\Delta\nu}{2\rho}\right)\left(\mu^2 - \frac{q^2}{4}\right) = 1, \tag{C.19}$$

---

①$\sum \mathfrak{p}_j^2 \mathrm{e}^{-\mathrm{i}\nu\Theta_j}$ 项无法忽略, 这是由于其基本方程中包含线性项, 出现这一差异是因为 $\mathfrak{p}$ 与 Θ 并不对易.

此处除了失谐项外我们取 $\nu \to 1$, 这是由于 $\Delta\nu \sim \rho \ll 1$. 当光子能量远远小于 FEL 带宽, 即 $q^2 = [\hbar\omega_1/(\rho\gamma_r mc^2)]^2 \ll 4$ 时, 量子效应在决定增长率方面不起作用.

请注意 (C.19) 式等同于平顶能量分布 (全宽为 q) 情形的经典色散关系式 (4.51), 图 4.2 所示为几个不同 q 值的增长根对 $\Delta\nu$ 的依赖关系. 在这里, 我们通过给出初值问题的完整解 [当 μ 满足色散关系式 (C.19) 时] 来完成这一讨论. 将三个根分别记为 $\mu_\alpha(\alpha = 1, 2, 3)$, 并进一步定义

$$\Upsilon_\alpha \equiv \frac{\mu_\alpha}{(\mu_\alpha - \mu_\beta)(\mu_\alpha - \mu_\gamma)}, \tag{C.20}$$

其中, (α, β, γ) 为 $(1, 2, 3)$ 上的循环序列, 可以证明 Υ_α 满足以下关系:

$$\sum_\alpha \Upsilon_\alpha \mu_\alpha = 1, \quad \sum_\alpha \Upsilon_\alpha = \sum_\alpha \frac{\Upsilon_\alpha}{\mu_\alpha} = 0, \tag{C.21}$$

$$\sum_\alpha \Upsilon_\alpha \mu_\alpha^2 = -\frac{\Delta\nu}{2\rho}, \quad \sum_\alpha \Upsilon_\alpha \mu_\alpha^3 = \left(\frac{\Delta\nu}{2\rho}\right)^2 + \frac{q^2}{4}. \tag{C.22}$$

利用 (C.19)~(C.22) 式, 电磁算子初值问题的解如下:

$$\mathfrak{a}_\nu(\widehat{z}) = g(\widehat{z})\mathfrak{a}_\nu(0) + f(\widehat{z})\mathscr{B}_\nu(0) + h(\widehat{z})\mathscr{P}_\nu(0), \tag{C.23}$$

其中 $\mathfrak{a}_\nu(0)$, $\mathscr{B}_\nu(0)$, $\mathscr{P}_\nu(0)$ 为场、群聚及集体动量算子的初值, 函数 g, f 及 h 以三个独立指数增长解之和的形式给出了 FEL 的演化过程:

$$g \equiv \sum_\alpha g_\alpha \equiv \sum_\alpha \Upsilon_\alpha \left(\mu_\alpha - \frac{q^2}{4\mu_\alpha}\right) e^{-i\mu_\alpha \widehat{z}}, \tag{C.24}$$

$$f \equiv \sum_\alpha f_\alpha \equiv -i \sum_\alpha \Upsilon_\alpha e^{-i\mu_\alpha \widehat{z}}, \tag{C.25}$$

$$h \equiv \sum_\alpha h_\alpha \equiv -i \sum_\alpha \frac{\Upsilon_\alpha}{\mu_\alpha} e^{-i\mu_\alpha \widehat{z}}. \tag{C.26}$$

(C.23) 式中的结果在数学上表明 FEL 在饱和前起到了线性放大器的作用, 其振幅增益函数由 g, f 及 h 给出. 为了保持完整性, 我们把电子束集体算子的解也写进来:

$$\mathscr{B}_\nu(\widehat{z}) = \sum_\alpha \frac{\Upsilon_\alpha}{\mu_\alpha} \left[i\mathfrak{a}_\nu(0) + \mu_\alpha \left(\mu_\alpha + \frac{\Delta\nu}{2\rho}\right) \mathscr{B}_\nu(0) \right.$$
$$\left. + \left(\mu_\alpha + \frac{\Delta\nu}{2\rho}\right) \mathscr{P}_\nu(0) \right] e^{-i\mu_\alpha \widehat{z}}, \tag{C.27}$$

$$\mathscr{P}_\nu(\widehat{z}) = \sum_\alpha \Upsilon_\alpha \left\{ i\mathfrak{a}_\nu(0) + \frac{1}{\mu_\alpha}\left[1 + \frac{q^2}{4}\left(\mu_\alpha + \frac{\Delta\nu}{2\rho}\right)\right] \mathscr{B}_\nu(0) \right.$$
$$\left. + \left(\mu_\alpha + \frac{\Delta\nu}{2\rho}\right) \mathscr{P}_\nu(0) \right\} e^{-i\mu_\alpha \widehat{z}}. \tag{C.28}$$

正如前面提到的那样, 量子描述在参数 $q \equiv \hbar\omega_1/\rho\gamma_r mc^2$ 变大时很重要. 下一节中的例子将显示, 即便在 $q \ll 1$ 时, 量子的因素也可起到作用. 具体来说, 我们将计算 FEL 放大器中由量子效应引起的最小噪声, 并确定导致最小噪声的束流起始状态.

C.2 FEL 放大器中的量子噪声

在这一节中, 我们将计算包含量子效应的 FEL 放大器固有噪声. 如前一节 (及整本书) 所述, 高增益 FEL 在饱和前起到线性放大器的作用, 每个频率成分均被独立地放大. 因此, 我们可以考虑单一频率成分. 不失一般性, 我们将略去下标 ν, 频率角标在最后可简单地恢复.

我们先给出一些适用于通用线性放大器的结果 (它们很大程度上来自 Caves 的工作[7]), 随后将这些噪声结果应用到 FEL 上. 首先, 一般场的解 (C.23) 式可分解为

$$\mathfrak{a}(\hat{z}) = g(\hat{z})\mathfrak{a}(0) + \mathscr{F}(\hat{z}), \quad \mathscr{F}(\hat{z}) = f(\hat{z})\mathscr{B}(0) + h(\hat{z})\mathscr{P}(0). \tag{C.29}$$

算子 $\mathscr{F}$ 描述电子束 (放大介质) 的动力学过程, 而 $g(\hat{z})$ 则为振幅增益. 利用 (适用于所有 $\hat{z}$ 的) 电磁场对易关系式 (C.6) 及电子束算子与辐射算子对易这一性质, 由 (C.29) 式可得

$$[\mathscr{F}, \mathscr{F}^\dagger] = 1 - G(\hat{z}), \quad G(\hat{z}) \equiv |g(\hat{z})|^2. \tag{C.30}$$

G 是初始输入场 $\mathfrak{a}(0)$ 的 FEL 能量增益, 可以注意到任何线性放大均可由 (C.29) 式表示, 其中 $\mathscr{F}$ 满足 (C.30) 式. 我们的目标是获得 FEL 放大器的最小噪声, 这相当于计算没有初始光子时的最小输出光子数. 我们的结果将适用于一般的线性放大器, 在数学上等同于寻找

$$\min_{\Psi}\langle\mathfrak{a}^\dagger(\hat{z})\mathfrak{a}(\hat{z})\rangle_\Psi, \quad \text{其中假设} \quad \langle\mathfrak{a}^\dagger(\hat{0})\mathfrak{a}(\hat{0})\rangle_\Psi = 0. \tag{C.31}$$

这里 $\langle\mathcal{O}\rangle_\Psi \equiv \langle\Psi|\mathcal{O}|\Psi\rangle$ 表示与初始量子态 Ψ 相关的算子 $\mathcal{O}$ 的期望值. 在 Heisenberg 图像中, Ψ 是固定的, 上述假设意味着它是初始电磁场算子的真空态 $[\mathfrak{a}(0)|\Psi\rangle = 0$ 及 $\langle\Psi|\mathfrak{a}^\dagger(0) = 0]$.

为了求解 (C.31) 式, 一个方便的做法是引入非 Hermite 算子的绝对值平方:

$$|\mathcal{O}|^2 = \frac{1}{2}\left(\mathcal{O}^\dagger\mathcal{O} + \mathcal{O}\mathcal{O}^\dagger\right). \tag{C.32}$$

为了理解 (C.32) 式为什么被称为绝对值平方, 我们写出

$$e^{i\phi}\mathcal{O} = \mathcal{O}_x + i\mathcal{O}_y, \tag{C.33}$$

其中, 相位 ϕ 暂时为任意值, 但在后面将变得很重要. 两个 Hermite 算子 $\mathcal{O}_x$ 和 $\mathcal{O}_y$ 可看作 $e^{i\phi}\mathcal{O}$ 的实部与虚部:

$$\mathcal{O}_x = \frac{1}{2}\left(e^{i\phi}\mathcal{O} + e^{-i\phi}\mathcal{O}^\dagger\right), \quad \mathcal{O}_y = \frac{1}{2i}\left(e^{i\phi}\mathcal{O} - e^{-i\phi}\mathcal{O}^\dagger\right). \tag{C.34}$$

由此可得 $|\mathcal{O}|^2 = \mathcal{O}_x^2 + \mathcal{O}_y^2$, 这正是绝对值平方应有的形式.[①] 现在, 电磁场算子的绝对值平方由下式给出:

$$|\mathfrak{a}|^2 \equiv \frac{1}{2}\left(\mathfrak{a}^\dagger\mathfrak{a} + \mathfrak{a}\mathfrak{a}^\dagger\right) = \mathfrak{a}^\dagger\mathfrak{a} + \frac{1}{2}. \tag{C.35}$$

上式中的 $1/2$ 可理解为真空量子涨落项. 采用 (C.35) 与 (C.29) 式, 光子数的期望值可写为

$$\langle \mathfrak{a}^\dagger(\hat{z})\mathfrak{a}(\hat{z})\rangle_\Psi = \langle |\mathfrak{a}(\hat{z})|^2\rangle_\Psi - \frac{1}{2} = \langle |g(\hat{z})\mathfrak{a}(0) + \mathscr{F}(\hat{z})|^2\rangle_\Psi - \frac{1}{2}$$

$$= \frac{1}{2}(G-1) + \langle |\mathscr{F}(\hat{z})|^2\rangle_\Psi. \tag{C.36}$$

具有 $1/2$ 因子的项源自真空涨落. 因此, 真空涨落提供了一个有效的噪声源, 它等于每模式 $1/2$ 光子, 并被放大 $G-1$ 倍, 这一贡献在高增益装置中相当可观. 另一项涉及 $|\mathscr{F}|^2$ 的期望值, 它给出了放大器自身的噪声贡献. 在激光领域广为熟知的是, 上述两个噪声源充其量近似相等, 这表明高增益放大器中的最小噪声对应于每模式一个光子, 其中真空涨落贡献 $1/2$ 光子, 放大器介质则提供另外一半.

　　我们将重新推导关于放大器中最小噪声的这一结果, 并特别关注可以得到最小噪声的电子束量子态 Ψ. 最终, 我们希望得到可使

$$\langle |\mathscr{F}|^2\rangle_\Psi = \frac{1}{2}\langle \mathscr{F}_x^2 + \mathscr{F}_y^2\rangle_\Psi \tag{C.37}$$

最小化的 Ψ 和 $\mathscr{F}$, 其中 $\mathscr{F}$ 的 "实部" 与 "虚部" 分别为

$$\mathscr{F}_x = \frac{1}{2}\left(e^{i\phi}\mathscr{F} + e^{-i\phi}\mathscr{F}^\dagger\right), \quad \mathscr{F}_y = \frac{1}{2i}\left(e^{i\phi}\mathscr{F} - e^{-i\phi}\mathscr{F}^\dagger\right). \tag{C.38}$$

因此, 我们将算子 $\mathscr{F}$ 的绝对值平方写成

$$\langle |\mathscr{F}|^2\rangle_\Psi = \langle \mathscr{F}_x^2 + \mathscr{F}_y^2\rangle_\Psi \geqslant 2\sqrt{\langle \mathscr{F}_x^2\rangle_\Psi\langle \mathscr{F}_y^2\rangle_\Psi} \tag{C.39}$$

$$\geqslant 2|\langle \mathscr{F}_x\mathscr{F}_y\rangle_\Psi|, \tag{C.40}$$

其中, 第一个不等式是由于两个实数的代数平均值大于或等于其几何平均值, (C.40) 式则利用了 Cauchy-Schwarz 不等式. (C.39) 式中的等号在

$$\langle \mathscr{F}_x^2\rangle_\Psi = \langle \mathscr{F}_y^2\rangle_\Psi \tag{C.41}$$

_____

[①] 采用其他术语, $\mathcal{O}_x$ ($i\mathcal{O}_y$) 为 $e^{i\phi}\mathcal{O}$ 的 Hermite (反 Hermite) 部分.

时成立, 而 (C.40) 中的等号则要求

$$\mathscr{F}_x |\Psi\rangle = \alpha \mathscr{F}_y |\Psi\rangle, \tag{C.42}$$

其中 α 为某一常数. 由于现在有 $\langle |\mathscr{F}|^2 \rangle_\Psi \geqslant 2|\langle \mathscr{F}_x \mathscr{F}_y \rangle_\Psi|$, 我们考虑

$$\begin{aligned}
|\langle \mathscr{F}_x \mathscr{F}_y \rangle_\Psi|^2 &= \frac{1}{4} |\langle \mathscr{F}_x \mathscr{F}_y + \mathscr{F}_y \mathscr{F}_x + [\mathscr{F}_x, \mathscr{F}_y] \rangle_\Psi|^2 \\
&= \frac{1}{4} |\langle \mathscr{F}_x \mathscr{F}_y + \mathscr{F}_y \mathscr{F}_x \rangle_\Psi|^2 + \frac{1}{4} |\langle [\mathscr{F}_x, \mathscr{F}_y] \rangle_\Psi|^2 \\
&\geqslant \frac{1}{4} |\langle [\mathscr{F}_x, \mathscr{F}_y] \rangle_\Psi|^2,
\end{aligned} \tag{C.43}$$

现在的等号要求

$$\langle \mathscr{F}_x \mathscr{F}_y + \mathscr{F}_y \mathscr{F}_x \rangle_\Psi = 0. \tag{C.44}$$

最后, 由对易关系式 (C.30), 我们有 $[\mathscr{F}_x, \mathscr{F}_y] = \mathrm{i}(1 - G)/2$, 因此基于 (C.40) 与 (C.43) 式可得

$$\langle |\mathscr{F}^2| \rangle_\Psi \geqslant \frac{1}{2} |G - 1|. \tag{C.45}$$

将其代入光子数关系表达式 (C.36), 可得不等式 $\langle \mathfrak{a}^\dagger \mathfrak{a} \rangle_\Psi \geqslant (G - 1 + |G - 1|)/2$, 对于正增益 $G \geqslant 1$, 这意味着

$$\langle \mathfrak{a}^\dagger(\hat{z}) \mathfrak{a}(\hat{z}) \rangle_\Psi \geqslant G - 1. \tag{C.46}$$

这一不等式比 Caves 给出的要略强一些[7], 尤其是它表明了在没有增益 ($G = 1$) 的极限条件下最小噪声会消失. 此外, 对 (C.46) 和 (C.36) 式的比较也可证明我们较早前的说法: 在高增益极限条件下 ($G \gg 1$), 放大器产生每模式 G 个光子 (平均值) 的噪声信号. 换句话说, 最小输入噪声信号是每模式一个光子, 其中半个来自放大器, 半个来自真空涨落.

我们已看到放大器噪声极小值的输入态必须满足 (C.41), (C.42) 及 (C.44) 式, 其中 (C.41) 和 (C.44) 式限定了 (C.42) 式中的常数 α $[(\mathscr{F}_x \pm \mathrm{i}\mathscr{F}_y)|\Psi\rangle = 0]$. 这又意味着要么 $\mathscr{F}|\Psi\rangle = 0$, 从而导致不重要的零光子结果 $\langle \mathfrak{a}^\dagger(\hat{z}) \mathfrak{a}(\hat{z}) \rangle_\Psi = 0$, 要么

$$\mathscr{F}^\dagger |\Psi\rangle = 0. \tag{C.47}$$

很容易证明, 当 Ψ 满足 (C.47) 式时, (C.46) 式给出的最小输出噪声光子数为

$$\begin{aligned}
\langle \mathfrak{a}^\dagger(\hat{z}) \mathfrak{a}(\hat{z}) \rangle_\Psi &= \frac{G - 1}{2} + \frac{1}{2} \langle \mathscr{F} \mathscr{F}^\dagger + \mathscr{F}^\dagger \mathscr{F} \rangle_\Psi \\
&= \frac{G - 1}{2} + \frac{1}{2} \langle 2\mathscr{F} \mathscr{F}^\dagger + [\mathscr{F}^\dagger, \mathscr{F}] \rangle_\Psi = G - 1. \tag{C.48}
\end{aligned}$$

现在, 我们利用这些一般性的结果来确定可以给出 FEL 最小噪声的输入态 Ψ, 具体来说, 就是要计算满足 $\mathscr{F}^\dagger|\Psi\rangle = 0$ 的电子束初始量子分布. 为了简化计算, 我们假设量子效应很小, 并将 $\hat{z} = 0$ 处的量子相位变量写成

$$\Theta_j(0) = \theta_j^c + \widetilde{\Theta}_j, \tag{C.49}$$

其中, θ_j^c 是一个表示初始经典位置的数值, 而 $\widetilde{\Theta}_j$ 则是将被视为小量的量子修正 (稍后我们将说明其含义). 进一步假设动量 $\mathfrak{p}$ 很小并舍弃群聚及集体动量中 $\widetilde{\Theta}$ 与 $\mathfrak{p}$ 的二阶项, 可以得到

$$\mathscr{B}(0) \approx \frac{\mathrm{i}}{\sqrt{qN_e}} \sum_{j=1}^{N_e} \mathrm{e}^{-\mathrm{i}\theta_j^c} \left(1 - \mathrm{i}\widetilde{\Theta}_j\right), \quad \mathscr{P}(0) \approx \sqrt{\frac{q}{N_e}} \sum_{j=1}^{N_e} \mathrm{e}^{-\mathrm{i}\theta_j^c} \mathfrak{p}_j. \tag{C.50}$$

我们将会看到 (C.50) 式所表示的展开在 $\sqrt{q} \ll 1$ 时成立 (且量子修正很小). $\hat{z} > 0$ 时, $\mathscr{B}$ 和 $\mathscr{P}$ 的值可分别通过初值乘以增益函数 $g(\hat{z})$ 和 $h(\hat{z})$ 得到. 虽然我们在 (C.23)~(C.26) 式中给出了完全解, 但此处将通过假设量子反冲可被忽略 ($q \ll 1$) 以及将讨论限定在高增益极限情形 ($\hat{z} \gg 1$ 或 $G \gg 1$) 来大幅简化计算. 在这种情况下, 只有 $\mu_3 = (-1 + \mathrm{i}\sqrt{3})/2$ 的增长解是有意义的, 因此 $f \to f_3 = -\mathrm{i}\mathrm{e}^{-\mathrm{i}\mu_3\hat{z}}/\mu_3$, $h \to h_3 = -\mathrm{i}\mathrm{e}^{-\mathrm{i}\mu_3\hat{z}}/\mu_3^2$. 这样, 电子束算子可由下式给出:

$$\mathscr{F} = \mathscr{F}_C + \mathscr{F}_Q, \quad \mathscr{F}_C = -\frac{\mathrm{e}^{-\mathrm{i}\mu_3\hat{z}}}{3\mu_3\sqrt{qN_e}} \sum_{j=1}^{N_e} \mathrm{e}^{-\mathrm{i}\theta_j^c}, \tag{C.51}$$

$$\mathscr{F}_Q = -\frac{\mathrm{e}^{-\mathrm{i}\mu_3\hat{z}}}{3\mu_3\sqrt{qN_e}} \sum_{j=1}^{N_e} \mathrm{e}^{-\mathrm{i}\theta_j^c} \left(\widetilde{\Theta}_j + \frac{\mathrm{i}q}{\mu_3}\mathfrak{p}_j\right), \tag{C.52}$$

其中, 我们将 $\mathscr{F}$ 分解成了纯经典部分 $\mathscr{F}_C$ 与涉及量子效应的部分 $\mathscr{F}_Q$. 要求量子部分满足最小噪声条件 (C.47) 意味着

$$\left(\widetilde{\Theta}_j - \frac{\mathrm{i}q}{\mu_3^*}\mathfrak{p}_j\right) |\Psi\rangle = 0. \tag{C.53}$$

在 $\widetilde{\theta}$ 表象中, 动量算子 $\mathfrak{p}_j = -\mathrm{i}\partial/\partial\widetilde{\theta}$, 因此 (C.53) 式的解是量子波函数

$$\psi(\widetilde{\theta}_j) = \frac{1}{\sqrt{2\pi q}} \mathrm{e}^{\mu_3^*\widetilde{\theta}_j^2/2q} = \frac{1}{\sqrt{2\pi q}} \exp\left(-\frac{1 + \mathrm{i}\sqrt{3}}{4q}\widetilde{\theta}_j^2\right), \tag{C.54}$$

其中 $\widetilde{\theta}$ 为经典数值坐标. 这样, 每个粒子的波函数都是中心位于经典位置 θ_j^c 附近且 RMS 宽度等于 $\sqrt{q}$ 的 Gauss 函数. 为了理解量子相空间分布, 我们计算 Wigner

函数:

$$W(\widetilde{\theta}, p) = \int \mathrm{d}\xi \psi^* \left(\widetilde{\theta} + \frac{\xi}{2} \right) \psi^* \left(\widetilde{\theta} - \frac{\xi}{2} \right) \mathrm{e}^{-\mathrm{i}\xi p}$$

$$= \exp \left(-\frac{2}{q} \widetilde{\theta}^2 - 2\sqrt{3}\widetilde{\theta}p - 2qp^2 \right). \tag{C.55}$$

这是相空间中的相关 Gauss 分布, 其 1σ 曲线由下式表示的斜椭圆给出:

$$\frac{4}{q} \left(\widetilde{\theta}^2 + q\sqrt{3}\widetilde{\theta}p + q^2 p^2 \right) = 1. \tag{C.56}$$

(C.55) 式对 p 积分, 可得 RMS 宽度为 $\sqrt{q}$ 的 Gauss 分布, 而对 $\widetilde{\theta}$ 积分则可得到 RMS 宽度为 $1/\sqrt{q}$ 的 Gauss 分布. 由于 (C.52) 式中的算子 $\mathscr{F}_Q$ 正比于 $\widetilde{\Theta}$ 和 $q\mathfrak{p}$, 因此在 $\sqrt{q} \ll 1$ 时量子效应很弱.

作为最后的核验, 我们计算噪声项 $\langle \mathscr{F}_Q^\dagger \mathscr{F}_Q \rangle_\Psi$. 电子束的波函数是单粒子波函数的乘积, 因此 $\widetilde{\theta}$ 表象中的态 $|\Psi\rangle$ 满足

$$\langle \widetilde{\theta} | \Psi \rangle = \prod_{j=1}^{N_e} \psi(\widetilde{\theta}_j). \tag{C.57}$$

利用高增益下 $q \ll 1$ 的结果 $|g_3|^2 = |h_3|^2 = |f_3|^2 = G$, 量子部分对噪声信号的贡献为

$$\frac{1}{2} \langle \mathscr{F}_Q^\dagger \mathscr{F}_Q \rangle_\Psi = \frac{G}{2qN_e} \left\langle \Psi \left| \sum_{j,\ell=1}^{N_e} \mathrm{e}^{\mathrm{i}(\theta_j^c - \theta_\ell^c)} \left(\widetilde{\Theta}_j - \frac{\mathrm{i}q}{\mu_3^*} \mathfrak{p}_j \right) \left(\widetilde{\Theta}_\ell + \frac{\mathrm{i}q}{\mu_3} \mathfrak{p}_\ell \right) \right| \Psi \right\rangle$$

$$= \frac{G}{2q} \int \mathrm{d}\widetilde{\theta} \psi^*(\widetilde{\theta}) \left(\widetilde{\theta}^2 - q^2 \frac{\partial^2}{\partial \widetilde{\theta}^2} + \frac{q\widetilde{\theta}}{\mu_3} \frac{\partial}{\partial \widetilde{\theta}} - \frac{q}{\mu_3^*} \frac{\partial}{\partial \widetilde{\theta}} \widetilde{\theta} \right) \psi(\widetilde{\theta})$$

$$= \frac{G}{2}, \tag{C.58}$$

其中, 第二个等式成立是由于 $\psi(\widetilde{\theta})$ 是偶函数, 因此 $j \neq \ell$ 的项都会消失. 请注意该等式中第一项和第二项的期望值 (分别为 $\widetilde{\Theta}^2$ 和 $q^2 \mathfrak{p}^2/|\mu_3|^2$) 均等于 q(二者之和为 $2q$), 而第三项与第四项的和则为 $-q$. 当 $G \gg 1$ 时, (C.58) 式中的输出噪声与 (C.45) 式一致.

如果初态不同于 (C.54) 式, 则放大器噪声会更大一些. 例如, 考虑简单的 Gauss 函数 $\psi(\widetilde{\theta}) = \mathrm{e}^{-\widetilde{\theta}^2/2\sigma_\theta^2}/\sqrt{2\pi}\sigma_\theta$, 则噪声信号变为

$$\frac{1}{2} \langle \mathscr{F}_Q^\dagger \mathscr{F}_Q \rangle_\Psi = \frac{G}{2} \left[\frac{1}{q} \left(\sigma_\theta^2 + \frac{q^2}{4\sigma_\theta^2} \right) + \frac{1}{2} \right], \tag{C.59}$$

其中, 最后一项 $1/2$ 是 (C.58) 式第二行积分中的第三项与第四项之和. 最小值为 $\frac{1}{2}\langle \mathscr{F}_Q^\dagger \mathscr{F}_Q \rangle_\Psi = 3G/4$, 出现在 $\sigma_\theta^2 = q/2$ 时. (C.59) 式与文献 [4] 中得到的相同, 该文献认为, 为使整个波荡器中的位置方差最小化, 需取 $\sigma_\theta^2 = 2\pi N_u \rho q$. 无论如何, 为使固有量子噪声的贡献占据主导地位, 我们还必须要求在感兴趣的频率上经典平均值 $\langle |\mathscr{F}_C|^2 \rangle = 0$. 这在一些情形下可被满足, 例如当经典位置的间隔均匀时.

在本节的结尾, 我们来计算完整的 FEL 功率谱密度, 即一维公式 (4.47) 的量子扩展. 为了更具一般性, 这里将恢复频率角标, 并把输入辐射信号包含进来. 后者意味着波函数 Ψ 可包含一些初始光子, 其中光子数 (C.36) 的扩展很简单, 只需注意到场或放大器算子的期望值为零即可. 我们有

$$\langle \mathfrak{a}_\nu^\dagger(\widehat{z}) \mathfrak{a}_\nu(\widehat{z}) \rangle_\Psi = G \langle \mathfrak{a}_\nu^\dagger(0) \mathfrak{a}_\nu(0) \rangle_\Psi + \frac{G-1}{2}$$
$$+ \langle |\mathscr{F}_{\nu,C}|^2 \rangle + \langle |\mathscr{F}_{\nu,Q}|^2 \rangle_\Psi, \tag{C.60}$$

其中量子算子 $\mathscr{F}_Q$ 的绝对值平方遵从不等式 (C.45), 而经典部分则为

$$|\mathscr{F}_{\nu,C}|^2 = \frac{\mathrm{e}^{\sqrt{3}\widehat{z}}}{9qN_e} \sum_{j,\ell}^{N_e} \mathrm{e}^{-\mathrm{i}\nu(\theta_j^c - \theta_\ell^c)} = \frac{G}{qN_e} \sum_{j,\ell}^{N_e} \mathrm{e}^{-\mathrm{i}\nu(\theta_j^c - \theta_\ell^c)} \tag{C.61}$$

的整体平均. (C.60) 式的第一行包含相干放大和真空涨落引起的噪声项, 而第二行则分别为经典及量子放大器噪声的贡献. 为了由每模式的光子数得到功率谱密度, 我们需再次用到每模式的能量 $\hbar\omega \approx \hbar\omega_1$ 和量子化的模式间隔 $\mathrm{d}\omega = 2\pi/T$. 由此有

$$\frac{\mathrm{d}P}{\mathrm{d}\omega} = \frac{\hbar\omega_1 \langle \mathfrak{a}_\nu^\dagger(\widehat{z}) \mathfrak{a}_\nu(\widehat{z}) \rangle_\Psi / T}{2\pi/T} = \frac{\hbar\omega_1}{2\pi} \langle \mathfrak{a}_\nu^\dagger(\widehat{z}) \mathfrak{a}_\nu(\widehat{z}) \rangle_\Psi. \tag{C.62}$$

利用 $q^{-1} \equiv \rho\gamma_r mc^2/\hbar\omega_1$, 可得

$$\frac{\mathrm{d}P}{\mathrm{d}\omega} = G \left\{ \frac{\mathrm{d}P}{\mathrm{d}\omega}\bigg|_0 + \frac{\rho\gamma_r mc^2}{2\pi} \left[\left\langle \frac{1}{N_e} \sum_{j,\ell}^{N_e} \mathrm{e}^{-\mathrm{i}\nu(\theta_j^c - \theta_\ell^c)} \right\rangle \right. \right.$$
$$\left. \left. + q \left(\frac{1}{2} + \langle |\mathscr{F}_{\nu,Q}|^2 \rangle_\Psi \right) \right] \right\} \tag{C.63}$$

$$\geqslant G \left\{ \frac{\mathrm{d}P}{\mathrm{d}\omega}\bigg|_0 + \frac{\rho\gamma_r mc^2}{2\pi} \left[\left\langle \frac{1}{N_e} \sum_{j,\ell}^{N_e} \mathrm{e}^{-\mathrm{i}\nu(\theta_j^c - \theta_\ell^c)} \right\rangle + q \right] \right\}. \tag{C.64}$$

如果经典分布就是相位的随机分布 (像我们迄今为止所假设的那样), 则经典 (散粒噪声) 贡献为量子噪声的 $1/q \gg 1$ 倍. 反之, 如果控制束流分布从而使经典求和为零 (例如, 可将相位调整至等间距), 则量子噪声将是 SASE 的唯一种子源. 对于 X 射线 FEL, q 通常为千分之几或更小.

C.3 Madey 定理

我们已在 3.3 节中推导了低增益 FEL 的 Madey 定理. 那里的计算完全采用了经典物理, 然而 Madey 定理首次推导却是基于量子力学的, 就像 FEL 那样. 这里将从量子理论的角度给出 Madey 定理的简单证明. 我们首先将净能量产生写成发射率与吸收率之差, 同时采用 Dirac 符号 $|n, p\rangle$ 来表示具有 n 个光子且电子动量为 p 的态, 并将发射 (吸收) 后的动量态标记为 $p_e(p_a)$. 对于初始量子态仅依赖于初始电子能量的低增益 FEL 装置, 有

$$\frac{\mathrm{d}U}{\mathrm{d}\omega} \propto N_e \hbar\omega \left(|\langle n+1, p_e |(\mathfrak{a}\mathfrak{J}^\dagger + \mathfrak{a}^\dagger \mathfrak{J})|n, p\rangle|^2 \right.$$
$$\left. - |\langle n-1, p_a |(\mathfrak{a}\mathfrak{J}^\dagger + \mathfrak{a}^\dagger \mathfrak{J})|n, p\rangle|^2 \right) \tag{C.65}$$
$$= N_e \hbar\omega \left(|\langle n+1|\mathfrak{a}^\dagger|n\rangle\langle p_e|\mathfrak{J}|p\rangle|^2 - |\langle n-1|\mathfrak{a}|n\rangle\langle p_a|\mathfrak{J}^\dagger|p\rangle|^2 \right). \tag{C.66}$$

在这里, 相互作用 Hamilton 量的矩阵元涉及辐射算子 $\mathfrak{a}$ 和 $\mathfrak{a}^\dagger$ 以及电流算子 $\mathfrak{J}$ 和 $\mathfrak{J}^\dagger$. 在前一节的一维模型中, $\mathfrak{J} = \mathcal{B}$.

为了确定矩阵元, 我们再次注意到电磁场的产生与湮灭算子是通过 $\mathfrak{a}^\dagger|n\rangle \propto |n+1\rangle$ 与 $\mathfrak{a}|n\rangle \propto |n-1\rangle$ 作用在具有 n 个光子的态上的. 由这些关系及对易规则 $[\mathfrak{a}, \mathfrak{a}^\dagger] = 1$ 可知, $\mathfrak{a}^\dagger \mathfrak{a}$ 是光子数算子且 $\mathfrak{a}^\dagger \mathfrak{a}|n\rangle = n|n\rangle$, 同时

$$\langle n+1|\mathfrak{a}^\dagger|n\rangle = \sqrt{n+1}, \quad \langle n-1|\mathfrak{a}|n\rangle = \sqrt{n}. \tag{C.67}$$

将其代入 (C.66) 式, 可将每单位频率上的能量写成

$$\frac{\mathrm{d}U}{\mathrm{d}\omega} = N_e \hbar\omega \left[(n+1)\Gamma_e - n\Gamma_a \right] = N_e \hbar\omega \left[n(\Gamma_e - \Gamma_a) + \Gamma_e \right], \tag{C.68}$$

其中发射率 $\Gamma_e \propto |\langle p_e|\mathfrak{J}|p\rangle|^2$, 吸收率 $\Gamma_a \propto |\langle p_a|\mathfrak{J}^\dagger|p\rangle|^2$. (C.68) 式第二个等号后的第二项对应于波荡器中通常的自发辐射率, 第一项则正比于光子数 n, 给出了与 FEL 增益相关的受激辐射的贡献.

与 FEL 增益相关的发射率依赖于末态的电子能量, 即 $\Gamma_e = \Gamma(\gamma_e)$, $\Gamma_a = \Gamma(\gamma_a)$. 考虑到能量 γ_e 与 γ_a 之间的关系, (C.68) 式可以得到简化. 由此, 我们将在扭摆器磁场中运动的强相对论电子及光子的二矢量动量写为

$$p = mc\left(\gamma, \gamma - \frac{1+K^2/2}{2\gamma}\right), \quad k = \hbar(\omega/c, \omega/c). \tag{C.69}$$

电子与辐射场在相互作用过程中交换一个零频率 (波荡器是静止设备)、波矢幅度为 k_u 的波荡器虚光子. 对于发射过程, 二矢量波荡器动量为

$$q_e = \hbar(0, -k_u). \tag{C.70}$$

当发射一个光子时, 由能量–动量守恒 $p + q_e = p_e + k$, 有

$$mc^2\gamma = mc^2\gamma_e + \hbar\omega, \tag{C.71}$$

$$mc\left(\gamma - \frac{1 + K^2/2}{2\gamma}\right) - \hbar k_u = mc\left(\gamma_e - \frac{1 + K^2/2}{2\gamma_e}\right) + \hbar\omega/c. \tag{C.72}$$

求解该方程组, 可得发射频率为

$$\omega_e = \frac{2\gamma^2 c k_u}{(1 + K^2/2) + 2\gamma\hbar k_u/mc} \approx \omega_r\left(1 - \frac{\hbar\omega_r}{\gamma mc^2}\right), \tag{C.73}$$

其中 $\omega_r \equiv 2\gamma^2 c k_u/(1 + K^2/2)$ 满足经典 FEL 共振条件, 这里假设光子能量远远小于电子能量, 即 $\hbar\omega_r \ll \gamma mc^2$. 请注意, 经典结论的量子修正主导项 (源自光子发射过程中的电子反冲) 正比于光子能量与电子束能量的比值.

对于吸收过程, 二矢量波荡器动量反号, 重复动量守恒 (此时 $p + q_a + k = p_a$) 可得到同样的方程, 除了将 k_u 及 ω 替换成 $-k_u$ 及 $-\omega$ 外. 因此, 有

$$\omega_a = \frac{2\gamma^2 c k_u}{(1 + K^2/2) - 2\gamma\hbar k_u/mc} \approx \omega_r\left(1 + \frac{\hbar\omega_r}{\gamma mc^2}\right). \tag{C.74}$$

比较 (C.73) 与 (C.74) 式, 可以发现 $\omega_a(\gamma) \approx \omega_e(\gamma + \hbar\omega/mc^2)$, 而这又意味着 $\Gamma_a(\gamma) = \Gamma_e(\gamma + \hbar\omega/mc^2)$. 考虑到如下自发辐射概率振幅与其矩阵元的关系, 可对此进行更为严格的推导:

$$\Gamma_e = \Gamma(\gamma, \omega, q) \propto |\langle p_e|\mathfrak{J}|p\rangle|^2. \tag{C.75}$$

另一方面, 吸收过程的矩阵元为

$$|\langle p_a|\mathfrak{J}^\dagger|p\rangle|^2 = |\langle p|\mathfrak{J}|p_a\rangle^*|^2 = |\langle p|\mathfrak{J}|p_a\rangle|^2 \propto \Gamma(\gamma + \hbar\omega/mc^2, \omega, q). \tag{C.76}$$

现在, 我们利用 (C.75) 与 (C.76) 式将辐射率与吸收率的差值写为

$$\Gamma_e - \Gamma_a = \Gamma(\gamma mc^2) - \Gamma(\gamma mc^2 + \hbar\omega) \approx -\frac{\hbar\omega}{mc^2}\frac{\mathrm{d}\Gamma}{\mathrm{d}\gamma}, \tag{C.77}$$

而这又意味着每单位频率上辐射的能量为

$$\frac{\mathrm{d}U}{\mathrm{d}\omega} = N_e\hbar\omega\left(-\frac{n\hbar\omega}{mc^2}\frac{\mathrm{d}\Gamma}{\mathrm{d}\gamma} + \Gamma_e\right). \tag{C.78}$$

(C.78) 式展示了 Madey 定理的物理内涵: 辐射能量的变化 (及辐射增益) 正比于自发辐射谱对电子能量的导数. 为了再现经典公式, 我们将电子能量的改变与受激辐射联系起来:

$$\langle\Delta\gamma\rangle = \frac{\Delta\omega}{N_e mc^2}\frac{\mathrm{d}U_{\mathrm{stim}}}{\mathrm{d}\omega} = -\frac{2\pi}{T}\frac{\hbar\omega}{N_e mc^2}\frac{n\hbar\omega}{mc^2}\frac{\mathrm{d}\Gamma}{\mathrm{d}\gamma}, \tag{C.79}$$

其中已取 $\Delta\omega = 2\pi/T$(单模外场). 现在, 将光子能量 $n\hbar\omega$ 和发射率分别替换为之前引入的经典电磁能量和一维频谱:

$$n\hbar\omega = \frac{\epsilon_0}{2}\left|E_0\right|^2 (2\pi\sigma_x^2 cT),\tag{C.80}$$

$$\Gamma = \frac{T}{\hbar\omega}\Delta\phi_{1D}\frac{\mathrm{d}P}{\mathrm{d}\omega\mathrm{d}\phi}\bigg|_{\phi=0} = \frac{T}{\hbar\omega}\frac{\lambda^2}{2\pi\sigma_x^2}\frac{\mathrm{d}P}{\mathrm{d}\omega\mathrm{d}\phi}\bigg|_{\phi=0}.\tag{C.81}$$

将 (C.80)~(C.81) 式代入 (C.79) 式后, 经典公式 (3.41) 就会呈现:

$$\langle\Delta\gamma\rangle = -\frac{\pi\lambda^2 cT}{N_e}\frac{\epsilon_0\left|E_0\right|^2}{(mc^2)^2}\frac{\partial}{\partial\gamma}\frac{\mathrm{d}P}{\mathrm{d}\omega\mathrm{d}\phi}\bigg|_{\phi=0}.\tag{C.82}$$

参考文献

[1] J. M. J. Madey, "Stimulated emission of bremsstrahlung in a periodic magnetic field," *J. Appl. Phys.*, vol. 42, p. 1906, 1971.

[2] R. Bonifacio and F. Casagrande, "Instability threshold, quantum initiation and photon statistics in high-gain free electron lasers," *Nucl. Instrum. Methods Phys. Res., Sect. A*, vol. 237, p. 168, 1985.

[3] R. Bonifacio and F. Casagrande, "Instabilities and quantum initiation in the free-electron laser," *Opt. Commun.*, vol. 50, p. 251, 1984.

[4] C. Schroeder, C. Pelligrini, and P. Chen, "Quantum effects in high-gain free-electron lasers," *Phys. Rev. E*, vol. 64, p. 056502, 2001.

[5] R. Bonifacio, N. Piovella, and G. Robb, "Quantum theory of SASE FEL," *Nucl. Instrum. Methods Phys. Res., Sect. A*, vol. 543, p. 645, 2005.

[6] R. Bonifacio, N. Piovella, G. Robb, and A. Schiavi, "Quantum regime of free electron lasers starting from noise," *Phys. Rev. ST Accel. Beams*, vol. 9, p. 090701, 2006.

[7] C. M. Caves, "Quantum limits on noise in linear amplifiers," *Phys. Rev. D*, vol. 26, p. 1817, 1982.

附录 D   横向梯度波荡器

为了获得 FEL 增益, 电子与辐射场之间应存在共振相互作用. 这要求电子束中大部分粒子近似满足共振条件

$$\lambda_1 = \lambda_u \frac{1 + K^2/2}{2\gamma^2}. \tag{D.1}$$

由于这一原因, 传统 FEL 要求电子束具有很低的能散度 (低增益 FEL 装置要求 $\sigma_\eta \ll 1/N_u$, 高增益 FEL 装置则要求 $\sigma_\eta \ll \rho$). 在文献 [1] 中, Smith 和合作者提出了通过横向变化的波荡器磁场设计 (参见图 D.1) 来降低能散度要求的方案. 如果同时对入射电子进行排序, 从而使更高能量的电子看到更强的磁场, 则不管初始能散度有多大, 原则上所有的电子都能满足共振条件 (D.1) 式. 尽管横向梯度波荡器最初是为低增益 FEL 提出的, 但这类设备的应用在高增益 FEL 中得到了新的关注, 包括其在提升大能散度束流 (如激光等离子体加速器产生的束流) 的 FEL 增益[2] 及激光种子型 FEL 的谐波产生效率[3] 上的优势.

为了说明横向梯度波荡器 (transverse gradient undulator, 简称 TGU) 的工作原理, 我们考虑图 D.1 所示的 TGU, 其波荡器间隙沿 x 方向减小. 这种情形下的磁场 (及相应的 K 参数) 是 x 的递增函数, 为了处处满足 (D.1) 式, 电子应处于理想的位置上, 从而使其能量为 x 的单调递增函数. 具体说来, 对于编号为 j 的每个电子, 我们希望

$$\lambda_1 = \lambda_u \frac{1 + K^2(\overline{x}_j)/2}{2\gamma_j^2}, \tag{D.2}$$

在这里共振条件依赖于能量 γ_j 和平均粒子位置 $\overline{x}_j$ (归因于变化的磁场强度). 我们试着通过在波荡器上游引入一定的色散来使所有的电子都满足 (D.2) 式, 该色散可将电子的能量和位置关联起来:

$$\overline{x}_j = D\eta_j + x_{\beta j}. \tag{D.3}$$

线性变换式 (D.3) 意味着 x_β 是色散段之前的初始粒子位置. 接下来我们将 x_β 作为感兴趣的动力学变量, 并假设 $|k_u x_\beta| \ll 1$. 现在我们可使用 (D.3) 式的定义来消除共振条件 (D.2) 式中的能量, 从而得到

$$\lambda_1 = \lambda_u \frac{1 + K^2(\overline{x}_j)/2}{2\gamma_r^2[1 + (\overline{x}_j - x_{\beta j})/D]^2} \approx \lambda_u \frac{1 + K^2(\overline{x}_j)/2}{2\gamma_r^2(1 + \overline{x}_j/D)^2}. \tag{D.4}$$

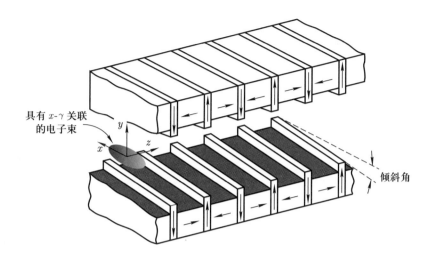

具有 x-γ 关联的电子束

倾斜角

图 D.1　横向梯度波荡器示意图. 在这里磁场强度 K 沿 x 方向增加, 因此, 只要粒子的能量 γ 是 x 的递增函数并满足 (D.3) 式, 能散度的要求就可被降低.

因此, 对于给定的色散 D, TGU 场分布应为

$$\frac{1 + K^2(\overline{x})/2}{(1 + \overline{x}/D)^2} = 1 + K_0^2/2, \tag{D.5}$$

其中, K_0 为不存在任何横向变化时的正常波荡器强度, 且我们有 $k_u = k_1(1 + K_0^2/2)/2\gamma_r^2$.

假设波荡器场遵循 (D.5) 式且 $\eta = (\overline{x} - x_\beta)/D$, 则有质动力相位方程变为

$$\frac{\mathrm{d}\theta}{\mathrm{d}z} = k_u - k_1 \frac{1 + K^2(\overline{x})/2}{2\gamma_r^2(1 + \eta)^2} \approx k_u - k_1 \frac{1 + K^2(\overline{x})/2}{2\gamma_r^2(1 + \overline{x}/D)^2}(1 + 2x_\beta/D)$$

$$= -\frac{2k_u}{D}x_\beta, \tag{D.6}$$

且横向梯度可有效地将相位方程中的能量偏离 η 替换为 $-x_\beta/D$. 为此, 我们利用 Lorentz 力方程

$$\frac{\mathrm{d}}{\mathrm{d}t}\left(\gamma m \frac{\mathrm{d}x}{\mathrm{d}t}\right) = -e\left[B_z \frac{\mathrm{d}y}{\mathrm{d}t} - B_y \frac{\mathrm{d}z}{\mathrm{d}t}\right] \tag{D.7}$$

来讨论 x 方向的运动. 为了简化分析, 我们假设 $|\mathrm{d}\boldsymbol{x}/\mathrm{d}t| \ll 1$, 此时可对强相对论电子近似地取 $\mathrm{d}z/\mathrm{d}t \approx c$, 并舍弃作用力 $\sim B_z(\mathrm{d}y/\mathrm{d}t)$(假设轴线上 $B_z = 0$). 如果我们再假设二阶时间导数可忽略, 并将独立变量换成 z, 则 (D.7) 式可简化为

$$\frac{\mathrm{d}^2 x}{\mathrm{d}z^2} \approx \frac{eB_y}{mc\gamma}. \tag{D.8}$$

由于 TGU 采用横向变化的波荡器磁场, 因此电子在一个波荡器周期内的振荡不再是完全反对称的. 在没有任何校正的情况下, 这种不对称性会导致净离轴偏转, 该偏转通常可采用另一静磁场来抵消. 因此, 我们将总磁场分解成波荡器磁场和不依赖于 z 的外加场, 即

$$B_y \approx -\frac{mck_u}{e}K(x)\sin(k_u z) + B_s(x). \tag{D.9}$$

为将 (D.8) 式化简为 x_β 的方程, 我们首先将横向位置分解成由波荡器所导致的扭摆运动和缓慢演化的振荡中心, 即

$$x = x_w + \overline{x} \equiv \frac{K(\overline{x})}{k_u\gamma}\sin(k_u z) + \overline{x}. \tag{D.10}$$

将磁场 (D.9) 和坐标 (D.10) 代入作用力方程 (D.8), 在 $|x_w| \sim K/\gamma \ll 1$ 的假设下展开, 并在波荡器周期上取平均, 可得如下平均运动方程:

$$\frac{\mathrm{d}^2\overline{x}}{\mathrm{d}z^2} = -\frac{1}{2\gamma^2}K(\overline{x})\frac{\partial K}{\partial\overline{x}} + \frac{e}{mc\gamma}B_s(\overline{x}). \tag{D.11}$$

利用 (D.3) 式及 $\gamma = \gamma_r(1+\eta) = \gamma_r[1 + (\overline{x} - x_\beta)/D]$ 引入 β 振荡坐标, 有

$$\begin{aligned}
\frac{\mathrm{d}^2\overline{x}}{\mathrm{d}z^2} &= -\frac{K(\overline{x})(\partial K/\partial\overline{x})}{2\gamma_r^2[1 + (\overline{x} - x_\beta)/D]^2} + \frac{eB_s(\overline{x})}{mc\gamma_r[1 + (\overline{x} - x_\beta)/D]} \\
&\approx -\frac{K(\overline{x})(\partial K/\partial\overline{x})}{2\gamma_r^2(1 + \overline{x}/D)^2}\left(1 + \frac{2x_\beta}{D + \overline{x}}\right) + \frac{eB_s(\overline{x})}{mc\gamma_r(1 + \overline{x}/D)}\left(1 + \frac{x_\beta}{D + \overline{x}}\right).
\end{aligned}$$

如果我们选取

$$B_s(\overline{x}) = \frac{mc}{e}\frac{K(\overline{x})(\partial K/\partial\overline{x})}{2\gamma_r(1 + \overline{x}/D)}, \tag{D.12}$$

则恒定作用力可被抵消. 此外, 利用 TGU 条件 (D.5) 可导出 $K(\overline{x})(\partial K/\partial\overline{x}) = (2 + K_0^2)(D + \overline{x})/D^2$, 因此横向 β 振荡的运动方程为

$$\begin{aligned}
x_\beta'' &= -\frac{2 + K_0^2}{2D^2\gamma_r^2(1 + \overline{x}/D)^2}x_\beta - D\eta'' \approx -\frac{2 + K_0^2}{2D^2\gamma^2}x_\beta - D\eta'' \\
&\equiv -\frac{k_\beta^2}{(1+\eta)^2}x_\beta - D\eta''. \tag{D.13}
\end{aligned}$$

在这里我们定义了正常 β 振荡频率

$$k_\beta \equiv \frac{\sqrt{1 + K_0^2/2}}{D\gamma_r}. \tag{D.14}$$

在没有 FEL 相互作用时, $\eta' = 0$, β 振荡是纯粹的振荡, 其频率取决于能量. 反之, 与辐射场的能量交换将充当横向振荡的源.

作为一个具体的例子, 我们考虑满足真空 Maxwell 方程组的最简单的 TGU
场[4]:

$$B = -B_0(1 + \alpha x)\cosh(k_u y)\sin(k_u z)\widehat{y}$$
$$- B_0(1 + \alpha x)\sinh(k_u y)\cos(k_u z)\widehat{z} - B_0\frac{\alpha}{k_u}\sinh(k_u y)\sin(k_u z)\widehat{x}. \quad \text{(D.15)}$$

这一磁场往往无法完全满足 (D.5) 式中的 TGU 相位条件, 只在 K_0^2 很大 ($K_0^2 \gg 2$)
或横向位移很小 ($|\overline{x}(\partial K/\partial \overline{x})| = |\alpha \overline{x}| \ll 1$) 的限定条件下适用. 上述条件通常至少
会有一个成立, 在这种情况下, (D.5) 式可简化为

$$\alpha D = \frac{2 + K_0^2}{K_0^2}. \quad \text{(D.16)}$$

此外, 由 (D.12) 式可知, 外加磁场 B_s 的最低阶 x 依赖关系应为

$$B_s(x) \approx \frac{mc}{e}\frac{\alpha K_0^2}{2\gamma_r}\left(1 + \frac{2\alpha x}{2 + K_0^2}\right). \quad \text{(D.17)}$$

D.1 低增益分析

在本节中, 我们假设 FEL 增益很小, 并先沿袭 Kroll 等人的工作[5] 分析低增
益 (但将采用与本书其他部分一致的新符号). 随后, 我们将尝试利用文献 [6] 中的
一些结论将文献 [5] 和低增益 FEL 的讨论联系起来.

在低增益装置中, 电子能量的改变较小, 横向运动可由下式近似描述:

$$x_\beta'' + \widetilde{k}_\beta^2 x_\beta = -D\eta'', \quad \text{(D.18)}$$

其中 $\widetilde{k}_\beta = k_\beta/[1 + \eta(0)]$ 与粒子的初始能量有关. 受迫振子方程 (D.18) 的解为

$$x_\beta(z) = \begin{cases} x_{\beta+}^H(z) - \dfrac{D}{k_\beta}\displaystyle\int_0^z \mathrm{d}z' \sin[\widetilde{k}_\beta(z - z')]\eta''(z') & (\text{当 } z \geqslant 0\text{时}), \\ x_\beta^H(z) & (\text{当 } z < 0\text{时}). \end{cases} \quad \text{(D.19)}$$

在这里, $x_\beta^H(z)$ 是 β 振荡的齐次解, 引入下标 "+" 是为了将波荡器内 ($z \geqslant 0$) 的运
动与无作用力 ($z < 0$) 的运动区分开来. 请注意, 由于总的横向坐标 $\overline{x}$ 及其导数 $\overline{x}'$
处处连续, 而 η' 并不连续 [在波荡器外 $\eta'(z < 0) = 0$, 但通常 $\eta'(z = 0) \neq 0$], 因此
函数 $x_\beta'(z)$ 在 $z = 0$ 处不连续. 由此可以得出

$$x_{\beta+}^H(z) = x_\beta^H(z) - \frac{D\eta'(0)}{\widetilde{k}_\beta}\sin(\widetilde{k}_\beta z). \quad \text{(D.20)}$$

对 (D.19) 式进行如下分部积分:

$$x_\beta(z) = x_{\beta+}^H(z) + \frac{D\eta'(0)}{\widetilde{k}_\beta} \sin(\widetilde{k}_\beta z) - D \int_0^z \mathrm{d}z' \cos[\widetilde{k}_\beta(z - z')]\eta'(z')$$

$$= x_\beta^H(z) - D \int_0^z \mathrm{d}z' \cos[\widetilde{k}_\beta(z - z')]\eta'(z'). \tag{D.21}$$

将 (D.21) 式代入 (D.6) 式, 可以得到有质动力相位的运动方程

$$\frac{\mathrm{d}\theta}{\mathrm{d}z} = -\frac{2k_u}{D} x_\beta^H(z) + 2k_u \int_0^z \mathrm{d}z' \cos[\widetilde{k}_\beta(z - z')]\eta'(z'). \tag{D.22}$$

最后, 我们基于平面波激光场 $E \sim \mathrm{e}^{\mathrm{i}k_1(1+\Delta\nu)(z-ct)} = \mathrm{e}^{\mathrm{i}(1+\Delta\nu)\theta - \mathrm{i}\Delta\nu k_u z} \approx \mathrm{e}^{\mathrm{i}(\theta - \Delta\nu k_u z)}$ 来考虑 FEL 导致的能量变化:

$$\frac{\mathrm{d}\eta}{\mathrm{d}z} = -\frac{\epsilon}{2k_e L_u^2} \sin(\theta - \Delta\nu k_u z), \tag{D.23}$$

其中 $\epsilon \equiv eE_0[\mathrm{JJ}]N_u L_u/(2\gamma_r^2 mc^2)$ 是无量纲电场强度. (D.22)~(D.23) 式是适用于横向梯度波荡器 FEL 的"摆方程". 通过 TGU 的设计, (D.22) 式最右边的失谐项在 $z = 0$ 处消失, 但随着 z 的增加, 它将由于 β 振荡而变成非零值.

为了研究低增益特性, 我们假设 $\epsilon \ll 1$, 并类似于 §3.3 将摆方程 (D.22)~(D.23) 求解至 ϵ^2 阶. 具体说来, 我们可将动力学变量展开为 $\theta(z) = \theta_0 + \epsilon\theta_1 + \epsilon^2\theta_2$ 及 $\eta(z) = \eta_0 + \epsilon\eta_1 + \epsilon^2\eta_2$, 并在 ϵ 的各阶次上求解所得的方程, 从而得到摆方程的解. 这里不再重复相关步骤, 仅写出对初始相位 $\theta(z = 0)$ 取平均后的二阶能量损失方程 (假设初始相位均匀分布)

$$\left\langle \epsilon^2 \frac{\mathrm{d}\eta_2}{\mathrm{d}z} \right\rangle = -\frac{\epsilon^2}{4k_u L_u^4} \int_0^z \mathrm{d}z' \int_0^{z'} \mathrm{d}z'' \left\langle \cos[\widetilde{k}_\beta(z' - z'')] \right.$$

$$\left. \times \sin[k_u \Delta\nu(z'' - z) - \Theta_\beta(z'') + \Theta_\beta(z)] \right\rangle, \tag{D.24}$$

此处定义了

$$\Theta_\beta(z) \equiv \frac{2k_u}{D} \int_0^z \mathrm{d}z' x_\beta^H(z'). \tag{D.25}$$

将 (D.24) 式在波荡器长度上积分, 可以得到电子能量的变化. 然而, 由于 β 振荡项 Θ_β 的存在, 该积分相当复杂. 我们暂时考虑 $\Theta_\beta = 0$ 的情形, 并在后文提及这一近似的适用条件.

引入偏离共振的归一化频差 $x = \pi N_u \Delta \nu$, 在 $\Theta_\beta \to 0$ 的极限条件下, 能量变化为

$$\langle \Delta \eta(L_u) \rangle = \frac{e^2 E_0^2 [\mathrm{JJ}]^2}{4\gamma_r^4 (mc^2)^2} \frac{k_u L_u^3}{4}$$
$$\times \left\langle \frac{\sin^2(x + \widetilde{k}_\beta L_u/2)}{\widetilde{k}_\beta L_u (x + \widetilde{k}_\beta L_u/2)^2} - \frac{\sin^2(x - \widetilde{k}_\beta L_u/2)}{\widetilde{k}_\beta L_u (x - \widetilde{k}_\beta L_u/2)^2} \right\rangle. \quad \text{(D.26)}$$

能量损失现在同时依赖于归一化频差 $x = \pi N_u \Delta \nu$ 和 β 振荡相移 $\widetilde{k}_\beta L_u$. 这和 Kroll 给出的表达式是一样的, 且在 $\widetilde{k}_\beta L_u \to 0$ 的极限条件下可以再现 Madey 定理形式的增益公式.

"强" TGU 梯度聚焦下的低增益

这里假设由梯度场提供的聚焦足够强, 以至于电子将经历许多 β 振荡周期. 在此极限条件下, $k_\beta L_u \gg 1$, 增益特性与 3.3.1 节中讨论的大不相同. 例如, 增益在归一化失谐量 $x = \widetilde{k}_\beta L_u/2$ 时达到最大, 且 FEL 作用所导致的能量变化为

$$k_\beta L_u/2 \gg 1 : \min_x \langle \Delta \eta(L_u) \rangle = -\frac{e^2 E_0^2 [\mathrm{JJ}]^2}{4\gamma_r^4 (mc^2)^2} \frac{k_u L_u^2}{4\widetilde{k}_\beta}, \quad \text{(D.27)}$$

因此, TGU 与 "常规" FEL 增益的比值为

$$\frac{G_{\mathrm{TGU}}}{G_{\mathrm{normal}}} \approx \frac{2}{k_\beta L_u} \ll 1. \quad \text{(D.28)}$$

通过 $\Delta(\widetilde{k}_\beta L_u/2) \approx (k_\beta L_u/2)\Delta \eta = 1$ 来定义能量接收度, 可以发现 TGU 的能量接收度为

$$(\Delta \eta)_{\mathrm{TGU}} = \frac{2}{k_\beta L_u}. \quad \text{(D.29)}$$

对于常规 FEL, 类似地有 $(\Delta \eta)_{\mathrm{normal}} = 1/k_u L_u$, 因此, TGU 所导致的能量接收度增长率为

$$R \equiv \frac{(\Delta \eta)_{\mathrm{TGU}}}{(\Delta \eta)_{\mathrm{normal}}} = \frac{2k_u}{k_\beta}. \quad \text{(D.30)}$$

然而, 伴随着能量接收度的增长, TGU 也要求更低的发射度. 这一点可由被略去的 $\Theta_\beta(z)$ 项 (由 β 振荡所导致) 看出. 为了让这些项足够小以使能量损失公式 (D.24) 适用, 在 $k_\beta L_u \gg 1$ 时, 我们要求

$$\Theta_\beta(z) = \frac{2k_u}{D} \int_0^z \mathrm{d}z' x_\beta^H(z') \sim \frac{2k_u}{D} \frac{\sigma_x}{k_\beta} < 1. \quad \text{(D.31)}$$

用 (D.14) 式中的 k_β 消去 D, 并利用 $\sigma_x = \sqrt{\varepsilon_x/k_\beta}$, 可将 (D.31) 式重写为

$$\varepsilon_x < \frac{\lambda_1}{4\pi}\frac{k_\beta}{k_u} = \frac{\lambda_1}{4\pi}\frac{2}{R}. \tag{D.32}$$

可见, 将能量接收度增大 R 倍的代价是更严格的发射度要求, 此时发射度必须小于最小辐射发射度的 $2/R$ 倍.

　　(D.32) 式中的发射度要求在 X 射线波段通常很难实现. 所幸的是, $k_\beta L_u \gg 1$ 的极限条件对于可产生 X 射线的低增益装置通常并不适用.

"弱" 梯度下的低增益

　　由 TGU 提供的聚焦要比 5.2.1 节中推导的自然波荡器聚焦小 $\sim (1/k_u)(\partial K/\partial x)$ 倍. 因为在高能量及大 K 值时通常可以忽略自然聚焦的二阶及以上项, 所以此时也有 $k_\beta L_u \ll 1$. 当 k_β 很小时, TGU 的物理图像与 "常规" FEL 更为类似. 首先, 如果 $k_\beta L_u \ll 1$, 则能量损失公式 (D.26) 在 $x = \pi N_u \Delta_\nu \approx 1.3$ 时达到最大, 此时, 能量损失与通常的低增益 FEL 情形相同:

$$k_\beta L_u/2 \ll 1 : \min_x \langle \Delta\eta(L_u)\rangle \approx -0.54\frac{e^2 E_0^2[\mathrm{JJ}]^2}{4\gamma_r^4(mc^2)^2}\frac{k_u L_u^3}{4}. \tag{D.33}$$

　　上述能量损失在 β 振荡项 $\Theta_\beta < 1$ 时适用, 由 (D.25) 式可得

$$\frac{2}{D}\left[\sigma_x(0) + \frac{L_u}{2}\sigma_{x'}(0)\right] < \frac{1}{k_u L_u}. \tag{D.34}$$

当要求横向运动导致的 TGU 相移 [(D.22) 式] 很小时, 我们可以得到与此相同的条件. (D.34) 式取代了通常的条件 $\sigma_\eta < 1/k_u L_u$, 这一不同要求的代价是 x 方向电子束尺寸的增长 $[\sigma_x \to (\sigma_x^2 + D^2\sigma_\eta^2)^{1/2}]$ 以及由此引起的增益降低. 为了量化这一影响, 假设初始电子束的能散度增至 R 倍, 亦即, 入射束流的 $\sigma_\eta = R/k_u L_u$. 设定随后的色散和 TGU, 以使 $\sigma_x \sim D/k_u L_u$, 这又意味着 FEL 中 x 方向上新的束流尺寸会增加至 $\sigma_x(1 + R^2)^{1/2}$, 由此将导致增益的降低:

$$\frac{G_{\mathrm{TGU}}}{G_{\mathrm{normal}}} = \frac{1}{\sqrt{1+R^2}} \approx \frac{1}{R}. \tag{D.35}$$

　　因此, 当采用 $k_\beta L_u \ll 1$ 的 TGU 来使能量接收度扩大 R 倍时, FEL 增益将会降低为 G_{normal} 的 $1/R$ 倍. 请注意, 这里的 G_{normal} 是零能散度极限下的增益. 当能散度的影响很强 ($\sigma_\eta N_u \gg 1$) 时, 只可采用 TGU, 相应的增益 G_{TGU} 会比不采用 TGU 时大很多. 为了更清楚地看到这一点, 我们利用一维增益公式 (4.29) 来分析能散度对于增益的影响. 推广该公式, 使其包含 x 与 y 方向尺寸不同的情形, 并如

三维公式 (5.92) 那样取 $\sigma_{x,y} \to \Sigma_{x,y}$, 有[6]

$$G = -4\pi^2 \frac{I}{I_A} \frac{K^2[\mathrm{JJ}]^2}{(1+K^2/2)^2} \frac{\gamma\lambda_1 N_u^3}{2\pi\Sigma_x\Sigma_y}$$

$$\times \int\limits_{-1/2}^{1/2} \mathrm{d}z \int\limits_{-1/2}^{1/2} \mathrm{d}s(z-s) \sin[x_0(z-s)] \mathrm{e}^{-2[2\pi N_u(z-s)\sigma_\eta]^2}. \tag{D.36}$$

如果没有 TGU, 则当电子束尺寸与辐射场尺寸 (辐射的 Rayleigh 长度 $Z_R \approx L_u/2\pi$) 匹配时 G 最大:

$$\Sigma_x = \Sigma_y \approx \sqrt{2}\sigma_r = \sqrt{\frac{\lambda_1 Z_R}{2\pi}} \approx \frac{\sqrt{\lambda_1 L_u}}{2\pi}. \tag{D.37}$$

在该情形下, 增益变为

$$G = -QN_u^2 \int\limits_{-1/2}^{1/2} \mathrm{d}z \int\limits_{-1/2}^{1/2} \mathrm{d}s(z-s) \sin[x_0(z-s)] \mathrm{e}^{-2[2\pi N_u(z-s)\sigma_\eta]^2}, \tag{D.38}$$

其中 Q 是与 N_u 无关的常数. 如果能散度可被忽略, 则积分后可得到通常的增益函数 $g(x_0)/2$, 这意味着当 $(2\pi\sigma_\eta)^2 \ll 1/N_u^2$ 时, $G \propto N_u^2$. 反之, 在大能散度极限条件下, 除了在 $|z-s| \lesssim 1/N_u\sigma_\eta$ 时, 被积函数将可被忽略, 因此积分与 $1/N_u^2\sigma_\eta^2$ 成正比, G 与 N_u 无关. 和这两个极限吻合的一个相当准确的拟合公式为

$$G_{\mathrm{FEL}} \approx \frac{Q}{0.27} \frac{N_u^2}{1 + (5.46N_u\sigma_\eta)^2}. \tag{D.39}$$

另一方面, 我们已经看到, 对于采用 TGU 的 FEL, 能散度可被束流尺寸与色散的比值有效地取代. 这被反映在类似于能散度的条件 (D.34) 中 (当 $\sigma_x' \approx 2\pi\sigma_x/L_u$ 时). 考虑更大的束流尺寸, 并将增益公式 (D.36) 中的 σ_η 和 Σ_x 分别替换为 σ_x/D 和 $(\sigma_x^2 + \sigma_r^2 + D^2\sigma_\eta^2)^{1/2} \approx D\sigma_\eta$, 由此可以理解 TGU 的增益特性. 采用类似于 (D.38) 式的推理方式, 可以得到 TGU 的增益表达式:

$$G_{\mathrm{TGU}} \approx \frac{Q}{0.27} \frac{\sqrt{2}N_u^2/\sigma_\eta^2}{D/\sigma_x + (5.46N_u)^2\sigma_x/D}. \tag{D.40}$$

对于较大的能散度 ($N_u^2\sigma_\eta^2 \gg 1$), TGU 与常规 FEL 增益的比值由下式给出:

$$\frac{G_{\mathrm{TGU}}}{G_{\mathrm{FEL}}} \approx \frac{D\sigma_\eta}{\sigma_x} \frac{\sqrt{2}}{1 + [D/(5.46N_u\sigma_x)]^2}. \tag{D.41}$$

可以看到, 随着色散 D 的增加, TGU 的增益首先增加, 这是因为较强的 x-γ 相关性减缓了 FEL 共振条件的变化. 然而, 一旦能散度被有效地抵消, 进一步增加色散和电子束尺寸就会降低 FEL 的耦合及增益. 这种简单的推理表明, TGU 可使长波荡器中的 FEL 增益增加至常规情形的 $D\sigma_\eta/\sigma_x \gg 1$ 倍. 在图 D.2 所示的例子中, 我们将 (D.40) 式的计算结果与完整的 FEL 模拟进行了比较.

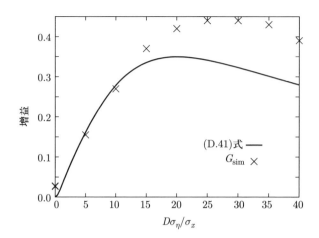

图 D.2 TGU 增益随色散的变化关系, 归一化能散度 $2\pi N_u \sigma_\eta \approx 22$. 实线为 (D.40) 式的计算结果, 散点则来自 FEL 模拟.

D.2 高增益分析

在上一节中, 我们已看到横向梯度导致的 β 振荡会极大地改变 TGU FEL 的动力学. 然而, 当 $k_\beta L_u \ll 1$ 时, 增益的物理过程却极似以下情形的传统 FEL: 相位变化由 σ_x/D 而不是 σ_η 决定, 而且由于色散, x 上的横向束流尺寸更大. 我们将基于这些观察推导高增益 TGU 装置在 $k_\beta L_u \ll 1$ 时的一些简单比例关系.

由前文可知, FEL Pierce 参数 $\rho^3 \sim 1/(\sigma_x \sigma_y)$. 因此, 在 TGU 中增加束流尺寸将导致有效 FEL 参数

$$\rho_T = \frac{\rho}{(\sigma_T/\sigma_x)^{1/3}}, \quad \sigma_T = \sqrt{\sigma_x^2 + D^2 \sigma_\eta^2}. \tag{D.42}$$

此外, 我们可将相移 σ_x/D 当作有效能散度来处理:

$$\sigma_\eta^{\text{eff}} = \frac{\sigma_x}{D} = \frac{K_0^2 \alpha \sigma_x}{2 + K_0^2}, \tag{D.43}$$

此处我们利用了 (D.16) 式中的 TGU 场. (4.62) 式已表明, 能散度导致的增益长度增长近似为 σ_η/ρ 的二次函数, 因此, (D.43) 式意味着 TGU 的增益长度可由下式很好地表述[2]:

$$L_G = \frac{\lambda_u}{4\pi\sqrt{3}\rho_T} \left[1 + (\frac{\sigma_\eta^{\text{eff}}}{\rho_T})^2 \right] = \frac{\lambda_u}{4\pi\sqrt{3}\rho_T} \left[1 + \frac{K_0^4 \alpha^2 \sigma_x^2}{\rho_T^2(2 + K_0^2)^2} \right]$$

$$= \frac{\lambda_u}{4\pi\sqrt{3}\rho_T} \left[1 + \frac{K_0^4 \alpha^2 \varepsilon_x L_u}{2\rho_T^2(2 + K_0^2)^2} \right], \tag{D.44}$$

这里已近似地取 $\sigma_x^2 \approx \varepsilon_x L_u/2$, 对于自然聚焦可忽略的 FEL, 这是合适的. 上式也可近似为

$$L_g^T \approx \frac{\lambda_u}{4\pi\sqrt{3}\rho}\left[\left(\frac{\sigma_T}{\sigma_x}\right)^{1/3} + \frac{\sigma_\eta^2}{\rho^2}\left(\frac{\sigma_T}{\sigma_x}\right)^{-1}\right]. \tag{D.45}$$

假设我们可以优化色散, 从而使增益长度达到最小 [同时满足 (D.16) 式]. 由 (D.45) 式可得最优的色散和增益长度:

$$D \approx 2.28\frac{\sigma_x\sigma_\eta^{1/2}}{\rho^{3/2}}, \quad L_g^T \approx 1.75\frac{\lambda_u}{4\pi\sqrt{3}\rho}\left(\frac{\sigma_\eta}{\rho}\right)^{1/2}. \tag{D.46}$$

因此, 在合适的参数下, TGU 的增益长度随初始能散度的平方根增长. 如果我们将此式与 (4.62) 式进行对比 (后者显示常规波荡器下的增益长度与能散度成平方依赖关系), 则可发现大能散度的影响在 TGU 中可被大幅降低.

文献 [4] 给出了基于 TGU 的高增益 FEL 的一个自洽理论分析, 其中考虑了沿波荡器的束流尺寸变化等三维效应. 计算得到的增益长度与模拟结果相当, 同时也证实了最优色散的简单一维理论. 图 D.3 所示为三维理论与一维理论的对比, 采用了文献 [2] 中 1 GeV 软 X 射线 FEL 的参数. 由于 TGU 中的束流横截面极不对称, 这种 FEL 会出现高阶横向模式. 文献 [7] 分析了这些高阶模式对于横向相干性的影响. 当色散函数稍小于 (D.46) 式给出的最优色散时, 横向相干性的退化可以得到抑制.

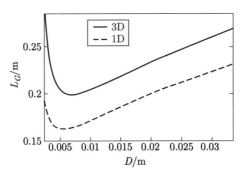

图 D.3　最优频率时的增益长度与色散的函数关系, 计算参数贴近未来的激光等离子体加速器 (更多细节参见文献 [4]). 图示的数据分别由三维理论 (实线) 及一维公式 (D.46)(虚线) 计算得到.

参考文献

[1]　T. I. Smith, L. R. Elias, J. M. J. Madey, and D. A. G. Deacon, "Reducing the sensitivity of a free-electron laser to electron energy," *J. Appl. Phys.*, vol. 50, p. 4580, 1979.

[2]　Z. Huang, Y. Ding, and C. B. Schroeder, "Compact x-ray free-electron laser from a laser-plasma accelerator using a transverse-gradient undulator," *Phys. Rev. Lett.*, vol. 109, p. 204801, 2012.

[3]　H. Deng and C. Feng, "Using off-resonance laser modulation for beam-energy-spread cooling in generation of short-wavelength radiation," *Phys. Rev. Lett.*, vol. 111, p. 084801, 2013.

[4]　P. Baxevanis, Y. Ding, Z. Huang, and R. Ruth, "3D theory of a high-gain free-electron laser based on a transverse gradient undulator," *Phys. Rev. ST Accel. Beams*, vol. 17, p. 020701, 2014.

[5]　N. M. Kroll, P. L. Morton, M. N. Rosenbluth, J. N. Eckstein, and J. M. J. Madey, "Theory of the transverse gradient wiggler," *IEEE J. Quantum Electron.*, vol. 17, p. 1496, 1981.

[6]　R. R. Lindberg, K.-J. Kim, Y. Cai, Y. Ding, and Z. Huang, "Transverse gradient undulators for a storage ring X-ray FEL oscillator," in *Proceedings of FEL 2013*, p. 740, 2013.

[7]　P. Baxevanis, Z. Huang, R. Ruth, and C. B. Schroeder, "Eigenmode analysis of a high-gain free-electron laser based on a transverse gradient undulator," *Phys. Rev. ST Accel. Beams*, vol. 18, p. 010701, 2015.

参考书目

另有一些优秀著作涉及本书中讨论的主题. 同步辐射方面的著作包括:

D. Attwood, *Soft X-rays and Extreme Ultraviolet radiation*, Cambridge University Press, 1999. 主要讨论 X 射线光学, 但其中也有对同步辐射和自由电子激光的入门级讨论.

H. Wiedemann, *Synchrotron Radiation*, Springer Verlag, 2002.

A. Hoffman, *The Physics of Synchrotron Radiation*, Cambridge University Press, Cambridge, 2003. 详细阐述了同步辐射的角分布.

H. Onuki and P. Ellaume, *Undulators, Wigglers, and Their Applications*, Taylor and Francis, 2003.

自由电子激光方面的著作包括:

T. C. Marshall, *Free-Electron Lasers*, MacMillan, New York, 1985.

C. Brau, *Free-Electron Lasers*, Academic Press Inc., 1990

P. Luchini and H. Motz, *Undulators and Free-Electron Lasers*, Oxford University Press, 1990. 讨论了波荡器辐射和低增益及高增益 FEL 物理, 侧重于加速器的基本原理及相关讨论.

H. P. Freund and T. M. Antonsen, *Principles of Free-Electron Lasers*, Chapman and Hall, 1994. 包含对空间电荷主导区域的详细讨论.

E. L. Saldin, E. A. Schneidmiller and M. V. Yurkov, *Physics of Free-Electron Lasers*, Springer, 2000. 全面讨论了包含三维效应 (β 振荡效应除外) 的高增益 FEL 理论.

P. Schmüser, M. Dohlus, J. Rossbach, and C. Behrens, *Free-Electron Lasers in the UV and X-Ray Regime*, Springer, 2014. 对高增益 FEL 物理进行了入门级讨论.

综述文章:

S. Krinsky, M. L. Perlman, and R. E. Watson, "Characteristics of Synchrotron Radiation and of Its Sources", in *Handbook of Synchrotron Radiation*, E. E. Koch, Ed., vol. 1. North Holland Publishing Co., p. 65—171, 1983.

K.-J. Kim, "Characteristics of Synchrotron Radiation," in *Proc. US Particle Accelerator School*, M. Month and M. Dienes, Eds. AIP Conference Proceedings no. 184, p. 565—632, 1989.

J. B. Murphy and C. Pellegrini, "Introduction to Physics of the Free-Electron Laser", in *Laser Handbook*, W. B. Colson, C. Pellegrini, and A. Renieri, Eds., vol. 6. Elsevier

Science Publishers B.V., p. 9—69, 1990.

W. B. Colson, "Classical Free-Electron Laser Theory," in *Laser Handbook*, W. B. Colson, C. Pellegrini, and A. Renieri, Eds., vol. 6. Elsevier Science Publishers B.V., p. 115—194, 1990.

Z. Huang and K.-J. Kim, "Review of x-ray free-electron laser theory," *Phys. Rev. ST-AB*, vol. 10, p. 034801, 2007.

C. Pellegrini, A. Marinelli, and S. Reiche, "The physics of x-ray free-electron lasers," *Rev. Mod. Phys.* vol. 88, p. 015006, 2016.

名词索引

译者的话

2017 年 4 月，斯坦福大学黄志戎教授在北京大学访问时告诉我们，由他和芝加哥大学 Kwang-Je Kim 教授及美国阿贡国家实验室 Ryan Lindberg 博士合著的《同步辐射与自由电子激光》一书即将发行，并问我们是否愿意将此书译为中文，以供国内的研究人员特别是青年学生参考. 我们没有多加考虑就一口答应下来了. 一来是因为国内缺少全面介绍自由电子激光物理与技术并能反映 X 射线自由电子激光最新进展的专著，二来因为本书是由本领域国际知名专家所完成的一本杰出著作. 之后，我们很快和北京大学出版社取得了联系，并商定了相关的工作安排.

本书的翻译工作从 2017 年 6 月开始，原计划在当年暑假结束前完成初稿. 然而，直到 2017 年 10 月底我们才完成正文部分，之后翻译附录部分及两次改稿又历时近 5 个月，工作量远远超乎想象. 黄志戎教授也在翻译过程中投入了大量的精力，不仅细致地修改了初稿，而且在两次改稿期间和我们进行了多次深入细致的讨论. 为保证译文的质量，我们还对原书中存在的一些问题进行了修正，这些都征求了黄志戎教授和 Kwang-Je Kim 教授的意见. 没有他们的帮助，我们对原著中一些论述的确切含义很难把握. 三位原作者还热心地提供了原书的 LaTeX 文件、勘误表及全部图片，为翻译工作提供了极大的便利.

在翻译过程中我们得到了本领域一些同事的热情帮助. 美国 SLAC 国家加速器实验室的丁原涛研究员校阅了译稿全文并提出了大量有益的建议. 中国科学院高能物理研究所的李京祎研究员、焦毅研究员，上海应用物理研究所的邓海啸研究员和我们就一些专业术语的翻译进行了有益的讨论. 本书的翻译工作也得到了北京大学重离子物理研究所几位从事自由电子激光研究的博士生的协助. 曾凌同学完成了第 4 章和第 6 章的翻译初稿，秦伟伦、赵晟同学完成了从 Word 文档到 LaTeX 文件的转换. 在此我们对所有给予我们帮助的人员表示衷心的感谢！最后，我们要特别感谢北京大学出版社的刘啸编辑，他为我们处理了许多事务性的工作，使我们得以专注于翻译工作.

30 年前，陈佳洱院士等在北京大学主持召开了国内第一次自由电子激光国际研讨会，而今天中国 X 射线自由电子激光及同步辐射光源的建设都已进入了快车道，我们衷心希望这本译著的出版能够为我国自由电子激光今后的发展做出一点贡献. 自由电子激光涉及面很广，而我们的知识较为有限，同时由于时间仓促，译文中的错误在所难免，欢迎广大读者批评指正.

黄森林、刘克新

2018 年 5 月，北京大学